자기주도학습 체크리스트

- 선생님의 친절한 강의로 여러분의 예습·복습을 도와 드릴게요.
- 공부를 마친 후에 확인란에 체크하면서 스스로를 칭찬해 주세요.
- 강의를 듣는 데에는 30분이면 충분합니다.

날짜	강의명		확인
	강		
	강		
	강		
	강		
	강		
	강		
	강		
	강		
	강		
	강		
	강		
	강		
	강		
	강		
	강		
	강		
	강		
	강		
	강		
	강		
	강		
	강		
	강		
	강		
	강		

날짜	강의명		확인
	강		
	강		
	강		
	강		
	강		
	강		
	강		
	강		
	강		
	강		
	강		
	강		
	강		
	강		
	강		
	강		
	강		
	강		
	강		
	강		
	강		
	강		
	강		
	강		
	강		

자기주도학습 체크리스트로 공부의 기쁨이 차곡차곡 쌓일 것입니다.

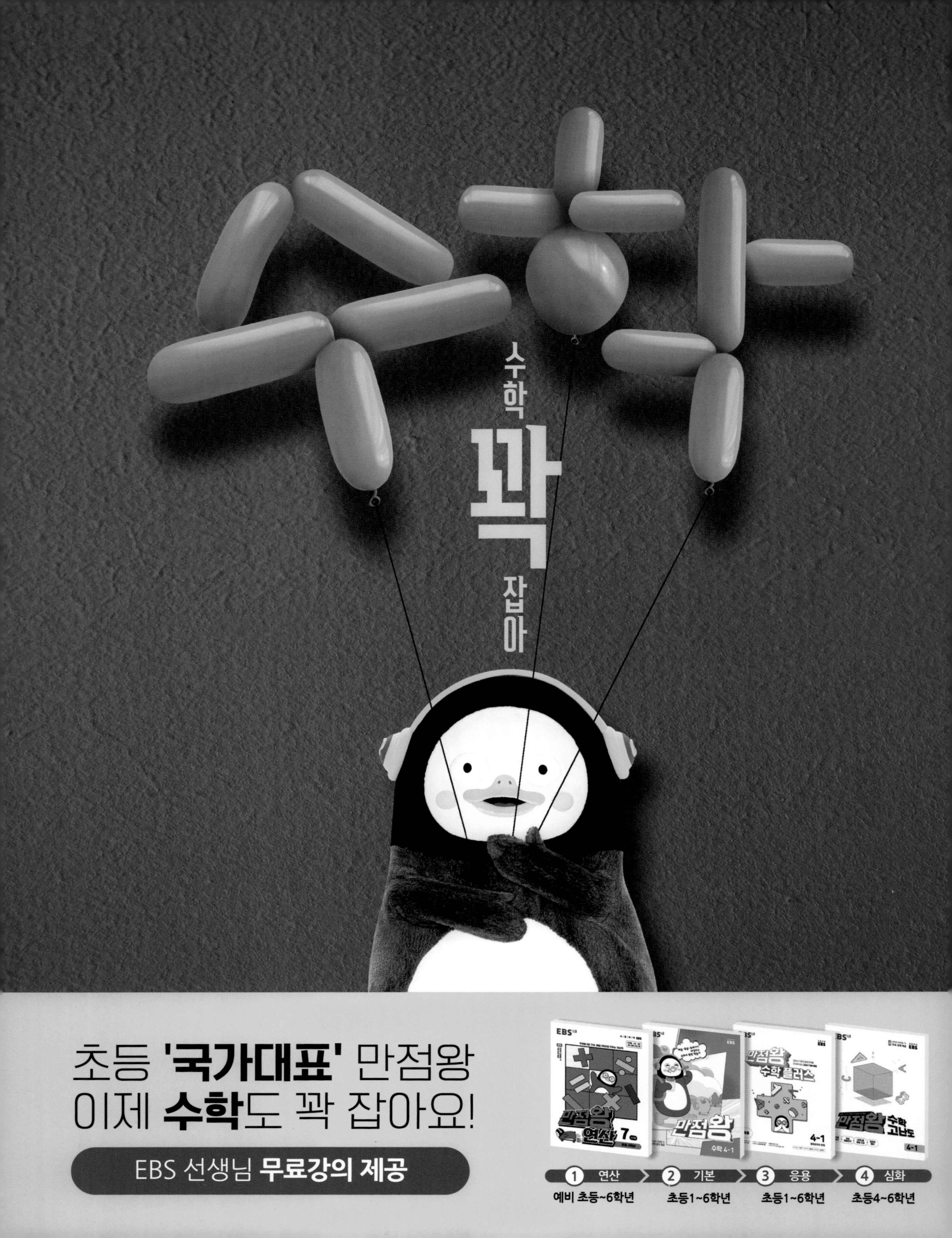
수학
수학 꽉 잡아
초등 '국가대표' 만점왕
이제 수학도 꽉 잡아요!
EBS 선생님 무료강의 제공
만점왕 연산
만점왕 수학 4-1
만점왕 수학 플러스 4-1
만점왕 수학 고난도 4-1
1 연산
2 기본
3 응용
4 심화
예비 초등~6학년
초등1~6학년
초등1~6학년
초등4~6학년

EBS

인터넷·모바일·TV
무료 강의 제공

초 | 등 | 부 | 터 EBS

예습, 복습, 숙제까지 해결되는

교과서 완전 학습서

만점왕

BOOK 1
개념책

과학 3-1

BOOK 1

개념책

BOOK 1 개념책으로
교과서에 담긴 **학습 개념**을
꼼꼼하게 공부하세요!

⬇ 해설책은 EBS 초등사이트(primary.ebs.co.kr)에서 다운로드 받으실 수 있습니다.

만점왕 과학 3-1

이 책의 구성과 특징

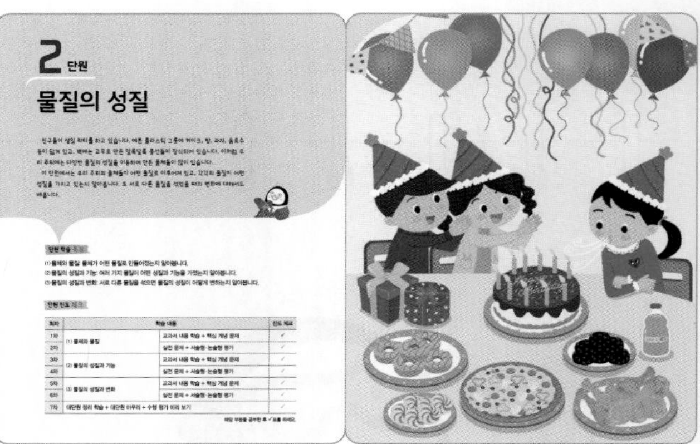

1 | 단원 도입

단원을 시작할 때마다 도입 그림을 눈으로 확인하며 안내 글을 읽으면, 학습할 내용에 대해 흥미를 갖게 됩니다.

2 | 교과서 내용 학습

본격적인 학습을 시작하는 단계입니다. 자세한 개념 설명과 그림을 통해 핵심 개념을 분명하게 파악할 수 있습니다.

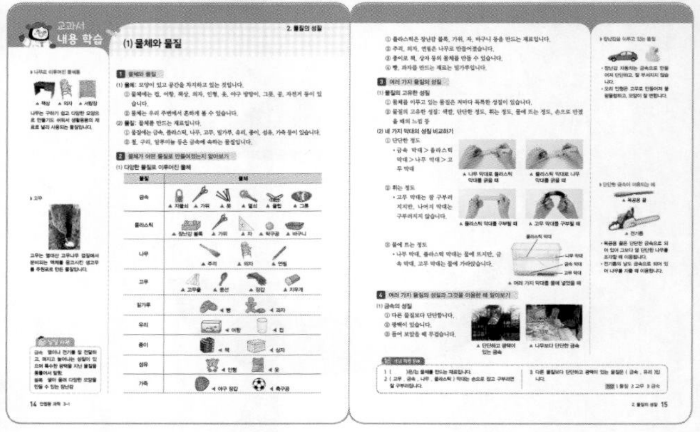

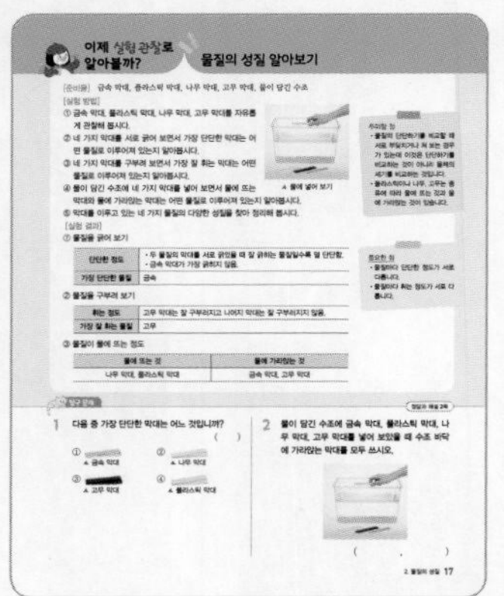

3 | 이제 실험 관찰로 알아볼까

교과서 핵심을 적용한 실험·관찰을 집중 조명함으로써 학습 개념을 눈으로 확인하고 파악할 수 있습니다.

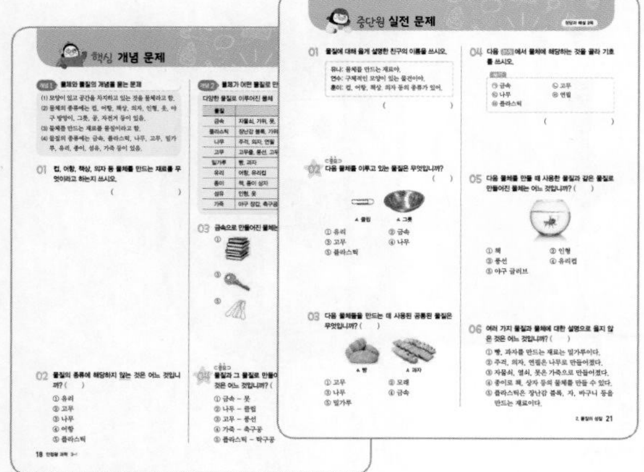

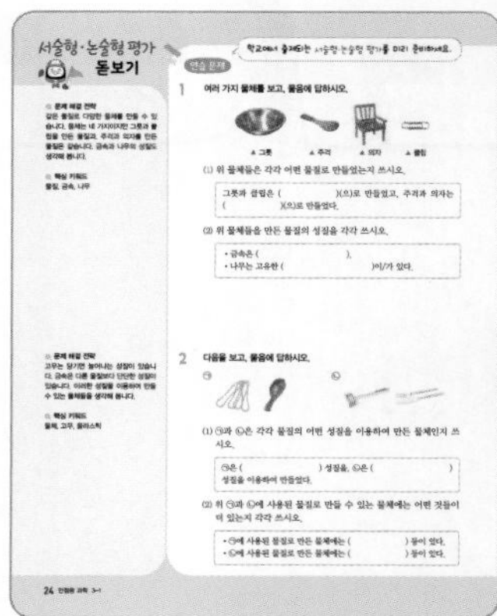

4 | 핵심 개념 + 실전 문제

[핵심 개념 문제 / 중단원 실전 문제]

개념별 문제, 실전 문제를 통해 교과서에 실린 내용을 하나하나 꼼꼼하게 살펴보며 빈틈없이 학습할 수 있습니다.

5 | 서술형·논술형 평가 돋보기

단원의 주요 개념과 관련된 서술형 문항을 심층적으로 학습하는 단계로, 강화될 서술형 평가에 대비할 수 있습니다.

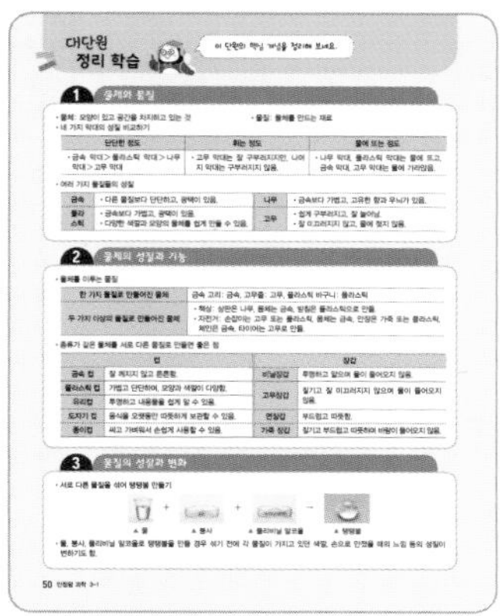

6 | 대단원 정리 학습

학습한 내용을 정리하는 단계입니다. 표를 통해 학습 내용을 보다 명확하게 정리할 수 있습니다.

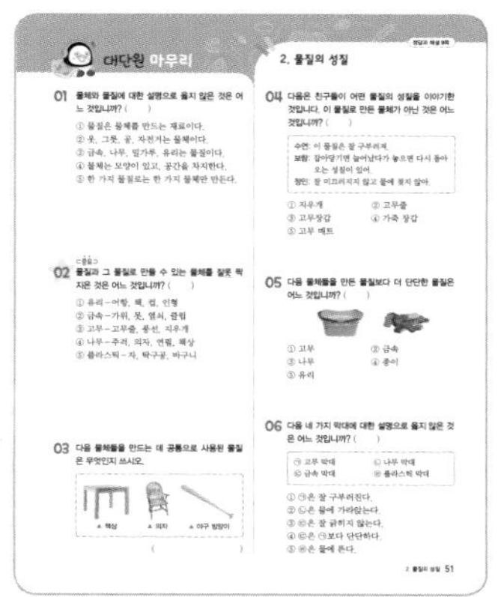

7 | 대단원 마무리

대단원 평가를 통해 단원 학습을 마무리하고, 자신이 보완해야 할 점을 파악할 수 있습니다.

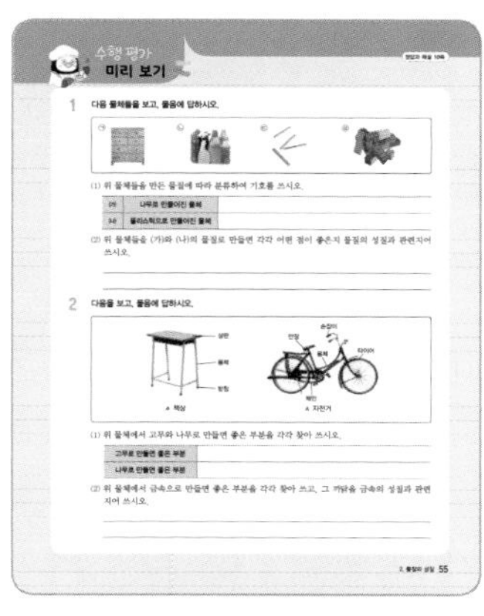

8 | 수행 평가 미리 보기

학생들이 고민하는 수행 평가를 대단원별로 구성하였습니다. 선생님께서 직접 출제하신 문제를 통해 수행 평가를 꼼꼼히 준비할 수 있습니다.

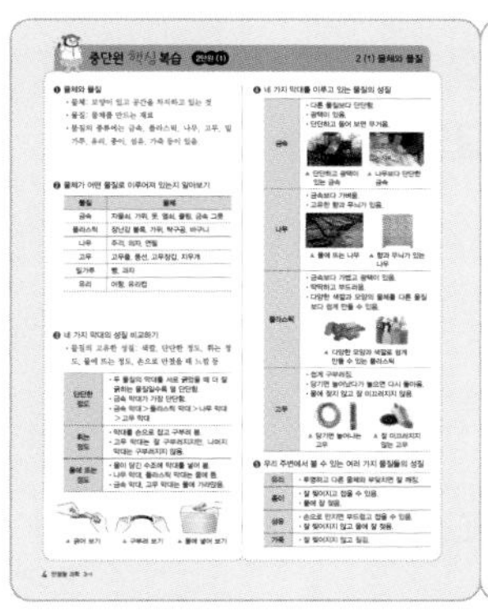

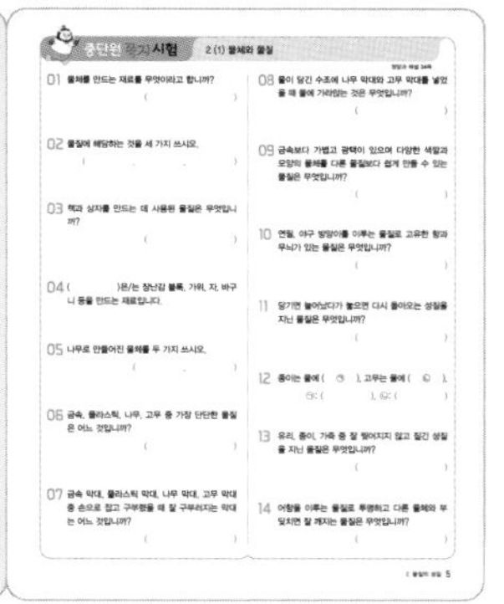

1 | 핵심 복습 + 쪽지 시험

핵심 정리를 통해 학습한 내용을 복습하고, 간단한 쪽지 시험을 통해 자신의 학습 상태를 확인할 수 있습니다.

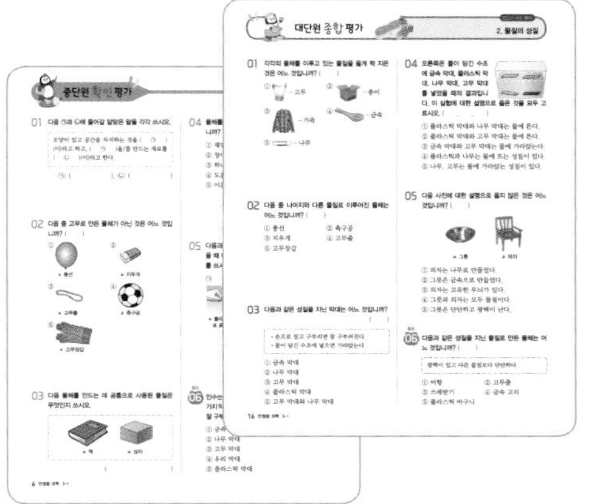

2 | 중단원 + 대단원 평가

[중단원 확인 평가 / 대단원 종합 평가]
앞서 학습한 내용을 바탕으로 보다 다양한 문제를 경험하여 단원별 평가를 대비할 수 있습니다.

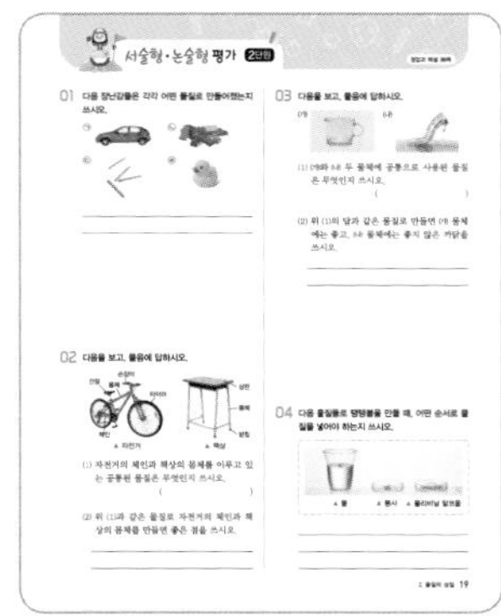

3 | 서술형·논술형 평가

단원의 주요 개념과 관련된 서술형 문항을 심층적으로 학습하는 단계로, 강화될 서술형 평가에 대비할 수 있습니다.

넌 할 수 있어!

자기주도 활용 방법

BOOK 1 개념책

평상 시 진도 공부는

교재(북1 개념책)로 공부하기

만점왕 북1 개념책으로 진도에 따라 공부해 보세요.
개념책에는 학습 개념이 자세히 설명되어 있어요.
따라서 학교 진도에 맞춰 만점왕을 풀어보면
혼자서도 쉽게 공부할 수 있습니다.

TV(인터넷) 강의로 공부하기

개념책으로 혼자 공부했는데, 잘 모르는 부분이 있나요?
더 알고 싶은 부분도 있다고요?
만점왕 강의가 있으니 걱정 마세요.
만점왕 강의는 TV를 통해 방송됩니다.
방송 강의를 보지 못했거나 다시 듣고 싶은 부분이 있다면
인터넷(EBS 초등 사이트)을 이용하면 됩니다.

이 부분은
잘 모르겠으니
인터넷으로 다시
봐야겠어.

만점왕 방송 시간: EBS홈페이지 편성표 참조
EBS 초등 사이트: http://primary.ebs.co.kr

시험 대비 공부는 북2 실전책으로! (북2 2쪽 자기주도 활용 방법을 읽어 보세요.)

이 책의 **차례**

CONTENTS

BOOK 1 개념책

1 단원

과학자는 어떻게 탐구할까요?

다양한 생김새와 모양을 가진 공룡들은 만화나 영화 속에 자주 등장하고 장난감으로도 많이 만들어지지요. 하지만 진짜 공룡의 모습을 본 사람은 아무도 없답니다. 그런데 우리는 어떻게 공룡의 모습을 생생하게 알 수 있는 걸까요? 바로 공룡의 뼈, 발자국 등의 화석을 관찰한 후 과학적인 예상과 추리 등을 통해 알아낸 것이지요. 물론 과학자들의 의사소통도 빼놓을 수 없는 과정이었지요. 이 단원에서는 과학자들이 어떻게 탐구하는지 관찰, 측정, 예상, 분류, 추리, 의사소통의 방법에 대해 배워 봅니다.

단원 학습 목표

(1) 땅콩을 탐구해 볼까요?
- 여러 가지 감각 기관과 간단한 관찰 도구를 사용하여 관찰할 수 있습니다.
- 측정 도구를 사용하여 대상의 길이를 측정할 수 있습니다.
- 관찰 결과에서 규칙을 찾아 앞으로 일어날 수 있는 일을 예상할 수 있습니다.

(2) 공룡의 흔적을 탐구해 볼까요?
- 과학적인 분류 기준으로 대상을 1단계 분류할 수 있습니다.
- 관찰 결과를 바탕으로 추리할 수 있습니다.
- 표와 그림 등을 사용하여 친구들에게 나의 탐구 결과를 설명할 수 있습니다.

단원 진도 체크

회차	학습 내용	진도 체크
1차 / 2차 / 3차	(1) 땅콩을 탐구해 볼까요?	✓
4차 / 5차 / 6차	(2) 공룡의 흔적을 탐구해 볼까요?	✓

해당 부분을 공부한 후 ✓표를 하세요.

(1) 땅콩을 탐구해 볼까요?

◗ 땅콩 관찰하기

- 눈사람 모양처럼 생겼습니다.
- 표면에 무늬가 있습니다.
- 색깔이 황토색입니다.
- 땅콩의 가운데가 오목하게 들어가 있습니다.
- 땅콩 줄무늬가 위쪽과 아래쪽의 한 점에 모여 있습니다.

◗ 측정 도구를 올바르게 사용하는 방법

- 땅콩의 한쪽 끝을 자의 '0' 눈금에 맞춥니다.
- 실을 사용할 때는 실의 양 끝을 팽팽하게 당겨서 땅콩의 끝과 끝을 맞춥니다.

낱말 사전

청진기 의사가 환자의 몸 안에서 나는 소리를 듣는 데 쓰는 기구

깍지 콩, 땅콩 등의 꼬투리에서 알맹이를 싸고 있는 껍질

1 과학자처럼 관찰하기

(1) **관찰**: 탐구 대상의 특징을 자세히 살펴보는 것입니다.

① 관찰할 때 사용할 수 있는 다섯 가지 감각 기관: 눈, 코, 입, 귀, 피부 등이 있습니다.

② 감각 기관만으로 관찰하기 어려울 때: 돋보기, 현미경(맨눈으로 관찰이 어려울 때), 청진기(소리가 명확하게 들리지 않을 때) 등의 도구를 사용합니다.

③ 자기 생각이나 이미 알고 있는 것을 이야기하는 것은 관찰 결과가 아닙니다.
'맛있을 것 같다.', '먹고 싶다.', '맛있는 냄새가 난다.'처럼 자기 생각을 쓰는 것은 과학적인 관찰 결과가 아닙니다.

(2) 감각 기관과 관찰 도구를 사용하여 땅콩 관찰하기

▲ 돋보기로 관찰하기: 땅콩 알갱이를 두 쪽으로 쪼개어 돋보기로 관찰하면 작은 싹이 있음.

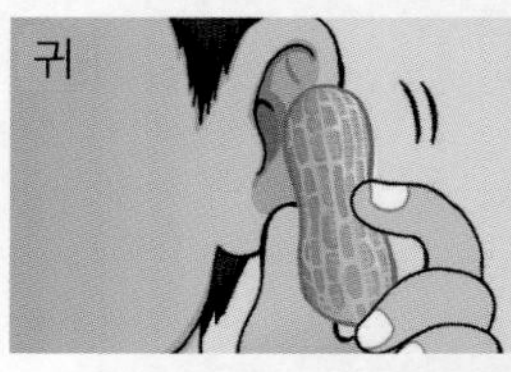

▲ 소리 듣기: 흔들면 '후드득' 소리가 남, 땅콩 깍지를 쪼개니 '와지직' 소리가 남.

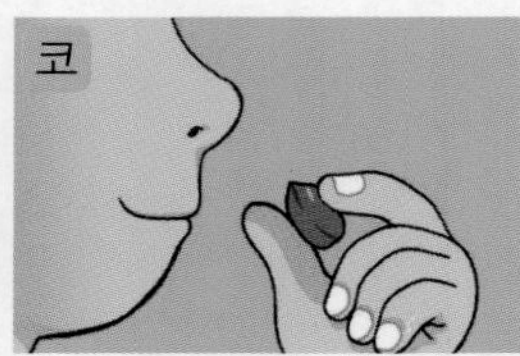

▲ 냄새 맡기: 속껍질에 싸인 땅콩에서 구수한 냄새가 남.

▲ 맛보기: 깍지를 까서 먹으면 달고 쓴 맛이 남.

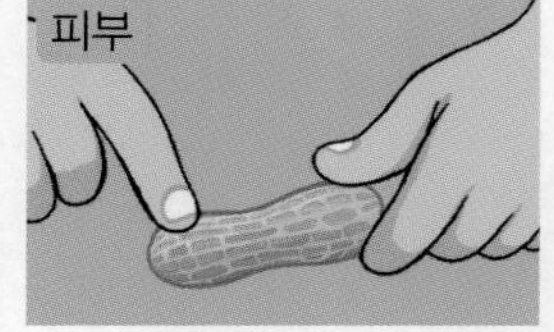

▲ 손으로 만져 보기: 손으로 만지면 표면이 까끌까끌함.

2 과학자처럼 측정하기

(1) **측정**: 탐구하고자 하는 대상의 길이, 무게, 시간, 온도 등을 재는 것입니다.

① 측정할 때에는 여러 가지 도구를 사용합니다.

② 길이는 자, 무게는 저울, 시간은 시계, 온도는 온도계를 사용합니다.

(2) 자신이 생각한 방법으로 땅콩의 길이 재기

실과 자를 사용하여 길이 재기		종이 위에 땅콩의 길이를 표시하고 자로 길이 재기	
▲ 실을 사용하여 땅콩의 길이 재기	▲ 실의 길이를 자로 재기	▲ 종이 위에 땅콩의 길이 표시하기	▲ 종이에 표시된 부분을 자로 재기

① 같은 땅콩의 길이를 측정해도 친구들과 측정한 값이 조금씩 다를 수 있습니다.

② 측정값이 다른 까닭

- 사용한 측정 도구, 측정 방법이 다르기 때문입니다.
- 정확한 방법으로 측정하지 않았기 때문입니다.

(3) 과학적으로 정확하게 측정하는 방법

① 대상을 측정하기에 알맞은 측정 도구를 선택합니다.

② 올바른 방법으로 측정 도구를 사용합니다.

③ 여러 번 측정하여 결과를 비교합니다.

여러 번 측정하여 땅콩의 길이 결정하기

구분	땅콩의 길이
1회	약 5 cm
2회	약 4 cm
3회	약 4 cm
내가 선택한 길이	약 4 cm

- 여러 번 측정한 결과를 비교하여 측정 결과를 선택합니다.

3 과학자처럼 예상하기

(1) **예상**: 앞으로 일어날 수 있는 일을 생각하는 것입니다.

(2) **과학적인 예상 방법**: 이미 관찰하거나 경험하여 알고 있는 것에서 규칙을 찾아내면 더 쉽게 예상할 수 있습니다.

(3) 크기가 다른 알갱이를 통에 넣고 흔들었을 때의 변화 생각하기

쌀과 땅콩	쌀과 아몬드	쌀과 검은콩
쌀 다섯 숟가락과 땅콩 두 숟가락을 통에 넣고 고루 섞은 뒤 흔들면서 변화 관찰하기 • 나의 생각: 예 쌀과 땅콩이 고루 섞일 것이다. • 관찰 결과: 땅콩이 쌀 위로 올라왔다.	쌀 다섯 숟가락과 아몬드 두 숟가락을 통에 넣고 고루 섞은 뒤 흔들면서 변화 관찰하기 • 나의 생각: 예 아몬드가 쌀 아래로 내려갈 것이다. • 관찰 결과: 아몬드가 쌀 위로 올라왔다.	쌀 다섯 숟가락과 검은콩 두 숟가락을 통에 넣고 고루 섞은 뒤 흔들었을 때의 변화 예상하기 • 나의 생각: 예 검은콩이 쌀 위로 올라올 것이다. • 그렇게 생각한 까닭: 쌀과 땅콩, 쌀과 아몬드를 통에 넣고 흔들었을 때 알갱이가 큰 땅콩과 아몬드가 위로 올라왔기 때문이다.

① 크기가 다른 알갱이를 통에 넣고 흔들었을 때 찾을 수 있는 규칙: 크기가 큰 알갱이가 작은 알갱이 위로 올라옵니다.

② 찾은 규칙을 바탕으로 검은콩과 아몬드가 담긴 통을 흔들었을 때 변화 예상하기: 검은콩보다 알갱이 크기가 큰 아몬드가 검은콩 위로 올라올 것입니다.

알갱이가 든 플라스틱 통을 흔드는 방법

- 플라스틱 통을 흔들 때는 책상 위에 놓고 통을 좌우로 가볍게 움직이면서 통에 약한 진동을 준다는 느낌으로 흔듭니다.

관찰 결과를 바탕으로 앞으로 일을 예상하는 방법

- 과학자들은 이미 관찰하거나 경험한 것으로 앞으로 일어날 수 있는 일을 생각합니다.
- 예상할 때는 자신의 생각을 말하는 것이 아니라 분명한 근거를 들어 예상해야 합니다.

개념 확인 문제

1 (   )은/는 탐구 대상의 특징을 자세히 살펴보는 것입니다.

2 탐구하고자 하는 대상의 길이, 무게, 시간, 온도 등을 재는 것을 (측정 , 관찰)이라고 합니다.

3 이미 관찰하거나 경험하여 알고 있는 것에서 (   )을/를 찾아내면 더 쉽게 예상할 수 있습니다.

정답 **1** 관찰 **2** 측정 **3** 규칙

(2) 공룡의 흔적을 탐구해 볼까요?

1 과학자처럼 분류하기

(1) **분류**: 탐구 대상의 공통점과 차이점을 바탕으로 무리 짓는 것입니다.

① 분류 기준을 정하는 방법: 탐구 대상을 관찰하여 대상들의 특징을 먼저 찾고, 그 중에서 한 가지를 선택하여 분류 기준을 세웁니다.

② 과학적인 분류 기준의 조건: 누가 분류하더라도 같은 분류 결과가 나와야 합니다.

(2) 공룡 무리 짓기

① 공룡을 두 무리로 나눌 수 있는 특징: 날개가 있는 것과 없는 것, 등에 돌기가 있는 것과 없는 것, 땅을 딛고 있는 다리가 네 개인 것과 아닌 것, 머리에 뿔이 있는 것과 없는 것 등

② 과학적인 분류 기준이 아닌 것: 귀여운 공룡과 귀엽지 않은 공룡, 무서운 공룡과 무섭지 않은 공룡 등 ➡ 사람에 따라 귀여움과 무서움의 기준이 다를 수 있으므로, 사람에 따라 기준이 달라지는 것은 과학적인 분류 기준이 아닙니다.

③ 한 가지 특징을 기준으로 공룡을 나누어 보기

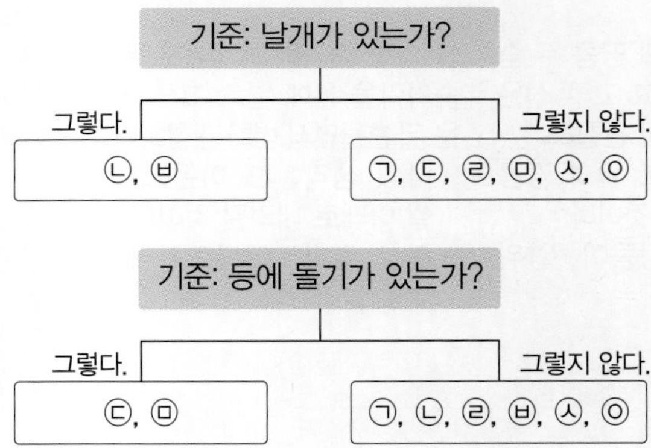

2 과학자처럼 추리하기

(1) **추리**: 관찰 결과, 과거 경험, 이미 알고 있는 것 등을 바탕으로 무슨 일이 일어났는지 생각하는 것입니다.

(2) 과학적인 추리 방법

① 탐구 대상을 다양하고 정확하게 관찰해야 합니다.

② 관찰한 것을 자신이 알고 있는 것과 과거 경험과 관련지어 생각해야 합니다.

③ 추리한 것이 관찰 결과를 모두 설명할 수 있어야 합니다.

◗ 공룡의 특징 이야기하기

• 티라노사우루스: 두 다리로 걸어 다니는 육식 공룡입니다.

• 브라키오사우루스: 목이 긴 초식 공룡입니다.

• 트리케라톱스: 얼굴에 뿔이 세 개 있습니다.

◗ 과학적인 분류 기준이 갖춰야 할 조건

• 누가 분류하더라도 같은 분류 결과가 나와야 합니다.
• 분류 기준은 객관적이어야 합니다.
• 분류 기준은 명확해야 합니다.
　예 크기가 큰가? (×)
　크기가 5 m 이상인가? (○)

낱말 사전

돌기 뾰족하게 내밀거나 도드라져 나온 부분
흔적 어떤 현상이나 실체가 없어졌거나 지나간 뒤에 남은 자국이나 자취

(3) 공룡의 흔적 탐구하기

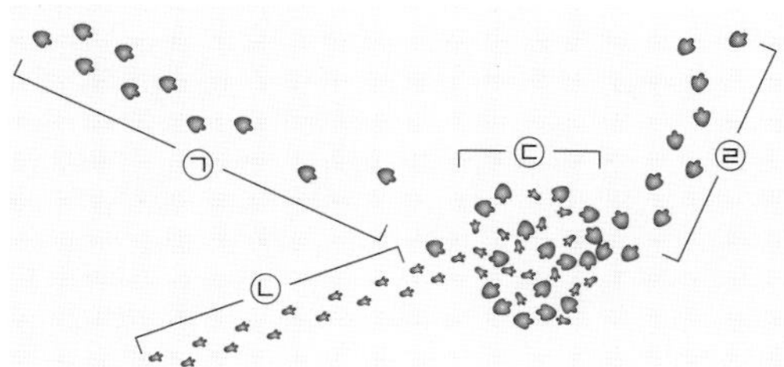

관찰한 내용		무슨 일이 일어났을지 추리하기
㉠의 큰 발자국 간격이 처음보다 점점 넓어진다.	➡	예 발이 큰 공룡이 처음에는 걸어가다가 갑자기 뛰었을 것이다.
㉡의 작은 발자국 간격은 일정하다.	➡	예 발이 작은 공룡은 일정한 빠르기로 걸었을 것이다.
㉢에는 큰 발자국과 작은 발자국이 복잡하게 찍혀 있다.	➡	예 발이 큰 공룡과 발이 작은 공룡이 몸싸움을 벌였을 것이다.
㉣에는 큰 발자국만 찍혀 있다.	➡	예 발이 큰 공룡이 발이 작은 공룡을 입에 물고 갔을 것이다.

▶ 공룡 발자국 관찰하고 추리하기
- 서로 다른 모양의 발자국이 찍혀 있으므로 서로 다른 종류의 공룡인 것 같습니다.
- 두 발자국이 점점 가까워지고 있으므로 두 종류의 공룡이 만난 것 같습니다.
- 발자국이 한 쌍씩 찍혀 있으므로 두 공룡은 모두 두 발로 걷는 공룡인 것 같습니다.
- 두 종류의 발자국이 복잡하게 찍혀 있으므로 두 공룡이 한 지역에서 많이 움직인 것 같습니다.

3 과학자처럼 의사소통하기

(1) 의사소통: 다른 사람과 생각이나 정보를 주고받는 것입니다.

(2) 과학적으로 의사소통하는 방법

① 정확한 용어를 사용하여 간단하게 설명해야 합니다.

② 표, 그림, 몸짓 등과 같은 다양한 방법을 사용합니다.

(3) 추리한 내용 설명하기

① 내가 추리한 내용을 이야기로 만들어 발표하기 예

> 발이 작은 공룡이 깊은 생각을 하며 걸어가고 있었다. 발이 큰 공룡은 멀리서 발이 작은 공룡을 발견하고 살금살금 걸어갔다. 그러다가 잡을 수 있는 거리가 되었을 때 뛰어가서 발이 작은 공룡을 덮쳤다. 깜짝 놀란 발이 작은 공룡은 잡아먹히지 않으려고 발이 큰 공룡과 몸싸움을 벌였다. 그러나 결국 발이 큰 공룡이 이겨서 발이 작은 공룡을 입에 물고 집으로 돌아갔다.

② 친구들의 이야기를 듣고 궁금한 점을 질문하기 예

- 발이 작은 공룡이 깊은 생각을 하며 걸어가고 있다고 생각하는 까닭은 무엇일까?
- 몸싸움을 벌였다면 발자국 말고 넘어진 흔적 같은 것이 남아 있어야 하지 않을까?

▶ 나의 생각이나 탐구 결과를 잘 발표하기 위한 방법

예 공룡 발자국으로 알 수 있는 사실 발자국 간격과 방향의 변화를 숫자, 화살표 등을 사용하여 눈에 띄게 표현한다면 탐구 결과를 친구들에게 더 잘 전달할 수 있습니다.

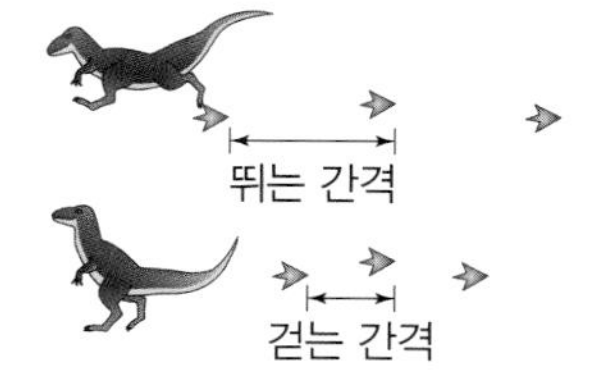

개념 확인 문제

1 분류란 관찰 대상의 공통점과 차이점을 바탕으로 ( ) 짓는 것입니다.

2 관찰 결과, 과거 경험, 이미 알고 있는 것 등을 바탕으로 무슨 일이 일어났는지 생각하는 것을 (예언 , 추리)(이)라고 합니다.

3 ( )은/는 다른 사람과 생각이나 정보를 주고받는 것입니다.

정답 1 무리 2 추리 3 의사소통

2 단원

물질의 성질

친구들이 생일 파티를 하고 있습니다. 예쁜 플라스틱 그릇에 케이크, 빵, 과자, 음료수 등이 담겨 있고, 벽에는 고무로 만든 알록달록 풍선들이 장식되어 있습니다. 이처럼 우리 주위에는 다양한 물질의 성질을 이용하여 만든 물체들이 많이 있습니다.

이 단원에서는 우리 주위의 물체들이 어떤 물질로 이루어져 있고, 각각의 물질이 어떤 성질을 가지고 있는지 알아봅니다. 또 서로 다른 물질을 섞었을 때의 변화에 대해서도 배웁니다.

단원 학습 목표

(1) 물체와 물질: 물체가 어떤 물질로 만들어졌는지 알아봅니다.
(2) 물질의 성질과 기능: 여러 가지 물질이 어떤 성질과 기능을 가졌는지 알아봅니다.
(3) 물질의 성질과 변화: 서로 다른 물질을 섞으면 물질의 성질이 어떻게 변하는지 알아봅니다.

단원 진도 체크

회차	학습 내용		진도 체크
1차	(1) 물체와 물질	교과서 내용 학습 + 핵심 개념 문제	✓
2차		실전 문제 + 서술형·논술형 평가	✓
3차	(2) 물질의 성질과 기능	교과서 내용 학습 + 핵심 개념 문제	✓
4차		실전 문제 + 서술형·논술형 평가	✓
5차	(3) 물질의 성질과 변화	교과서 내용 학습 + 핵심 개념 문제	✓
6차		실전 문제 + 서술형·논술형 평가	✓
7차	대단원 정리 학습 + 대단원 마무리 + 수행 평가 미리 보기		✓

해당 부분을 공부한 후 ✓표를 하세요.

Happy Birthday
오렌지 주스

(1) 물체와 물질

▶ 나무로 이루어진 물체들

▲ 책상

▲ 의자

▲ 서랍장

나무는 구하기 쉽고 다양한 모양으로 만들기도 쉬워서 생활용품의 재료로 널리 사용되는 물질입니다.

▶ 고무

고무는 열대산 고무나무 껍질에서 분비되는 액체를 응고시킨 생고무를 주원료로 만든 물질입니다.

낱말 사전

금속 열이나 전기를 잘 전달하고, 펴지고 늘어나는 성질이 있으며 특수한 광택을 지닌 물질을 통틀어서 말함.

블록 쌓아 올려 다양한 모양을 만들 수 있는 장난감

1 물체와 물질

(1) **물체**: 모양이 있고 공간을 차지하고 있는 것입니다.

① 물체에는 컵, 어항, 책상, 의자, 인형, 옷, 야구 방망이, 그릇, 공, 자전거 등이 있습니다.

② 물체는 우리 주변에서 흔하게 볼 수 있습니다.

(2) **물질**: 물체를 만드는 재료입니다.

① 물질에는 금속, 플라스틱, 나무, 고무, 밀가루, 유리, 종이, 섬유, 가죽 등이 있습니다.

② 철, 구리, 알루미늄 등은 금속에 속하는 물질입니다.

2 물체가 어떤 물질로 만들어졌는지 알아보기

(1) 다양한 물질로 이루어진 물체

물질	물체
금속	▲ 자물쇠 ▲ 가위 ▲ 못 ▲ 열쇠 ▲ 클립 ▲ 그릇
플라스틱	▲ 장난감 블록 ▲ 가위 ▲ 자 ▲ 탁구공 ▲ 바구니
나무	▲ 주걱 ▲ 의자 ▲ 연필
고무	▲ 고무줄 ▲ 풍선 ▲ 장갑 ▲ 지우개
밀가루	◀ 빵 ◀ 과자
유리	◀ 어항 ◀ 컵
종이	◀ 책 ◀ 상자
섬유	◀ 인형 ◀ 옷
가죽	◀ 야구 장갑 ◀ 축구공

① 플라스틱은 장난감 블록, 가위, 자, 바구니 등을 만드는 재료입니다.
② 주걱, 의자, 연필은 나무로 만들어졌습니다.
③ 종이로 책, 상자 등의 물체를 만들 수 있습니다.
④ 빵, 과자를 만드는 재료는 밀가루입니다.

3 여러 가지 물질의 성질

(1) 물질의 고유한 성질
① 물체를 이루고 있는 물질은 저마다 독특한 성질이 있습니다.
② 물질의 고유한 성질: 색깔, 단단한 정도, 휘는 정도, 물에 뜨는 정도, 손으로 만졌을 때의 느낌 등

(2) 네 가지 막대의 성질 비교하기
① 단단한 정도
- 금속 막대 > 플라스틱 막대 > 나무 막대 > 고무 막대

▲ 나무 막대로 플라스틱 막대를 긁을 때

▲ 플라스틱 막대로 나무 막대를 긁을 때

② 휘는 정도
- 고무 막대는 잘 구부러지지만, 나머지 막대는 구부러지지 않습니다.

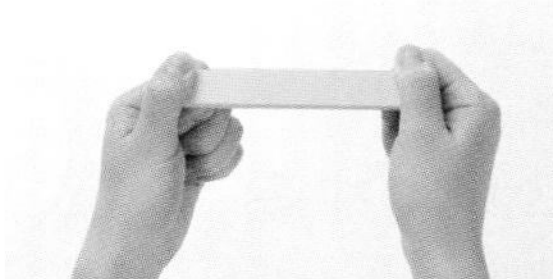
▲ 플라스틱 막대를 구부릴 때

▲ 고무 막대를 구부릴 때

③ 물에 뜨는 정도
- 나무 막대, 플라스틱 막대는 물에 뜨지만, 금속 막대, 고무 막대는 물에 가라앉습니다.

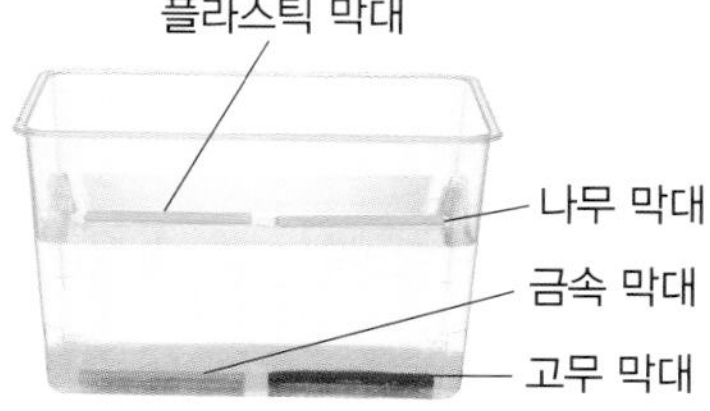
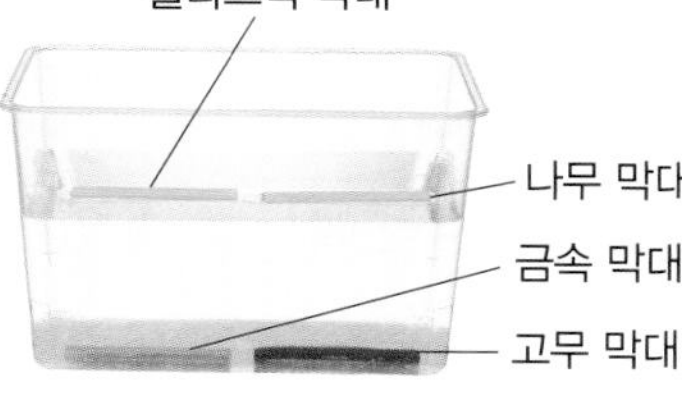

▲ 여러 가지 막대를 물에 넣었을 때

4 여러 가지 물질의 성질과 그것을 이용한 예 알아보기

(1) 금속의 성질
① 다른 물질보다 단단합니다.
② 광택이 있습니다.
③ 들어 보았을 때 무겁습니다.

▲ 단단하고 광택이 있는 금속

▲ 나무보다 단단한 금속

장난감을 이루고 있는 물질

- 장난감 자동차는 금속으로 만들어져 단단하고, 잘 부서지지 않습니다.
- 오리 인형은 고무로 만들어져 물렁물렁하고, 모양이 잘 변합니다.

단단한 금속이 이용되는 예

▲ 목공용 끌

▲ 전기톱

- 목공용 끌은 단단한 금속으로 되어 있어 그보다 덜 단단한 나무를 조각할 때 이용됩니다.
- 전기톱의 날도 금속으로 되어 있어 나무를 자를 때 이용합니다.

개념 확인 문제

1 (   )은/는 물체를 만드는 재료입니다.
2 (고무 , 금속 , 나무 , 플라스틱) 막대는 손으로 잡고 구부리면 잘 구부러집니다.
3 다른 물질보다 단단하고 광택이 있는 물질은 (금속 , 유리)입니다.

정답 1 물질 2 고무 3 금속

교과서
내용 학습

▶ 플라스틱의 좋은 점
- 플라스틱에 일정한 온도를 가하면 물렁물렁해지므로 이것을 틀로 누르면 어떤 모양이든지 손쉽게 만들 수 있습니다.
- 잘 분해되지 않고, 금속과 달리 녹이 슬지 않습니다.
- 가벼우면서도 튼튼하고, 어떤 색깔로도 쉽게 만들 수 있습니다.

▶ 우리 주변에서 볼 수 있는 다양한 물질로 만든 물체들

▲ 어항-유리

▲ 공책-종이

▲ 옷-섬유

▲ 신발-가죽

낱말 사전

광택 빛이 반사되어 물체의 표면에서 반짝거리는 빛이 생기는 것

고유한 원래부터 가지고 있는 특유한

(2) 플라스틱의 성질

① 금속보다 가볍습니다.

② 딱딱하고 부드럽습니다.

③ 광택이 있습니다.

④ 다양한 색깔과 모양의 물체를 다른 물질보다 쉽게 만들 수 있습니다.

▲ 다양한 모양으로 쉽게 만들 수 있는 플라스틱

(3) 나무의 성질

① 금속보다 가볍습니다.

② 고유한 향과 무늬가 있습니다.

▲ 물에 뜨는 나무

▲ 향과 무늬가 있는 나무

(4) 고무의 성질

① 쉽게 구부러집니다.

② 당기면 늘어났다가 놓으면 다시 돌아옵니다.

③ 잘 미끄러지지 않습니다.

④ 물에 젖지 않습니다.

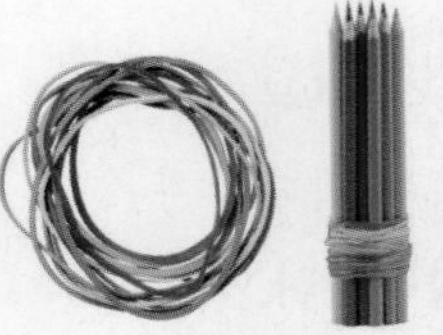
▲ 당기면 늘어나는 고무

▲ 잘 미끄러지지 않는 고무

5 우리 주변에서 볼 수 있는 여러 가지 물질의 성질

물질	성질
유리	• 투명하다. • 다른 물체와 부딪치면 잘 깨진다.
종이	• 잘 찢어지고, 접을 수 있다. • 물에 잘 젖는다.
섬유	• 손으로 만지면 부드럽고, 접을 수 있다. • 잘 찢어지지 않고, 질기다. • 물에 잘 젖는다.
가죽	• 잘 찢어지지 않고, 질기다.

개념 확인 문제

1 (플라스틱 , 금속)은 다양한 모양과 색깔을 다른 물질보다 쉽게 만들 수 있습니다.

2 나무는 금속보다 (가볍습니다 , 무겁습니다).

3 (고무 , 종이)는 쉽게 구부러지고, 당기면 늘어났다가 놓으면 다시 돌아옵니다.

정답 1 플라스틱 2 가볍습니다 3 고무

이제 실험 관찰로 알아볼까? 물질의 성질 알아보기

[준비물] 금속 막대, 플라스틱 막대, 나무 막대, 고무 막대, 물이 담긴 수조

[실험 방법]

① 금속 막대, 플라스틱 막대, 나무 막대, 고무 막대를 자유롭게 관찰해 봅시다.

② 네 가지 막대를 서로 긁어 보면서 가장 단단한 막대는 어떤 물질로 이루어져 있는지 알아봅시다.

③ 네 가지 막대를 구부려 보면서 가장 잘 휘는 막대는 어떤 물질로 이루어져 있는지 알아봅시다.

④ 물이 담긴 수조에 네 가지 막대를 넣어 보면서 물에 뜨는 막대와 물에 가라앉는 막대는 어떤 물질로 이루어져 있는지 알아봅시다.

⑤ 막대를 이루고 있는 네 가지 물질의 다양한 성질을 찾아 정리해 봅시다.

▲ 물에 넣어 보기

주의할 점
- 물질의 단단하기를 비교할 때 서로 부딪치거나 쳐 보는 경우가 있는데 이것은 단단하기를 비교하는 것이 아니라 물체의 세기를 비교하는 것입니다.
- 플라스틱이나 나무, 고무는 종류에 따라 물에 뜨는 것과 물에 가라앉는 것이 있습니다.

[실험 결과]

① 물질을 긁어 보기

단단한 정도	• 두 물질의 막대를 서로 긁었을 때 잘 긁히는 물질일수록 덜 단단함. • 금속 막대가 가장 긁히지 않음.
가장 단단한 물질	금속

② 물질을 구부려 보기

휘는 정도	고무 막대는 잘 구부러지고 나머지 막대는 잘 구부러지지 않음.
가장 잘 휘는 물질	고무

③ 물질이 물에 뜨는 정도

물에 뜨는 것	물에 가라앉는 것
나무 막대, 플라스틱 막대	금속 막대, 고무 막대

중요한 점
- 물질마다 단단한 정도가 서로 다릅니다.
- 물질마다 휘는 정도가 서로 다릅니다.

탐구 문제

정답과 해설 2쪽

1 다음 중 가장 단단한 막대는 어느 것입니까? (　　)

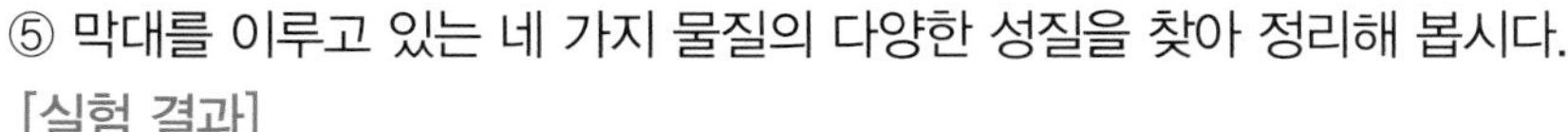

① ▲ 금속 막대　② ▲ 나무 막대

③ ▲ 고무 막대　④ ▲ 플라스틱 막대

2 물이 담긴 수조에 금속 막대, 플라스틱 막대, 나무 막대, 고무 막대를 넣어 보았을 때 수조 바닥에 가라앉는 막대를 모두 쓰시오.

(　　　　　,　　　　　)

핵심 개념 문제

개념 1 물체와 물질의 개념을 묻는 문제

(1) 모양이 있고 공간을 차지하고 있는 것을 물체라고 함.
(2) 물체의 종류에는 컵, 어항, 책상, 의자, 인형, 옷, 야구 방망이, 그릇, 공, 자전거 등이 있음.
(3) 물체를 만드는 재료를 물질이라고 함.
(4) 물질의 종류에는 금속, 플라스틱, 나무, 고무, 밀가루, 유리, 종이, 섬유, 가죽 등이 있음.

01 컵, 어항, 책상, 의자 등 물체를 만드는 재료를 무엇이라고 하는지 쓰시오.

( )

02 물질의 종류에 해당하지 않는 것은 어느 것입니까? ( )

① 유리
② 고무
③ 나무
④ 어항
⑤ 플라스틱

개념 2 물체가 어떤 물질로 만들어졌는지 묻는 문제

다양한 물질로 이루어진 물체

물질	물체
금속	자물쇠, 가위, 못, 열쇠, 클립, 그릇
플라스틱	장난감 블록, 가위, 탁구공, 바구니
나무	주걱, 의자, 연필
고무	고무줄, 풍선, 고무장갑, 지우개
밀가루	빵, 과자
유리	어항, 유리컵
종이	책, 종이 상자
섬유	인형, 옷
가죽	야구 장갑, 축구공

03 금속으로 만들어진 물체는 어느 것입니까? ( )

①

②

③

④

⑤
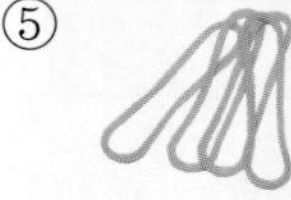

중요

04 물질과 그 물질로 만들어진 물체를 잘못 짝 지은 것은 어느 것입니까? ( )

① 금속 – 못
② 나무 – 클립
③ 고무 – 풍선
④ 가죽 – 축구공
⑤ 플라스틱 – 탁구공

정답과 해설 2쪽

개념 3 네 가지 막대의 성질을 비교하는 문제

(1) 나무 막대, 금속 막대, 고무 막대, 플라스틱 막대를 서로 긁어 단단한 정도를 비교했을 때, 금속 막대가 가장 단단함.

(2) 고무 막대는 잘 구부러지지만 나머지 막대는 구부러지지 않음.

(3) 나무 막대, 플라스틱 막대는 물에 뜨지만, 금속 막대, 고무 막대는 물에 가라앉음.

05 다음 보기의 막대들을 서로 긁어 보았을 때 긁히지 않는 가장 단단한 막대를 골라 기호를 쓰시오.

보기
㉠ 나무 막대
㉡ 금속 막대
㉢ 고무 막대
㉣ 플라스틱 막대

( )

06 물이 담긴 수조에 금속 막대, 플라스틱 막대, 나무 막대, 고무 막대를 넣었을 때 물 위에 뜨는 것끼리 짝 지어진 것은 어느 것입니까? ( )

① 금속 막대, 나무 막대
② 나무 막대, 고무 막대
③ 금속 막대, 플라스틱 막대
④ 고무 막대, 플라스틱 막대
⑤ 나무 막대, 플라스틱 막대

개념 4 금속과 플라스틱의 성질을 묻는 문제

금속의 성질	플라스틱의 성질
• 다른 물질보다 단단함. • 광택이 있음. • 들어 보면 무거움.	• 금속보다 가벼움. • 딱딱하고 부드러움. • 광택이 있음. • 다양한 색깔과 모양의 물체를 다른 물질보다 쉽게 만들 수 있음.

07 다음 보기에서 금속의 성질에 해당하지 않는 것을 골라 기호를 쓰시오.

보기
㉠ 광택이 있다.
㉡ 들어 보면 무겁다.
㉢ 다른 물질보다 단단하다.
㉣ 다양한 색깔과 모양의 물체를 쉽게 만들 수 있다.

( )

08 다음의 물체들은 어느 물질로 만들어진 것입니까? ( )

① 금속
② 나무
③ 고무
④ 유리
⑤ 플라스틱

개념 5 나무와 고무의 성질을 묻는 문제

나무의 성질	고무의 성질
• 금속보다 가벼움. • 고유한 향과 무늬가 있음.	• 쉽게 구부러짐. • 당기면 늘어났다가 놓으면 다시 돌아옴. • 잘 미끄러지지 않음. • 물에 젖지 않음.

09 나무와 고무 중 고유한 향과 무늬가 있는 물질은 무엇인지 쓰시오.

( )

ㄷ중요ㄷ

10 고무의 성질로 옳지 않은 것은 어느 것입니까? ( )

① 광택이 있다.
② 쉽게 구부러진다.
③ 물에 젖지 않는다.
④ 잘 미끄러지지 않는다.
⑤ 당기면 늘어났다가 놓으면 다시 돌아온다.

개념 6 유리, 종이, 섬유, 가죽의 성질을 묻는 문제

(1) 유리는 투명하고 다른 물체와 부딪치면 잘 깨짐.
(2) 종이는 잘 찢어지고 접을 수 있으며, 물에 잘 젖음.
(3) 섬유는 손으로 만지면 부드럽고 접을 수 있으며, 잘 찢어지지 않고 질김. 물에 잘 젖음.
(4) 가죽은 잘 찢어지지 않고 질김.

11 접을 수 있으며 물에 잘 젖는 성질이 있는 물질을 보기에서 두 가지 골라 기호를 쓰시오.

보기

㉠ 유리 ㉡ 종이
㉢ 섬유 ㉣ 나무

(,)

12 투명하고 다른 물체와 부딪치면 잘 깨지는 물질은 어느 것입니까? ( )

① 종이 ② 유리
③ 나무 ④ 가죽
⑤ 섬유

중단원 실전 문제

정답과 해설 2쪽

01 물질에 대해 옳게 설명한 친구의 이름을 쓰시오.

유나: 물체를 만드는 재료야.
연수: 구체적인 모양이 있는 물건이야.
훈이: 컵, 어항, 책상, 의자 등의 종류가 있어.

(　　　　　　　　)

중요

02 다음 물체를 이루고 있는 물질은 무엇입니까? (　　)

▲ 클립　　▲ 그릇

① 유리　② 금속
③ 고무　④ 나무
⑤ 플라스틱

03 다음 물체들을 만드는 데 사용된 공통된 물질은 무엇입니까? (　　)

▲ 빵

▲ 과자

① 고무　② 모래
③ 나무　④ 금속
⑤ 밀가루

04 다음 보기 에서 물체에 해당하는 것을 골라 기호를 쓰시오.

보기

㉠ 금속　㉡ 고무
㉢ 나무　㉣ 연필
㉤ 플라스틱

(　　　　　　　　)

05 다음 물체를 만들 때 사용한 물질과 같은 물질로 만들어진 물체는 어느 것입니까? (　　)

① 책　② 인형
③ 풍선　④ 유리컵
⑤ 야구 글러브

06 여러 가지 물질과 물체에 대한 설명으로 옳지 않은 것은 어느 것입니까? (　　)

① 빵, 과자를 만드는 재료는 밀가루이다.
② 주걱, 의자, 연필은 나무로 만들어졌다.
③ 자물쇠, 열쇠, 못은 가죽으로 만들어졌다.
④ 종이로 책, 상자 등의 물체를 만들 수 있다.
⑤ 플라스틱은 장난감 블록, 자, 바구니 등을 만드는 재료이다.

07 고무 막대, 금속 막대, 나무 막대, 플라스틱 막대를 준비하여 다음과 같이 서로 긁어 보았습니다. 이때 막대가 긁히는 경우를 골라 기호를 쓰시오.

㉠ 고무 막대로 금속 막대를 긁었을 때
㉡ 금속 막대로 나무 막대를 긁었을 때
㉢ 나무 막대로 플라스틱 막대를 긁었을 때

( )

08 다음과 같이 플라스틱 막대와 금속 막대를 서로 긁어 보았더니 플라스틱 막대가 긁혔습니다. 이 실험 결과를 통해 알 수 있는 사실은 어느 것입니까? ( )

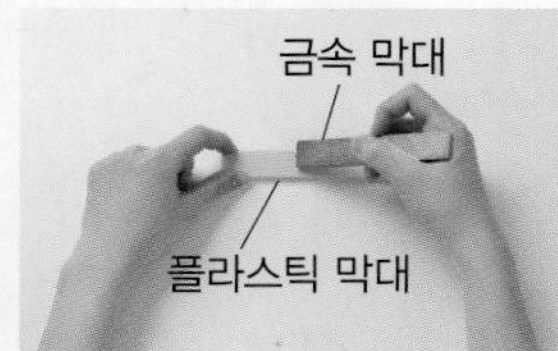

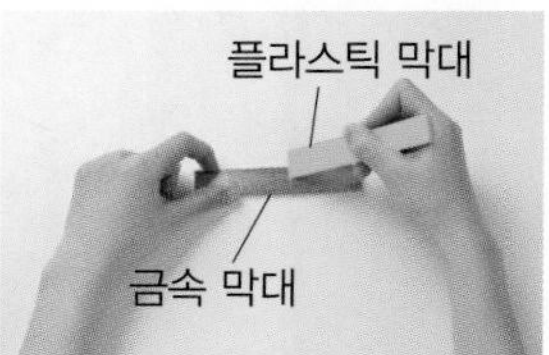

① 금속이 플라스틱보다 무겁다.
② 플라스틱이 금속보다 무겁다.
③ 금속이 플라스틱보다 단단하다.
④ 플라스틱이 금속보다 단단하다.
⑤ 플라스틱이 금속보다 잘 구부러진다.

09 다음 중 가장 단단한 물질은 어느 것입니까? ( )

① 나무 ② 고무
③ 유리 ④ 금속
⑤ 플라스틱

10 고무의 성질을 옳게 설명한 것을 두 가지 고르시오. (,)

① 쉽게 구부러진다.
② 투명하고 잘 깨진다.
③ 단단하고 광택이 있다.
④ 고유한 향과 무늬가 있다.
⑤ 잡아당기면 늘어났다가 놓으면 다시 돌아오는 성질이 있다.

중요

11 다음과 같이 물이 담긴 수조에 넣었을 때 물에 뜨는 것을 모두 골라 기호를 쓰시오.

㉠ 나무 막대 ㉡ 금속 막대
㉢ 고무 막대 ㉣ 플라스틱 막대

(,)

12 다음 물체를 이루고 있는 물질은 무엇입니까? ( )

▲ 미끄럼틀

① 유리 ② 고무
③ 금속 ④ 가죽
⑤ 플라스틱

13 중요
다음과 같은 성질이 있는 물질로 만든 물체는 어느 것입니까? ( )

- 손으로 잡고 구부리면 잘 휘어진다.
- 당기면 잘 늘어나고, 물에 젖지 않는다.

① 
② 
③ 
④ 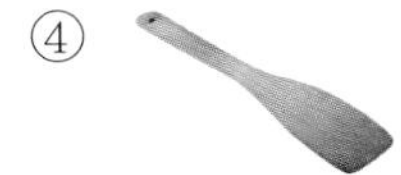
⑤ 

14 다음 물체를 만드는 데 사용된 물질이 공통으로 갖는 성질은 무엇입니까? ( )

① 단단하다.
② 투명하다.
③ 잘 깨진다.
④ 잘 늘어난다.
⑤ 접을 수 있다.

15 다음 물체를 만드는 데 사용된 물질의 성질을 옳게 설명한 것은 어느 것입니까? ( )

① 단단하다.
② 물에 뜬다.
③ 잘 접힌다.
④ 잘 깨진다.
⑤ 잘 늘어난다.

16 유리에 대한 설명으로 옳지 않은 것은 어느 것입니까? ( )

① 투명하다.
② 접을 수 있다.
③ 어항을 만들 수 있다.
④ 유리컵을 만들 수 있다.
⑤ 다른 물체와 부딪치면 잘 깨진다.

17 다음 중 가죽으로 만든 물체는 어느 것입니까? ( )

① 
② 
③ 
④ 
⑤ 

18 다음은 우리 주변에서 찾은 물질의 성질을 정리한 것입니다. 빈칸에 들어갈 물질을 잘못 짝 지은 것은 어느 것입니까? ( )

물질	성질
㉠	투명하고, 잘 깨진다.
㉡	고유한 향과 무늬가 있다.
㉢	잘 찢어지고 물에 잘 젖는다.
㉣	부드럽고 접을 수 있고, 물에 잘 젖는다.
㉤	잘 찢어지지 않고, 질기다.

① ㉠－유리
② ㉡－고무
③ ㉢－종이
④ ㉣－섬유
⑤ ㉤－가죽

서술형·논술형 평가 돋보기

학교에서 출제되는 서술형·논술형 평가를 미리 준비하세요.

연습 문제

1 여러 가지 물체를 보고, 물음에 답하시오.

▲ 그릇 ▲ 주걱 ▲ 의자 ▲ 클립

(1) 위 물체들은 각각 어떤 물질로 만들었는지 쓰시오.

그릇과 클립은 (　　　　　　)(으)로 만들었고, 주걱과 의자는 (　　　　　　)(으)로 만들었다.

(2) 위 물체들을 만든 물질의 성질을 각각 쓰시오.

- 금속은 (　　　　　　　　　　).
- 나무는 고유한 (　　　　　　　　　　)이/가 있다.

문제 해결 전략
같은 물질로 다양한 물체를 만들 수 있습니다. 물체는 네 가지이지만 그릇과 클립을 만든 물질과, 주걱과 의자를 만든 물질은 같습니다. 금속과 나무의 성질도 생각해 봅니다.

핵심 키워드
물질, 금속, 나무

2 다음을 보고, 물음에 답하시오.

(1) ㉠과 ㉡은 각각 물질의 어떤 성질을 이용하여 만든 물체인지 쓰시오.

㉠은 (　　　　　　) 성질을, ㉡은 (　　　　　　) 성질을 이용하여 만들었다.

(2) 위 ㉠과 ㉡에 사용된 물질로 만들 수 있는 물체에는 어떤 것들이 더 있는지 각각 쓰시오.

- ㉠에 사용된 물질로 만든 물체에는 (　　　　　　) 등이 있다.
- ㉡에 사용된 물질로 만든 물체에는 (　　　　　　) 등이 있다.

문제 해결 전략
고무는 당기면 늘어나는 성질이 있습니다. 금속은 다른 물질보다 단단한 성질이 있습니다. 이러한 성질을 이용하여 만들 수 있는 물체들을 생각해 봅니다.

핵심 키워드
물체, 고무, 플라스틱

정답과 해설 3쪽

실전 문제

1 보기 에서 물질과 물체에 해당하는 것은 각각 무엇인지 쓰시오.

보기

과자, 밀가루, 바구니, 풍선,
고무, 페트병, 나무, 책상

2 보기 의 막대들을 보고, 물음에 답하시오.

보기

(1) 위 막대들을 각각 손으로 잡고 구부려 보았을 때 어떻게 되는지 쓰시오.

(   )는 잘 구부러지지만, 나머지 막대들은 구부러지지 않는다.

(2) 위 (1)의 답에 해당하는 막대를 물이 담긴 수조에 넣으면 어떻게 되는지 쓰시오.

3 다음을 보고, 물음에 답하시오.

▲ 미끄럼틀

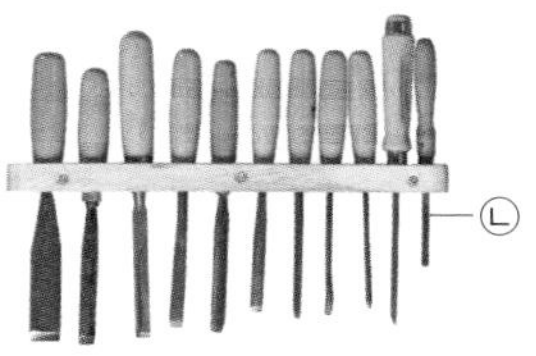

▲ 목공용 끌

(1) 위 물체들의 ㉠과 ㉡에 공통적으로 사용된 물질을 쓰시오.

(   )

(2) 위 물체들의 ㉠과 ㉡을 (1)과 같은 물질로 만든 까닭을 각각 물질의 성질과 관련지어 쓰시오.

4 다음 (   ) 안에 들어갈 물질이 무엇인지, 그 물질의 성질과 관련지어 설명하시오.

연아: 운동화가 미끄러워서 넘어질 뻔 했어요.
엄마: 그래? 바닥이 (   )(으)로 된 운동화를 새로 사야겠구나.

(2) 물질의 성질과 기능

▶ 교실에서 볼 수 있는 물체 살펴보기
- 교실에는 연필, 필통, 자, 가위, 책상, 의자, 쓰레받기 등 여러 가지 물체가 있습니다.
- 이들은 여러 가지 물질로 이루어져 있습니다.
- 각 물체들은 기능에 알맞은 물질로 만들어져 있어 우리가 편리하게 사용할 수 있습니다.

▶ 책상 상판이 플라스틱으로 만들어진 경우

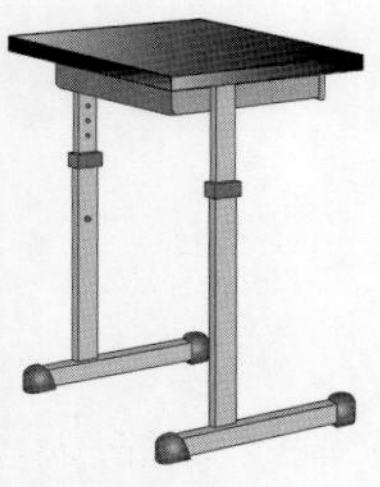

- 교실에 있는 책상의 종류에 따라 상판이 플라스틱으로 만들어진 경우도 있습니다.
- 플라스틱도 나무처럼 가볍고 단단한 성질이 있으므로 책상 상판으로 사용하기 알맞습니다.

낱말 사전

상판 책상 등에서 물건을 놓을 수 있는 널찍한 판 모양의 부분
받침 다른 물건의 밑에 댈 수 있게 만들어진 물건

1 한 가지 물질로 만들어진 물체

(1) 한 가지 물질로 만들어진 물체의 특징 알아보기

① 금속 고리: 금속으로 이루어져 있습니다.
- 다른 물질로 만들어진 물체보다 튼튼합니다.

② 고무줄: 고무로 이루어져 있습니다.
- 잘 늘어나고 다른 물체를 쉽게 묶을 수 있습니다.

③ 플라스틱 바구니: 플라스틱으로 이루어져 있습니다.
- 가벼우면서도 튼튼합니다.
- 다양한 색깔과 모양으로 만들어 사용할 수 있습니다.

▲ 금속 고리

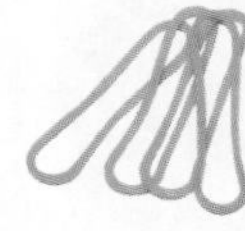
▲ 고무줄

▲ 플라스틱 바구니

2 두 가지 이상의 물질로 이루어진 물체의 특징

(1) 책상의 각 부분을 이루고 있는 물질의 특징 알아보기

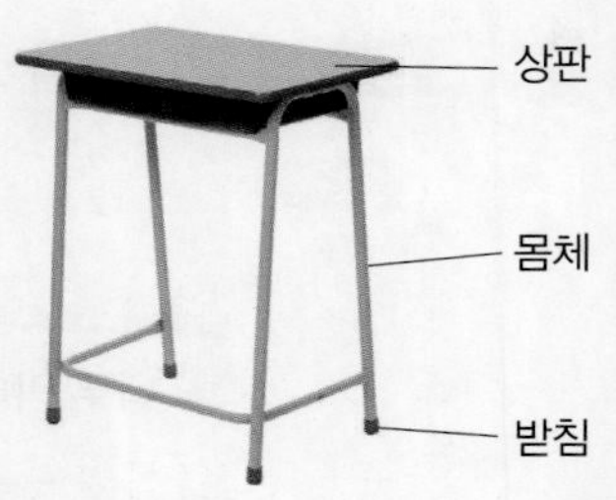

① 상판: 나무로 만들어졌습니다.
- 가벼우면서도 단단합니다.

② 몸체: 금속으로 만들어졌습니다.
- 잘 부러지지 않고 튼튼합니다.

③ 받침: 플라스틱으로 만들어졌습니다.
- 바닥이 긁히는 것을 줄여 줍니다.

(2) 의자의 각 부분을 이루고 있는 물질의 특징 알아보기

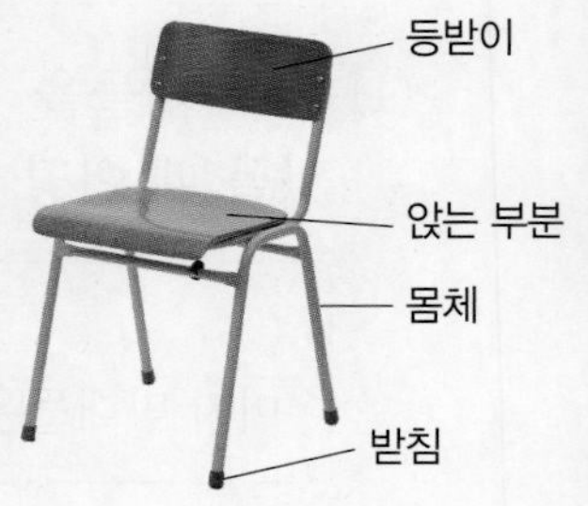

① 등받이와 앉는 부분: 나무로 만들어졌습니다.
- 가벼우면서도 단단합니다.

② 몸체: 금속으로 만들어졌습니다.
- 잘 부러지지 않고 튼튼합니다.

③ 받침: 플라스틱으로 만들어졌습니다.
- 바닥이 긁히는 것을 줄여 줍니다.

(3) 쓰레받기의 각 부분을 이루고 있는 물질의 특징 알아보기

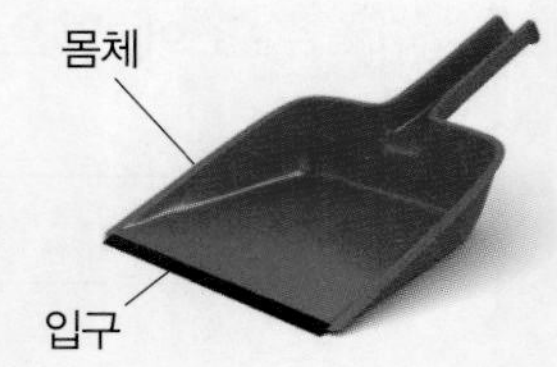

① 몸체: 플라스틱으로 만들어졌습니다.
- 가볍고 단단합니다.

② 입구: 고무로 만들어졌습니다.
- 바닥에 잘 달라붙어 작은 먼지도 쓸어 담기 좋습니다.

3 자전거의 각 부분을 이루고 있는 물질

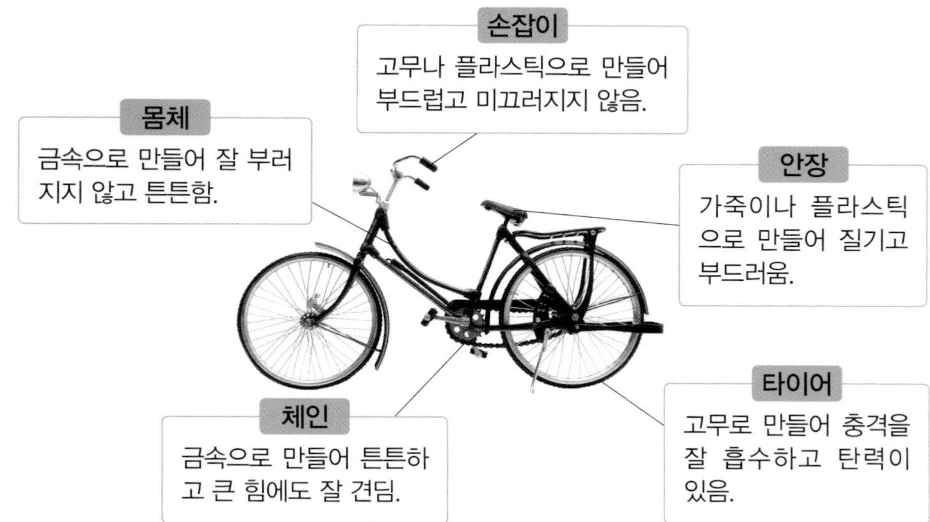
손잡이
고무나 플라스틱으로 만들어 부드럽고 미끄러지지 않음.
몸체
금속으로 만들어 잘 부러지지 않고 튼튼함.
안장
가죽이나 플라스틱으로 만들어 질기고 부드러움.
체인
금속으로 만들어 튼튼하고 큰 힘에도 잘 견딤.
타이어
고무로 만들어 충격을 잘 흡수하고 탄력이 있음.

4 여러 가지 컵의 좋은 점

(1) 우리 생활에서 사용하는 컵 살펴보기

▲ 금속 컵 ▲ 플라스틱 컵 ▲ 유리컵 ▲ 도자기 컵 ▲ 종이컵

(2) 여러 가지 컵을 이루고 있는 물질의 성질 알아보기

① 금속은 단단합니다.

② 플라스틱은 다양한 모양의 물체를 쉽게 만듭니다.

③ 유리는 투명합니다.

④ 도자기는 흙으로 구워 만들어 단단합니다.

⑤ 종이는 잘 찢어집니다.

(3) 여러 가지 컵의 좋은 점

컵의 종류	좋은 점
금속 컵	잘 깨지지 않고 튼튼합니다.
플라스틱 컵	가볍고, 단단하며, 모양과 색깔이 다양합니다.
유리컵	투명하여 무엇이 들어 있는지 쉽게 알 수 있습니다.
도자기 컵	음식을 오랫동안 따뜻하게 보관할 수 있습니다.
종이컵	싸고 가벼워 손쉽게 사용할 수 있습니다.

▸ 가위를 이루고 있는 물질

- 자르는 부분은 금속으로 만들어졌습니다.
- 손잡이 부분은 플라스틱으로 만들어졌습니다.

▸ 캠핑용 컵

- 캠핑용 컵은 금속 컵을 사용합니다.
- 금속은 단단하고 잘 깨지지 않아 휴대하기 편리하기 때문입니다.

개념 확인 문제

1 책상의 몸체는 (　　　)(으)로 만들어져 잘 부러지지 않고 튼튼합니다.

2 자전거의 타이어는 (　　　)(으)로 만들어져 충격을 잘 흡수합니다.

3 여러 가지 컵을 이루는 물질 중 (　　　)은/는 투명하고, (　　　)은/는 잘 찢어집니다.

정답 **1** 금속 **2** 고무 **3** 유리, 종이

교과서
내용 학습

◗『아기 돼지 삼 형제』의 집
- 아기 돼지 삼 형제는 서로 다른 물질로 집을 지었습니다.
- 첫째는 짚, 둘째는 나무, 셋째는 벽돌로 집을 지었습니다.

▲ 짚으로 만든 집

▲ 나무로 만든 집

▲ 벽돌로 만든 집

◗ 각각의 물질로 지은 집의 좋은 점
- 짚으로 지은 집: 빨리 지을 수 있고 바람이 잘 통합니다.
- 나무로 지은 집: 튼튼하고 향이 좋습니다.
- 벽돌로 지은 집: 매우 튼튼하고 비바람에도 잘 견딥니다.

낱말 사전

비닐 비닐 수지나 비닐 섬유를 이용하여 만든 제품을 통틀어 이르는 말. 유리, 옷감, 가죽 등의 대용품으로 쓰임.
섬유 가늘고 긴 실 모양의 물질 또는 그것으로 만든 직물. 천연 섬유와 합성 섬유가 있음.

5 여러 가지 장갑의 좋은 점

(1) 우리 생활 속에서 사용하는 장갑 살펴보기

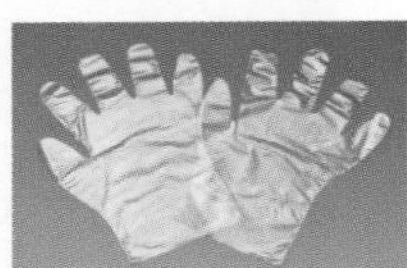
▲ 비닐(플라스틱)장갑

▲ 고무장갑

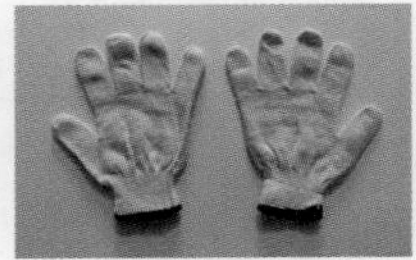
▲ 면(섬유)장갑

▲ 가죽 장갑

(2) 여러 가지 장갑의 좋은 점

장갑의 종류	좋은 점
비닐(플라스틱)장갑	• 투명하고 얇다. • 물이 들어오지 않는다.
고무장갑	• 질기고 미끄러지지 않는다. • 물이 들어오지 않는다.
면(섬유)장갑	• 부드럽고 따뜻하다.
가죽 장갑	• 질기고 부드러우며 따뜻하다. • 바람이 들어오지 않는다.

6 종류가 같은 물체를 서로 다른 물질로 만드는 까닭

(1) 종류가 같은 물체를 서로 다른 물질로 만든 예: 컵, 그릇, 장갑, 모자, 가방, 옷 등
(2) 종류가 같은 물체를 서로 다른 물질로 만드는 까닭
① 종류가 같은 물체라도 그 물체를 이루고 있는 물질에 따라 좋은 점이 서로 다릅니다.
② 물질의 성질에 따라 물체의 기능이 다르고, 서로 다른 좋은 점이 있습니다.
③ 생활 속에서는 물체의 기능을 고려하여 상황에 알맞은 것을 골라 사용합니다.

7 금속이나 유리로 만든 신발을 신는다면 생길 수 있는 일

(1) 금속으로 만든 신발: 신발이 구부러지지 않아 발이 불편할 것입니다.
(2) 유리로 만든 신발: 신발이 다른 물체에 부딪쳤을 때 쉽게 깨져 다칠 수 있습니다.

▲ 금속 신발

▲ 유리 신발

개념 확인 문제

1 비닐 장갑은 투명하고 (얇습니다 , 두껍습니다).

2 (가죽 , 비닐) 장갑은 질기고 부드러우며 따뜻합니다.

3 종류가 같은 물체라도 그 물체를 이루고 있는 (   )에 따라 좋은 점이 서로 다릅니다.

정답 1 얇습니다. 2 가죽 3 물질

이제 실험 관찰로 알아볼까?

물질의 성질이 우리 생활에서 어떻게 이용되는지 알아보기

[준비물] 금속 고리, 고무줄, 플라스틱 바구니, 책상, 쓰레받기

[실험 방법]

① 금속 고리, 고무줄, 플라스틱 바구니를 이루고 있는 물질을 알아보고, 각 물체를 그 물질로 만들면 어떤 점이 좋은지 이야기해 봅시다.

▲ 금속 고리 ▲ 고무줄 ▲ 플라스틱 바구니

② 책상을 이루고 있는 물질을 알아보고, 각 부분을 그 물질로 만들면 어떤 점이 좋은지 이야기해 봅시다.

③ 쓰레받기를 이루고 있는 물질을 알아보고, 각 부분을 그 물질로 만들면 어떤 점이 좋은지 이야기해 봅시다.

상판 / 몸체 / 받침

▲ 책상

몸체 / 입구

▲ 쓰레받기

주의할 점
- 책상 상판의 나무는 합판으로 만들어졌으며, 흠집 방지를 위해 표면을 플라스틱으로 코팅해 놓았습니다.
- 책상 중에는 상판이 플라스틱으로 만들어진 것도 있습니다.

[실험 결과]

① 금속 고리, 고무줄, 플라스틱 바구니를 이루는 물질

물체	물질	좋은 점
금속 고리	금속	다른 물질로 만들어진 물체보다 튼튼하다.
고무줄	고무	잘 늘어나고, 다른 물체를 쉽게 묶을 수 있다.
플라스틱 바구니	플라스틱	• 가벼우면서도 튼튼하다. • 다양한 색깔과 모양으로 만들어 사용할 수 있다.

중요한 점
물질마다 서로 다른 성질이 있기 때문에, 각 물체의 기능에 알맞은 물질을 선택하여 만들었습니다.

② 책상을 이루고 있는 물질의 좋은 점

부분	물질	좋은 점
상판	나무	가벼우면서도 단단하다.
몸체	금속	잘 부러지지 않고 튼튼하다.
받침	플라스틱	바닥이 긁히는 것을 줄여 준다.

③ 쓰레받기를 이루고 있는 물질의 좋은 점

부분	물질	좋은 점
몸체	플라스틱	가볍고 단단하다.
입구	고무	바닥에 잘 달라붙어 작은 먼지도 쓸어 담기 좋다.

탐구 문제

정답과 해설 4쪽

1 다음의 성질을 지닌 물체를 보기 에서 찾아 쓰시오.

보기
금속 고리, 고무줄, 플라스틱 바구니

(1) 다른 물질로 만들어진 물체보다 단단합니다.
( )

(2) 잘 늘어나고, 다른 물체를 쉽게 묶을 수 있습니다.
( )

2 다음 책상의 각 부분을 이루고 있는 물질을 쓰시오.

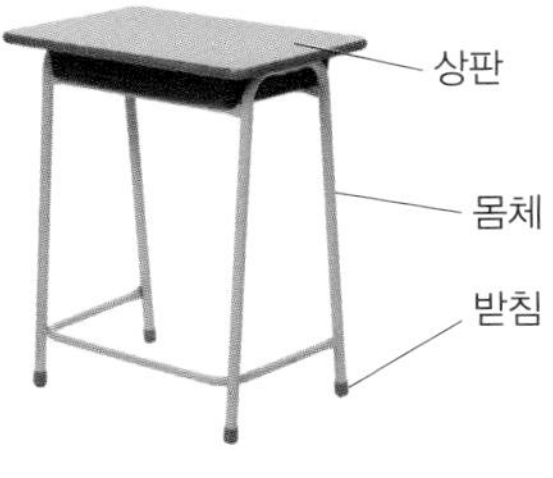

(1) 상판: ( )
(2) 몸체: ( )
(3) 받침: ( )

핵심 개념 문제

개념 1 한 가지 물질로 만들어진 물체를 묻는 문제

(1) 금속으로 만들어진 고리는 다른 물질로 만든 물체보다 튼튼함.
(2) 고무로 만들어진 고무줄은 잘 늘어나고, 다른 물체를 쉽게 묶을 수 있음.
(3) 플라스틱으로 만들어진 바구니는 가벼우면서도 튼튼하고, 다양한 색깔과 모양으로 만들어 사용할 수 있음.

01 다음 중 다른 물질로 만들어진 물체보다 튼튼하여 잘 부러지지 않는 물체를 골라 기호를 쓰시오.

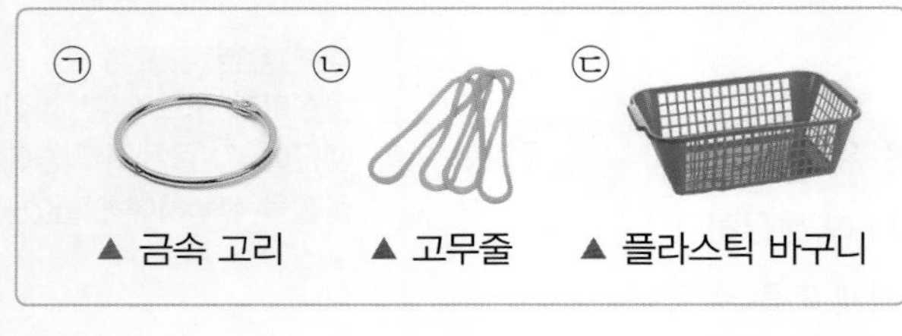

▲ 금속 고리 ▲ 고무줄 ▲ 플라스틱 바구니

( )

⊂중요⊃
02 다음 물체를 이루는 물질에 대한 설명으로 알맞지 않은 것은 어느 것입니까? ( )

① 잘 늘어난다.
② 가벼우면서 튼튼하다.
③ 플라스틱으로 이루어져 있다.
④ 다양한 색깔로 만들 수 있다.
⑤ 다양한 모양으로 만들 수 있다.

개념 2 두 가지 이상의 물질로 만들어진 물체를 묻는 문제

책상	• 상판: 나무로 만들어져 가벼우면서도 단단함. • 몸체: 금속으로 만들어져 잘 부러지지 않고 튼튼함. • 받침: 플라스틱으로 만들어져 바닥이 긁히는 것을 줄여 줌.
쓰레받기	• 몸체: 플라스틱으로 만들어져 가볍고 단단함. • 입구: 고무로 만들어져 바닥에 잘 달라붙어 작은 먼지도 쓸어 담기 좋음.

03 다음 책상의 상판을 이루고 있는 물질은 무엇입니까? ( )

① 고무 ② 나무
③ 금속 ④ 가죽
⑤ 플라스틱

04 오른쪽 쓰레받기를 이루고 있는 물질 두 가지를 바르게 짝 지은 것은 어느 것입니까? ( )

① 고무-나무
② 나무-금속
③ 금속-고무
④ 고무-플라스틱
⑤ 나무-플라스틱

정답과 해설 4쪽

개념 3 자전거의 각 부분을 이루는 물질을 묻는 문제

각 부분	이루고 있는 물질과 좋은 점
손잡이	고무나 플라스틱으로 만들어져 부드럽고 미끄러지지 않음.
몸체, 체인	금속으로 만들어져 튼튼함.
안장	가죽이나 플라스틱으로 만들어져 부드럽고 질김.
타이어	고무로 만들어져 충격을 잘 흡수함.

05 자전거의 몸체와 체인을 만들기에 적당한 물질은 무엇인지 쓰시오.

( )

중요

06 자전거의 ㉠ 부분을 만들기에 적당한 물질은 무엇입니까? ( )

① 금속 ② 나무
③ 고무 ④ 종이
⑤ 플라스틱

개념 4 여러 가지 물질로 만든 컵에 대해 묻는 문제

컵의 종류	좋은 점
금속 컵	잘 깨지지 않고 튼튼함.
플라스틱 컵	가볍고, 단단하며, 모양과 색깔이 다양함.
유리컵	투명하여 무엇이 들어 있는지 쉽게 알 수 있음.
도자기 컵	음식을 오랫동안 따뜻하게 보관할 수 있음.
종이컵	싸고 가벼워 손쉽게 사용할 수 있음.

07 다음과 같은 상황에서는 어떤 물질로 만든 컵을 사용하는 것이 좋을지 쓰시오.

> 컵에 든 내용물이 무엇인지 쉽게 알아볼 수 있어야 할 때

( )

08 다음 중 음식을 오랫동안 따뜻하게 보관하기 좋은 컵은 어느 것입니까? ( )

① 종이컵
② 유리컵
③ 금속 컵
④ 도자기 컵
⑤ 플라스틱 컵

핵심 개념 문제

개념 5 여러 가지 물질로 만든 장갑에 대해 묻는 문제

장갑의 종류	좋은 점
비닐(플라스틱) 장갑	• 투명하고 얇음. • 물이 들어오지 않음.
고무장갑	• 질기고 미끄러지지 않음. • 물이 들어오지 않음.
면(섬유)장갑	• 부드럽고 따뜻함.
가죽 장갑	• 질기고 부드러우며 따뜻함. • 바람이 들어오지 않음.

09 다음 장갑을 만든 물질은 무엇인지 쓰시오.

(　　　　　　　　)

10 다음의 장갑을 고무로 만들어서 좋은 점을 두 가지 고르시오. (　　,　　)

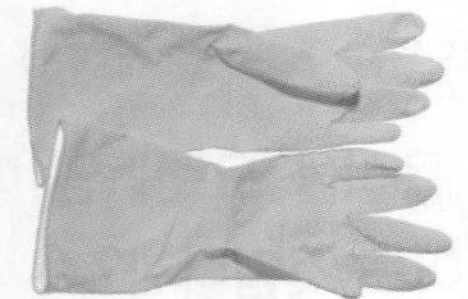

① 얇다.
② 질기다.
③ 투명하다.
④ 따뜻하다.
⑤ 물이 들어오지 않는다.

개념 6 종류가 같은 물체를 서로 다른 물질로 만드는 까닭을 묻는 문제

(1) 종류가 같은 물체라도 그 물체를 이루고 있는 물질에 따라 좋은 점이 서로 다름.
(2) 물질의 성질에 따라 물체의 기능이 다르고, 서로 다른 좋은 점이 있음.
(3) 생활 속에서는 물체의 기능을 고려하여 상황에 알맞은 것을 골라 사용함.
(4) 종류가 같은 물체를 서로 다른 물질로 만든 예: 컵, 그릇, 장갑, 모자, 가방, 옷 등

11 다음은 종류가 같은 물체를 서로 다른 물질로 만드는 까닭을 설명한 것입니다. (　　) 안에 공통으로 들어갈 알맞은 말을 쓰시오.

• 같은 물체라도 그 물체를 이루고 있는 (　　　　) 에 따라 좋은 점이 다르기 때문이다.
• (　　　　)의 성질에 따라 물체의 기능이 다르고, 서로 다른 좋은 점이 있기 때문이다.

(　　　　　　　　)

12 다음 물체들의 공통점에 대해 옳게 말한 친구의 이름을 쓰시오.

컵, 그릇, 장갑, 모자, 가방, 옷

연우: 서로 다른 물질로 만들 수 있는 물체라는 공통점이 있어.
선경: 한 가지 물질로만 만들 수 있는 물체라는 것이 공통점이야.

(　　　　　　　　)

중단원 실전 문제

정답과 해설 5쪽

[01~03] 다음 물체들을 보고, 물음에 답하시오.

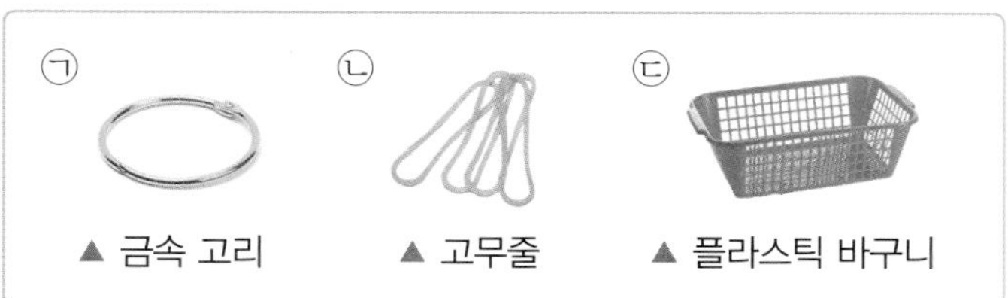

▲ 금속 고리 ▲ 고무줄 ▲ 플라스틱 바구니

01 위 물체들의 공통점을 설명한 것입니다. ( ) 안에 들어갈 알맞은 말을 쓰시오.

모두 ( ) 가지 물질로 이루어진 물체들이다.

( )

02 위의 ㉠ 물체와 같은 물질로 이루어진 물체를 한 가지 쓰시오.

( )

03 위의 ㉡ 물체에 대한 설명으로 옳지 않은 것은 어느 것입니까? ( )

① 당기면 잘 늘어난다.
② 고무로 이루어져 있다.
③ 한 가지 물질로 이루어져 있다.
④ 다른 물체를 쉽게 묶을 수 있다.
⑤ 다른 물체와 부딪치면 잘 깨진다.

중요

04 다음 보기 에서 두 가지 이상의 물질로 만들어진 물체를 모두 골라 기호를 쓰시오.

보기

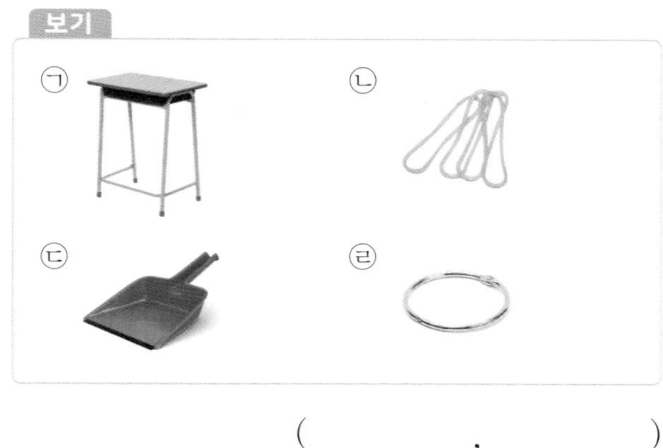

(,)

05 다음 책상의 각 부분을 이루고 있는 물질을 잘못 짝 지은 것을 골라 기호를 쓰시오.

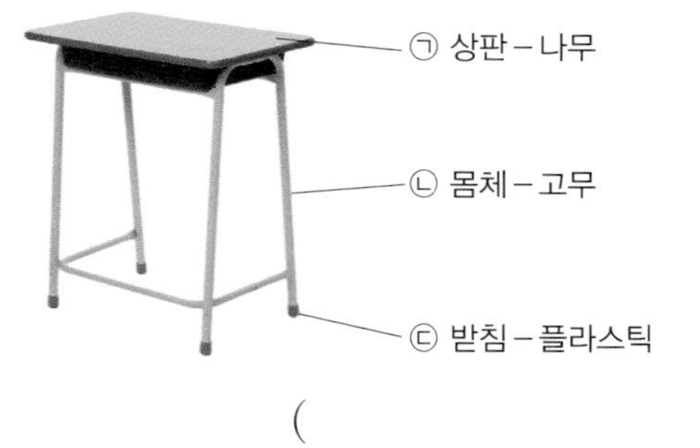

( )

06 오른쪽 쓰레받기의 입구를 이루고 있는 물질과 그 물질을 사용하면 좋은 점을 옳게 설명한 것은 어느 것입니까? ( )

① 고무로 되어 있어 잘 늘어난다.
② 플라스틱으로 되어 있어 가볍고 단단하다.
③ 나무로 되어 있어 먼지를 잘 쓸어 담을 수 있다.
④ 고무로 되어 있어 먼지를 잘 쓸어 담을 수 있다.
⑤ 플라스틱으로 되어 있어 다양한 색깔과 모양으로 만들어 사용할 수 있다.

[07~08] 다음 자전거를 보고, 물음에 답하시오.

07 자전거의 각 부분을 이루는 물질을 잘못 짝 지은 것은 어느 것입니까? (　　　)

① ㉠－가죽
② ㉡－금속
③ ㉢－고무
④ ㉣－고무
⑤ ㉤－플라스틱

08 오른쪽 물체를 만든 물질과 같은 물질로 만든 자전거의 부분을 모두 골라 기호를 쓰시오.

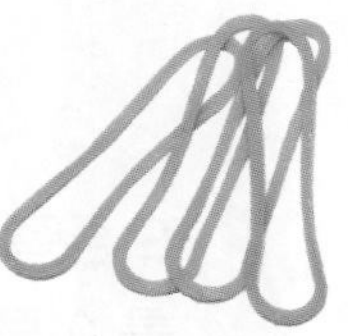

(　　　　,　　　　)

09 자전거를 만들 때 사용하는 물질로 알맞지 않은 것은 어느 것입니까? (　　　)

① 고무　　② 유리
③ 금속　　④ 가죽
⑤ 플라스틱

10 쓰레받기의 입구 부분을 만든 물질과 같은 물질로 만들어진 물체는 어느 것입니까? (　　　)

① 클립　　② 페트병
③ 종이컵　　④ 고무장갑
⑤ 나무 주걱

11 중요
다음 물체를 만드는 데 플라스틱이 사용되지 않은 것은 무엇인지 기호를 쓰시오.

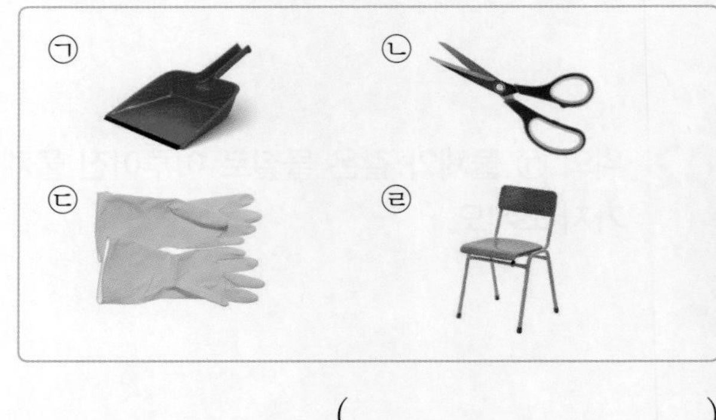

(　　　　　　)

12 다음 컵을 만든 물질은 무엇인지 쓰시오.

(　　　　　　)

13 다음 상황에서 이용하기에 가장 좋은 장갑은 어떤 물질로 만든 것인지 쓰시오.

설거지할 때, 빨래할 때

(　　　　　　　　　　)

14 다음 중 질기고 부드러우며 바람이 들어오지 않아 따뜻한 성질을 지닌 장갑을 찾아 기호를 쓰시오.

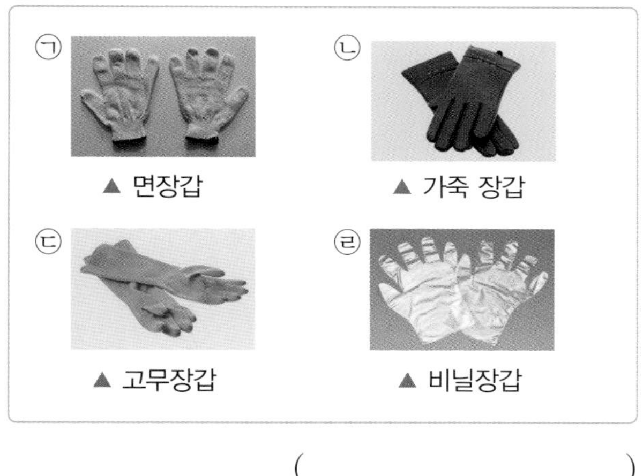

㉠ ▲ 면장갑
㉡ ▲ 가죽 장갑
㉢ ▲ 고무장갑
㉣ ▲ 비닐장갑

(　　　　　　　　　　)

⊂중요⊃
15 다음 두 물체를 만든 물질이 공통적으로 가진 성질은 무엇입니까? (　　　)

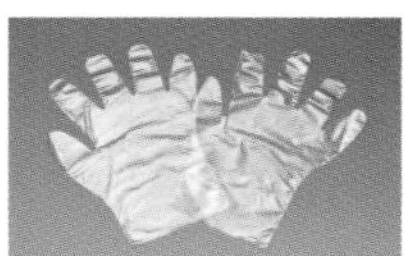
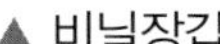
▲ 비닐장갑

▲ 유리컵

① 질기다.　　② 투명하다.
③ 단단하다.　　④ 따뜻하다.
⑤ 잘 깨진다.

16 플라스틱으로 만든 컵의 성질로 알맞지 않은 것은 어느 것입니까? (　　　)

▲ 플라스틱 컵

① 가볍다.　　② 단단하다.
③ 잘 찢어진다.　　④ 모양이 다양하다.
⑤ 색깔이 다양하다.

17 흙을 구워 만든 물질로 이루어진 것으로 음식을 오랫동안 따뜻하게 보관할 수 있는 컵은 어느 것입니까? (　　　)

① 
▲ 금속 컵

② 
▲ 플라스틱 컵

③ 

▲ 유리컵

④ 
▲ 도자기 컵

⑤ 
▲ 종이컵

18 종류가 같은 물체를 서로 다른 물질로 만드는 까닭으로 알맞지 않은 것을 골라 기호를 쓰시오.

㉠ 물질에 따라 기능이 달라서
㉡ 물질에 따라 좋은 점이 달라서
㉢ 물질에 따라 성질이 같아서

(　　　　　　　　　　)

서술형·논술형 평가 돋보기

학교에서 출제되는 서술형·논술형 평가를 미리 준비하세요.

연습 문제

문제 해결 전략
안장은 사람이 앉는 부분으로 질기고 부드러워야 하고, 몸체와 체인은 튼튼해야 합니다. 고무는 충격을 흡수하고 탄력이 있습니다.

핵심 키워드
가죽, 금속, 고무의 성질

1 다음 자전거를 보고, 물음에 답하시오.

(1) 자전거의 각 부분 중 (　　) 안에 알맞은 부분을 쓰시오.

> 가죽으로 만들 수 있는 부분은 (　　　　　　　)(이)고, 금속으로 만들 수 있는 부분은 몸체와 (　　　　　　　)(이)다.

(2) 자전거의 타이어를 만든 물질을 쓰고, 그 물질로 만들면 좋은 점을 설명하시오.

> • 자전거의 타이어는 (　　　　　　　)(으)로 만든다.
> • 이 물질로 만들면 (　　　　　　　)을/를 흡수하고 탄력이 있어서 좋다.

문제 해결 전략
금속 컵은 튼튼하고, 플라스틱 컵은 모양과 색깔이 다양하며, 유리컵은 투명합니다. 도자기 컵은 음식을 오랫동안 따뜻하게 보관할 수 있으며, 종이컵은 싸고 손쉽게 사용이 가능합니다.

핵심 키워드
종류가 같은 물체를 서로 다른 물질로 만드는 까닭

2 다음을 보고, 물음에 답하시오.

▲ 금속 컵

▲ 플라스틱 컵

▲ 유리컵

▲ 도자기 컵

▲ 종이컵

(1) 다음 성질을 가지고 있는 컵을 위에서 골라 (　　) 안에 쓰시오.

> 잘 깨지지 않고 튼튼한 것은 (　　　　　　　)이고, 싸고 가벼워서 손쉽게 사용할 수 있는 것은 (　　　　　　　)이다.

(2) 위의 여러 가지 컵처럼 종류가 같은 물체를 서로 다른 물질로 만드는 까닭을 쓰시오.

> 물질의 성질에 따라 물체의 (　　　　　　　　　　), 서로 다른 (　　　　　　　　　　)이/가 있기 때문이다.

실전 문제

1 다음은 한 가지 물질로 이루어진 물체들입니다. 각 물체를 이루고 있는 물질을 쓰시오.

(가)  (나)  (다) 

2 다음을 보고, 물음에 답하시오.

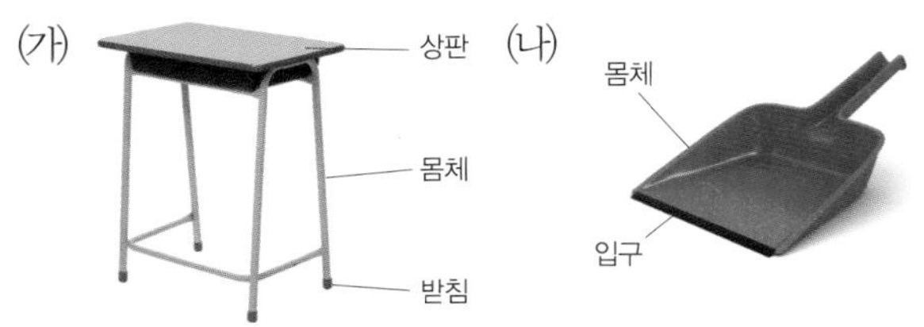

(1) (가)와 (나)에서 플라스틱으로 되어 있는 부분을 각각 쓰시오.

(가): 책상의 (　　　　　　　)

(나): 쓰레받기의 (　　　　　　　)

(2) 위 (1)번 답의 해당 부분이 플라스틱으로 되어 있어 좋은 점을 각각 쓰시오.

3 다음을 보고, 물음에 답하시오.

(가)  (나) 

(1) 다음 (　　) 안에 공통으로 들어갈 알맞은 말을 쓰시오.

• (가)의 컵에 음식을 담으면 오랫동안 (　　　　) 보관할 수 있다.
• (나)의 장갑을 끼면 손을 (　　　　) 해 준다.

(　　　　　　　　　)

(2) 위 물체를 만든 물질은 각각 무엇인지 쓰시오.

4 다음 물질로 만든 신발을 신으면 어떤 일이 생길지 물질의 성질과 관련지어 쓰시오.

▲ 금속 신발

(3) 물질의 성질과 변화

▶ 우리 주변에서 서로 다른 물질을 섞는 경우
- 부엌에서 요리를 할 때 여러 가지 가루 물질을 섞습니다.
- 물에 코코아 가루나 주스 가루를 타서 먹습니다.
- 실험실에서 과학자들이 여러 가지 물질을 섞어 실험을 합니다.

1 서로 다른 물질을 섞었을 때 성질이 변하지 않는 경우

(1) 미숫가루와 설탕 섞기

① 미숫가루와 설탕을 넣고 잘 저어 준 후 물질의 성질을 관찰합니다.

② 미숫가루와 설탕의 성질은 변하지 않고 그대로 있습니다.

2 탱탱볼을 만드는 물질을 관찰하고, 탱탱볼 만들어 보기

(1) 물, 붕사, 폴리비닐 알코올 관찰하기

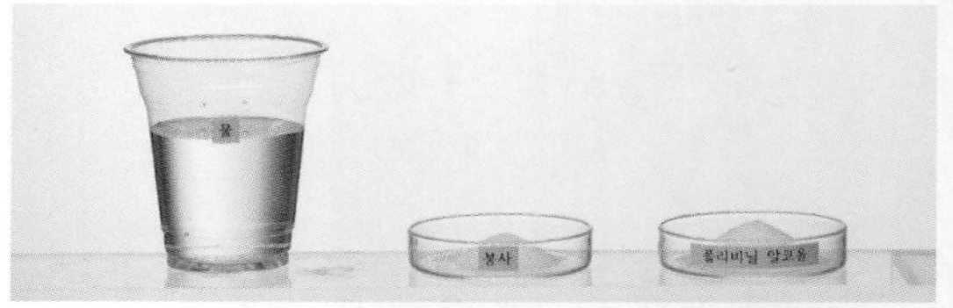

▲ 물 ▲ 붕사 ▲ 폴리비닐 알코올

▶ 서로 다른 물질을 섞었을 때 각각의 물질의 성질 변화
- 서로 다른 물질을 섞었을 때 각각의 물질들은 처음에 가지고 있던 성질을 그대로 가지고 있는 경우도 있고, 물질의 성질이 변하는 경우도 있습니다.

① 물: 투명하고 만지면 흘러내립니다.

② 붕사: 하얀색으로 광택이 없고, 손으로 만지면 깔깔합니다. 알갱이의 크기가 매우 작습니다.

③ 폴리비닐 알코올: 하얀색으로 광택이 있고, 손으로 만지면 깔깔합니다. 붕사보다 알갱이가 큽니다.

(2) 탱탱볼 만드는 과정

① 따뜻한 물에 붕사를 두 숟가락 넣고 유리 막대로 저어 줍니다.

▲ 따뜻한 물에 붕사 넣기

➡

▲ 물이 뿌옇게 흐려짐.

② ①의 컵에 폴리비닐 알코올을 다섯 숟가락 넣고 유리 막대로 저어 줍니다.

▲ 붕사를 넣은 물에 폴리비닐 알코올 넣기

➡

▲ 서로 엉기고 알갱이가 점점 커짐.

낱말 사전

미숫가루 찹쌀이나 멥쌀 또는 보리쌀 따위를 찌거나 볶아서 가루로 만든 식품

탱탱볼 던졌을 때 다른 공보다 비교적 높게 튀어 오르는 성질을 지닌 작은 공

③ 엉긴 물질을 꺼내 손으로 주무르면서 공 모양을 만듭니다.

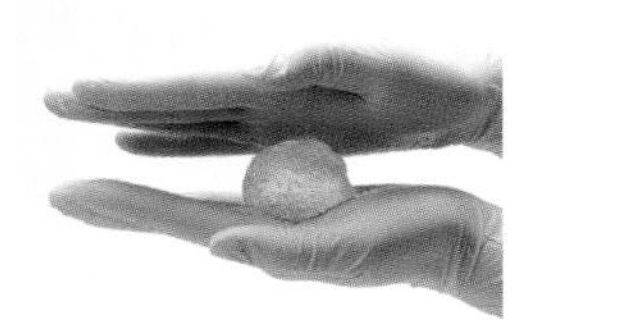
▲ 엉긴 물질을 꺼내 손으로 주무르기

▲ 완성된 탱탱볼

물질을 꺼내는 시간에 따라 달라지는 탱탱볼
- 엉긴 물질을 너무 빨리 꺼내면 탱탱볼이 하얀색으로 됩니다.
- 엉긴 물질을 너무 오래 물에 두었다가 꺼내면 약간 물컹거리고 투명한 탱탱볼이 만들어집니다.

▲ 너무 빨리 물에서 꺼내 만든 탱탱볼

3 탱탱볼을 만들 때 물질의 성질 변화 알아보기

(1) 물, 붕사, 폴리비닐 알코올을 섞었을 때 나타나는 현상

물과 붕사를 섞었을 때	물, 붕사, 폴리비닐 알코올을 섞었을 때
	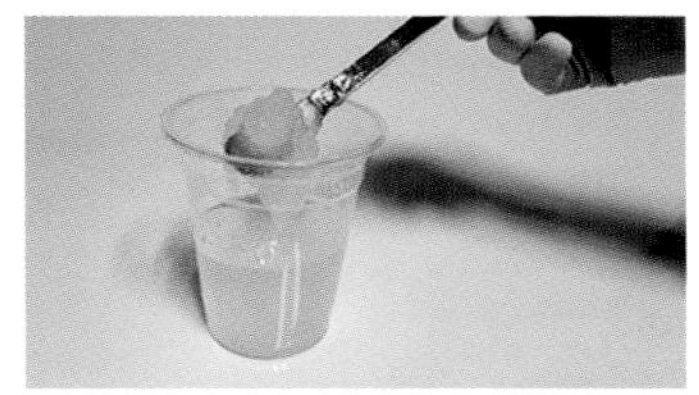
물이 뿌옇게 흐려진다.	서로 엉기고 알갱이가 점점 커진다.

(2) 만들어진 탱탱볼 관찰하기

① 알갱이가 투명하고 광택이 있습니다.

② 말랑말랑하고, 고무 같은 느낌입니다.

③ 바닥에 떨어뜨리면 잘 튀어 오릅니다.

④ 식용 색소를 넣어 만들면 여러 가지 색깔의 탱탱볼을 만들 수 있습니다.

▲ 색소를 넣어 만든 탱탱볼

만들어진 탱탱볼의 변화
- 탱탱볼은 시간이 지날수록 굳어서 단단해집니다.

(3) 탱탱볼을 만들 때, 물질을 섞기 전과 섞은 후의 성질 비교하기

① 섞기 전에 각 물질이 가지고 있던 색깔, 손으로 만졌을 때의 느낌 등의 성질이 변합니다.

② 탱탱볼은 물, 붕사, 폴리비닐 알코올과 다른 성질을 지닌 물질로 이루어져 있습니다.

개념 확인 문제

1 미숫가루와 설탕을 넣고 잘 저어 주면 물질의 성질이 (변합니다 , 변하지 않습니다).

2 물, (　　　), 폴리비닐 알코올을 섞으면 탱탱볼을 만들 수 있습니다.

3 물과 붕사를 섞으면 물이 (뿌옇게 흐려집니다 , 아무 변화 없습니다).

정답 1 변하지 않습니다 2 붕사 3 뿌옇게 흐려집니다

▶ 우리 주변에서 재활용할 수 있는 물질이나 물체들

- 금속으로 만들어진 통
- 플라스틱으로 만들어진 음료수병
- 나무로 만들어진 나무 상자나 나뭇조각
- 고무로 만들어진 고무줄, 고무장갑
- 종이로 만들어진 과자 상자, 우유갑, 휴지 심

▶ 연필꽂이 설계와 실제 제작 모습 예시

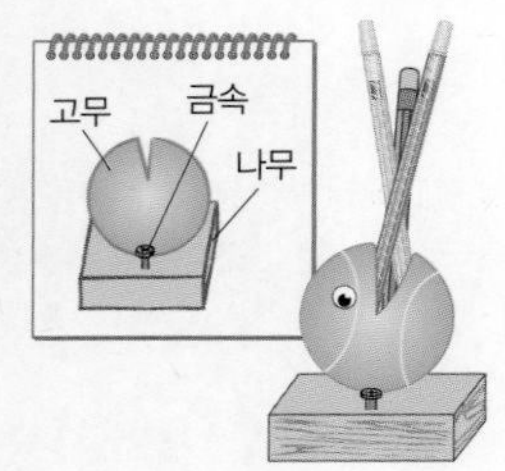

낱말 사전

설계 실제적인 계획을 세워 그림 등으로 표현하는 것.

충격 물체 등에 갑자기 가해지는 힘

4 창의적인 연필꽂이를 설계할 때 고려해야 할 것들

(1) 물질의 어떤 성질을 이용할지 생각해 보기: ㉮ 늘어나는 성질, 부드럽고 잘 미끄러지지 않는 성질, 충격을 줄여 주는 성질, 가볍고 투명한 성질 등

(2) 어떤 물질을 사용할지 생각해 보기: ㉮ 고무, 종이, 플라스틱 등

(3) 연필꽂이의 크기를 생각해 보기: ㉮ 높이가 연필 길이보다 짧아야 함.

(4) 어떤 모양으로 만들지 생각해 보기: ㉮ 원통 두 개 모양, 사각 통 모양 등

5 물질의 성질을 이용해 연필꽂이 설계하기

(1) 원통 두 개 모양의 연필꽂이 만드는 법 설계하기

① 플라스틱과 종이의 성질을 생각하여 연필꽂이의 모양을 그려 봅시다.

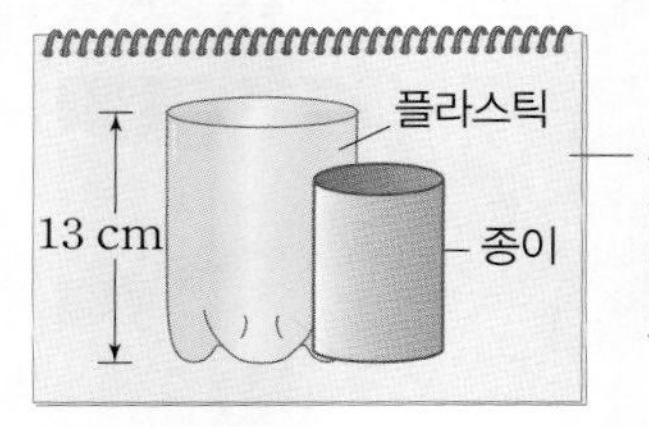

높이는 13 cm로 하고, 원통형 연필꽂이 두 개를 그림.

② 두 물체를 고정하는 방법과 연필꽂이를 사용할 때의 안전을 생각해 봅시다.

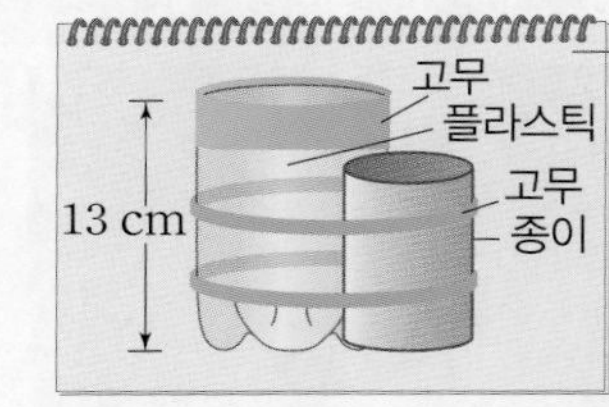

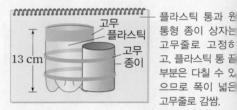

플라스틱 통과 원통형 종이 상자는 고무줄로 고정하고, 플라스틱 통 끝부분은 다칠 수 있으므로 폭이 넓은 고무줄로 감쌈.

③ 연필을 꽂았을 때 충격을 줄여 줄 물질을 생각해 봅시다.

연필꽂이 바닥에 스펀지를 일정한 크기로 잘라 넣음.

④ 연필꽂이 바닥이 미끄러지지 않게 하는 방법을 생각해 봅시다.

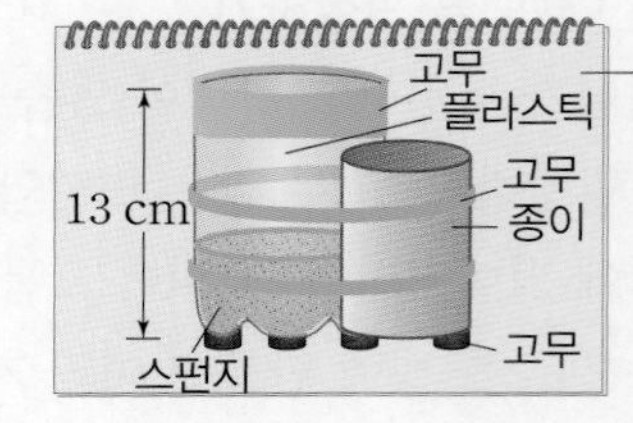

폭이 넓은 고무줄을 잘라 연필꽂이 바닥에 붙임.

(2) 설계한 연필꽂이 각 부분에 사용한 물질의 성질

플라스틱	가볍고 투명한 성질	고무	잘 늘어나는 성질, 부드럽고 잘 미끄러지지 않는 성질
종이	단단한 성질	스펀지	충격을 줄여 주는 성질

(3) 설계한 연필꽂이의 좋은 점과 보완할 점 알아보기

좋은 점	보완할 점
• 연필심이 바닥에 닿아도 부러지지 않는다. • 연필꽂이가 미끄러지지 않는다. • 튼튼하고 속이 잘 보인다.	• 고무줄이 계속 당기고 있어 종이 상자의 모양이 찌그러질 수 있다.

개념 확인 문제

1 창의적인 연필꽂이를 설계할 때에는 어떤 물질을 사용할지, 또 물질의 어떤 (　　　)을/를 이용할지 생각해 봐야 합니다.

2 연필꽂이를 만들 때 플라스틱 통과 원통형 종이 상자는 (　　　)(으)로 고정할 수 있습니다.

3 설계한 연필꽂이에서 바닥에 넣은 (　　　)은/는 충격을 줄여 주는 성질을 이용한 것입니다.

정답 **1** 성질 **2** 고무줄 **3** 스펀지

이제 실험 관찰로 알아볼까?

서로 다른 물질을 섞었을 때의 변화 관찰하기

[준비물] 따뜻한 물이 담긴 투명한 플라스틱 컵, 붕사, 폴리비닐 알코올, 페트리 접시 두 개, 돋보기, 실험용 장갑, 약숟가락 두 개, 유리 막대, 초시계 등

[실험 방법]

① 물, 붕사, 폴리비닐 알코올의 색깔, 모양, 손으로 만졌을 때의 느낌 등을 알아봅시다.
② 따뜻한 물이 반쯤 담긴 투명한 플라스틱 컵에 붕사를 두 숟가락 넣습니다.
③ 유리 막대로 저으면서 나타나는 현상을 관찰해 봅시다.
④ ③의 플라스틱 컵에 폴리비닐 알코올을 다섯 숟가락 넣습니다.
⑤ 유리 막대로 저어 준 뒤에 3분 정도 기다리면서 어떤 현상이 나타나는지 관찰해 봅시다.
⑥ 엉긴 물질을 꺼내 손으로 주무르면서 공 모양을 만듭니다.

주의할 점
- 물질을 관찰할 때 반드시 실험용 장갑을 낍니다.
- 붕사나 폴리비닐 알코올을 먹거나 코로 들이마시지 않습니다.
- 가루 물질은 선생님이나 어른이 허락할 때에만 만집니다.
- 탱탱볼을 던지거나 탱탱볼로 장난을 치지 않습니다.

[실험 결과]

① 물, 붕사, 폴리비닐 알코올을 관찰하기

물질	관찰한 내용
물	투명하고, 만지면 흘러내린다.
붕사	• 하얀색으로 광택이 없고, 손으로 만지면 깔깔하다. • 알갱이의 크기가 매우 작다.
폴리비닐 알코올	• 하얀색으로 광택이 있고, 손으로 만지면 깔깔하다. • 붕사보다 알갱이가 크다.

② 물, 붕사, 폴리비닐 알코올을 섞었을 때 나타나는 현상

섞은 물질	관찰한 내용
물, 붕사	물이 뿌옇게 흐려진다.
물, 붕사, 폴리비닐 알코올	서로 엉기고 알갱이가 점점 커진다.

③ 탱탱볼 관찰하기: 투명하고 광택이 있으며, 말랑말랑하고 고무 같은 느낌이 듭니다.

중요한 점
물질을 섞었을 때 성질 변화를 살펴보려면 먼저 섞기 전 각 물질이 개별적으로 가지고 있는 성질을 관찰하여 알고 있는 것이 중요합니다.

탐구 문제

정답과 해설 6쪽

1 붕사와 폴리비닐 알코올을 관찰했을 때 광택이 있는 물질은 무엇인지 쓰시오.

( )

2 탱탱볼을 만들 때 순서대로 물질을 넣는 과정입니다. ( ) 안에 들어갈 물질을 쓰시오.

① 따뜻한 물에 붕사 두 숟가락을 넣고 저어 주기
② 위 ①에 ( )을/를 다섯 숟가락 넣기
③ 유리 막대로 저은 후 3분 정도 기다리기

( )

핵심 개념 문제

개념 1 서로 다른 물질을 섞었을 때 성질 변화에 대해 묻는 문제

(1) 서로 다른 물질을 섞었을 때 성질이 변하지 않는 경우: 미숫가루와 설탕을 섞어도 미숫가루와 설탕의 성질은 변하지 않음.
(2) 서로 다른 물질을 섞었을 때 성질이 변하는 경우: 물, 붕사, 폴리비닐 알코올을 섞어 탱탱볼을 만들면 물질의 성질이 변함.

01 다음 (　　) 안에 들어갈 알맞은 말을 쓰시오.

미숫가루와 설탕을 섞으면 물질의 (　　　　) 은/는 변하지 않는다.

(　　　　　　　　)

⊂중요⊃
02 서로 다른 물질을 섞었을 때 물질의 성질은 어떻게 되는지 옳게 설명한 것을 두 가지 골라 기호를 쓰시오.

㉠ 어떤 경우에도 물질의 성질은 절대 변하지 않는다.
㉡ 처음에 가지고 있던 물질의 성질이 변하기도 한다.
㉢ 처음에 가지고 있던 물질의 성질이 그대로 유지되기도 한다.

(　　　　,　　　　)

개념 2 탱탱볼을 만들 때 필요한 물질을 묻는 문제

(1) 물: 투명하고 만지면 흘러내림.
(2) 붕사: 하얀색으로 광택이 없고, 손으로 만지면 깔깔함.
(3) 폴리비닐 알코올: 하얀색으로 광택이 있고, 손으로 만지면 깔깔함. 붕사보다 알갱이가 큼.

03 다음 보기 에서 붕사의 성질로 알맞지 않은 것을 골라 기호를 쓰시오.

보기
㉠ 하얀색이다.
㉡ 광택이 있다.
㉢ 손으로 만지면 깔깔하다.

(　　　　　　　　)

04 다음 친구들이 관찰하고 있는 물질의 이름을 쓰시오.

윤지: 투명해.
윤수: 손으로 만지면 흘러내려.
사랑: 탱탱볼을 만들 때 필요한 물질 중 하나야.

(　　　　　　　　)

정답과 해설 6쪽

개념 3 탱탱볼 만드는 과정을 묻는 문제

(1) 따뜻한 물이 반쯤 담긴 투명한 플라스틱 컵에 붕사를 두 숟가락 넣고 유리 막대로 저음.
(2) 위의 플라스틱 컵에 폴리비닐 알코올을 다섯 숟가락 넣고 저어 준 뒤, 3분 정도 기다림.
(3) 엉긴 물질을 꺼내 손으로 주무르면서 공 모양으로 만든 후, 물기가 마르기까지 기다림.

05 다음 (   ) 안에 들어갈 알맞은 말을 보기 에서 골라 기호를 쓰시오.

> 탱탱볼을 만들기 위해 가장 먼저 (   ) 이/가 담긴 투명한 플라스틱 컵에 붕사를 두 숟가락 넣는다.

보기

㉠ 차가운 물	㉡ 따뜻한 물
㉢ 차가운 모래	㉣ 따뜻한 모래

(   )

06 탱탱볼을 만드는 과정에 맞게 순서대로 기호를 쓰시오.

> ㉠ 엉긴 물질을 꺼내 손으로 주무르면서 공 모양으로 만든 후, 물기가 마르기까지 기다린다.
> ㉡ 따뜻한 물이 반쯤 담긴 투명한 플라스틱 컵에 붕사를 두 숟가락 넣고 유리 막대로 저어 준다.
> ㉢ 플라스틱 컵에 폴리비닐 알코올을 다섯 숟가락 넣고 저어 준 뒤에 3분 정도 기다린다.

(   ) → (   ) → (   )

개념 4 탱탱볼을 만들 때 물질의 성질 변화에 대해 묻는 문제

(1) 물과 붕사를 섞었을 때: 물이 뿌옇게 흐려짐.
(2) 물, 붕사, 폴리비닐 알코올을 섞었을 때: 서로 엉기고 알갱이가 점점 커짐.
(3) 완성된 탱탱볼의 모습: 알갱이가 투명하고 광택이 있음. 말랑말랑하고 고무 같은 느낌이 들며 잘 튀어 오름.

07 탱탱볼을 만드는 과정에서 물과 붕사를 섞으면 어떤 현상이 나타납니까? (   )

① 아무 변화 없다.
② 물이 투명해진다.
③ 물질이 서로 엉긴다.
④ 물이 뿌옇게 흐려진다.
⑤ 물질이 말랑말랑해진다.

08 서로 다른 물질을 섞어 만든 탱탱볼의 성질로 알맞지 않은 것은 어느 것입니까? (   )

① 광택이 있다.
② 말랑말랑하다.
③ 알갱이가 투명하다.
④ 바닥에 떨어뜨리면 잘 튀어 오른다.
⑤ 물질을 섞는 양에 따라 색깔이 달라진다.

개념 5 물질의 성질을 이용한 연필꽂이 설계에 대해 묻는 문제

원통 두 개 모양의 연필꽂이 설계하는 방법
(1) 플라스틱과 종이의 성질을 생각하여 연필꽂이의 모양을 그림.
(2) 두 물체를 고정하는 방법과 연필꽂이를 사용할 때의 안전을 생각해 보고 설계함.
(3) 연필을 꽂았을 때 충격을 줄여 줄 물질을 생각함.
(4) 연필꽂이 바닥이 미끄러지지 않게 하는 방법을 생각하고 설계함.

09 다음은 물질의 성질을 이용해 우리 생활에 필요한 물건을 설계한 것입니다. 무엇을 만들기 위한 설계도인지 쓰시오.

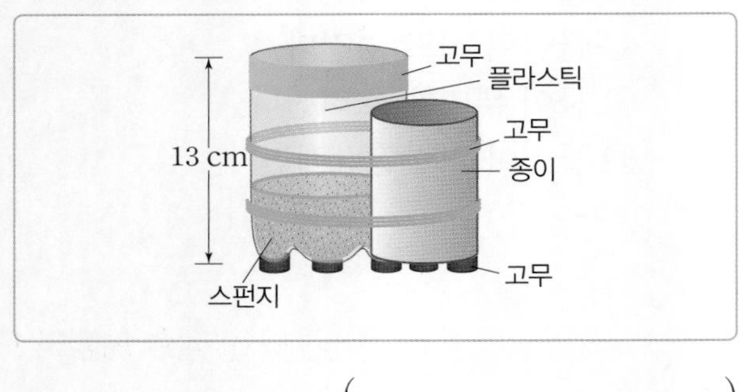

( )

10 연필꽂이 설계 과정 중 다음 과정에서 사용할 수 있는 물질로 가장 알맞은 것은 어느 것입니까? ( )

> 연필을 꽂았을 때 충격을 줄여 줄 물질을 생각한다.

① 금속 ② 종이
③ 나무 ④ 스펀지
⑤ 플라스틱

개념 6 설계한 연필꽂이 각 부분에 사용한 물질의 성질을 묻는 문제

(1) 고무: 잘 늘어나는 성질, 부드럽고 잘 미끄러지지 않는 성질
(2) 스펀지: 충격을 줄여 주는 성질
(3) 플라스틱: 가볍고 투명한 성질
(4) 종이: 단단한 성질

11 연필꽂이를 만들기 위해 다음과 같은 성질이 있는 물질을 이용하려고 합니다. 가장 알맞은 물질은 어느 것입니까? ( )

> 가볍고 투명하다.

① 고무 ② 나무
③ 종이 ④ 스펀지
⑤ 플라스틱

중요

12 오른쪽 연필꽂이 설계에 이용된 물질과 그 물질의 성질이 잘못 연결된 것은 어느 것입니까? ( )

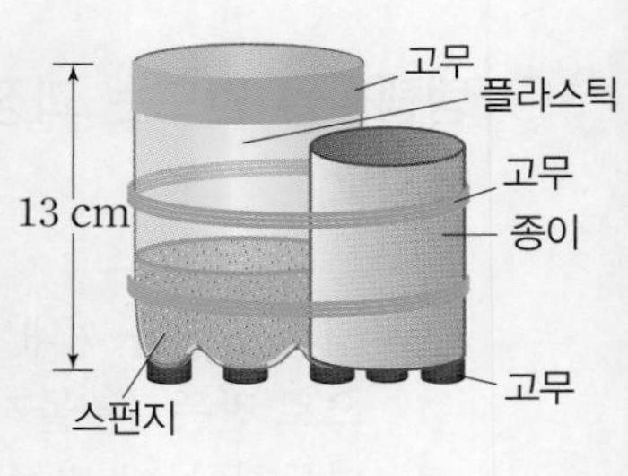

① 고무－잘 늘어나는 성질
② 종이－물에 젖지 않는 성질
③ 플라스틱－가볍고 투명한 성질
④ 스펀지－충격을 줄여 주는 성질
⑤ 고무－잘 미끄러지지 않는 성질

중단원 실전 문제

정답과 해설 7쪽

01 다음 물질들을 섞었을 때의 변화로 옳은 것은 어느 것입니까? (　　　)

① 설탕의 성질이 변한다.
② 미숫가루의 성질이 변한다.
③ 두 물질은 잘 섞이지 않는다.
④ 두 물질 모두 성질이 변한다.
⑤ 두 물질의 성질은 변하지 않는다.

02 탱탱볼을 만들기 위해 필요한 물질을 모두 짝 지은 것은 어느 것입니까? (　　　)

① 물, 붕사
② 물, 붕사, 알코올
③ 물, 폴리비닐 알코올
④ 붕사, 폴리비닐 알코올
⑤ 물, 붕사, 폴리비닐 알코올

03 다음 보기 에서 폴리비닐 알코올의 성질로 옳지 않은 것을 골라 기호를 쓰시오.

보기
㉠ 하얀색이다.
㉡ 광택이 있다.
㉢ 손으로 만지면 깔깔하다.
㉣ 붕사보다 알갱이가 작다.

(　　　　　　　　)

중요

04 다음 친구들이 관찰하고 있는 물질을 보기 에서 골라 기호를 쓰시오.

보라: 하얀색이야.
제훈: 광택이 없어.
가을: 손으로 만지면 깔깔해.

보기

㉠ ▲ 물　㉡ ▲ 붕사　㉢ ▲ 폴리비닐 알코올

(　　　　　　　　)

05 다음 중 손으로 만졌을 때 깔깔한 느낌이 드는 물질을 모두 골라 기호를 쓰시오.

㉠ 물
㉡ 붕사
㉢ 폴리비닐 알코올

(　　　　,　　　　)

06 다음 물질들의 알갱이 크기를 비교하여 >, =, <로 표시하시오.

붕사 (　　　) 폴리비닐 알코올

[07~10] 다음은 탱탱볼을 만드는 과정의 일부입니다. 물음에 답하시오.

㉠ ▲ 따뜻한 물에 ( )을/를 두 숟가락 넣기
㉡ ▲ 유리 막대로 저어 주기
㉢ ▲ 폴리비닐 알코올을 다섯 숟가락 넣기
㉣ ▲ 유리 막대로 저어 준 뒤에 3분 정도 기다리기

07 위 ㉠의 ( ) 안에 들어갈 알맞은 물질을 쓰시오.

( )

08 중요 위 ㉡ 과정에서 나타나는 현상을 옳게 설명한 것은 어느 것입니까? ( )

① 물이 맑아진다.
② 아무 변화 없다.
③ 덩어리가 생긴다.
④ 탱탱볼이 완성된다.
⑤ 물이 뿌옇게 흐려진다.

09 다음과 같은 현상을 관찰할 수 있는 때는 언제인지 기호를 쓰시오.

- 물질이 서로 엉긴다.
- 알갱이가 점점 커진다.

( )

10 앞 ㉣ 과정 이후에 해야 할 일은 무엇입니까? ( )

① 물을 넣어 준다.
② 물질이 잘 섞이도록 물풀을 넣어 준다.
③ 엉긴 물질을 주물러 공 모양으로 만든다.
④ 물기가 마르도록 햇빛이 잘 비치는 곳에 컵을 놓아둔다.
⑤ 폴리비닐 알코올을 한 숟가락씩 더 넣으며 반죽을 한다.

11 서로 다른 물질을 섞어 만든 탱탱볼의 특징을 잘못 이야기한 친구의 이름을 쓰시오.

서린: 말랑말랑하고 바닥에 던지면 튀어 올라.
준이: 엉긴 물질을 너무 빨리 꺼내면 투명하고 딱딱한 탱탱볼이 만들어져.
하얀: 엉긴 물질을 너무 오래 두었다가 꺼내면 물컹거리고 투명한 탱탱볼이 만들어져.

( )

12 다음 ( ) 안에 들어갈 알맞은 말을 보기 에서 골라 기호를 쓰시오.

탱탱볼을 만들 때 섞기 전에 각 물질이 가지고 있던 색깔, 손으로 만졌을 때의 느낌 등의 성질이 ( )

보기
㉠ 변한다.
㉡ 변하지 않는다.

( )

13 창의적인 연필꽂이를 설계할 때 생각해야 할 점으로 알맞지 않은 것은 어느 것입니까? (　　)

① 어떤 크기로 만들까?
② 가격을 얼마로 할까?
③ 어떤 물질을 사용할까?
④ 어떤 모양으로 만들까?
⑤ 물질의 어떤 성질을 이용할까?

중요

14 연필꽂이를 만들 때 고무를 사용하려고 합니다. 이때 이용할 수 있는 고무의 성질로 알맞지 않은 것은 어느 것입니까? (　　)

① 단단한 성질
② 부드러운 성질
③ 잘 늘어나는 성질
④ 잘 미끄러지지 않는 성질
⑤ 원래 모습으로 다시 돌아오는 성질

15 다음과 같이 플라스틱 통과 종이 상자를 붙여서 원통형 연필꽂이를 만들려고 합니다. 두 물체를 고정하기 위해 사용할 물체로 가장 알맞은 것은 어느 것입니까? (　　)

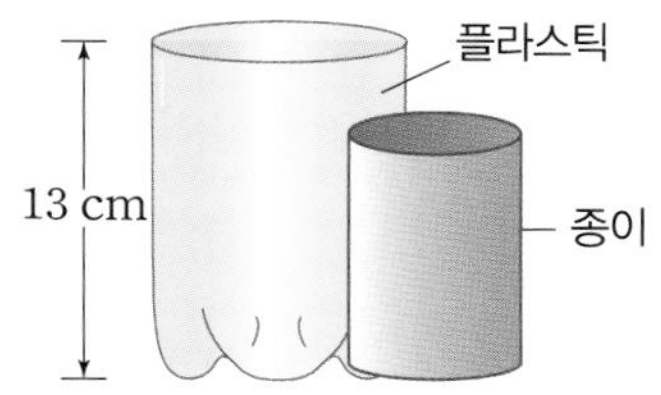

① 연필　② 스펀지
③ 클립　④ 고무줄
⑤ 가죽 장갑

16 앞 15번과 같은 연필꽂이를 만들 때 플라스틱 통 끝부분에 다치지 않도록 하는 방법으로 가장 알맞은 것은 어느 것입니까? (　　)

① 고무줄로 몸통을 묶는다.
② 스펀지를 바닥에 넣는다.
③ 바닥에 고무줄을 잘라 붙인다.
④ 넓은 고무줄로 끝부분을 감싼다.
⑤ 플라스틱 통을 예쁘게 색칠한다.

17 연필꽂이를 만들 때 다음과 같이 하는 까닭은 무엇입니까? (　　)

> 연필꽂이 바닥에 스펀지를 일정한 크기로 잘라 넣었다.

① 연필을 많이 꽂기 위해
② 연필꽂이를 고정하기 위해
③ 연필꽂이를 예쁘게 꾸미기 위해
④ 연필꽂이를 단단하게 만들기 위해
⑤ 연필을 꽂았을 때 충격을 줄여 주기 위해

18 다음과 같이 설계한 연필꽂이의 보완할 점을 이야기한 친구는 누구입니까? (　　)

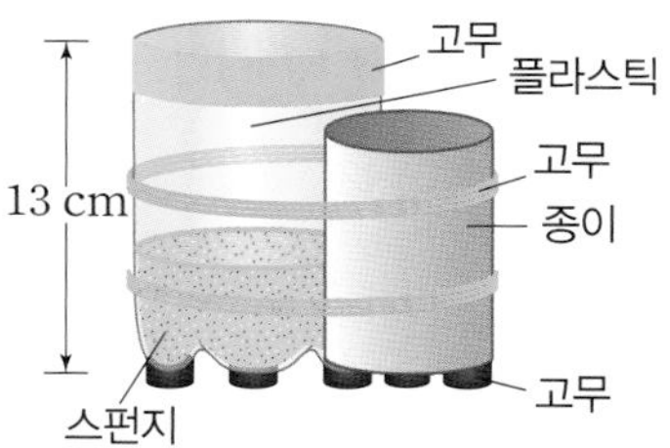

① 아람: 투명하여 속이 잘 보여 좋아.
② 민정: 바닥에 고무가 있어 미끄러지지 않겠어.
③ 정국: 연필심이 바닥에 닿아도 부러지지 않겠네.
④ 주연: 플라스틱통을 이용해 가볍고 튼튼하게 만들었어.
⑤ 하윤: 고무줄 때문에 종이 상자의 모양이 찌그러질 수 있겠어.

학교에서 출제되는 서술형·논술형 평가를 미리 준비하세요.

연습 문제

🔍 **문제 해결 전략**
탱탱볼을 만들 때 물, 붕사, 폴리비닐 알코올을 섞으면 물질의 성질이 달라집니다.

🔍 **핵심 키워드**
물질을 섞으면 성질이 변함, 탱탱볼

1 다음 탱탱볼을 만드는 과정을 보고, 물음에 답하시오.

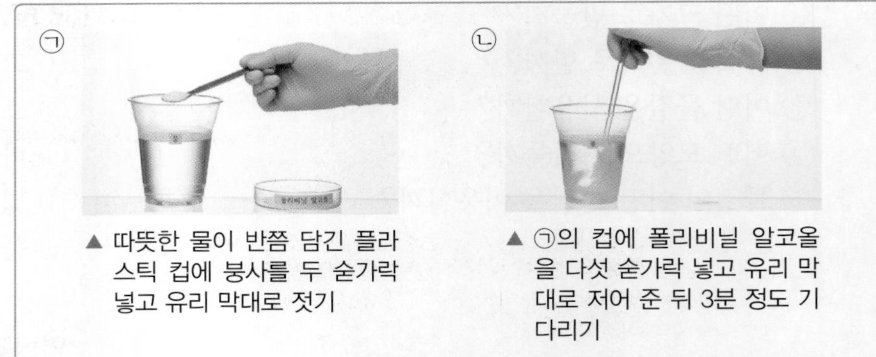

㉠ ▲ 따뜻한 물이 반쯤 담긴 플라스틱 컵에 붕사를 두 숟가락 넣고 유리 막대로 젓기

㉡ ▲ ㉠의 컵에 폴리비닐 알코올을 다섯 숟가락 넣고 유리 막대로 저어 준 뒤 3분 정도 기다리기

(1) 위 ㉠과 ㉡의 과정에서 나타나는 현상을 각각 쓰시오.

- ㉠: 물이 (   ).
- ㉡: 물질이 서로 엉기고 알갱이가 점점 (   ).

(2) 위 ㉡ 과정 다음에 탱탱볼을 만들기 위해 해야 하는 과정을 쓰시오.

엉긴 물질을 꺼내 손으로 주무르면서 (   ).

🔍 **문제 해결 전략**
각각의 물질이 지닌 성질을 생각해 보고, 그 성질들이 연필꽂이를 만들 때 어떻게 사용될 수 있는지 생각합니다. 스펀지는 충격을 줄여 주고, 고무줄은 잘 늘어나면서도 원래의 모습으로 다시 돌아오는 성질이 있습니다.

🔍 **핵심 키워드**
물질의 성질, 연필꽂이 설계

2 다음 연필꽂이 설계도를 보고, 물음에 답하시오.

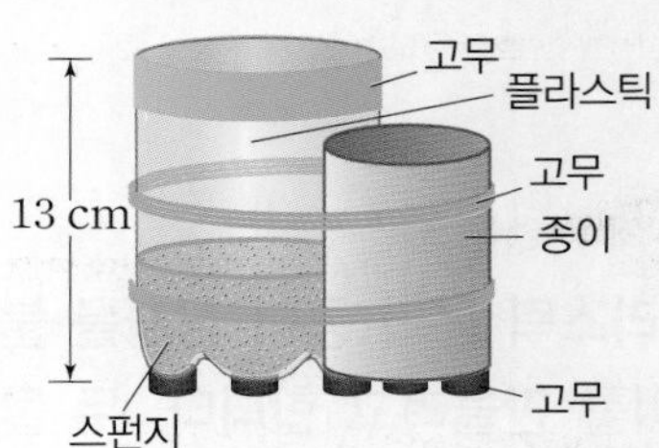

(1) 연필꽂이 설계도에서 안쪽 바닥에 스펀지를 넣은 까닭을 물질의 성질과 관련지어 설명하시오.

연필을 꽂았을 때 (   ) 연필심이 바닥에 닿아도 부러지지 않도록 하기 위해서이다.

(2) 설계한 연필꽂이에서 보완할 점은 무엇인지 쓰시오.

고무줄이 계속 당기고 있어 종이 상자의 모양이 (   ).

정답과 해설 8쪽

실전 문제

1 다음 물질들을 보고, 물음에 답하시오.

▲ 붕사 ▲ 폴리비닐 알코올

(1) 위 두 물질의 공통된 성질을 두 가지 쓰시오.

㉠ 색깔이 ( ).

㉡ 손으로 만지면 ( ).

(2) 위 두 물질의 알갱이 크기를 비교하여 쓰시오.

2 물, 붕사, 폴리비닐 알코올을 섞어서 만든 다음과 같은 탱탱볼이 가진 성질을 두 가지 이상 쓰시오.

3 다음은 탱탱볼을 만드는 과정 중 일부를 나타낸 것입니다. 물음에 답하시오.

(가) 

▲ 뿌옇게 흐려진다.

(나) 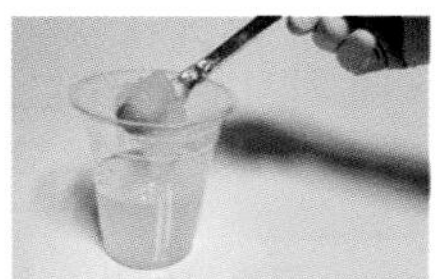

▲ 서로 엉기고 알갱이가 점점 커진다.

(1) (가)는 따뜻한 물에 어떤 물질을 두 숟가락 넣고 저었을 때의 변화 모습인지 쓰시오.

( )

(2) (나)는 (가)에 어떤 물질을 얼마나 넣었을 때의 모습인지 쓰시오.

4 다음과 같이 설계한 연필꽂이의 좋은 점을 물질의 성질과 관련지어 두 가지 쓰시오.

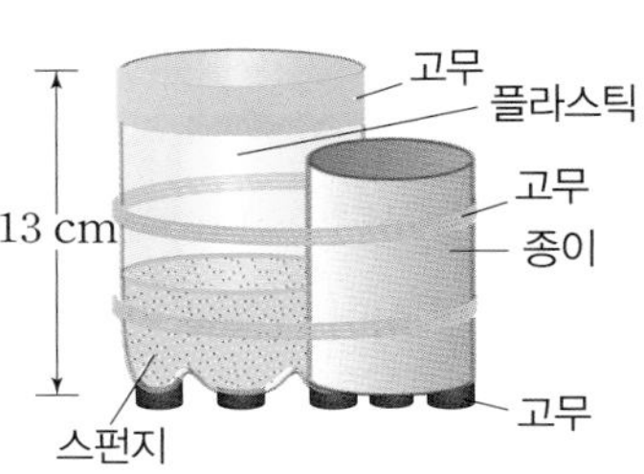

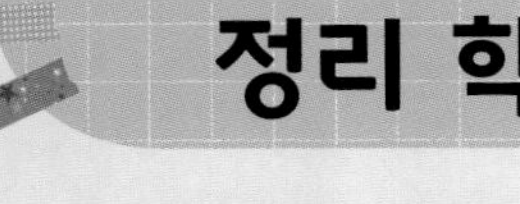

대단원 정리 학습

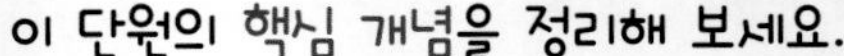

1 물체와 물질

• 물체: 모양이 있고 공간을 차지하고 있는 것

• 물질: 물체를 만드는 재료

• 네 가지 막대의 성질 비교하기

단단한 정도	휘는 정도	물에 뜨는 정도
• 금속 막대 > 플라스틱 막대 > 나무 막대 > 고무 막대	• 고무 막대는 잘 구부러지지만, 나머지 막대는 구부러지지 않음.	• 나무 막대, 플라스틱 막대는 물에 뜨고, 금속 막대, 고무 막대는 물에 가라앉음.

• 여러 가지 물질들의 성질

금속	• 다른 물질보다 단단하고, 광택이 있음.	나무	• 금속보다 가볍고, 고유한 향과 무늬가 있음.
플라스틱	• 금속보다 가볍고, 광택이 있음. • 다양한 색깔과 모양의 물체를 쉽게 만들 수 있음.	고무	• 쉽게 구부러지고, 잘 늘어남. • 잘 미끄러지지 않고, 물에 젖지 않음.

2 물체의 성질과 기능

• 물체를 이루는 물질

한 가지 물질로 만들어진 물체	금속 고리: 금속, 고무줄: 고무, 플라스틱 바구니: 플라스틱
두 가지 이상의 물질로 만들어진 물체	• 책상: 상판은 나무, 몸체는 금속, 받침은 플라스틱으로 만듦. • 자전거: 손잡이는 고무 또는 플라스틱, 몸체는 금속, 안장은 가죽 또는 플라스틱, 체인은 금속, 타이어는 고무로 만듦.

• 종류가 같은 물체를 서로 다른 물질로 만들면 좋은 점

컵		장갑	
금속 컵	잘 깨지지 않고 튼튼함.	비닐장갑	투명하고 얇으며 물이 들어오지 않음.
플라스틱 컵	가볍고 단단하며, 모양과 색깔이 다양함.	고무장갑	질기고 잘 미끄러지지 않으며 물이 들어오지 않음.
유리컵	투명하고 내용물을 쉽게 알 수 있음.		
도자기 컵	음식을 오랫동안 따뜻하게 보관할 수 있음.	면장갑	부드럽고 따뜻함.
종이컵	싸고 가벼워서 손쉽게 사용할 수 있음.	가죽 장갑	질기고 부드럽고 따뜻하며 바람이 들어오지 않음.

3 물질의 성질과 변화

• 서로 다른 물질을 섞어 탱탱볼 만들기

▲ 물 + ▲ 붕사 + ▲ 폴리비닐 알코올 → ▲ 탱탱볼

• 물, 붕사, 폴리비닐 알코올로 탱탱볼을 만들 경우 섞기 전에 각 물질이 가지고 있던 색깔, 손으로 만졌을 때의 느낌 등의 성질이 변하기도 함.

대단원 마무리

2. 물질의 성질

01 물체와 물질에 대한 설명으로 옳지 않은 것은 어느 것입니까? (　　)

① 물질은 물체를 만드는 재료이다.
② 옷, 그릇, 공, 자전거는 물체이다.
③ 금속, 나무, 밀가루, 유리는 물질이다.
④ 물체는 모양이 있고, 공간을 차지한다.
⑤ 한 가지 물질로는 한 가지 물체만 만든다.

중요

02 물질과 그 물질로 만들 수 있는 물체를 잘못 짝지은 것은 어느 것입니까? (　　)

① 유리－어항, 책, 컵, 인형
② 금속－가위, 못, 열쇠, 클립
③ 고무－고무줄, 풍선, 지우개
④ 나무－주걱, 의자, 연필, 책상
⑤ 플라스틱－자, 탁구공, 바구니

03 다음 물체들을 만드는 데 공통으로 사용된 물질은 무엇인지 쓰시오.

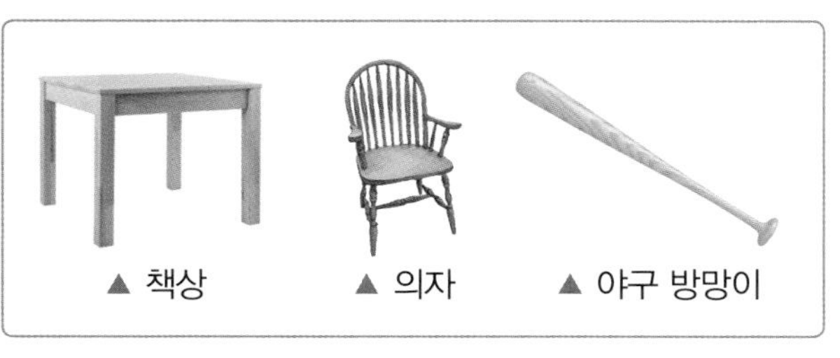
▲ 책상　▲ 의자　▲ 야구 방망이

(　　　　　　　　)

04 다음은 친구들이 어떤 물질의 성질을 이야기한 것입니다. 이 물질로 만든 물체가 아닌 것은 어느 것입니까? (　　)

수연: 이 물질은 잘 구부러져.
보람: 잡아당기면 늘어났다가 놓으면 다시 돌아오는 성질이 있어.
정민: 잘 미끄러지지 않고 물에 젖지 않아.

① 지우개　② 고무줄
③ 고무장갑　④ 가죽 장갑
⑤ 고무 매트

05 다음 물체들을 만든 물질보다 더 단단한 물질은 어느 것입니까? (　　)

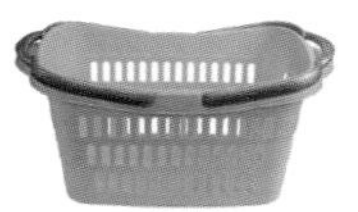
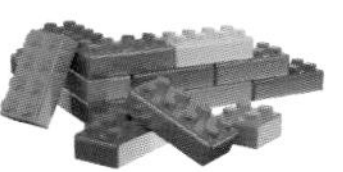

① 고무　② 금속
③ 나무　④ 종이
⑤ 유리

06 다음 네 가지 막대에 대한 설명으로 옳지 않은 것은 어느 것입니까? (　　)

㉠ 고무 막대　㉡ 나무 막대
㉢ 금속 막대　㉣ 플라스틱 막대

① ㉠은 잘 구부러진다.
② ㉡은 물에 가라앉는다.
③ ㉢은 잘 긁히지 않는다.
④ ㉢은 ㉠보다 단단하다.
⑤ ㉣은 물에 뜬다.

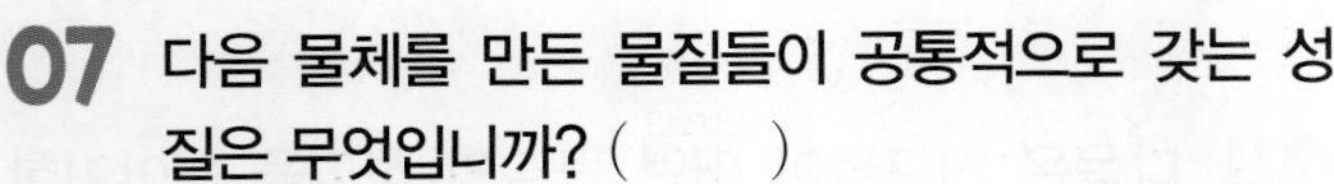

07 다음 물체를 만든 물질들이 공통적으로 갖는 성질은 무엇입니까? ( )

▲ 공책

▲ 옷

① 투명하다. ② 단단하다.
③ 잘 깨진다. ④ 접을 수 있다.
⑤ 당기면 늘어난다.

08 다음 물체를 이루는 물질로 만들어진 물체는 어느 것입니까? ( )

① 옷 ② 클립
③ 축구공 ④ 고무줄
⑤ 페트병

중요

09 다음 중 한 가지 물질로 만든 물체가 아닌 것은 어느 것입니까? ( )

①

②

③

④
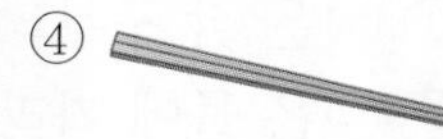

⑤

10 다음 두 물체에서 같은 물질로 만들어진 부분을 각각 골라 기호를 쓰시오.

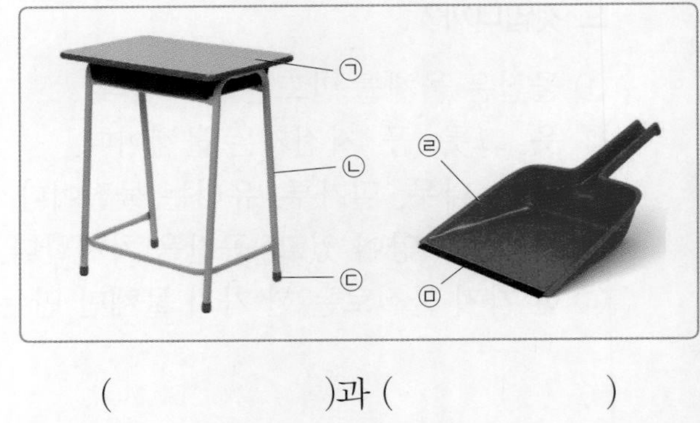

( )과 ( )

11 다음 의자의 몸체를 이루고 있는 물질과 그 물질로 만들면 좋은 점이 바르게 연결된 것은 어느 것입니까? ( )

① 나무 - 가볍고 단단하다.
② 고무 - 바닥에 긁히지 않는다.
③ 금속 - 잘 부러지지 않고 튼튼하다.
④ 금속 - 다양한 색깔로 만들 수 있다.
⑤ 플라스틱 - 다양한 색깔로 만들 수 있다.

12 자전거의 ㉠ 부분을 만드는 데 사용되는 물질을 두 가지 고르시오. (,)

① 고무 ② 나무
③ 금속 ④ 도자기
⑤ 플라스틱

13 자전거의 각 부분을 이루는 물질과 그 물질로 만들면 좋은 점을 옳게 설명한 것은 어느 것입니까? (　　　)

① 체인은 금속으로 만들어져 튼튼하다.
② 손잡이는 금속으로 만들어져 튼튼하다.
③ 안장은 고무로 만들어져 충격을 잘 흡수한다.
④ 몸체는 가죽이나 플라스틱으로 만들어져 부드럽고 질기다.
⑤ 타이어는 가죽이나 플라스틱으로 만들어져 부드럽고 미끄러지지 않는다.

⊂중요⊃

14 여러 가지 컵의 좋은 점을 잘못 말한 친구는 누구입니까? (　　　)

① 은지: 종이컵은 싸고 가벼워서 좋아.
② 영준: 도자기 컵은 음식을 따뜻하게 보관할 수 있어.
③ 이슬: 금속 컵은 잘 깨지지 않아서 등산 갈 때 좋아.
④ 민수: 유리컵은 안에 든 내용물을 쉽게 알 수 있어.
⑤ 도훈: 플라스틱 컵은 한 가지 색으로만 만들 수 있어.

15 다음 친구가 말하고 있는 신발은 어느 것인지 보기 에서 골라 기호를 쓰시오.

슬기: 이 신발을 신고 다른 물체에 부딪치면 쉽게 깨져서 다칠 것 같아.

보기

㉠ ▲ 가죽 신발　㉡ ▲ 유리 신발

㉢ ▲ 금속 신발

(　　　　　　　　　　)

16 오른쪽 컵에 대한 설명으로 옳은 것은 어느 것입니까? (　　　)

▲ 종이컵

① 투명하다.
② 단단하다.
③ 잘 찢어진다.
④ 값이 비싸다.
⑤ 음식을 오랫동안 따뜻하게 보관할 수 있다.

17 다음 중 물이 들어오지 않는 특징을 가진 장갑을 두 가지 골라 기호를 쓰시오.

㉠ ▲ 면장갑　㉡ ▲ 가죽 장갑
㉢ ▲ 고무장갑　㉣ ▲ 비닐장갑

(　　　　　,　　　　　)

18 서로 다른 물질을 섞었을 때 물질의 성질이 변하지 않는 경우를 골라 기호를 쓰시오.

㉠ 물과 붕사를 섞었을 때
㉡ 미숫가루와 설탕을 섞었을 때
㉢ 물, 붕사, 폴리비닐 알코올을 섞었을 때

(　　　　　　　　　　)

19 다음 중 탱탱볼을 만들기 위해 필요한 물질을 모두 짝 지은 것은 어느 것입니까? (   )

① 물, 붕사, 알코올
② 붕사, 폴리비닐 알코올
③ 물, 설탕, 폴리비닐 알코올
④ 물, 붕사, 폴리비닐 알코올
⑤ 붕사, 폴리비닐 알코올, 미숫가루

중요

20 다음의 성질을 지닌 물질을 보기 에서 골라 기호를 쓰시오.

- 하얀색으로 광택이 있다.
- 손으로 만지면 깔깔하다.

보기

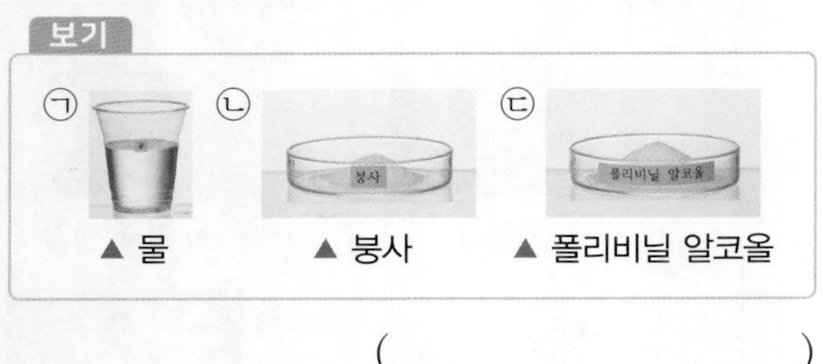

㉠ ▲ 물 ㉡ ▲ 붕사 ㉢ ▲ 폴리비닐 알코올

(   )

21 탱탱볼을 만드는 과정 중 일부입니다. 서로 관련 있는 것을 찾아 선으로 이으시오.

(1) 
▲ 물이 뿌옇게 흐려짐.

(2) 
▲ 물질이 엉기고 알갱이가 커짐.

㉠ 물과 붕사를 섞었을 때

㉡ 물, 붕사, 폴리비닐 알코올을 섞었을 때

22 오른쪽과 같이 만든 탱탱볼에 대한 설명으로 옳은 것을 모두 찾아 ○표 하시오.

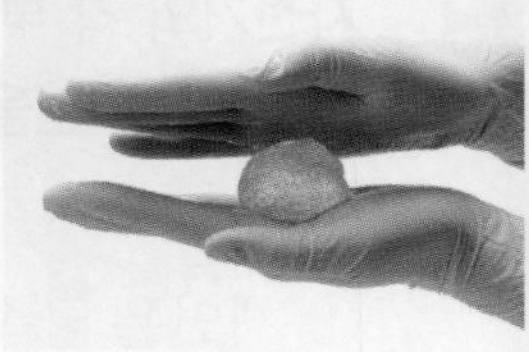

(1) 광택이 없다. (   )
(2) 알갱이가 투명하다. (   )
(3) 바닥에 떨어뜨리면 잘 튀어 오른다. (   )
(4) 만지면 단단하고 까끌까끌한 알갱이가 느껴진다. (   )

[23~24] 다음 설계도를 보고, 물음에 답하시오.

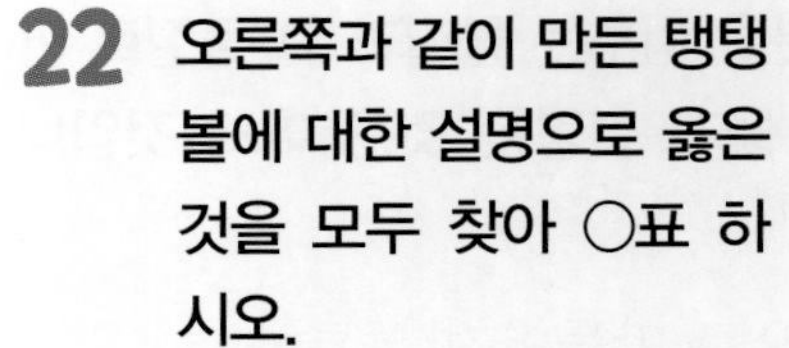

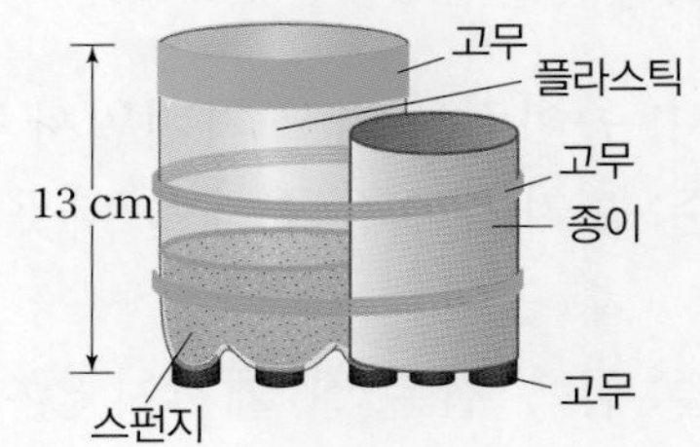

23 연필을 넣었을 때 연필심이 부러지지 않도록 하기 위해 사용한 물질은 무엇인지 쓰시오.

(   )

24 위에서 창의적으로 설계된 부분에 대한 설명으로 알맞지 않은 것은 어느 것입니까? (   )

① 두 개의 통을 고무줄로 묶어서 고정했다.
② 플라스틱 통으로 만들어 속이 보이지 않게 했다.
③ 고무줄을 잘라 바닥에 붙여 미끄러지지 않게 했다.
④ 플라스틱 통 끝부분을 넓은 고무줄로 감싸 다치지 않게 했다.
⑤ 바닥에 스펀지를 잘라 넣어 물체를 꽂았을 때 충격을 줄일 수 있게 했다.

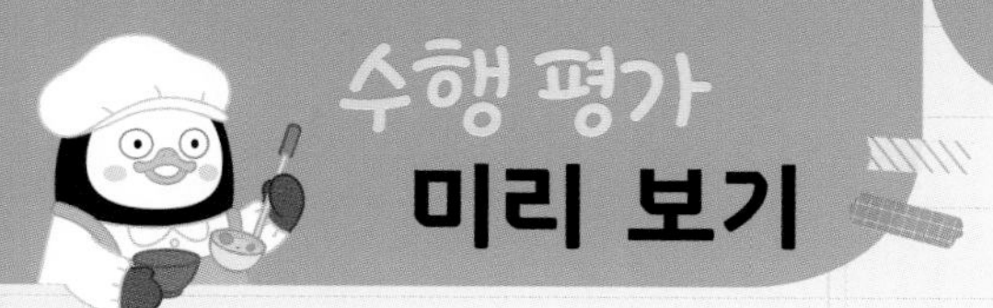

정답과 해설 10쪽

1 **다음 물체들을 보고, 물음에 답하시오.**

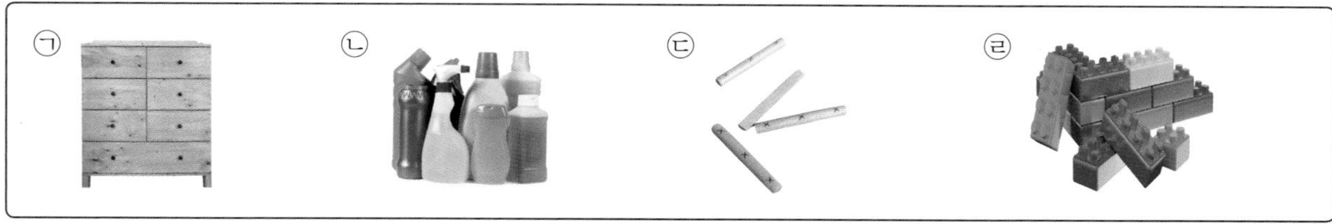

(1) 위 물체들을 만든 물질에 따라 분류하여 기호를 쓰시오.

(가)	나무로 만들어진 물체	
(나)	플라스틱으로 만들어진 물체	

(2) 위 물체들을 (가)와 (나)의 물질로 만들면 각각 어떤 점이 좋은지 물질의 성질과 관련지어 쓰시오.

2 **다음을 보고, 물음에 답하시오.**

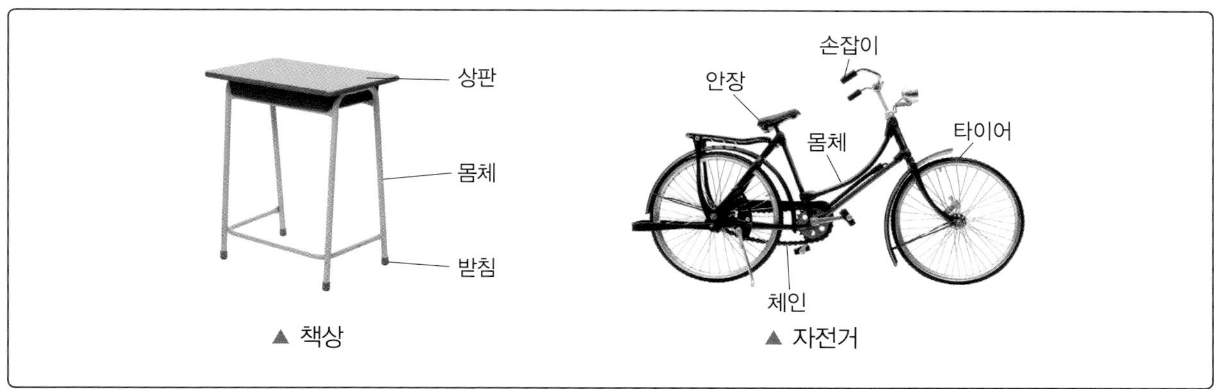

▲ 책상 ▲ 자전거

(1) 위 물체에서 고무와 나무로 만들면 좋은 부분을 각각 찾아 쓰시오.

고무로 만들면 좋은 부분	
나무로 만들면 좋은 부분	

(2) 위 물체에서 금속으로 만들면 좋은 부분을 각각 찾아 쓰고, 그 까닭을 금속의 성질과 관련지어 쓰시오.

3 단원

동물의 한살이

아름답게 펼쳐진 유채밭에 하얀 배추흰나비들이 날아다닙니다. 그런데 초록색 잎을 자세히 보니 유채잎을 갉아 먹고 있는 애벌레들도 있습니다. 잎의 뒷면을 들춰 보니 아주 작은 노란색 알과 번데기의 모습도 보입니다. 예쁜 나비와 전혀 닮지 않은 애벌레와 번데기도 사실은 배추흰나비의 또 다른 모습이랍니다. 이 단원에서는 배추흰나비의 한살이 과정을 살펴봅니다. 또 우리 주변에서 볼 수 있는 다양한 동물의 한살이 과정에 대해서도 알아봅니다.

단원 학습 목표

(1) 동물의 암수, 배추흰나비의 한살이
- 알이나 새끼를 돌보는 과정에서 동물의 암수가 하는 역할을 말할 수 있습니다.
- 배추흰나비알과 애벌레, 번데기, 어른벌레를 관찰하고 특징을 글과 그림으로 표현할 수 있습니다.

(2) 여러 가지 동물의 한살이 과정
- 완전 탈바꿈과 불완전 탈바꿈의 과정을 설명할 수 있습니다.
- 알을 낳는 동물과 새끼를 낳는 동물의 한살이를 말할 수 있습니다.
- 새끼를 낳는 동물이나 알을 낳는 동물의 한살이를 만화로 만들어 발표할 수 있습니다.

단원 진도 체크

회차	학습 내용		진도 체크
1차	(1) 동물의 암수, 배추흰나비의 한살이	교과서 내용 학습 + 핵심 개념 문제	✓
2차			✓
3차		실전 문제 + 서술형·논술형 평가	✓
4차	(2) 여러 가지 동물의 한살이 과정	교과서 내용 학습 + 핵심 개념 문제	✓
5차			✓
6차		실전 문제 + 서술형·논술형 평가	✓
7차	대단원 정리 학습 + 대단원 마무리 + 수행 평가 미리 보기		✓

해당 부분을 공부한 후 ✓표를 하세요.

(1) 동물의 암수, 배추흰나비의 한살이

1 암수의 구별이 쉬운 동물과 어려운 동물

(1) 암수가 쉽게 구별되는 동물의 생김새

동물	수컷의 생김새	암컷의 생김새
사자	머리에 갈기가 있다.	머리에 갈기가 없다.
사슴	뿔이 있고 암컷보다 몸이 크다.	뿔이 없고 수컷에 비해 몸이 작다.
원앙	몸 색깔이 화려하다.	몸 색깔이 갈색이고 화려하지 않다.
꿩	깃털의 색깔이 선명하고 화려하다.	깃털의 색깔이 수수하다. 황갈색에 검은색 무늬가 있다.

▲ 사자

▲ 사슴

▲ 원앙

▲ 꿩

(2) 암수가 쉽게 구별되지 않는 동물의 생김새

① 붕어: 암수 모두 길쭉한 몸에 지느러미가 있고, 몸의 색깔도 비슷합니다.

② 무당벌레: 암수 모두 몸 모양이 둥글고, 겉날개의 색깔과 무늬가 비슷합니다.

▲ 무당벌레

▶ 주로 암컷이 새끼를 돌보는 포유류
- 젖을 먹여 새끼를 키우는 동물을 포유류라고 합니다.
- 포유류는 주로 암컷이 새끼를 돌봅니다.
- 포유류에는 소, 바다코끼리, 곰, 산양 등이 있습니다.

▶ 암수의 생식 기관이 한 몸에 있는 동물
- 지렁이, 달팽이는 암수의 생식 기관이 한 몸에 있습니다.
- 하지만 건강하고 좋은 유전자를 가진 자손을 남기기 위해 다른 지렁이, 달팽이와 짝짓기를 합니다.

▲ 지렁이

▲ 달팽이

2 알이나 새끼를 돌보는 과정에서 암수가 하는 역할

암수가 함께 알이나 새끼를 돌봄	암컷 혼자서 새끼를 돌봄	수컷 혼자서 알을 돌봄	암수 모두 알이나 새끼를 돌보지 않음
제비, 꾀꼬리, 황제펭귄, 두루미 등	곰, 소, 산양, 바다코끼리 등	가시고기, 물자라, 꺽지, 물장군 등	거북, 자라, 노린재, 개구리 등

3 배추흰나비를 기르면서 한살이 알아보기

(1) 동물의 한살이

① 동물의 알이나 새끼가 자라서 어미가 되면 다시 알이나 새끼를 낳습니다.

② 동물이 태어나서 성장하여 자손을 남기는 과정을 동물의 한살이라고 합니다.

낱말 사전

수수함 겉모양이나 옷차림 등이 너무 화려하지도 나쁘지도 않고 무난함.

갈기 말이나 사자 등의 목덜미에 난 긴 털

짝짓기 동물 따위의 암수가 짝을 이루거나 짝이 이루어지게 하는 일

(2) 배추흰나비를 기를 때 필요한 것

① 배추흰나비 애벌레가 먹을 먹이: 배추, 무, 양배추, 케일 등을 심은 화분

② 사육 상자: 투명한 플라스틱 그릇

③ 방충망: 알이나 애벌레를 보호해 줍니다.

④ 그 외: 고무줄, 분무기, 휴지(물을 뿌려 상자 안의 습도를 조절하기 위해) 등

(3) 사육상자 꾸미기 예

사육 상자를 준비하고 바닥에 휴지를 깝니다. / 배추흰나비알이 붙어 있는 케일 화분을 넣습니다. / 사육 상자에 방충망을 씌웁니다.

(4) 배추흰나비를 기를 때 주의할 점

① 알이나 애벌레를 옮길 때는 알이나 애벌레가 붙은 잎을 함께 옮기고 손으로 직접 만지지 않습니다. → 손으로 알이나 애벌레를 만지면 죽을 수도 있습니다.

② 애벌레가 바닥에 떨어졌을 때는 배춧잎 등을 애벌레 앞에 놓아 스스로 기어오르도록 합니다.

③ 알이나 애벌레를 손으로 만졌을 때는 비누로 손을 깨끗이 씻습니다.

④ 사육 상자 주변에서 모기약을 사용하지 않습니다.

▶ 배추흰나비 애벌레의 먹이

▲ 배춧잎

▲ 무 잎

▲ 양배추 잎

▲ 케일 잎

4 배추흰나비 한살이 관찰 계획 세우기

관찰 기간	20○○년 ○○월 ○○일~○○월 ○○일(약 한 달 정도)
관찰할 내용	알이나 애벌레, 번데기의 색깔과 모양, 먹이를 먹는 모습, 어른벌레의 입과 더듬이, 다리, 날개의 생김새 등
관찰 방법	• 교실에서 사육 상자를 만들거나 화단에 케일밭을 만들어 배추흰나비 애벌레를 키운다. • 맨눈이나 돋보기로 관찰한다. • 사진기로 사진이나 동영상을 찍는다. • 자를 사용하여 크기 변화를 측정한다.
기록 방법	• 관찰 기록장에 글, 그림 등을 사용하여 기록한다. • 관찰 일기를 쓴다.

▶ 배추흰나비를 기르지 않고 자연 상태에서 배추흰나비 한살이를 관찰하는 방법

• 배추밭이나 유채밭에 2~3일에 한 번씩 찾아가 관찰합니다.

• 학교 화단에 케일밭을 만들어 배추흰나비가 낳은 알을 관찰합니다.

낱말 사전

사육 먹이를 주면서 어린 동물을 기르는 것.

방충망 작은 구멍이 뚫려 있어 공기가 통하게 만든 망으로 해로운 곤충을 막아 줌.

개념 확인 문제

1 사자, 사슴, 원앙, 꿩은 암수가 쉽게 (구별됩니다, 구별되지 않습니다).

2 제비는 (암수가 함께 , 암컷 혼자서) 알이나 새끼를 돌봅니다.

3 배추흰나비를 기를 때 알이나 애벌레는 직접 손으로 (만져 봅니다 , 만지지 않습니다).

정답 1 구별됩니다 2 암수가 함께 3 만지지 않습니다

교과서 내용 학습

▶ 배추흰나비알에서 나온 애벌레

- 애벌레는 알에서 나오자마자 알껍데기를 갉아 먹습니다.
- 알껍데기에 영양분이 풍부하게 들어 있기 때문입니다.

▶ 배추흰나비알과 애벌레 비교하기

구분	특징
알	• 길쭉한 옥수수 모양이다. • 연한 노란색이며 주름져 있다. • 자라지 않는다. • 움직이지 않는다.
애벌레	• 털이 있고 긴 원통 모양이다. • 초록색이며 몸이 머리, 가슴, 배 세 부분으로 구분된다. • 가슴에 가슴발이 세 쌍 있다. • 허물을 벗으며 점점 자란다. • 자유롭게 기어서 움직인다.

낱말 사전

부화 동물의 알에서 애벌레나 새끼가 알껍데기를 뚫고 밖으로 나오는 것.

5 배추흰나비알의 특징

(1) 알의 생김새

① 길쭉한 옥수수 모양입니다.
② 연한 노란색이며 주름져 있습니다.
③ 크기가 1 mm 정도로 작으며 자라지 않습니다.

▲ 배추흰나비알

(2) 알의 부화 과정(알을 낳고 5~7일 뒤)

알 속에서 애벌레의 움직임이 보입니다(약 1 mm).

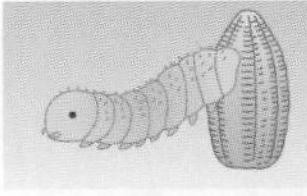
애벌레가 알껍데기 밖으로 나옵니다(약 2 mm~4 mm).

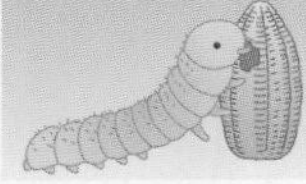
애벌레가 알껍데기를 갉아 먹습니다(2 mm~4 mm).

6 배추흰나비 애벌레의 특징

(1) 애벌레의 생김새

① 몸 주변에 털이 나 있고, 고리 모양의 마디가 있습니다.
② 긴 원통 모양이고 초록색입니다.
③ 몸은 머리, 가슴, 배 세 부분으로 구분되며 가슴에 가슴발이 세 쌍 있습니다.
④ 자유롭게 기어 다니며 움직입니다.
⑤ 허물을 네 번 벗으며 30 mm 정도까지 자랍니다.

(2) 애벌레가 자라는 과정(15~20일 동안) – 알에서 나온 애벌레는 연한 노란색인데 먹이를 먹으면 초록색으로 변합니다.

부화한 뒤 먹이를 먹은 애벌레(2 mm~4 mm)

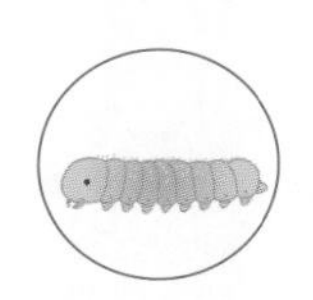
1번 허물을 벗은 애벌레(4 mm~8 mm)

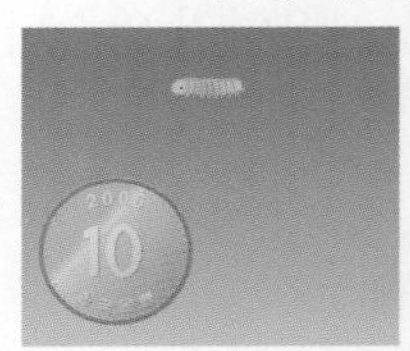
2번 허물을 벗은 애벌레(8 mm~12 mm)

3번 허물을 벗은 애벌레(12 mm~16 mm)

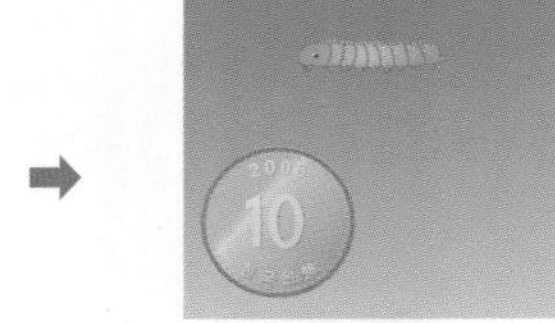
4번 허물을 벗은 애벌레(16 mm~30 mm)

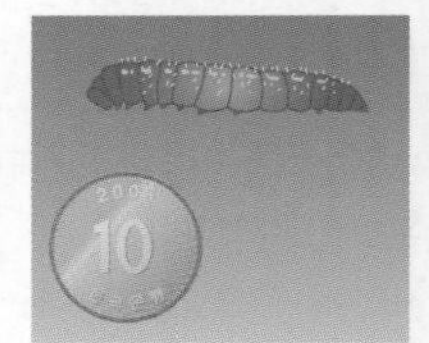

▲ 알과 애벌레의 실제 크기

7 배추흰나비 번데기의 특징

(1) 번데기의 생김새

① 여러 개의 마디가 있고 색깔은 주변의 환경과 비슷합니다.
② 번데기는 움직이지 않고 먹이도 먹지 않습니다.
③ 번데기 상태로 7~10일 동안 있습니다.
④ 크기가 변하지 않고 자라지도 않습니다.

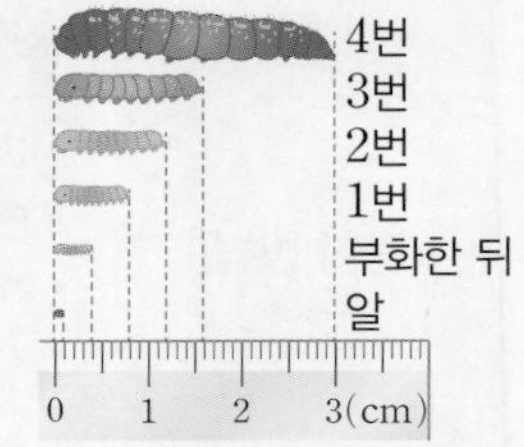

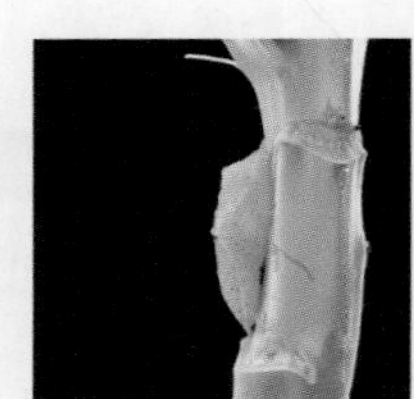
▲ 배추흰나비 번데기

(2) 애벌레가 번데기로 변하는 과정

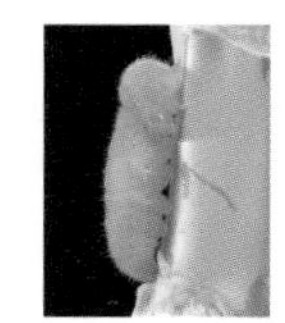

4번의 허물을 벗은 애벌레는 입에서 실을 뽑아 몸을 묶습니다.

➡

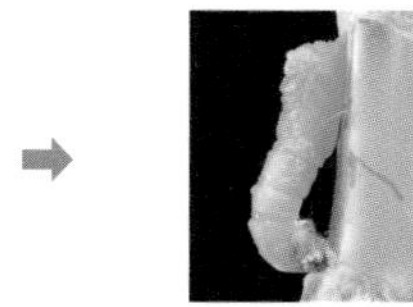

머리부터 껍질이 벌어지며 허물을 벗습니다.

➡

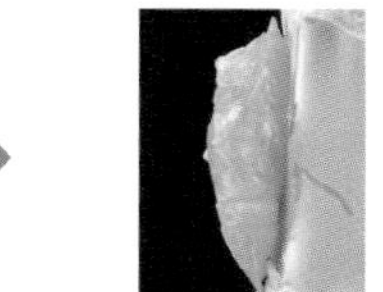

번데기 모습이 됩니다. (20 mm~25 mm)

➡

번데기의 색깔이 주변과 비슷하게 변합니다.

8 배추흰나비 어른벌레의 특징

(1) 날개돋이 과정(약 5분 동안)

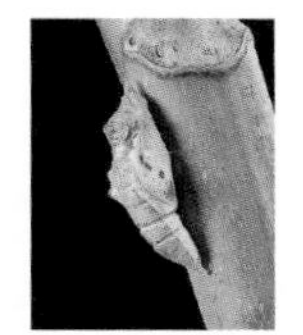

번데기 안에 어른벌레의 모습이 보입니다.

➡

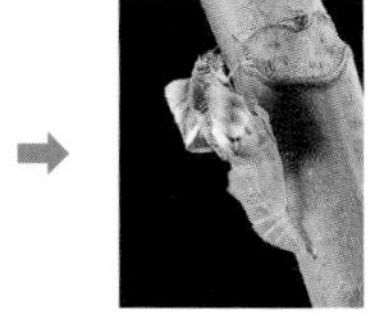

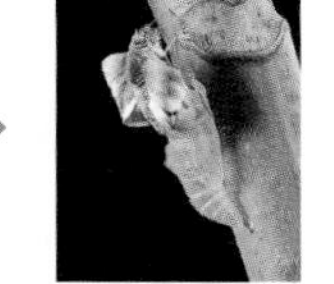

등 부분이 갈라지고 머리가 보입니다.

➡

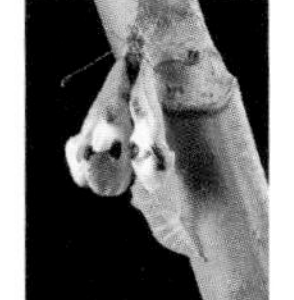

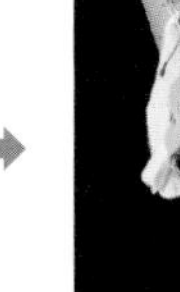

몸 전체가 빠져나옵니다.

➡

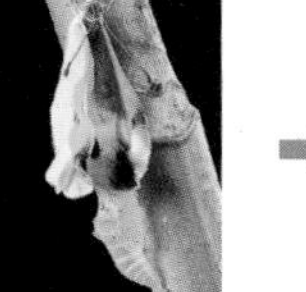

날개를 늘어뜨리고 천천히 폅칩니다.

➡

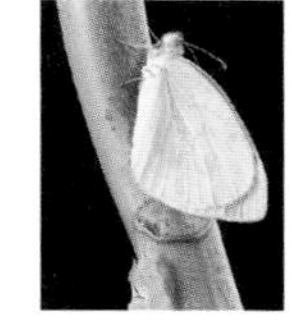

날개가 마르면 날 수 있습니다.

(2) 배추흰나비 어른벌레의 특징

① 한 쌍의 더듬이, 두 쌍의 날개, 세 쌍의 다리가 있습니다.

② 몸은 머리, 가슴, 배 세 부분으로 되어 있습니다.

③ 입은 도르르 말려 있다가 먹이를 먹을 때 긴 대롱 모양으로 펴집니다.

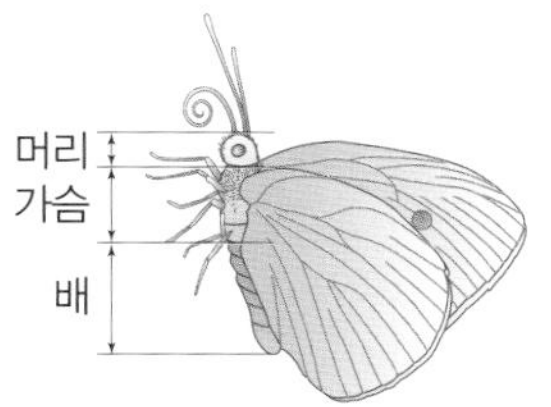

▲ 배추흰나비 어른벌레

(3) 배추흰나비 한살이 과정

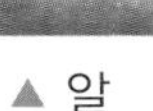

▲ 알

➡

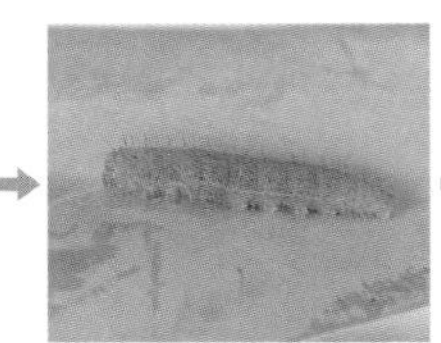

▲ 애벌레

➡

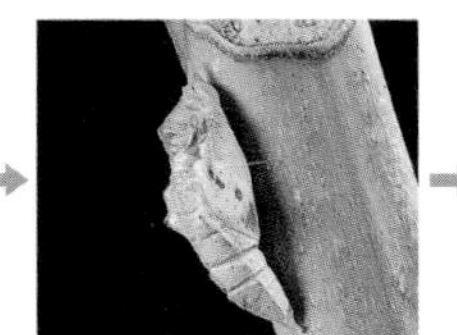

▲ 번데기

➡

▲ 어른벌레

(4) 곤충의 특징

① 몸이 머리, 가슴, 배 세 부분으로 되어 있고 다리가 세 쌍인 동물을 곤충이라고 합니다.

② 배추흰나비, 개미, 벌 등은 곤충입니다.

▲ 개미

▶ 번데기가 되기 전 애벌레의 특징

- 애벌레 상태로 15~20일이 지나면 먹는 것을 중단합니다.
- 몸의 색깔이 맑아집니다.
- 번데기로 변하기 위하여 안전한 곳을 찾습니다.

▶ 배추흰나비 번데기와 어른벌레 비교하기

구분	특징
번데기	• 털이 없고 가운데가 볼록한 모양이다. • 초록색, 갈색 등 주변 색과 비슷하다. • 자라지 않는다. • 움직이지 않는다.
어른벌레	• 몸이 머리, 가슴, 배로 구분되며 날개 두 쌍, 다리 세 쌍이 있다. • 날개는 하얀색이나 연한 노란색이고 몸통은 날개보다 짙은 색깔이다. • 자라지 않는다. • 날개를 이용하여 날아다닌다.

낱말 사전

날개돋이 번데기에서 날개가 있는 어른벌레가 나오는 것.

개념 확인 문제

1 배추흰나비 애벌레는 허물을 (　　　)번 벗으며 자랍니다.

2 배추흰나비 어른벌레는 (　　　) 쌍의 다리와 (　　　) 쌍의 날개가 있습니다.

3 배추흰나비의 한살이 과정은 알 → (　　　) → 번데기 → 어른벌레입니다.

정답 **1** 네 **2** 세, 두 **3** 애벌레

핵심 개념 문제

개념 1 동물의 암수 구별에 대해 묻는 문제

(1) 암수가 쉽게 구별되는 동물: 사자, 사슴, 원앙, 꿩 등
(2) 사자는 수컷에만 머리에 갈기가 있고, 사슴은 수컷에만 머리에 뿔이 있음. 원앙과 꿩은 수컷의 깃털 색깔이 화려함.
(3) 암수가 쉽게 구별되지 않는 동물: 붕어, 무당벌레 등

01 다음 보기에서 암수가 쉽게 구별되지 않는 동물을 골라 기호를 쓰시오.

보기

㉠ 꿩	㉡ 붕어
㉢ 사슴	㉣ 원앙

( )

중요
02 다음은 사자 암수가 함께 있는 모습입니다. 암컷과 수컷을 구별하여 각각 기호를 쓰시오.

(1) 수컷: ( )
(2) 암컷: ( )

개념 2 알이나 새끼를 돌보는 과정에서 암수가 하는 역할을 묻는 문제

(1) 암수가 함께 알과 새끼를 돌보는 경우: 제비, 꾀꼬리, 황제펭귄, 두루미 등
(2) 암컷 혼자서 새끼를 돌보는 경우: 곰, 소, 산양, 바다코끼리 등
(3) 수컷 혼자서 알을 돌보는 경우: 가시고기, 물자라, 꺽지, 물장군 등
(4) 암수 모두 알이나 새끼를 돌보지 않는 경우: 거북, 자라, 노린재, 개구리 등

03 다음 중 수컷 혼자서 알이나 새끼를 돌보는 동물은 어느 것입니까? ( )

① 소 ② 제비
③ 거북 ④ 두루미
⑤ 가시고기

04 다음과 같이 새끼를 돌보고 있는 곰은 암컷과 수컷 중 무엇인지 쓰시오.

( )

개념 3 배추흰나비를 기를 때 필요한 것과 주의할 점을 묻는 문제

(1) 배추흰나비를 기를 때 필요한 것: 애벌레의 먹이(배추, 무, 양배추, 케일 등), 사육 상자, 방충망, 고무줄, 분무기, 휴지 등
(2) 주의할 점: 알이나 애벌레를 직접 손으로 만지지 않고, 애벌레가 바닥에 떨어지면 앞에 배춧잎 등을 놓아 스스로 기어오르도록 함.

05 배추흰나비를 기르며 한살이 과정을 관찰할 때 필요한 준비물이 아닌 것은 어느 것입니까? (　　)

① 휴지　② 모래
③ 방충망　④ 사육 상자
⑤ 케일 화분

06 다음 (　　) 안에 들어갈 알맞은 말을 골라 ○표 하시오.

사육 상자에서 배추흰나비를 기를 때 애벌레가 바닥에 떨어졌을 때에는 (휴지 , 배춧잎) 등을 애벌레 앞에 놓아 애벌레가 스스로 기어오르도록 한다.

개념 4 배추흰나비의 한살이 관찰에 대해 묻는 문제

(1) 관찰할 내용: 알이나 애벌레, 번데기의 색깔과 모양, 먹이를 먹는 모습, 어른벌레의 입과 더듬이, 다리, 날개의 생김새 등
(2) 관찰 방법: 맨눈이나 돋보기로 관찰함. 사진기로 사진이나 동영상을 찍음. 자를 사용하여 크기 변화를 측정함.

중요

07 배추흰나비의 한살이를 관찰할 때, 관찰할 내용으로 알맞지 않은 것은 어느 것입니까? (　　)

① 알의 생김새
② 애벌레의 크기
③ 방충망의 색깔
④ 번데기의 색깔과 모양
⑤ 어른벌레 날개의 생김새

08 배추흰나비의 한살이를 관찰한 내용을 기록하는 방법으로 알맞지 않은 것을 보기 에서 골라 기호를 쓰시오.

보기

㉠ 매일 관찰 일기를 쓴다.
㉡ 분무기로 물을 뿌려 사육 상자 안의 습도를 조절한다.
㉢ 자로 애벌레의 크기를 측정하여 관찰 기록장에 적는다.
㉣ 애벌레가 먹이 먹는 모습을 관찰 기록장에 그림으로 그린다.

(　　　　　　)

개념 5 배추흰나비알에 대해 묻는 문제

(1) 알의 생김새: 길쭉한 옥수수 모양이고 연한 노란색임. 크기가 1 mm 정도로 작으며 자라지 않음.
(2) 알의 부화 과정: 알 속에서 애벌레의 움직임이 보임. → 애벌레가 알껍데기 밖으로 나옴. → 애벌레가 알껍데기를 갉아 먹음.

09 다음 배추흰나비알의 생김새로 알맞지 않은 것을 보기 에서 골라 기호를 쓰시오.

▲ 배추흰나비알

보기

㉠ 주름져 있다.
㉡ 연한 노란색이다.
㉢ 크기가 10 cm 정도이다.
㉣ 길쭉한 옥수수 모양이다.

( )

10 다음은 배추흰나비 애벌레의 부화 과정을 나타낸 것입니다. ( ) 안에 공통으로 들어갈 알맞은 말을 쓰시오.

알 속에서 애벌레의 움직임이 보인다.→ 애벌레가 ( ) 밖으로 나온다.→ 애벌레가 ( )을/를 갉아 먹는다.

( )

개념 6 배추흰나비 애벌레에 대해 묻는 문제

(1) 애벌레의 생김새: 초록색의 긴 원통 모양, 털이 나 있고 고리 모양의 마디가 있음. 몸은 머리, 가슴, 배로 구분됨. 가슴에 가슴발이 세 쌍 있음.
(2) 애벌레의 특징: 자유롭게 기어 다니면서 움직임, 허물을 네 번 벗으면서 30 mm 정도까지 자람.
(3) 알에서 나온 애벌레는 연한 노란색인데 먹이를 먹으면 초록색으로 변함.

11 다음은 민국이네 모둠에서 배추흰나비를 기르는 사육 상자 안을 관찰한 내용입니다. 민국이네 모둠에서 관찰한 것은 무엇인지 쓰시오.

가연: 긴 원통 모양이고 초록색이야.
민국: 자유롭게 기어 다니며 움직여.
우리: 몸 주변에 털이 나 있고, 고리 모양의 마디가 있어.

( )

12 배추흰나비 애벌레는 허물을 벗으며 점점 자랍니다. 네 번 허물을 벗은 배추흰나비 애벌레의 크기는 어느 정도입니까? ( )

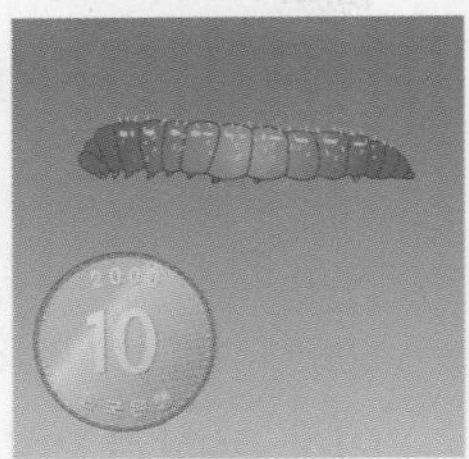

4번 허물을 벗은 애벌레

① 2 mm~4 mm
② 4 mm~8 mm
③ 8 mm~12 mm
④ 12 mm~16 mm
⑤ 16 mm~30 mm

개념 7 배추흰나비 번데기에 대해 묻는 문제

(1) 애벌레가 번데기로 변하는 과정: 애벌레는 입에서 실을 뽑아 몸을 묶음. → 머리부터 껍질이 벌어지며 허물을 벗음. → 번데기 모습이 됨. → 번데기의 색깔이 주변과 비슷하게 변함.
(2) 번데기의 생김새: 여러 개의 마디가 있고 주변 환경과 비슷한 색을 띰.
(3) 번데기의 특징: 움직이지 않고 먹지도 않음.

13 다음은 배추흰나비 애벌레가 무엇으로 변하기 위한 과정인지 쓰시오.

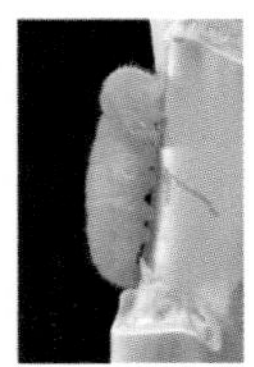
입에서 실을 뽑아 몸을 묶음.

머리부터 껍질이 벌어지며 허물을 벗음.

( )

14 배추흰나비를 기르는 사육 상자 안에서 다음과 같이 생긴 것을 찾아 관찰해 보았습니다. 관찰 결과로 옳지 않은 것은 어느 것입니까? ( )

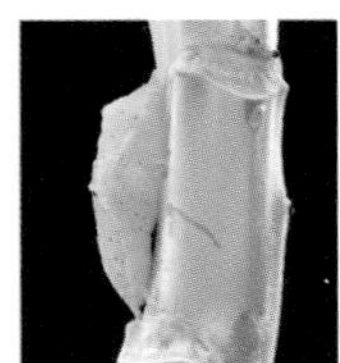

① 움직이지 않는다.
② 크기가 변하지 않는다.
③ 배추흰나비 번데기이다.
④ 배춧잎을 먹이로 먹는다.
⑤ 주변과 비슷한 색을 띤다.

개념 8 배추흰나비 어른벌레에 대해 묻는 문제

(1) 날개돋이 과정: 번데기 안에 어른벌레의 모습이 보임. → 등 부분이 갈라지고 머리가 보임. → 몸 전체가 빠져나옴. → 날개를 늘어뜨리고 천천히 펼침. → 날개가 마르면 날 수 있음.
(2) 배추흰나비 어른벌레의 생김새: 한 쌍의 더듬이, 두 쌍의 날개, 세 쌍의 다리가 있음. 몸은 머리, 가슴, 배 세 부분으로 되어 있음.
(3) 배추흰나비의 한살이 과정: 알 → 애벌레 → 번데기 → 어른벌레

15 다음은 배추흰나비의 날개돋이 과정입니다. ( ) 안에 들어갈 알맞은 말을 쓰시오.

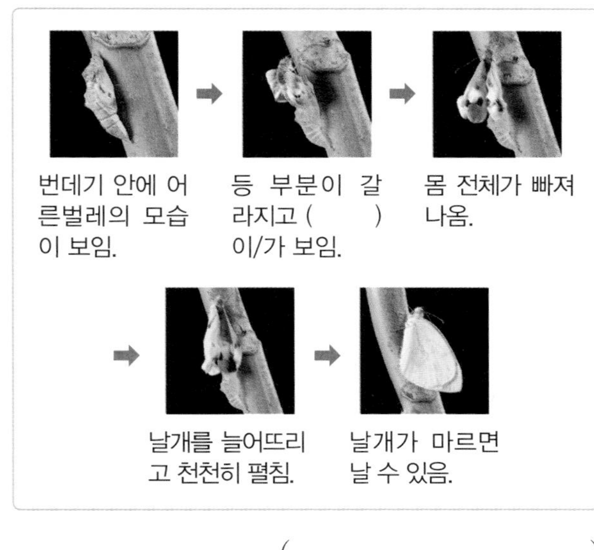
번데기 안에 어른벌레의 모습이 보임.
등 부분이 갈라지고 ( ) 이/가 보임.
몸 전체가 빠져나옴.
날개를 늘어뜨리고 천천히 펼침.
날개가 마르면 날 수 있음.

( )

중요

16 배추흰나비의 한살이 과정을 보기 에서 골라 순서에 맞게 쓰시오.

보기

애벌레 번데기 어른벌레

알 → ( ) → ( ) → ( )

중단원 실전 문제

01 동물의 암수 특징을 옳게 설명한 것은 어느 것입니까? (   )

① 사자는 암수 모두 머리에 갈기가 있다.
② 원앙은 암수 모두 몸 색깔이 화려하다.
③ 무당벌레는 수컷만 몸 색깔이 화려하다.
④ 사슴의 수컷은 뿔이 있고 암컷은 뿔이 없다.
⑤ 꿩의 암컷은 깃털이 화려하고 수컷은 수수하다.

02 다음 중 암수가 쉽게 구별되지 않는 동물은 무엇입니까? (   )

① 꿩　② 붕어
③ 사슴　④ 원앙
⑤ 사자

03 다음 사진을 보고 (   ) 안에 알맞은 기호를 써넣으시오.

사슴의 수컷 모습은 (   )이고, 암컷의 모습은 (   )이다.

04 다음 동물들의 공통점은 무엇입니까? (   )

제비, 꾀꼬리, 황제펭귄, 두루미

① 수컷이 알을 낳는다.
② 수컷 혼자서 알을 돌본다.
③ 암컷 혼자서 새끼를 돌본다.
④ 암수 모두 알을 돌보지 않는다.
⑤ 암수가 함께 알과 새끼를 돌본다.

중요

05 새끼를 돌보는 과정에서 암수의 역할이 다음의 곰과 같은 동물은 무엇입니까? (   )

▲ 곰

① 소　② 거북
③ 제비　④ 개구리
⑤ 가시고기

06 다음 (   ) 안에 공통으로 들어갈 알맞은 말을 쓰시오.

- 가시고기 (   )은/는 혼자서 알을 돌본다.
- 바다코끼리 (   )은/는 새끼를 돌보지 않는다.

(   )

07 다음의 배추흰나비 애벌레가 먹는 먹이로 알맞지 않은 것은 어느 것입니까? (　　)

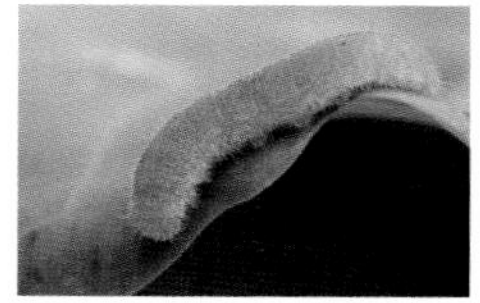
▲ 배추흰나비 애벌레

① 무 잎　② 배춧잎
③ 케일 잎　④ 양배추 잎
⑤ 돼지고기

08 다음 (　　) 안에 들어갈 알맞은 말을 쓰시오.

동물의 새끼가 자라서 어미가 되면 다시 알이나 새끼를 낳는다. 이처럼 동물이 태어나서 성장하여 자손을 남기는 과정을 동물의 (　　　) (이)라고 한다.

(　　　　　　)

09 다음은 배추흰나비를 기를 사육 상자를 꾸민 것입니다. 이에 대한 설명으로 옳지 않은 것은 어느 것입니까? (　　)

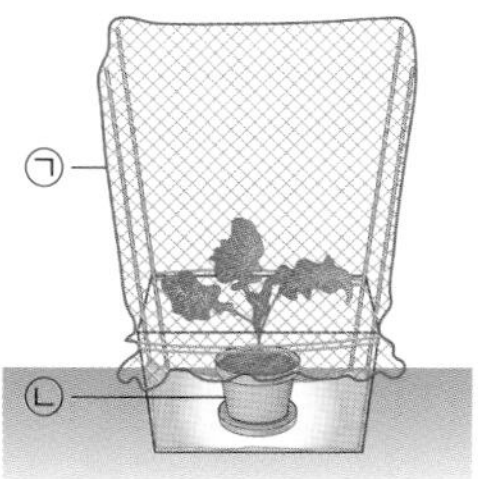

① ㉠은 비닐망이다.
② ㉡은 케일 화분이다.
③ ㉠은 알과 애벌레를 보호해 준다.
④ ㉡은 애벌레가 먹을 먹이이다.
⑤ 사육 상자는 투명한 플라스틱으로 준비한다.

중요

10 배추흰나비를 기를 때 주의할 점으로 옳지 않은 것은 어느 것입니까? (　　)

① 알은 손으로 옮긴다.
② 애벌레는 손으로 만지지 않는다.
③ 애벌레가 붙은 잎을 손으로 잡고 옮긴다.
④ 사육 상자 주변에서 모기약을 사용하지 않는다.
⑤ 애벌레가 바닥에 떨어지면 배춧잎을 놓아 스스로 기어오르도록 한다.

11 다음은 배추흰나비 관찰 계획서입니다. ㉠에 들어갈 내용으로 알맞지 않은 것은 어느 것입니까? (　　)

관찰 기간	20○○년 ○월 ○일~○월 ○일
관찰할 내용	알이나 애벌레, 번데기의 색깔과 모양, 먹이를 먹는 모습, 어른벌레의 입과 더듬이, 다리, 날개의 생김새 등
관찰 방법	㉠
기록 방법	• 관찰 기록장에 글, 그림으로 표현함. • 관찰 일기를 씀.

① 맨눈이나 망원경으로 관찰함.
② 사진기로 사진이나 동영상을 찍음.
③ 자를 사용하여 크기 변화를 측정함.
④ 사육 상자에 애벌레를 키우면서 관찰함.
⑤ 화단에 케일밭을 만들어 알과 애벌레를 관찰함.

12 배추흰나비의 한살이 중 ㉠~㉢단계의 색깔을 관찰했을 때 연한 노란색을 띠지 않는 것을 골라 기호를 쓰시오.

㉠ 배추흰나비알
㉡ 알에서 막 나온 배추흰나비 애벌레
㉢ 배춧잎을 먹이로 먹은 배추흰나비 애벌레

(　　　　　　)

13 다음은 배추흰나비 애벌레의 부화 과정입니다. 각 단계에 대한 설명으로 옳지 않은 것은 어느 것입니까? (　　)

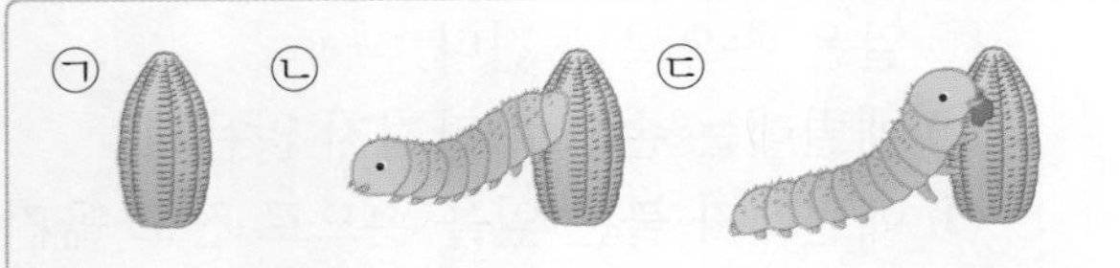

① ㉠ – 알의 크기는 1 mm 정도임.
② ㉠ – 알 속에서 애벌레의 움직임이 보임.
③ ㉡ – 애벌레가 알껍데기 밖으로 나옴.
④ ㉡ – 애벌레의 크기는 1 mm 정도임.
⑤ ㉢ – 애벌레가 알껍데기를 갉아 먹음.

14 다음 중 크기가 가장 큰 애벌레는 무엇입니까?
(　　)

① 알에서 막 나온 애벌레
② 1번 허물을 벗은 애벌레
③ 2번 허물을 벗은 애벌레
④ 3번 허물을 벗은 애벌레
⑤ 4번 허물을 벗은 애벌레

15 배추흰나비 애벌레에 대한 설명으로 옳은 것은 어느 것입니까? (　　)

① 몸은 털이 없고 매끈하다.
② 가슴에 가슴발이 세 쌍 있다.
③ 허물을 벗지만 자라지는 않는다.
④ 긴 원통형이고 몸에 마디가 없다.
⑤ 몸은 머리와 배 두 부분으로 구분된다.

16 배추흰나비의 한살이 과정 중 다음 두 단계의 차이점을 설명한 것으로 옳지 않은 것은 어느 것입니까? (　　)

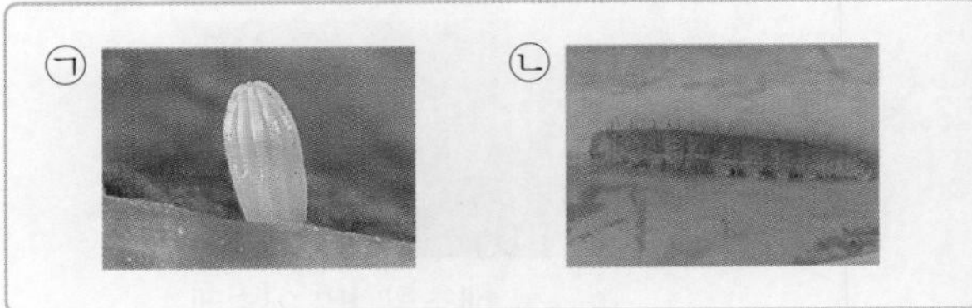

① ㉠은 움직이지 않고, ㉡은 움직인다.
② ㉠은 연한 노란색이고, ㉡은 초록색이다.
③ ㉠은 먹이를 먹지 않고, ㉡은 먹이를 먹는다.
④ ㉠은 긴 원통 모양이고, ㉡은 옥수수 모양이다.
⑤ ㉠은 크기가 변하지 않고, ㉡은 허물을 벗으며 자란다.

중요

17 다음은 배추흰나비 한살이 과정 중 어느 단계에 대한 설명인지 쓰시오.

- 움직이지 않고 먹이도 먹지 않는다.
- 크기가 변하지 않고 자라지도 않는다.
- 여러 개의 마디가 있고 색깔은 주변의 환경과 비슷하다.

(　　　　)

18 다음 배추흰나비 한살이 과정 중 움직이지 않고 먹이도 먹지 않는 단계를 모두 골라 기호를 쓰시오.

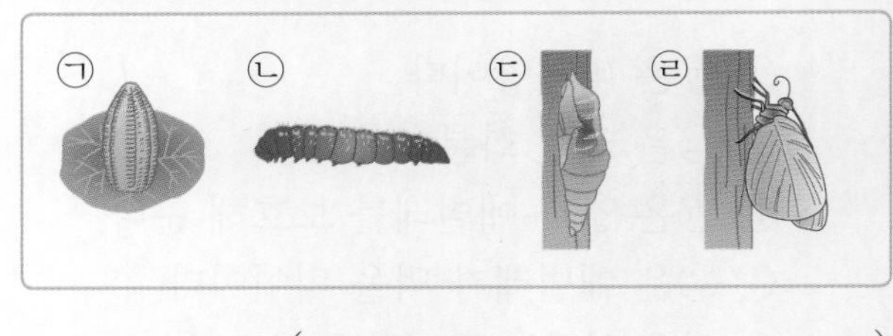

(　　　　,　　　　)

19 배추흰나비 애벌레가 번데기로 변하는 과정을 나타낸 것입니다. ㉠~㉤에 들어갈 말을 짝 지은 것으로 옳지 않은 것은 어느 것입니까? (　　)

> 네 번의 (㉠)을/를 벗은 애벌레는 입에서 (㉡)을/를 뽑아 몸을 묶는다.→ (㉢)부터 껍질이 벌어지며 허물을 벗는다.→ (㉣) 모습이 된다.→ 번데기의 색깔이 주변과 (㉤) 변한다.

① ㉠－허물　② ㉡－실
③ ㉢－머리　④ ㉣－번데기
⑤ ㉤－다르게

20 배추흰나비 어른벌레의 특징을 옳게 설명한 것은 어느 것입니까? (　　)

① 두 쌍의 다리가 있다.
② 세 쌍의 날개가 있다.
③ 두 쌍의 더듬이가 있다.
④ 몸은 머리가슴, 배 두 부분으로 되어 있다.
⑤ 먹이를 먹을 때 입은 긴 대롱 모양으로 펴진다.

21 배추흰나비의 날개돋이 과정을 순서 없이 나타낸 것입니다. 두 번째 과정에 해당하는 것은 어느 것입니까? (　　)

①
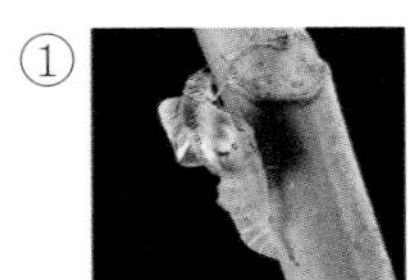
②
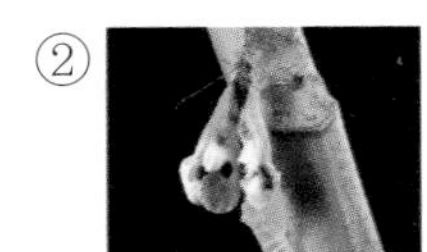
③
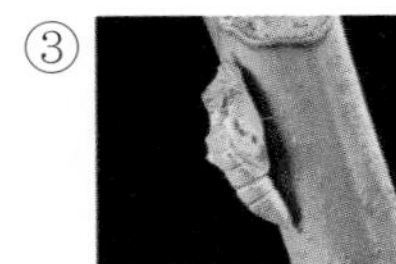
④
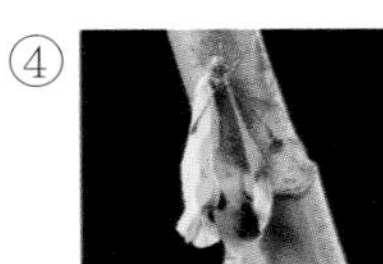
⑤
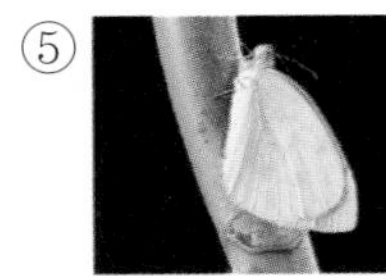

22 배추흰나비 한살이 과정 중 다음 두 단계의 공통점이 아닌 것은 무엇입니까? (　　)

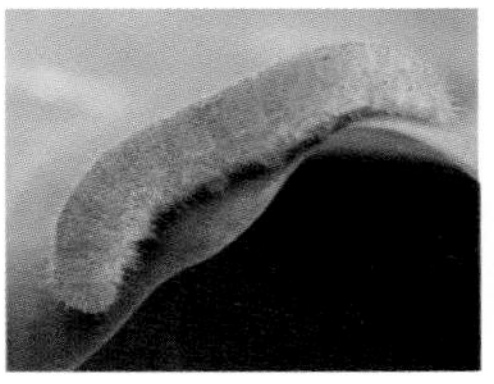
▲ 배추흰나비 애벌레

▲ 배추흰나비 어른벌레

① 입이 있다.
② 날개가 있다.
③ 먹이를 먹는다.
④ 자유롭게 움직인다.
⑤ 몸이 머리, 가슴, 배 세 부분으로 구분된다.

23 다음 배추흰나비 한살이 과정 중 알을 낳을 수 있는 단계에 해당하는 것을 골라 기호를 쓰시오.

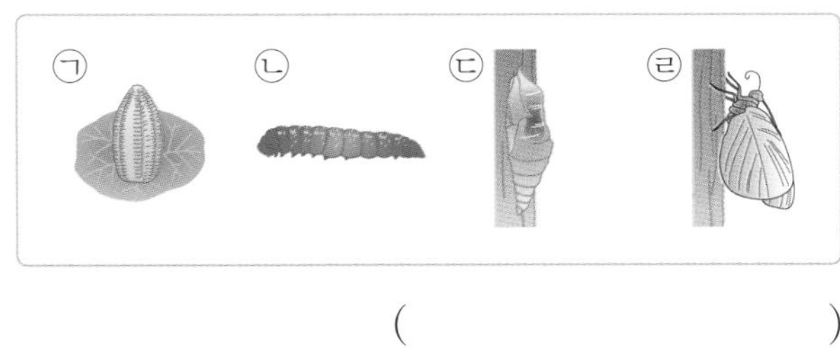

(　　　　　　　　)

24 다음 두 동물의 공통점으로 옳지 않은 것은 어느 것입니까? (　　)

▲ 배추흰나비　▲ 개미

① 더듬이가 있다.
② 새끼를 낳는다.
③ 곤충에 해당한다.
④ 다리가 여섯 개이다.
⑤ 몸이 머리, 가슴, 배 세 부분으로 되어 있다.

서술형·논술형 평가 돋보기

학교에서 출제되는 서술형·논술형 평가를 미리 준비하세요.

연습 문제

문제 해결 전략
암수가 쉽게 구별되는 동물은 사자, 사슴, 원앙, 꿩 등이고, 암수가 쉽게 구별되지 않는 동물은 붕어, 무당벌레 등이다. 사자는 수컷 머리에만 갈기가 있다.

핵심 키워드
동물의 암수 생김새

1 다음 여러 동물을 보고, 물음에 답하시오.

▲ 사자

▲ 무당벌레

▲ 붕어

(1) 위 동물들의 암수 생김새 구별의 차이점을 쓰시오.

- 암수가 쉽게 구별되는 동물은 (   )이다.
- 암수가 쉽게 구별되지 않는 동물은 (,   )이다.

(2) 사자의 암수를 구별하는 방법을 쓰시오.

사자의 수컷은 머리에 (   )이/가 있고, 암컷은 (   )이/가 없다.

문제 해결 전략
배추흰나비의 한살이 과정 중 알과 번데기일 때는 움직임이 없고, 애벌레와 어른벌레일 때는 자유롭게 움직입니다. 애벌레는 날개가 없지만, 어른벌레는 날개가 있습니다.

핵심 키워드
배추흰나비의 한살이

2 다음 배추흰나비 한살이 과정을 보고, 물음에 답하시오.

㉠  ㉡ 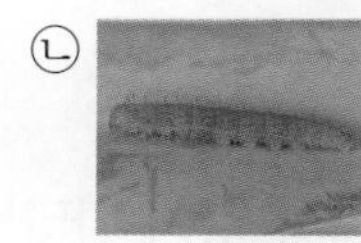 ㉢ 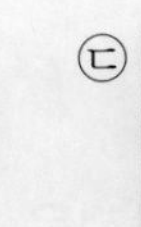 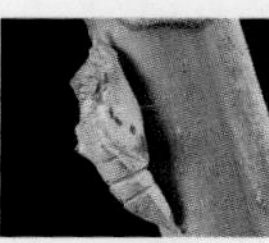 ㉣ 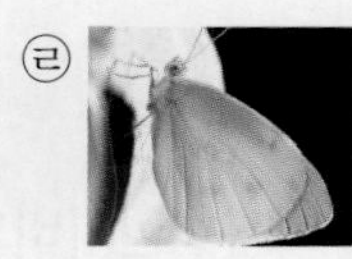

(1) 한살이 과정의 각 단계를 움직임이 있는 것과 없는 것으로 구분하여 쓰시오.

- ㉠과 ㉢ 단계에서는 (   ).
- ㉡과 ㉣ 단계에서는 (   ).

(2) ㉡과 ㉣ 단계의 생김새를 비교하여 공통점과 차이점을 한 가지씩 쓰시오.

- ㉡과 ㉣의 공통점: 몸이 (   ) 구분된다.
- ㉡과 ㉣의 차이점: ㉡은 (   ) ㉣은 (   ).

정답과 해설 13쪽

실전 문제

1 다음 동물들의 암컷은 알을 돌보는 데 공통적으로 어떤 역할을 하는지 쓰시오.

▲ 가시고기

▲ 거북

2 배추흰나비를 기를 사육 상자를 만드는 과정입니다. 물음에 답하시오.

바닥에 휴지를 깐다. → 배추흰나비알이 붙어 있는 ㉠ 케일 화분을 넣는다. → ㉡ 방충망을 씌운다.

(1) 위 과정에서 ㉠과 ㉡이 필요한 까닭을 쓰시오.

> ㉠은 배추흰나비 (   )의 먹이로 필요하다.
> ㉡은 (   )와/과 (   )을/를 보호하기 위해 필요하다.

(2) 위 사육 상자에서 애벌레가 바닥에 떨어졌을 때 어떻게 해야 하는지 그 까닭과 함께 쓰시오.

3 다음은 배추흰나비의 한살이 과정 중 일부입니다. 이 과정 이후 애벌레의 변화를 몸의 색깔과 허물 벗는 횟수를 중심으로 쓰시오.

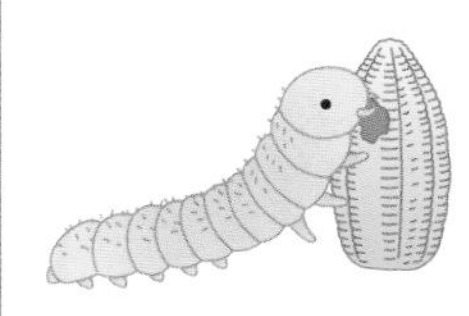

알에서 나온 애벌레가 알 껍데기를 갉아 먹는다.

4 다음을 보고, 물음에 답하시오.

▲ 배추흰나비 ▲ 개미

(1) 배추흰나비, 개미와 같이 생긴 동물을 통틀어 무엇이라고 부르는지 쓰시오.

(   )

(2) 배추흰나비와 개미의 생김새에서 공통점을 찾아 두 가지 쓰시오.

(2) 여러 가지 동물의 한살이 과정

1 여러 가지 곤충의 한살이

(1) 사슴벌레의 한살이

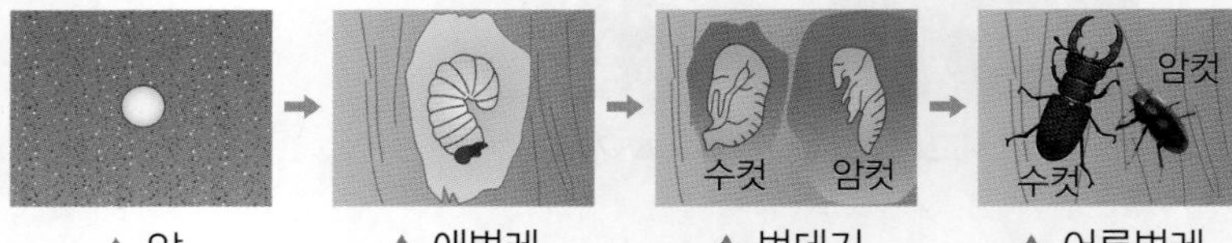

▲ 알 ▲ 애벌레 ▲ 번데기 ▲ 어른벌레

① 사슴벌레의 한살이에는 번데기 단계가 있습니다.
② 사슴벌레는 알에서 애벌레가 나오고 애벌레가 다 자라면 번데기가 됩니다.
③ 번데기 모양을 보면 수컷인지 암컷인지 알 수 있습니다.
④ 시간이 지나면 번데기에서 어른벌레가 나옵니다.

(2) 잠자리의 한살이

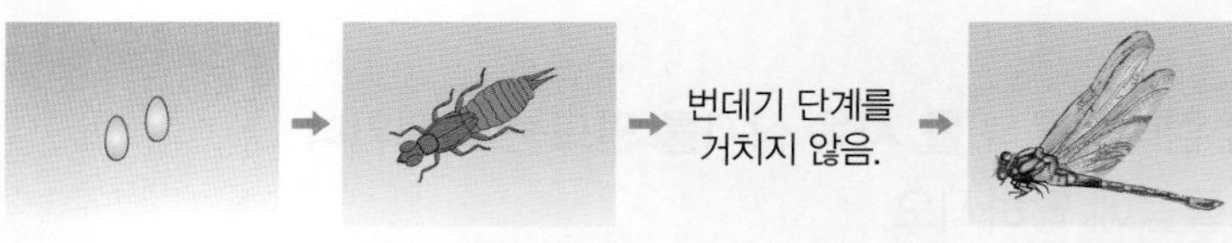

▲ 알 ▲ 애벌레 ▲ 어른벌레

① 잠자리의 한살이에는 번데기 단계가 없습니다.
② 잠자리는 물에 알을 낳고 알에서 깨어난 애벌레는 물속에서 삽니다.
③ 애벌레는 때가 되면 물 밖으로 나와 어른벌레가 됩니다.

(3) 사슴벌레와 잠자리의 한살이에서 공통점과 차이점

구분	사슴벌레	잠자리
공통점	• 알로 태어난다. • 애벌레 단계가 있다. • 허물을 벗으며 자란다. • 어른벌레는 날개 두 쌍과 다리 세 쌍이 있다. • 어른벌레는 모두 땅에서 생활한다.	
차이점	• 땅에 있는 썩은 나무나 습기가 있는 나무에 알을 낳는다. • 애벌레는 나무속에서 자란다. • 번데기 단계가 있다.	• 물에 알을 낳는다. • 애벌레는 물속에서 자란다. • 번데기 단계가 없다.

2 완전 탈바꿈과 불완전 탈바꿈

(1) 완전 탈바꿈: 곤충의 한살이에 번데기 단계가 있는 것

완전 탈바꿈	알 → 애벌레 → 번데기 → 어른벌레
완전 탈바꿈을 하는 곤충	나비, 벌, 파리, 풍뎅이, 나방, 개미, 무당벌레 등

(2) 불완전 탈바꿈: 곤충의 한살이에 번데기 단계가 없는 것

불완전 탈바꿈	알 → 애벌레 → 어른벌레
불완전 탈바꿈을 하는 곤충	사마귀, 메뚜기, 방아깨비, 노린재 등

사슴벌레의 암수 구별
• 사슴벌레는 암컷과 수컷의 생김새가 달라 암수 구별이 쉽습니다.
• 사슴벌레 수컷은 큰턱이 있고, 암컷은 턱이 작습니다.
• 번데기 단계에서 큰턱이 보이는 것은 수컷, 턱이 작은 것은 암컷입니다.

사슴벌레와 잠자리의 알
• 사슴벌레알의 크기

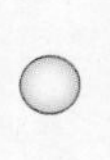

▲ 알의 실제 크기

• 잠자리알의 크기

▲ 알의 실제 크기

• 사슴벌레가 알에서 어른벌레가 되기까지는 2~3년이 걸리고, 잠자리가 알에서 어른벌레가 되기까지는 2~5년이 걸립니다.

낱말 사전

허물 곤충 등이 자라면서 벗는 피부 껍질
애벌레 알에서 나온 아직 다 자라지 않은 벌레

3 알을 낳는 동물의 한살이

(1) 닭의 한살이: 알 → 병아리 → 큰 병아리 → 다 자란 닭

알

단단한 껍데기에 싸여 있다.

약 21일 ➡

병아리가 부리로 껍데기를 깨고 나온다(부화).

1일 ➡

병아리

솜털로 덮여 있고 다리와 날개가 두 개씩 있으며 부리가 있다.

약 30일 ➡

큰 병아리

솜털이 깃털로 바뀐다.

약 5개월 ➡

다 자란 닭

암컷이 알을 낳을 수 있다.

(2) 알, 병아리, 다 자란 닭의 차이점

구분	알	병아리	다 자란 닭
차이점	• 한쪽 끝이 뾰족한 공 모양이다. • 암수 구별이 어렵다.	• 몸이 솜털로 덮여 있다. • 볏과 꽁지깃이 없다. • 암수 구별이 어렵다.	• 몸이 깃털로 덮여 있다. • 꽁지깃이 자라 있다. • 암수 구별이 쉽다.

(3) 닭처럼 알을 낳는 동물의 한살이

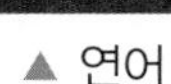

▲ 연어

▲ 개구리

▲ 뱀

▲ 굴뚝새

연어	알 → 새끼 연어 → 다 자란 연어
개구리	알 → 올챙이 → 개구리
뱀	알 → 새끼 뱀 → 다 자란 뱀
굴뚝새	알 → 새끼 굴뚝새 → 큰 새끼 굴뚝새 → 다 자란 굴뚝새

(4) 알을 낳는 동물의 한살이의 공통점과 차이점

공통점	알에서 깨어난 새끼 중 암컷은 다 자라면 알을 낳을 수 있다.
차이점	동물에 따라 알을 낳는 장소(땅 위, 땅속, 물 등), 알의 수, 크기, 모양이 다르다.

▶ 동물들이 알을 낳는 장소

- 연어와 개구리는 물에 알을 낳습니다.
- 굴뚝새는 나무 위 둥지에 알을 낳습니다.
- 뱀은 축축한 땅에 알을 낳습니다.

▶ 닭과 뱀의 한살이의 공통점과 차이점

공통점	• 땅에 알을 낳는다. • 암컷이 알을 낳는다.
차이점	• 닭은 마른 땅에 알을 낳고, 뱀은 축축한 땅에 알을 낳는다. • 알에서 새끼가 깨어날 때까지 걸리는 기간이 다르고, 다 자랄 때까지의 기간도 다르다.

개념 확인 문제

1 완전 탈바꿈은 곤충의 한살이에서 ( ) 단계가 있는 것입니다.

2 닭의 한살이는 알 → ( ) → 큰 병아리 → 다 자란 닭입니다.

3 연어, 개구리, 뱀, 굴뚝새는 모두 (알 , 새끼)을/를 낳는 동물입니다.

정답 **1** 번데기 **2** 병아리 **3** 알

교과서 내용 학습

▶ 개와 햄스터의 한살이의 공통점과 차이점

공통점	• 새끼를 낳아 젖을 먹여 기른다. • 갓 태어난 새끼는 눈이 감겨 있고 다리에 힘이 없어 일어서지 못한다.
차이점	• 개는 보통 한 번에 4~6마리의 새끼를 낳는다. • 햄스터는 보통 한 번에 8~10마리의 새끼를 낳는다.

▶ 새끼를 낳는 동물의 한살이의 공통점과 차이점

공통점	• 새끼를 낳아 젖을 먹여 기른다. • 몸이 털이나 가죽으로 덮여 있다. • 새끼와 어미의 모습이 비슷하다. • 암수가 만나 짝짓기를 하고 일정 시간이 흐르면 암컷이 새끼를 낳는다. • 다 자랄 때까지 어미의 보살핌을 받는다.
차이점	동물마다 임신 기간과 한 번에 낳는 새끼의 수, 새끼가 자라는 기간 등이 다르다.

4 새끼를 낳는 동물의 한살이

(1) 개의 한살이: 갓 태어난 강아지 → 큰 강아지 → 다 자란 개

갓 태어난 강아지

눈이 감겨 있고 귀도 막혀 있으며 걷지 못한다. 어미젖을 먹으며 자란다.

6~8주 ➡

큰 강아지

이빨이 나고 먹이를 씹어 먹기 시작한다.

7~10개월 ➡

다 자란 개

짝짓기를 하여 암컷이 새끼를 낳는다.

(2) 갓 태어난 강아지와 다 자란 개의 특징 비교하기

구분	갓 태어난 강아지	다 자란 개
공통점	• 몸이 털로 덮여 있다. • 코는 털이 없고 촉촉하다.	• 다리가 네 개이고 꼬리가 있다. • 주둥이가 길쭉하게 튀어나온 모양이다.
차이점	• 눈이 감겨 있고 귀도 막혀 있다. • 이빨이 없어 씹지 못하고 어미젖을 먹는다. • 다리에 힘이 없어 일어서지 못한다.	• 눈을 떠 사물을 볼 수 있고, 귀로 작은 소리도 들을 수 있다. • 이빨이 있어 고기를 뜯거나 사료를 씹어 먹는다. • 걷거나 달릴 수 있다.

(3) 개처럼 새끼를 낳는 동물의 한살이

사람	아기 → 어린이 → 청소년 → 다 자란 어른
소	갓 태어난 송아지 → 큰 송아지 → 다 자란 소
말	갓 태어난 망아지 → 큰 망아지 → 다 자란 말
고양이	갓 태어난 새끼 고양이 → 큰 새끼 고양이 → 다 자란 고양이

5 동물의 한살이를 만화로 표현하기

(1) 모둠이 정한 동물의 한살이를 함께 정리해 봅니다.

(2) 동물의 한살이 중 만화로 표현할 내용과 장면을 정해 봅니다.

(3) 내가 맡은 한살이 단계를 만화 카드에 그리고 대사를 써 봅니다.

(4) 친구들이 각각 그린 만화 카드를 함께 모아 만화를 완성해 봅니다.

개념 확인 문제

1 개의 한살이는 갓 태어난 강아지 → (　　　) → 다 자란 개입니다.
2 다 자란 개의 (암컷 , 수컷)은 새끼를 낳습니다.
3 사람, 소, 말, 고양이는 모두 (알 , 새끼)을/를 낳는 동물입니다.

정답 1 큰 강아지 2 암컷 3 새끼

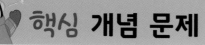

핵심 개념 문제

정답과 해설 14쪽

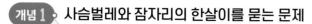

개념 1 사슴벌레와 잠자리의 한살이를 묻는 문제

(1) 사슴벌레의 한살이: 알 → 애벌레 → 번데기 → 어른벌레
(2) 잠자리의 한살이: 알 → 애벌레 → 어른벌레
(3) 사슴벌레의 한살이에는 번데기 단계가 있지만, 잠자리의 한살이에는 번데기 단계가 없음.

01 사슴벌레와 잠자리의 한살이에서 공통으로 거치는 ㉠과 ㉡ 단계는 무엇인지 각각 쓰시오.

사슴벌레	(㉠) → 애벌레 → 번데기 → (㉡)
잠자리	(㉠) → 애벌레 → (㉡)

㉠: (   ), ㉡: (   )

02 한살이에서 번데기 단계가 있는 곤충을 골라 이름을 쓰시오.

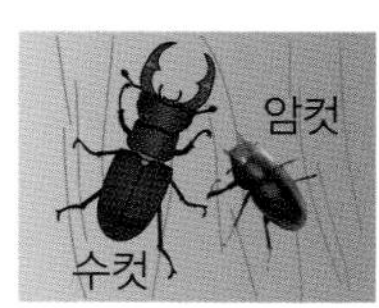

▲ 사슴벌레

▲ 잠자리

(   )

개념 2 완전 탈바꿈과 불완전 탈바꿈을 묻는 문제

완전 탈바꿈	불완전 탈바꿈
• 알 → 애벌레 → 번데기 → 어른벌레 • 나비, 벌, 파리, 풍뎅이, 나방, 개미, 무당벌레 등	• 알 → 애벌레 → 어른벌레 • 사마귀, 메뚜기, 방아깨비, 노린재 등

03 다음 ㉠과 ㉡에 들어갈 알맞은 말을 각각 쓰시오.

곤충의 (㉠) 탈바꿈	알 → 애벌레 → 번데기 → 어른벌레
곤충의 (㉡) 탈바꿈	알 → 애벌레 → 어른벌레

㉠: (   ), ㉡: (   )

04 다음 중 완전 탈바꿈을 하는 곤충은 어느 것입니까? (   )

① 나비
② 사마귀
③ 메뚜기
④ 노린재
⑤ 방아깨비

개념 3 닭의 한살이를 묻는 문제

(1) 닭의 한살이: 알 → 병아리 → 큰 병아리 → 다 자란 닭

(2) 알, 병아리, 다 자란 닭의 차이점

구분	특징
알	• 한쪽 끝이 뾰족한 공 모양임. • 암수 구별이 어려움.
병아리	• 몸이 솜털로 덮여 있음. • 볏과 꽁지깃이 없음. • 암수 구별이 어려움.
다 자란 닭	• 몸이 깃털로 덮여 있음. • 꽁지깃이 길게 자라 있음. • 암수 구별이 쉬움.

05 다음은 닭의 한살이 과정입니다. ㉠과 ㉡ 단계를 무엇이라고 하는지 각각 쓰시오.

알	(㉠)	(㉡)	다 자란 닭

㉠: (　　　　), ㉡: (　　　　)

06 닭의 한살이 과정 중 암수의 구별이 쉬운 단계를 골라 기호를 쓰시오.

㉠ 알　　㉡ 병아리
㉢ 다 자란 닭

(　　　　)

개념 4 알을 낳는 동물의 한살이를 묻는 문제

(1) 알을 낳는 동물들의 한살이

동물	한살이
연어	알 → 새끼 연어 → 다 자란 연어
개구리	알 → 올챙이 → 개구리
뱀	알 → 새끼 뱀 → 다 자란 뱀
굴뚝새	알 → 새끼 굴뚝새 → 큰 새끼 굴뚝새 → 다 자란 굴뚝새

(2) 알을 낳는 동물의 한살이의 공통점과 차이점

구분	내용
공통점	알에서 깨어난 새끼 중 암컷은 다 자라면 알을 낳을 수 있음.
차이점	동물에 따라 알을 낳는 장소, 알의 수, 크기, 모양이 다름.

07 여러 동물의 한살이 과정을 나타낸 것입니다. (　) 안에 공통으로 들어갈 알맞은 말을 쓰시오.

동물	한살이
연어	(　　) → 새끼 연어 → 다 자란 연어
개구리	(　　) → 올챙이 → 개구리
뱀	(　　) → 새끼 뱀 → 다 자란 뱀

(　　　　)

중요

08 알을 낳는 동물들의 한살이에는 어떤 공통점이 있는지 옳게 설명한 것은 어느 것입니까? (　　)

① 알의 모양이 같다.
② 알의 크기가 같다.
③ 알을 낳는 장소가 같다.
④ 한 번에 낳는 알의 수가 같다.
⑤ 다 자란 암컷은 알을 낳을 수 있다.

개념 5 개의 한살이를 묻는 문제

(1) 개의 한살이: 갓 태어난 강아지 → 큰 강아지 → 다 자란 개

(2) 갓 태어난 강아지와 다 자란 개의 특징

구분	갓 태어난 강아지	다 자란 개
공통점	• 몸이 털로 덮여 있고, 다리가 네 개임. • 꼬리가 있고, 코는 털이 없고 촉촉함. • 주둥이는 길쭉하게 튀어나온 모양임.	
차이점	• 눈이 감겨 있고 귀도 막혀 있음. • 씹지 못하고 어미 젖을 먹음. • 걷지 못함.	• 사물을 볼 수 있고, 귀로 들을 수 있음. • 이빨이 있어 고기와 사료를 씹어 먹음. • 걷거나 달릴 수 있음.

09 다음 ( ) 안에 들어갈 알맞은 말을 쓰시오.

다 자란 개는 암수가 짝짓기를 하여 암컷이 ( )을/를 낳는다.

( )

10 갓 태어난 강아지와 다 자란 개의 공통점이 아닌 것은 어느 것입니까? ( )

① 꼬리가 있다.
② 다리가 네 개다.
③ 몸이 털로 덮여 있다.
④ 걷거나 달릴 수 있다.
⑤ 코는 털이 없고 촉촉하다.

개념 6 새끼를 낳는 동물의 한살이를 묻는 문제

(1) 새끼를 낳는 동물들의 한살이

사람	아기 → 어린이 → 청소년 → 다 자란 어른
소	갓 태어난 송아지 → 큰 송아지 → 다 자란 소

(2) 새끼를 낳는 동물의 한살이의 공통점과 차이점

공통점	• 새끼를 낳아 젖을 먹여 기름. • 몸이 털이나 가죽으로 덮여 있음. • 새끼와 어미의 모습이 비슷함.
차이점	동물마다 임신 기간과 한 번에 낳는 새끼의 수, 새끼가 자라는 기간 등이 다름.

중요

11 다음 동물들의 한살이를 비교하여 공통점을 찾은 것입니다. ( ) 안에 들어갈 알맞은 말을 쓰시오.

▲ 사람

▲ 소

▲ 개

모두 한살이 과정에서 ( )을/를 낳는 동물들이다.

( )

12 다음과 같은 한살이를 거치는 동물은 무엇인지 쓰시오.

아기 → 어린이 → 청소년 → 다 자란 어른

( )

중단원 실전 문제

01 다음 ( ) 안에 공통으로 들어갈 알맞은 말을 쓰시오.

> 사슴벌레의 한살이에는 ( ) 단계가 있지만, 잠자리의 한살이에는 ( ) 단계가 없다.

( )

02 다음 두 곤충의 공통점이 아닌 것은 어느 것입니까? ( )

▲ 사슴벌레

▲ 잠자리

① 물에 알을 낳는다.
② 애벌레 단계가 있다.
③ 허물을 벗으며 자란다.
④ 어른벌레는 두 쌍의 날개가 있다.
⑤ 어른벌레는 세 쌍의 다리가 있다.

03 다음 중 불완전 탈바꿈을 하는 곤충은 어느 것입니까? ( )

①
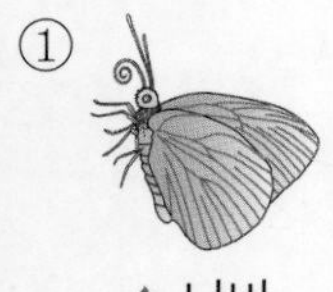
▲ 나비

②

▲ 벌

③

▲ 파리

④

▲ 사마귀

⑤
▲ 개미

중요

04 다음 잠자리의 한살이에 대한 설명으로 옳지 않은 것은 어느 것입니까? ( )

① 알로 태어난다.
② 애벌레 단계를 거친다.
③ 애벌레는 물속에서 생활한다.
④ 애벌레가 다 자라면 번데기가 된다.
⑤ 어른벌레는 날개와 다리가 있다.

[05~06] 다음은 닭의 한살이 과정입니다. 물음에 답하시오.

05 위의 각 단계를 설명한 것으로 옳은 것에 ○표, 옳지 않은 것에 ×표 하시오.

(1) ㉠은 단단한 껍데기에 싸여 있는 알이다. ( )

(2) ㉡은 온몸이 솜털로 덮인 큰 병아리이다. ( )

(3) ㉢은 알에서 갓 깨어난 병아리이다. ( )

(4) ㉣은 다 자란 닭으로 암수를 쉽게 구별할 수 있다. ( )

06 위에서 몸의 솜털이 깃털로 바뀌는 단계를 골라 기호를 쓰시오.

( )

07 병아리와 다 자란 닭의 특징을 비교한 것으로 옳은 것을 모두 고르시오. (　　,　　,　　)

① 둘 다 부리가 있다.
② 둘 다 머리에 볏이 있다.
③ 병아리는 날개가 없지만 다 자란 닭은 날개가 있다.
④ 병아리는 꽁지깃이 없지만 다 자란 닭은 꽁지깃이 길게 자라 있다.
⑤ 병아리는 암수 구별이 어렵지만 다 자란 닭은 암수 구별이 쉽다.

08 다음 중 알을 낳는 동물이 아닌 것은 무엇입니까? (　　)

① 닭　② 뱀
③ 소　④ 연어
⑤ 개구리

중요

09 개의 한살이 과정에서 각 단계의 특징으로 알맞은 것을 찾아 선으로 이으시오.

(1) 
▲ 갓 태어난 강아지 • 　• ㉠ 먹이를 씹어 먹기 시작한다.

(2) ▲ 큰 강아지 • 　• ㉡ 보지도 듣지도 걷지도 못한다.

(3) 
▲ 다 자란 개 • 　• ㉢ 암컷은 새끼를 낳을 수 있다.

10 다음은 어느 동물의 한살이를 나타낸 것인지 각각 쓰시오.

(1) 아기 → 어린이 → 청소년 → 다 자란 어른

(　　　　　)

(2) 갓 태어난 송아지 → 큰 송아지 → 다 자란 소

(　　　　　)

11 다음 동물들의 한살이를 비교했을 때 공통점이 아닌 것은 어느 것입니까? (　　)

① 새끼를 낳아 젖을 먹여 기른다.
② 몸이 털이나 가죽으로 덮여 있다.
③ 새끼와 어미의 모습이 많이 닮았다.
④ 다 자랄 때까지 어미의 보살핌을 받는다.
⑤ 임신 기간과 새끼가 자라는 기간이 같다.

12 다음은 예나네 모둠에서 동물의 한살이를 만화로 표현하기 위해 동물의 단계별 특징을 이야기한 것입니다. 예나네 모둠이 정한 동물은 무엇입니까? (　　)

예나: 알은 공 모양이고 하얀색이야.
지민: 애벌레는 길쭉한 원통 모양이고 몸에 마디가 있어.
호준: 번데기는 움직이지 않고 먹이도 먹지 않아.
아라: 어른벌레의 수컷은 큰턱이 있고 암컷보다 커.

① 소　② 개
③ 닭　④ 사슴벌레
⑤ 배추흰나비

서술형·논술형 평가 돋보기

학교에서 출제되는 서술형·논술형 평가를 미리 준비하세요.

연습 문제

문제 해결 전략
곤충의 한살이에서 번데기 단계가 없는 것을 불완전 탈바꿈이라고 합니다. 불완전 탈바꿈을 하는 곤충에는 잠자리, 사마귀, 메뚜기, 방아깨비, 노린재 등이 있습니다.

핵심 키워드
불완전 탈바꿈

1 다음을 보고, 물음에 답하시오.

▲ 사마귀

▲ 메뚜기

▲ 잠자리

(1) 위 곤충들의 공통된 한살이 과정을 쓰시오.

공통된 한살이 과정은 (   )이다.

(2) 위 곤충들이 한살이에서 거치지 않는 단계를 쓰고, 이와 같은 한살이 과정을 무엇이라고 하는지 쓰시오.

• 한살이에서 (   ) 단계를 거치지 않는다.
• 곤충의 한살이에서 번데기 단계를 거치지 않는 것을 (   )(이)라고 한다.

문제 해결 전략
어미 닭이 알을 낳고 21일 동안 품고 있으면 병아리가 나오고, 한 달 후에는 큰 병아리가 되며, 약 5개월 후에는 다 자란 닭이 됩니다.

핵심 키워드
닭의 한살이

2 다음 닭의 한살이를 보고, 물음에 답하시오.

(1) 어미 닭이 낳은 ㉠의 알이 ㉡과 같이 부화하려면 어떤 과정을 거쳐야 하는지 쓰시오.

어미 닭이 알을 품은 지 약 (   )이 지나면 병아리가 (   )(으)로 껍데기를 깨고 나온다.

(2) 닭의 한살이 과정을 쓰시오.

닭의 한살이는 알 → (   ) → (   ) → 다 자란 닭입니다.

정답과 해설 15쪽

실전 문제

1 다음과 같은 한살이를 거치는 곤충의 이름을 쓰고, 이 곤충의 어른벌레의 특징을 쓰시오.

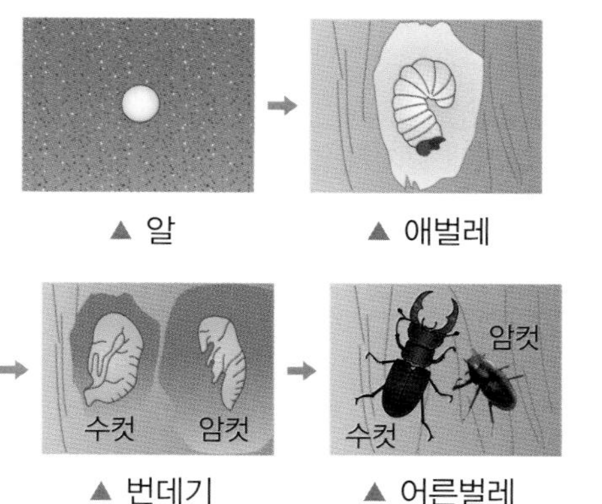

▲ 알 ▲ 애벌레 ▲ 번데기 ▲ 어른벌레

____

____

2 다음 사진을 보고, 물음에 답하시오.

▲ 연어

▲ 뱀

(1) 다음은 위 동물들의 한살이에서 차이점을 설명한 것입니다. (   ) 안에 알맞은 말을 각각 쓰시오.

> 연어는 ㉠ (   )에 알을 낳고 뱀은 ㉡ (   )에 알을 낳는다.

(2) 위 동물들의 한살이에서 공통점을 쓰시오.

____

____

3 다음은 개의 한살이 중 갓 태어난 강아지와 다 자란 개의 모습입니다. 물음에 답하시오.

▲ 갓 태어난 강아지

▲ 다 자란 개

(1) 갓 태어난 강아지와 다 자란 개는 어떤 먹이를 먹는지 (   ) 안에 알맞은 말을 각각 쓰시오.

> 갓 태어난 강아지는 (   )을/를 먹고, 다 자란 개는 (   )을/를 먹는다.

(2) 갓 태어난 강아지와 다 자란 개의 생김새를 비교했을 때 공통점을 두 가지 이상 쓰시오.

____

____

____

4 개 이외에 새끼를 낳는 동물을 두 가지 쓰고, 그 동물들의 한살이에서 공통적인 특징을 쓰시오.

(1) 새끼를 낳는 동물의 예: ______________________________

____

(2) 공통적인 특징: ______________________________

____

____

대단원 정리 학습

이 단원의 핵심 개념을 정리해 보세요.

1 동물의 암수

• 암수가 쉽게 구별되는 동물

구분	수컷의 생김새	암컷의 생김새
사자	머리에 갈기가 있음.	머리에 갈기가 없음.
사슴	뿔이 있고 암컷보다 몸이 큼.	뿔이 없고 수컷에 비해 몸이 작음.
원앙	몸 색깔이 화려함.	몸 색깔이 갈색이고 화려하지 않음.

• 암수가 쉽게 구별되지 않는 동물: 붕어, 무당벌레 등
• 알이나 새끼를 돌보는 과정에서 암수의 역할

암수가 함께 돌봄	암컷 혼자서 돌봄	수컷 혼자서 돌봄	암수 모두 돌보지 않음
제비, 꾀꼬리, 황제펭귄 등	곰, 소, 산양, 바다코끼리 등	가시고기, 물자라, 꺽지 등	거북, 자라, 개구리 등

2 배추흰나비의 한살이

• 배추흰나비 사육 상자 꾸미기: 사육 상자 바닥에 휴지를 깖. → 배추흰나비알이 붙어 있는 케일 화분을 넣음. → 방충망을 씌움.
• 배추흰나비의 한살이

알		애벌레		번데기		어른벌레
• 길쭉한 옥수수 모양, 주름지고 연한 노란색, 크기는 1 mm 정도 • 자라지 않음.	➡	• 털이 나 있고 긴 원통 모양으로 초록색임. • 자유롭게 기어 다님. 허물을 벗으며 자람.	➡	• 양쪽 끝은 뾰족하고 가운데가 볼록한 모양 • 움직이지 않고 먹지도 않음.	➡	• 다리 세 쌍, 날개 두 쌍 있음. 몸이 머리, 가슴, 배로 구분됨. • 날개를 이용해 날아다님.

• 곤충: 몸이 머리, 가슴, 배 세 부분으로 되어 있고 다리가 세 쌍인 동물 ㊎ 배추흰나비, 개미, 벌

3 여러 가지 동물의 한살이 과정

• 완전 탈바꿈과 불완전 탈바꿈

완전 탈바꿈	• 곤충의 한살이에 번데기 단계가 있음.	• 나비, 벌, 파리, 풍뎅이, 나방, 개미 등
불완전 탈바꿈	• 곤충의 한살이에 번데기 단계가 없음.	• 사마귀, 메뚜기, 방아깨비, 노린재 등

• 알이나 새끼를 낳는 동물의 한살이

알을 낳는 동물의 한살이	새끼를 낳는 동물의 한살이
• 닭의 한살이: 알 → 병아리 → 큰병아리 → 다 자란 닭 • 알에서 깨어난 새끼는 다 자라면 암컷이 알을 낳을 수 있음. ㊎ 연어, 개구리, 뱀	• 개의 한살이: 갓 태어난 강아지 → 큰 강아지 → 다 자란 개 • 새끼는 어미젖을 먹고 자라다가 점차 다른 먹이를 먹으며 다 자란 동물은 짝짓기를 하여 암컷이 새끼를 낳을 수 있음. ㊎ 사람, 소, 말

대단원 마무리

정답과 해설 16쪽

3. 동물의 한살이

01 다음 두 동물의 수컷에 해당하는 것을 골라 각각 기호를 쓰시오.

(1)

▲ 사슴

(2)

▲ 사자

(　　　　　) (　　　　　)

02 다음에서 관찰되는 동물의 암수가 나머지와 다른 하나를 골라 기호를 쓰시오.

> ㉠ 새끼를 돌보고 있는 곰
> ㉡ 알을 돌보고 있는 가시고기
> ㉢ 새끼를 돌보고 있는 바다코끼리

(　　　　　)

중요

03 동물의 암수 생김새와 암수의 역할에 대한 설명으로 옳지 않은 것은 어느 것입니까? (　　)

① 소는 암컷 혼자서 새끼를 돌본다.
② 거북은 암컷 혼자서 알을 돌본다.
③ 제비는 암수가 함께 알과 새끼를 돌본다.
④ 붕어, 무당벌레는 암수가 비슷하게 생겨 암수를 구별하기 어렵다.
⑤ 원앙, 꿩은 암수의 생김새가 달라 암컷과 수컷을 쉽게 구별할 수 있다.

04 배추흰나비를 기를 사육 상자를 꾸미는 순서대로 기호를 나열한 것은 어느 것입니까? (　　)

> ㉠ 방충망을 씌운다.
> ㉡ 사육 상자 바닥에 휴지를 깐다.
> ㉢ 배추흰나비알이 붙어 있는 케일 화분을 넣는다.

① ㉠-㉡-㉢　② ㉡-㉠-㉢
③ ㉡-㉢-㉠　④ ㉢-㉠-㉡
⑤ ㉢-㉡-㉠

05 배추흰나비 관찰 계획을 세울 때 각각에 들어갈 내용이 알맞지 않은 것은 어느 것입니까? (　　)

관찰 기간	20○○년 ○월 ○일~○월 ○일
관찰할 내용	㉠
관찰 방법	㉡
기록 방법	㉢

① ㉠-어른벌레의 입과 더듬이
② ㉠-알, 애벌레, 번데기의 색깔과 모양
③ ㉡-관찰 일기를 씀.
④ ㉡-사진기로 사진이나 동영상을 찍음.
⑤ ㉢-관찰 기록장에 글, 그림으로 표현함.

06 배추흰나비 애벌레에 대한 설명으로 옳지 않은 것은 어느 것입니까? (　　)

① 몸 주변에 털이 나 있다.
② 자유롭게 기어서 움직인다.
③ 네 번의 허물을 벗고 자란다.
④ 긴 원통 모양이고 초록색이다.
⑤ 입에 말려 있는 긴 관을 쭉 펴서 먹이를 빨아 먹는다.

07 배추흰나비알과 번데기의 공통점을 모두 골라 기호를 쓰시오.

> ㉠ 연한 노란색이다.
> ㉡ 움직이지 않는다.
> ㉢ 크기가 변하지 않는다.
> ㉣ 먹이를 먹지 않는다.
> ㉤ 주변의 색과 비슷하다.

(, ,)

08 다음 ( ) 안에 공통으로 들어갈 말은 어느 것입니까? ( )

> • 배추흰나비 애벌레는 가슴에 가슴발이 ( ) 있다.
> • 배추흰나비 어른벌레는 가슴에 날개 두 쌍과 다리 ( )이 있다.

① 한 쌍
② 두 쌍
③ 세 쌍
④ 네 쌍
⑤ 여섯 쌍

중요

09 다음 친구들이 관찰하고 있는 것을 찾아 기호를 쓰시오.

> 연주: 몸이 머리, 가슴, 배 세 부분으로 구분돼.
> 하훈: 몸의 색깔은 초록색이야.
> 은수: 허물을 벗으며 점점 자라.

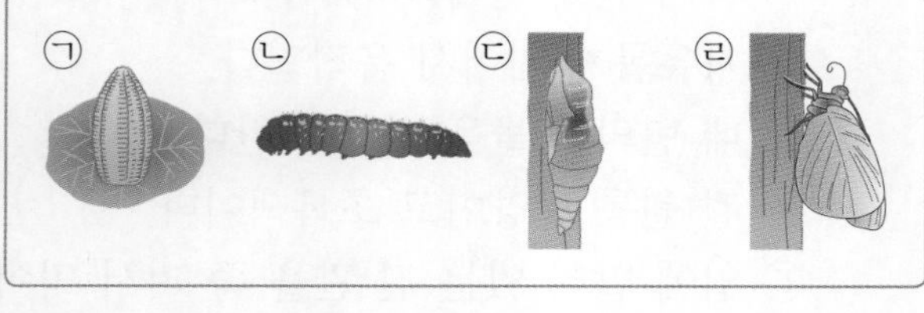

( )

10 다음 동물에 대한 설명으로 옳지 않은 것은 어느 것입니까? ( )

① 다리가 여섯 개다.
② 먹이를 먹고 점점 자란다.
③ 배추흰나비 어른벌레이다.
④ 날개가 두 쌍이고 더듬이가 한 쌍이다.
⑤ 몸이 머리, 가슴, 배 세 부분으로 구분된다.

11 배추흰나비의 한살이를 순서대로 옳게 나열한 것은 어느 것입니까? ( )

① 알 → 애벌레 → 번데기 → 어른벌레
② 알 → 번데기 → 애벌레 → 어른벌레
③ 알 → 어른벌레 → 애벌레 → 번데기
④ 어른벌레 → 알 → 번데기 → 애벌레
⑤ 어른벌레 → 애벌레 → 번데기 → 알

12 곤충에 대한 설명으로 옳지 않은 것은 어느 것입니까? ( )

① 개미는 곤충이다.
② 모두 날개가 있다.
③ 다리가 여섯 개이다.
④ 배추흰나비는 곤충이다.
⑤ 몸이 머리, 가슴, 배 세 부분으로 구분된다.

13 다음은 사슴벌레의 한살이를 나타낸 것입니다. 각 단계에 알맞은 말을 보기 에서 골라 기호를 쓰시오.

보기

㉠ 알　　㉡ 어른벌레
㉢ 번데기　　㉣ 애벌레

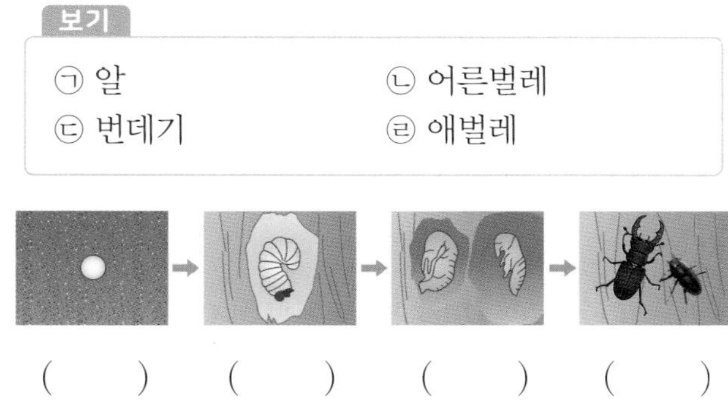

(　　) (　　) (　　) (　　)

14 사슴벌레와 잠자리의 한살이에서 공통점을 옳게 설명한 것은 어느 것입니까? (　　)

① 번데기 과정을 거친다.
② 알을 낳는 장소가 같다.
③ 애벌레는 물속에서 자란다.
④ 어른벌레는 두 쌍의 다리가 있다.
⑤ 알에서 깨어나 허물을 벗으며 자란다.

15 다음과 같이 한살이에서 번데기 과정을 거치지 않는 것을 무엇이라고 하는지 쓰시오.

▲ 알　▲ 애벌레　▲ 어른벌레

(　　　　　)

16 다음 곤충들이 한살이 과정에서 공통으로 거치지 않는 단계를 보기 에서 골라 기호를 쓰시오.

▲ 사마귀　▲ 메뚜기　▲ 잠자리

보기

㉠ 알　　㉡ 어른벌레
㉢ 번데기　　㉣ 애벌레

(　　　　　)

17 닭의 한살이 과정을 순서대로 나열한 것은 어느 것입니까? (　　)

① ㉠－㉡－㉢－㉣　② ㉠－㉢－㉣－㉡
③ ㉠－㉣－㉢－㉡　④ ㉡－㉢－㉣－㉠
⑤ ㉣－㉠－㉡－㉢

18 닭의 한살이 단계에 대한 설명으로 옳지 않은 것은 어느 것입니까? (　　)

① 병아리는 솜털로 덮여 있다.
② 알은 단단한 껍데기에 싸여 있다.
③ 큰 병아리는 솜털 대신 깃털이 난다.
④ 다 자란 닭은 꽁지깃이 길게 자라 있다.
⑤ 어미 닭이 알을 하루 동안 품으면 병아리가 알을 깨고 나온다.

19 다 자란 닭의 암수 모습입니다. 알을 낳는 닭을 골라 기호를 쓰시오.

( )

20 개구리의 한살이 과정을 나타낸 것입니다. ( ) 안에 들어갈 단계는 무엇인지 쓰시오.

알 → ( ) → 개구리

( )

21 개의 한살이 과정 중 다음의 특징은 어느 단계에 해당하는지 기호를 쓰시오.

이빨이 나기 시작하고 먹이를 씹어 먹기 시작한다.

( )

22 개의 한살이에 대한 설명으로 옳지 않은 것은 어느 것입니까? ( )

① 다 자란 개는 짝짓기를 한다.
② 이빨이 나면 먹이를 먹기 시작한다.
③ 갓 태어난 강아지는 몸에 털이 없다.
④ 갓 태어난 강아지는 눈이 감겨 있다.
⑤ 갓 태어난 강아지는 어미젖을 먹는다.

중요

23 다음 중 새끼를 낳는 동물이 아닌 것은 어느 것입니까? ( )

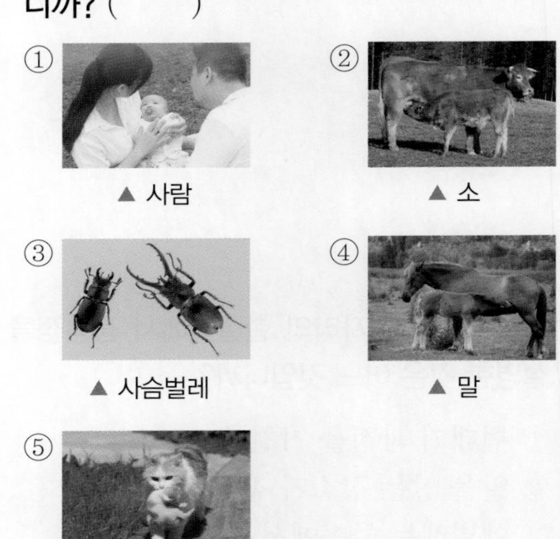

▲ 사람 ▲ 소 ▲ 사슴벌레 ▲ 말 ▲ 고양이

24 다음은 동물의 한살이를 만화로 표현하기 위한 과정을 나타낸 것입니다. ( ) 안에 공통으로 들어갈 알맞은 말을 쓰시오.

㉠ 만화로 표현하기로 정한 동물의 ( ) 특징을 정리한다.
㉡ 동물의 ( ) 중 만화로 표현할 내용과 장면을 정한다.
㉢ 내가 맡은 ( ) 단계를 만화 카드에 그리고 대사를 쓴다.
㉣ 친구들이 각각 그린 만화 카드를 함께 모아 만화를 완성한다.

( )

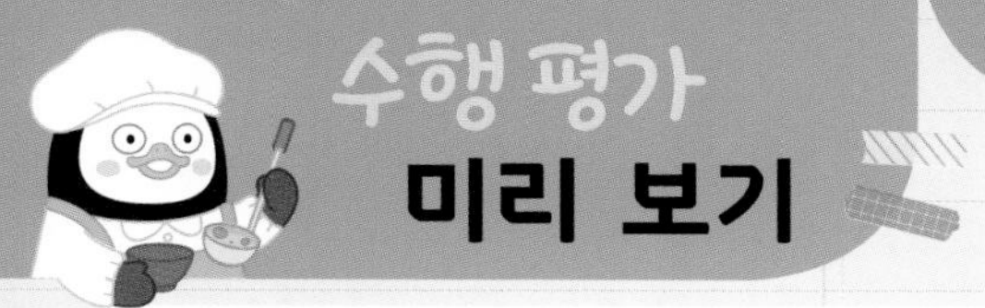

정답과 해설 17쪽

1 **다음 동물들을 보고, 물음에 답하시오.**

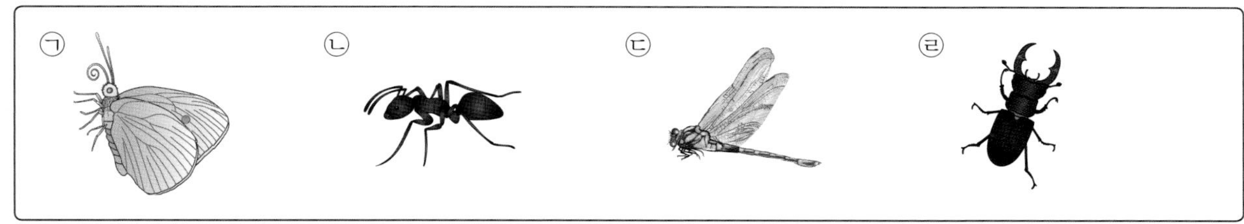

(1) 위 동물들의 공통점을 각각 쓰시오.

(가)	몸의 구분	
(나)	다리 개수	

(2) 위 동물들의 공통점을 통해 곤충의 특징을 쓰시오.

2 **다음 동물들을 보고, 물음에 답하시오.**

▲ 사슴벌레 ▲ 닭 ▲ 소 ▲ 개

(1) 다음과 같은 분류 기준으로 동물들을 나눌 때 (가)와 (나)에 들어갈 동물들을 쓰시오.

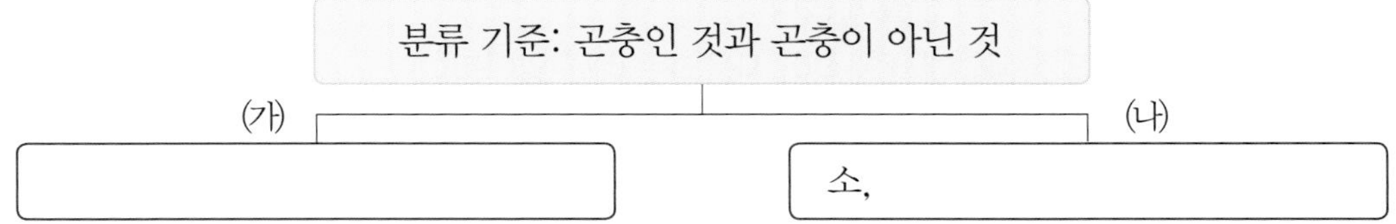

(2) 위 동물들을 다음과 같이 분류했을 때 ㉠에 들어갈 알맞은 분류 기준을 쓰고, 그 까닭을 설명하시오.

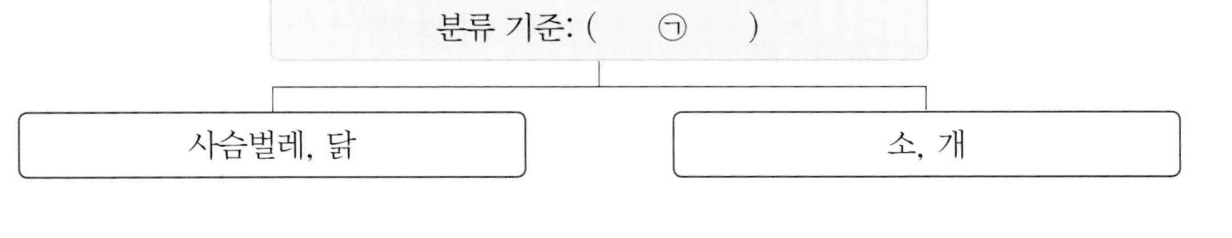

4 단원

자석의 이용

우리 주변에는 자석이 포함된 생활 도구가 많이 있습니다. 나사를 조이거나 푸는 드라이버, 가족들이 사용하는 가방에도 자석이 포함되어 있습니다. 이 밖에도 학용품, 가전제품, 장난감, 건강용품 등 수많은 생활 도구에 자석을 사용합니다.

이 단원에서는 자석 사이에 작용하는 힘에 대하여 알아보고, 자석이 어떤 성질을 가지고 있는지 공부해 봅니다.

단원 학습 목표

(1) 자석 사이에 작용하는 힘
- 자석에 붙는 물체에 대해 알아봅니다.
- 자석이 철로 된 물체를 끌어당기는 것과 물에 띄운 자석이 가리키는 방향을 알아봅니다.

(2) 자석의 성질
- 철로 된 물체로 나침반을 만들어 봅니다.
- 자석의 성질 및 일상생활에서 자석이 사용되는 예를 알아봅니다.

단원 진도 체크

회차	학습 내용		진도 체크
1차	(1) 자석 사이에 작용하는 힘	교과서 내용 학습 + 핵심 개념 문제	✓
2차			✓
3차		실전 문제 + 서술형·논술형 평가	✓
4차	(2) 자석의 성질	교과서 내용 학습 + 핵심 개념 문제	✓
5차			✓
6차		실전 문제 + 서술형·논술형 평가	✓
7차	대단원 정리 학습 + 대단원 마무리 + 수행 평가 미리 보기		✓

해당 부분을 공부한 후 ✓표를 하세요.

N
S
자석의 이용

(1) 자석 사이에 작용하는 힘

1 자석에 붙는 물체

(1) 자석에 붙는 물체와 자석에 붙지 않는 물체

자석에 붙는 물체	철 못, 철 용수철, 철사, 철이 든 빵 끈, 옷핀, 종이찍개 침, 가위, 클립, 나사, 못핀 등
자석에 붙지 않는 물체	유리컵, 플라스틱 빨대, 고무지우개, 나무젓가락, 칫솔, 동전, 연필, 단추, 비커, 책, 거울 등

(2) 자석에 붙는 물체의 공통점: 철로 만들어졌습니다.

(3) 한 물체에서 자석에 붙는 부분과 자석에 붙지 않는 부분 구별하기

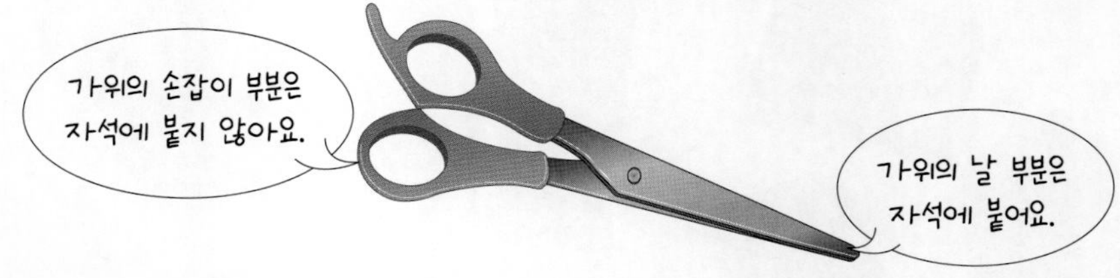

① 가위: 철로 된 가위의 날 부분은 자석에 붙지만, 플라스틱으로 된 손잡이 부분은 자석에 붙지 않습니다.

② 소화기: 철로 된 소화기의 몸통은 자석에 붙지만, 고무로 된 호스 부분은 자석에 붙지 않습니다.

③ 책상: 철로 된 책상 다리는 자석에 붙지만, 나무로 된 책을 올려놓는 부분은 자석에 붙지 않습니다.

2 자석에서 클립이 많이 붙는 부분

(1) 막대자석에서 클립이 많이 붙는 부분: 자석의 양쪽 끝부분입니다.

(2) 막대자석의 극

① 자석에서 철로 된 물체가 많이 붙는 부분을 '자석의 극'이라고 합니다.

② 막대자석과 둥근기둥 모양 자석에서 자석의 극은 양쪽 끝부분에 있습니다.

③ 자석의 극은 항상 두 개입니다. ─ 고리 자석과 동전 모양 자석의 극은 둥근 윗면과 아랫면입니다.

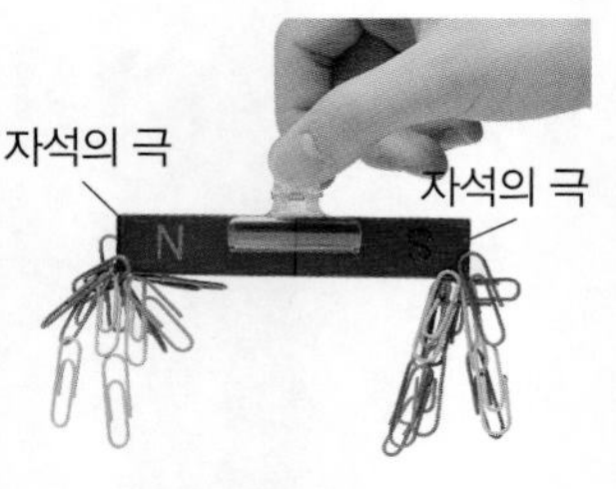

▲ 막대자석의 극

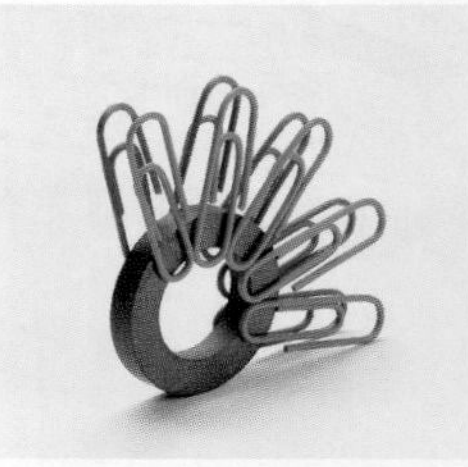
▲ 고리 자석의 극

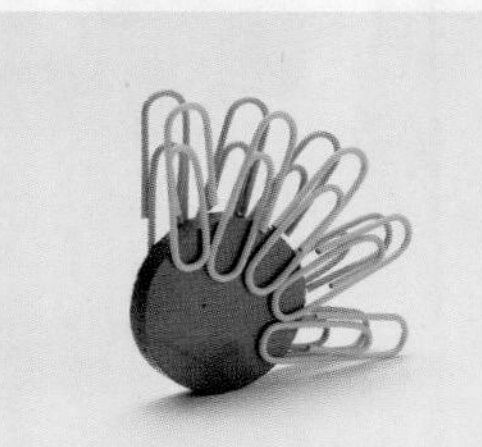
▲ 동전 모양 자석의 극

◗ 모양에 따른 자석의 종류

▲ 막대자석

▲ 말굽 자석

▲ 동전 모양 자석

▲ 사각 자석

▲ 고리 자석

▲ 둥근기둥 모양 자석

◗ 소화기에서 자석에 붙는 부분과 자석에 붙지 않는 부분

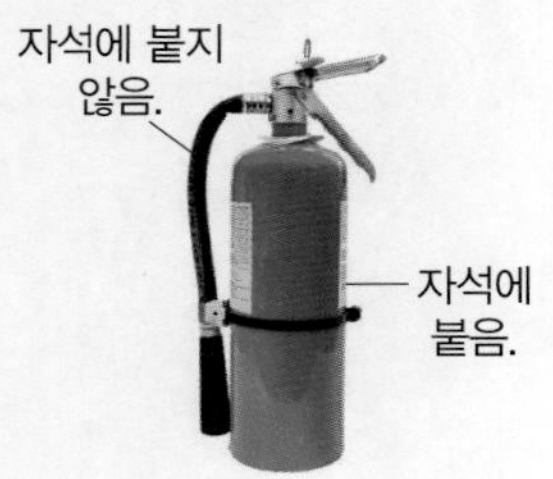

◗ 자석에 붙지 않는 금속

- 모든 금속이 자석에 붙는 것은 아닙니다.
- 철이 아닌 금속으로 만들어진 동전, 알루미늄 캔 등은 자석에 붙지 않습니다.

낱말 사전

자석 철을 끌어당기는 성질이 있는 물체

종이찍개 종이를 찍어서 꿰매는 도구

소화기 불을 끄는 기구

3 자석을 철로 된 물체에 가까이 가져가기

(1) 자석을 철로 된 물체에 가까이 가져가 보는 실험

막대자석을 투명한 통에 들어 있는 빵 끈 조각에 가까이 가져갔을 때	막대자석으로 빵 끈 조각을 투명한 통의 윗부분까지 끌고 갔을 때	막대자석을 조금 떨어뜨렸을 때	막대자석을 조금씩 더 떨어뜨렸을 때
투명한 플라스틱 통 / N / 빵 끈 조각	N	N	N
빵 끈 조각이 막대자석에 끌려온다.	빵 끈 조각이 막대자석을 따라 투명한 통의 윗부분까지 끌려온다.	빵 끈 조각이 투명한 통의 윗부분에 붙어 있다.	빵 끈 조각이 투명한 통의 윗부분에서 떨어진다.

(2) 자석과 철로 된 물체 사이에 작용하는 힘

① 철로 된 물체와 자석 사이에는 서로 끌어당기는 힘이 작용합니다.

② 철로 된 물체와 자석이 약간 떨어져 있어도 자석은 철로 된 물체를 끌어당길 수 있습니다.

③ 철로 된 물체와 자석 사이에 얇은 플라스틱이나 종이 등의 물질이 있어도 자석은 철로 된 물체를 끌어당길 수 있습니다.

④ 철로 된 물체로부터 자석이 멀어질 경우 자석이 철로 된 물체를 끌어당기는 힘은 조금씩 약해집니다.

4 물에 띄운 자석이 가리키는 방향

(1) 물에 띄운 막대자석이 가리키는 방향

① 물에 띄운 자석은 일정한 방향을 가리킵니다. 그때 북쪽을 가리키는 자석의 극을 N극이라고 하고, 남쪽을 가리키는 자석의 극을 S극이라고 합니다.

② N극과 S극이 표시되어 있는 막대자석을 물에 띄우거나 공중에 매달아서 북쪽과 남쪽을 찾을 수 있습니다.

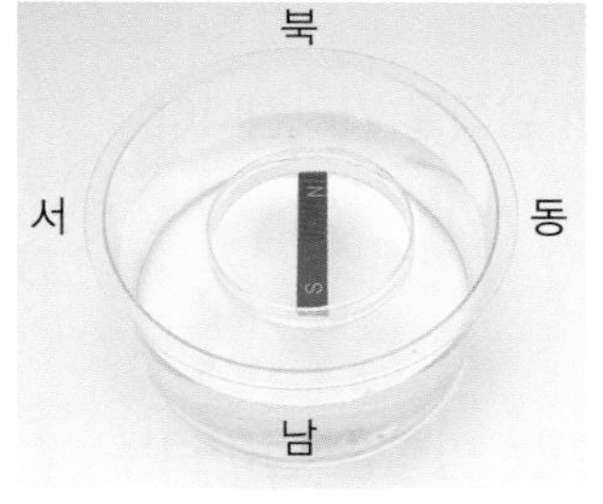

(2) **나침반**: 자석의 성질을 지닌 바늘이 항상 북쪽과 남쪽을 가리키는 원리를 이용해 방향을 알 수 있도록 만든 도구입니다.

자석 드라이버

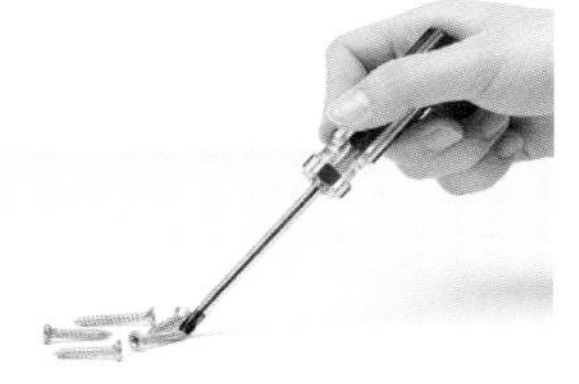

- 자석 드라이버는 끝부분이 자석으로 되어 있습니다.
- 자석 드라이버의 끝부분을 나사에 가까이 가져가면 나사가 자석 드라이버의 끝부분에 붙습니다.

자석의 N극과 S극

- 자석의 N극은 주로 빨간색으로 표시하는데, N은 영어로 'North(북쪽)'를 뜻합니다.
- 자석의 S극은 주로 파란색으로 표시하는데, S는 영어로 'South(남쪽)'를 뜻합니다.

나침반의 원리

- 나침반을 편평한 곳에 놓으면 나침반 바늘은 항상 북쪽과 남쪽을 가리킵니다.
- 나침반 바늘이 일정한 방향을 가리키는 것은 바늘을 자석으로 만들었기 때문입니다.
- 지구는 하나의 커다란 자석과 같습니다. 자석끼리 서로 밀거나 끌어당기는 힘이 작용하는 원리를 이용하여 방향을 찾습니다.

개념 확인 문제

1 (   )(으)로 된 물체는 자석에 붙습니다.

2 막대자석에서 클립이 많이 붙는 부분은 자석의 (가운데 , 양쪽 끝) 부분입니다.

3 막대자석을 물에 띄웠을 때 북쪽을 가리키는 자석의 극을 (N , S)극이라고 합니다.

정답 1 철 2 양쪽 끝 3 N

이제 실험 관찰로 알아볼까?

물에 띄운 막대자석이 가리키는 방향 관찰하기

[준비물] 나침반, 원형 수조, 물, 플라스틱 접시, 막대자석

[실험 방법]

① 교실에서 동서남북의 방향을 확인합니다.
② 원형 수조에 물을 담습니다.
③ 플라스틱 접시의 가운데에 막대자석을 올려놓고 물에 띄웁니다.
④ 플라스틱 접시가 움직이지 않을 때 막대자석이 어느 방향을 가리키는지 관찰해 봅니다.
⑤ 플라스틱 접시를 돌려서 막대자석이 다른 방향을 가리키도록 놓습니다.
⑥ 플라스틱 접시가 움직이지 않을 때 막대자석이 어느 방향을 가리키는지 다시 관찰해 봅니다.

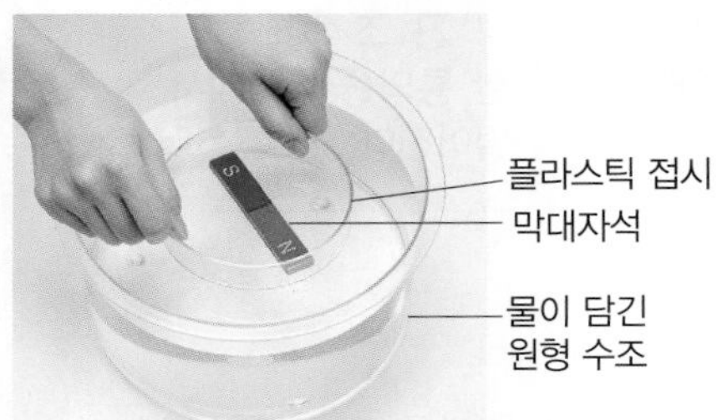

주의할 점
- 플라스틱 접시가 완전히 멈출 때까지 기다립니다.
- 수조 주위에 다른 막대자석이나 쇠붙이를 놓지 않습니다. 주변에 있는 다른 자석이나 쇠붙이로 인해 자석이 가리키는 방향이 달라질 수 있기 때문입니다.

중요한 점
막대자석이 가리키는 방향을 알기 위해서는 한 번이 아니라 여러 번의 반복 실험을 통해 확인하는 것이 중요합니다.

[실험 결과]

첫 번째 실험		두 번째 실험	
막대자석을 물에 띄운 직후	막대자석이 멈췄을 때	막대자석을 돌린 직후	막대자석이 멈췄을 때
북 서 동 남	북 서 동 남	북 서 동 남	북 서 동 남

물에 띄운 막대자석은 항상 북쪽과 남쪽을 가리킵니다.

탐구 문제

정답과 해설 18쪽

1 물에 띄운 막대자석이 가리키는 방향을 알아보는 실험을 할 때 필요한 준비물이 아닌 것은 어느 것입니까? (　　)

① 물
② 나침반
③ 초시계
④ 막대자석
⑤ 플라스틱 접시

2 다음과 같이 막대자석을 물에 띄웠더니 일정한 방향을 가리켰습니다. 막대자석의 ㉠과 ㉡은 각각 무슨 극인지 쓰시오.

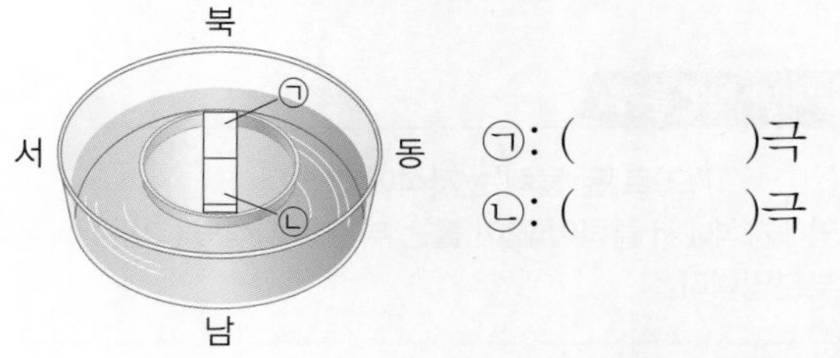

㉠: (　　　)극
㉡: (　　　)극

핵심 개념 문제

정답과 해설 18쪽

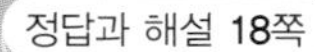

개념 1 자석에 붙는 물체를 묻는 문제

(1) 자석에 붙는 물체: 철 못, 철 용수철, 철사, 철이 든 빵끈, 옷핀, 종이찍개 침, 클립, 나사, 못핀 등

(2) 자석에 붙지 않는 물체: 유리컵, 플라스틱 빨대, 고무지우개, 나무젓가락, 칫솔, 동전, 연필, 단추 등

(3) 자석에 붙는 물체의 공통점: 철로 만들어짐.

(4) 한 물체에서 자석에 붙는 부분과 붙지 않는 부분

가위	책상
• 날 부분은 자석에 붙음. • 손잡이 부분은 자석에 붙지 않음.	• 다리 부분은 자석에 붙음. • 책을 올려놓는 부분은 자석에 붙지 않음.

01 다음 중 자석에 붙는 물체는 어느 것입니까? (　　)

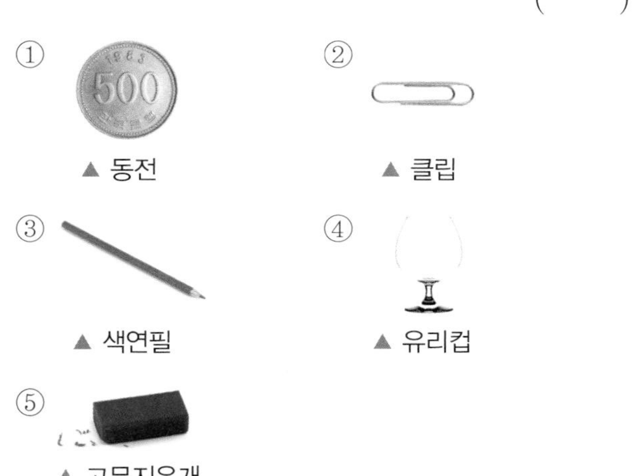

① ▲ 동전
② ▲ 클립
③ ▲ 색연필
④ ▲ 유리컵
⑤ ▲ 고무지우개

중요

02 다음 가위에서 자석에 붙는 부분을 찾아 기호를 쓰시오.

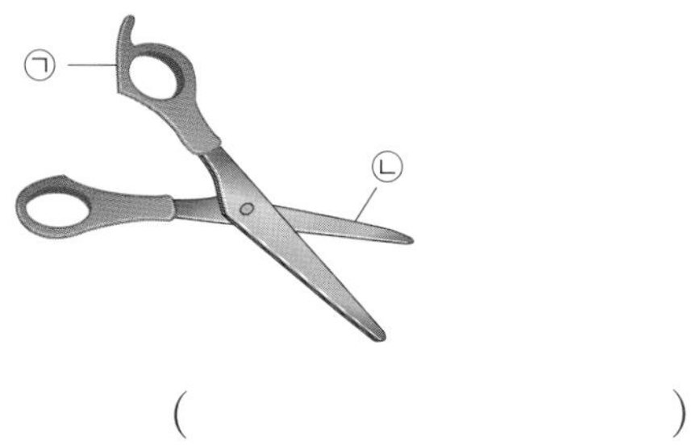

(　　　　　　　　)

개념 2 자석에서 클립이 많이 붙는 부분에 대해 묻는 문제

(1) 막대자석과 둥근기둥 모양 자석의 오른쪽 끝부분과 왼쪽 끝부분에 클립이 많이 붙음.

(2) 자석에서 철로 된 물체가 많이 붙는 부분을 '자석의 극'이라고 함.

(3) 막대자석과 둥근기둥 모양 자석에서 자석의 극은 양쪽 끝부분에 있음.

(4) 자석의 극은 항상 두 개 있음.

03 다음과 같이 막대자석에서 철로 된 물체가 가장 많이 붙는 부분을 무엇이라고 하는지 쓰시오.

(　　　　　　　　)

04 자석의 극에 대한 설명으로 옳은 것은 어느 것입니까? (　　)

① 클립이 붙지 않는 곳이다.
② 막대자석의 극은 두 개이다.
③ 고리 자석의 극은 한 개이다.
④ 자석의 극은 항상 자석의 한가운데에 있다.
⑤ 다른 부분보다 철을 약하게 끌어당기는 부분이다.

개념 3 자석을 철로 된 물체에 가까이 가져갔을 때 나타나는 현상을 묻는 문제

(1) 자석이 철로 된 물체를 끌어당김.
(2) 철로 된 물체와 자석 사이에는 서로 끌어당기는 힘이 작용함.

05 다음 ( ) 안에 들어갈 알맞은 말을 골라 ○표 하시오.

자석을 철로 된 물체에 가까이 가져가면 자석과 철로 된 물체 사이에는 서로 (끌어당기는 , 밀어내는) 힘이 작용한다.

06 다음과 같이 자석 드라이버의 끝부분을 나사에 가까이 가져가면 어떻게 됩니까? ( )

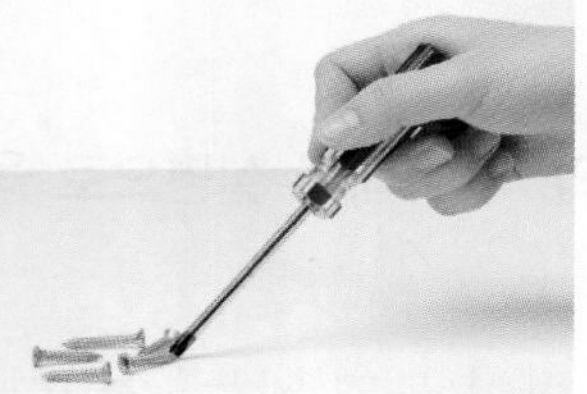

① 아무 변화가 없다.
② 나사가 뒤로 밀려난다.
③ 나사가 빙글빙글 돈다.
④ 나사에서 연기가 나며 녹는다.
⑤ 나사가 자석 드라이버의 끝부분에 붙는다.

개념 4 자석이 철로 된 물체를 끌어당기는 모습에 대해 묻는 문제

(1) 자석을 철로 된 물체에 가까이 가져가면 철로 된 물체는 자석에 끌려옴.
(2) 철로 된 물체와 자석이 약간 떨어져 있어도 자석은 철로 된 물체를 끌어당김.
(3) 철로 된 물체와 자석 사이에 얇은 플라스틱이나 종이 등의 물질이 있어도 자석은 철로 된 물체를 끌어당김.
(4) 철로 된 물체로부터 자석이 멀어질 경우 자석이 철로 된 물체를 끌어당기는 힘은 조금씩 약해짐.

07 다음과 같이 투명한 플라스틱 통에 들어 있는 빵 끈 조각에 막대자석을 가까이 가져가면 빵 끈 조각은 어떻게 되는지 쓰시오.

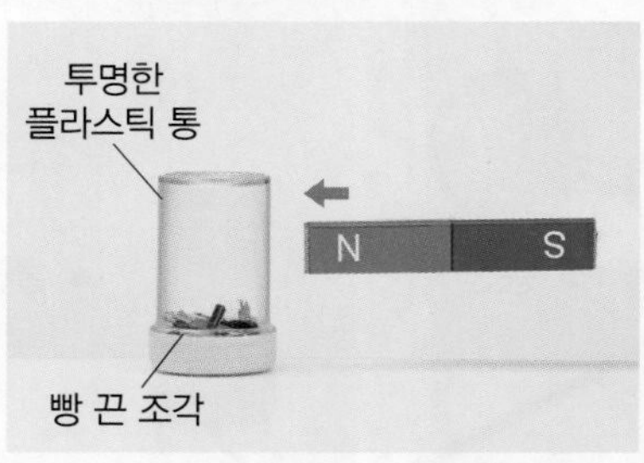

( )

08 위 07번의 실험에서 빵 끈 조각에 가까이 가져갔던 막대자석을 투명한 통의 윗부분까지 끌고 간 뒤, 막대자석을 통의 윗부분에서 조금씩 떨어뜨려 보았습니다. 각각의 경우 빵 끈 조각의 모습을 선으로 바르게 연결하시오.

(1)	막대자석을 조금 떨어뜨렸을 때 •	• ㉠	빵 끈 조각이 통의 윗부분에서 떨어짐.
(2)	막대자석을 조금씩 더 떨어뜨렸을 때 •	• ㉡	빵 끈 조각이 통의 윗부분에 붙어 있음.

개념 5 물에 띄운 막대자석이 가리키는 방향을 묻는 문제

(1) 물에 띄운 자석은 일정한 방향을 가리킴. 그때 북쪽을 가리키는 자석의 극을 N극이라고 하고, 남쪽을 가리키는 자석의 극을 S극이라고 함.
(2) N극과 S극이 표시되어 있는 막대자석을 물에 띄우거나 공중에 매달아서 북쪽과 남쪽을 찾을 수 있음.

[09~10] 오른쪽은 물에 띄운 막대자석이 가리키는 방향을 알아보는 실험입니다. 물음에 답하시오.

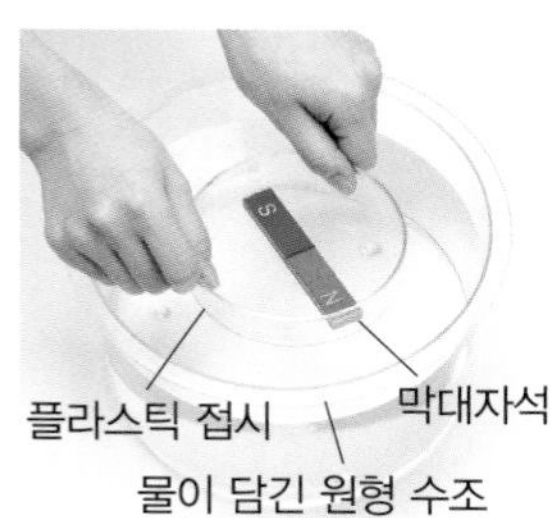

09 위 실험을 할 때 주의할 점으로 옳지 않은 것은 어느 것입니까? (　　)

① 한 번의 실험만으로 실험 결과를 정리한다.
② 먼저 교실에서 동서남북의 방향을 확인한다.
③ 플라스틱 접시가 완전히 멈출 때까지 기다린다.
④ 수조 주변에 다른 자석이나 쇠붙이를 놓지 않는다.
⑤ 막대자석을 플라스틱 접시에 올려놓은 뒤 수조나 물을 건드리지 않는다.

중요

10 위 실험에서 플라스틱 접시가 움직이지 않을 때 막대자석이 가리키는 방향으로 옳은 것은 어느 것인지 기호를 쓰시오.

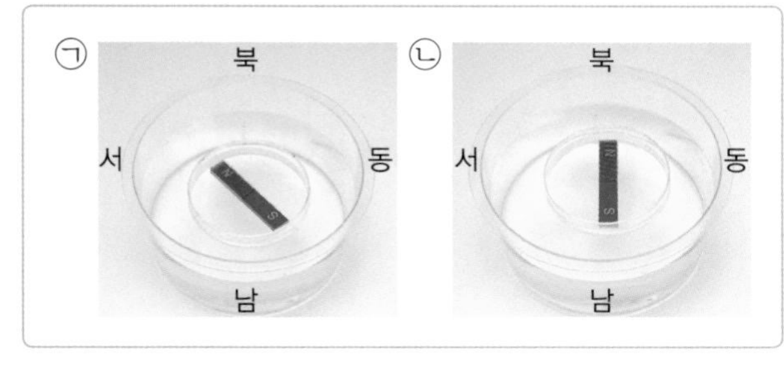

(　　　　　　　　)

개념 6 나침반 바늘이 가리키는 방향을 묻는 문제

(1) **나침반**: 북쪽과 남쪽을 가리키는 자석의 성질을 이용하여 방향을 알 수 있도록 만든 도구
(2) **나침반의 성질**: 나침반 바늘은 자석이며, 나침반을 편평한 곳에 놓으면 나침반 바늘은 항상 북쪽과 남쪽을 가리킴.

11 자석의 성질을 지닌 바늘이 항상 일정한 방향을 가리키는 원리를 이용해 방향을 알아내는 다음 도구의 이름을 쓰시오.

(　　　　　　　　)

12 나침반을 편평한 곳에 놓을 때 나침반 바늘이 가리키는 방향을 바르게 짝 지은 것은 어느 것입니까? (　　)

① 북쪽-동쪽
② 북쪽-서쪽
③ 북쪽-남쪽
④ 남쪽-동쪽
⑤ 남쪽-서쪽

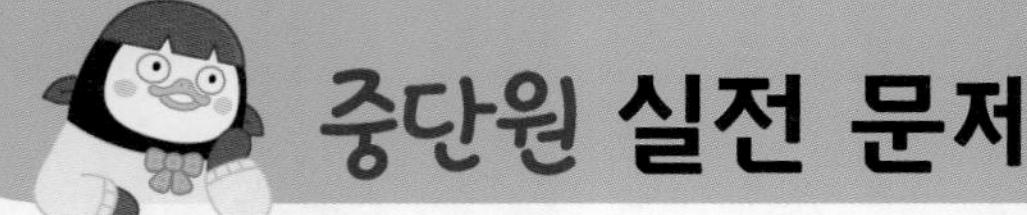

중단원 실전 문제

01 자석에 붙는 물체는 어느 것입니까? (　　　)

① 칫솔　② 철사
③ 동전　④ 유리컵
⑤ 고무지우개

02 다음 물체들의 공통점으로 알맞은 것은 어느 것입니까? (　　　)

철 못, 철 용수철, 철이 든 빵 끈

① 잘 휘어진다.
② 둥근 모양이다.
③ 자석에 붙는다.
④ 고무로 만든 물체이다.
⑤ 운동장에서 쉽게 볼 수 있다.

중요

03 자석에 붙는 물체에 대한 설명으로 옳은 것은 어느 것입니까? (　　　)

① 모든 금속은 자석에 잘 붙는다.
② 나무로 된 물체는 자석에 잘 붙는다.
③ 자석에 붙는 물체는 철로 되어 있다.
④ 자석에 붙는 물체는 종이로 되어 있다.
⑤ 자석에 붙는 물체에는 클립, 연필 등이 있다.

04 자석에 붙지 않는 물체끼리 바르게 짝 지은 것은 어느 것입니까? (　　　)

① 책, 나사
② 클립, 거울
③ 종이컵, 철사
④ 옷핀, 종이찍개 침
⑤ 거울, 플라스틱 빨대

05 다음 중 자석에 붙는 부분과 붙지 않는 부분이 모두 있는 물체의 기호를 쓰시오.

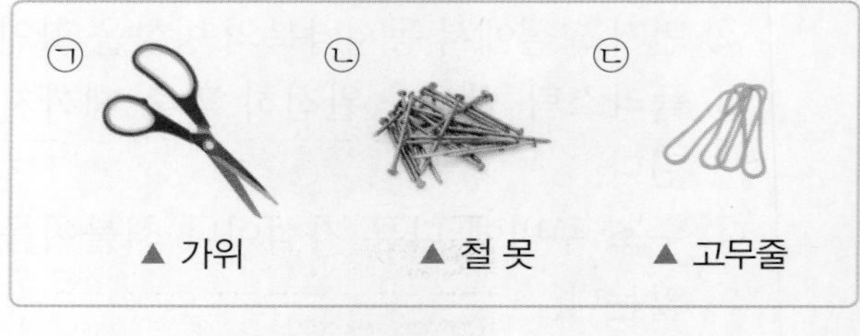

▲ 가위　▲ 철 못　▲ 고무줄

(　　　　　　　　　　)

06 책상에서 자석에 붙는 부분을 찾아 ○표 하시오.

[07~09] 다음과 같이 탐구 활동을 하였습니다. 물음에 답하시오.

- 종이 상자에 클립을 골고루 부어 놓는다.
- 집게로 막대자석의 가운데를 집는다.
- 막대자석을 클립이 든 종이 상자에 넣었다가 천천히 들어 올린다.
- 막대자석에 클립이 붙어 있는 모습을 관찰해 본다.

07 위 탐구 활동은 무엇을 알아보기 위한 것입니까? (　　)

① 자석의 종류
② 자석의 쓰임새
③ 자석에 붙는 클립의 개수
④ 자석에 붙는 물체와 붙지 않는 물체
⑤ 자석에서 철로 된 물체가 많이 붙는 부분

08 위 탐구 활동 결과 나타나는 현상으로 옳은 것은 어느 것입니까? (　　)

① 막대자석에 클립이 붙지 않는다.
② 막대자석 전체에 클립이 골고루 붙는다.
③ 막대자석의 가운데 부분에 클립이 많이 붙는다.
④ 막대자석의 양쪽 끝부분에 클립이 많이 붙는다.
⑤ 막대자석의 파란색 부분에만 클립이 많이 붙는다.

09 위 탐구 활동에서 막대자석에 클립이 많이 붙는 부분을 무엇이라고 합니까? (　　)

① 자석의 극　　② 자석의 끝
③ 자석의 중심　　④ 자석의 세기
⑤ 자석의 가장자리

중요

10 자석의 극에 대한 설명으로 옳지 않은 것을 두 가지 고르시오. (　　,　　)

① 막대자석의 극은 두 개다.
② 동전 모양 자석의 극은 한 개다.
③ 자석의 극에 클립이 많이 붙는다.
④ 자석의 극은 항상 자석의 한가운데에 있다.
⑤ 철로 된 물체를 강하게 끌어당기는 부분이다.

11 다음은 둥근기둥 모양 자석의 모습입니다. 둥근기둥 모양 자석에서 자석의 극에 해당하는 부분의 기호에 모두 ○표 하시오.

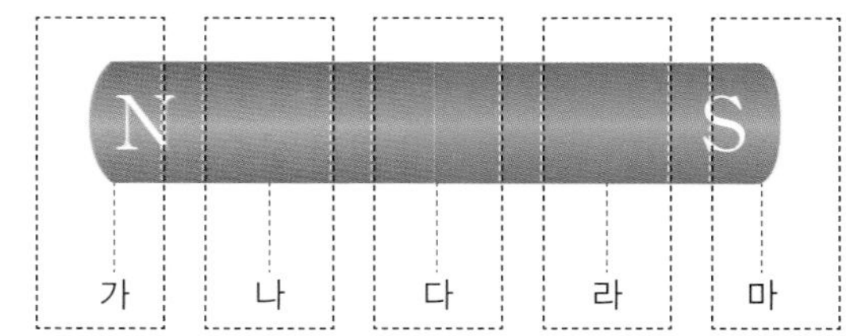

12 다음 고리 자석의 극은 몇 개인지 쓰시오.

(　　　　　　　　)

13 막대자석을 투명한 플라스틱 통에 들어 있는 빵 끈 조각에 가까이 가져갔을 때 빵 끈 조각의 모습으로 옳은 것에 ○표 하시오.

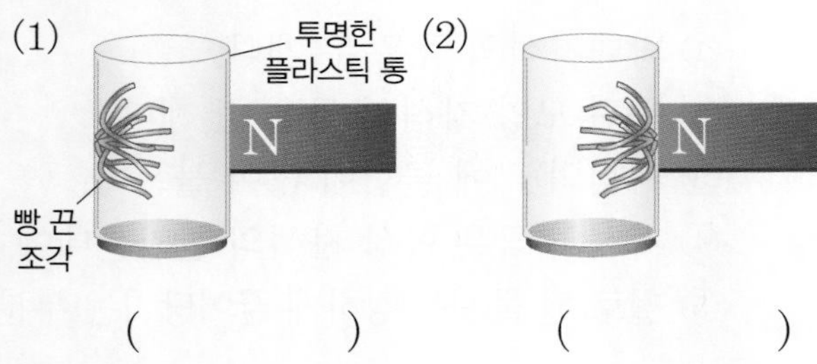

( ) ( )

14 위 13번 실험에서 막대자석을 투명한 플라스틱 통의 윗부분까지 가져갈 때 나타나는 현상으로 옳은 것은 어느 것입니까? ( )

① 빵 끈 조각이 녹는다.
② 빵 끈 조각이 움직이지 않는다.
③ 빵 끈 조각이 사방으로 흩어진다.
④ 빵 끈 조각이 막대자석의 반대쪽으로 밀려난다.
⑤ 빵 끈 조각이 막대자석을 따라 투명한 통의 윗부분까지 끌려온다.

중요

15 자석과 철로 된 물체 사이에 작용하는 힘에 대한 설명으로 옳은 것을 두 가지 고르시오.

(,)

① 자석이 철로 된 물체를 끌어당긴다.
② 자석이 철로 된 물체를 멀리 밀어 낸다.
③ 자석과 철로 된 물체는 가까이 해도 아무런 변화가 없다.
④ 자석과 철로 된 물체가 약간 떨어져 있어도 자석이 철로 된 물체를 끌어당길 수 있다.
⑤ 철로 된 물체와 자석 사이에 얇은 플라스틱이 있으면 자석은 철로 된 물체를 끌어당길 수 없다.

16 막대자석을 빵 끈 조각에 가까이 가져갈 때와 비슷한 모습이 나타나는 것을 골라 기호를 쓰시오.

㉠ 철 구슬에 막대자석을 가까이 가져간다.
㉡ 고무지우개에 막대자석을 가까이 가져간다.
㉢ 플라스틱 빨대에 막대자석을 가까이 가져간다.

( )

17 다음과 같이 막대자석을 투명한 통의 윗부분에서 조금씩 떨어뜨렸더니 어느 순간 빵 끈 조각이 투명한 통의 윗부분에서 떨어졌습니다. 빵 끈 조각이 떨어진 까닭으로 옳은 것에 ○표 하시오.

(1) 막대자석과 빵 끈 조각 사이에 있는 플라스틱이 얇기 때문이다. ( )
(2) 막대자석이 빵 끈 조각을 끌어당기는 힘이 조금씩 약해지기 때문이다. ( )
(3) 막대자석과 빵 끈 조각이 약간 떨어져 있어도 자석이 철로 된 물체를 끌어당길 수 있기 때문이다. ( )

18 다음과 같이 자석 드라이버의 끝부분을 나사에 가까이 가져갔을 때 나사가 붙는 부분의 기호를 쓰시오.

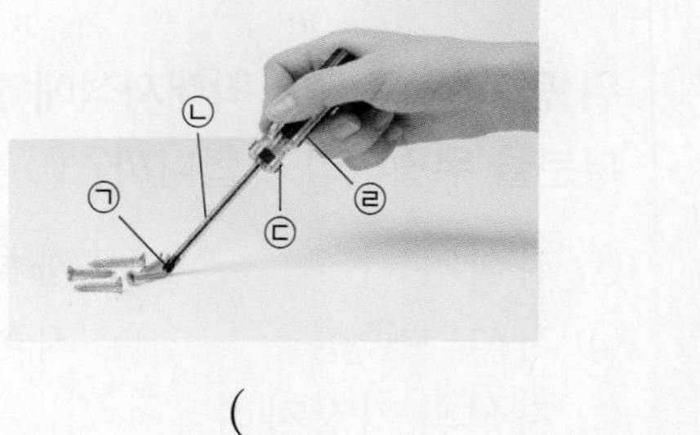

( )

[19~21] 다음과 같이 막대자석을 올려놓은 플라스틱 접시를 물에 띄워 보았습니다. 물음에 답하시오.

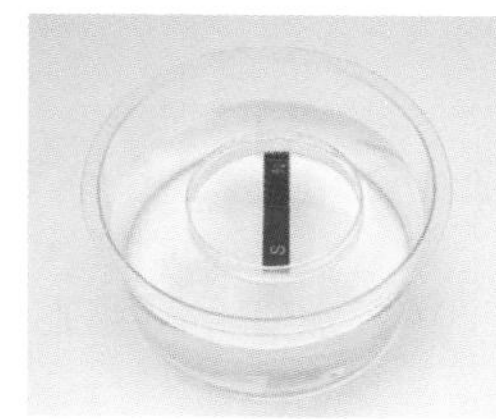

19 위 실험에 대한 설명으로 옳은 것은 어느 것입니까? (   )

① 자석의 무게를 알 수 있다.
② 자석을 수조 바닥에 옮겨 놓는다.
③ 자석이 가리키는 방향을 알 수 있다.
④ 주위에 다른 막대자석을 놓도록 한다.
⑤ 자석의 힘이 물을 통과한다는 것을 알 수 있다.

중요

20 위 실험에서 물에 띄운 자석이 항상 가리키는 방향으로 옳은 것은 어느 것입니까? (   )

① 동쪽－서쪽
② 북쪽－남쪽
③ 북쪽－서쪽
④ 남쪽－서쪽
⑤ 남쪽－동쪽

21 위 실험 결과, 물에 띄운 막대자석이 다음과 같은 모습이 되었다면, ㉠이 가리키는 방향으로 옳은 것은 어느 것입니까? (   )

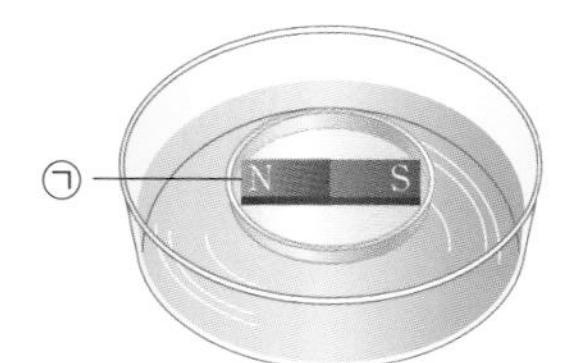

① 동쪽
② 서쪽
③ 남쪽
④ 북쪽
⑤ 북서쪽

22 막대자석을 이용해 방향을 찾는 방법으로 옳은 것은 어느 것입니까? (   )

① 막대자석을 물에 가라앉힌다.
② 막대자석을 책상 위에 놓아둔다.
③ 클립을 오랫동안 막대자석에 붙여 놓는다.
④ 막대자석 옆에 빵 끈 조각이 든 통을 놓는다.
⑤ 막대자석의 가운데를 실에 매달아 공중에 띄운다.

23 막대자석을 물에 띄웠을 때, 북쪽과 남쪽을 찾을 수 있는 성질을 이용해 만든 방향을 알아내는 도구의 이름을 쓰시오.

(   )

24 나침반 바늘이 항상 일정한 방향을 가리키는 까닭으로 옳은 것은 어느 것입니까? (   )

① 나침반 바늘을 철로 만들었기 때문에
② 나침반 바늘을 자석으로 만들었기 때문에
③ 나침반을 편평한 곳에 놓아두었기 때문에
④ 나침반 주변에 막대자석을 놓아두었기 때문에
⑤ 나침반 바늘을 움직이지 못하게 만들었기 때문에

25 다음 (   ) 안에 들어갈 알맞은 말을 골라 ○표 하시오.

물에 띄운 막대자석이 가리키는 방향과 나침반 바늘이 가리키는 방향은 (같다 , 다르다).

서술형·논술형 평가 돋보기

학교에서 출제되는 서술형·논술형 평가를 미리 준비하세요.

연습 문제

문제 해결 전략
자석에 붙는 물체와 자석에 붙지 않는 물체가 어떤 물질로 이루어져 있는지 알아봅니다.

핵심 키워드
자석, 철

1 **자석을 이용하여 여러 가지 물체를 다음과 같이 분류하였습니다. 물음에 답하시오.**

㉠	㉡
철 못, 철 용수철, 철사, 철이 든 빵 끈	유리컵, 플라스틱 빨대, 고무지우개, 나무젓가락

(1) 위의 분류 결과에서 자석에 붙는 물체에 해당하는 것의 기호를 쓰시오.

( )

(2) 다음 ( ) 안에 공통으로 들어갈 알맞은 말을 쓰시오.

자석에 붙는 물체는 모두 ( )(으)로 이루어져 있고, 자석에 붙지 않는 물체는 모두 ( )(으)로 이루어져 있지 않다.

( )

문제 해결 전략
자석을 철로 된 물체에 가까이 가져가면 어떻게 되는지 알아봅니다.

핵심 키워드
막대자석, 철로 된 물체, 플라스틱

2 **오른쪽은 막대자석으로 빵 끈 조각을 투명한 플라스틱 통의 윗부분까지 끌고 간 모습입니다. 물음에 답하시오.**

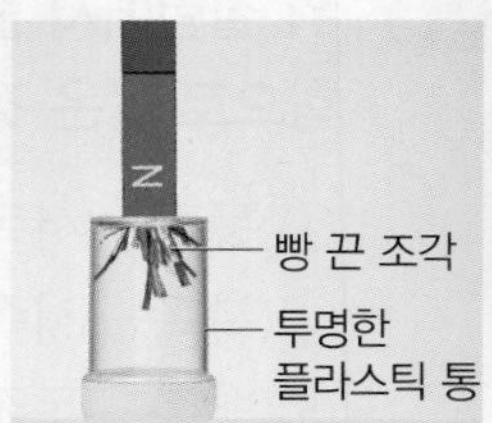

(1) 이 실험으로 알 수 있는 점을 다음과 같이 나타낼 때, ( ) 안에 들어갈 알맞은 말을 쓰시오.

막대자석을 철로 된 물체에 가까이 가져가면 철로 된 물체는 자석에 끌려온다. 막대자석과 철로 된 물체 사이에 얇은 ( )으로 된 물체가 있어도 막대자석은 철로 된 물체를 끌어당길 수 있다.

(2) 막대자석을 투명한 플라스틱 통의 윗부분에서 조금 떨어뜨리면 어떻게 되는지 ( ) 안에 들어갈 알맞은 말을 쓰시오.

막대자석을 투명한 통의 윗부분에서 조금 떨어뜨리면 빵 끈 조각은 여전히 통의 윗부분에 ( ). 이와 같은 까닭은 철로 된 물체와 막대자석이 약간 떨어져 있어도 막대자석은 철로 된 물체를 끌어당길 수 있기 때문이다.

정답과 해설 20쪽

실전 문제

1 다음 소화기를 보고, 물음에 답하시오.

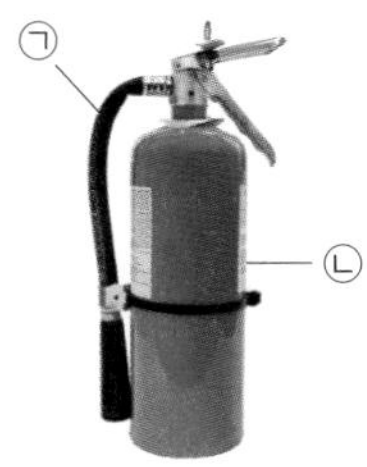

(1) 소화기에서 자석에 붙는 부분의 기호를 쓰시오.

( )

(2) 소화기에서 자석에 붙는 부분과 자석에 붙지 않는 부분이 있는 까닭은 무엇인지 쓰시오.

2 다음은 둥근기둥 모양 자석을 클립이 든 종이 상자에 넣었다가 천천히 들어 올리는 실험입니다. 물음에 답하시오.

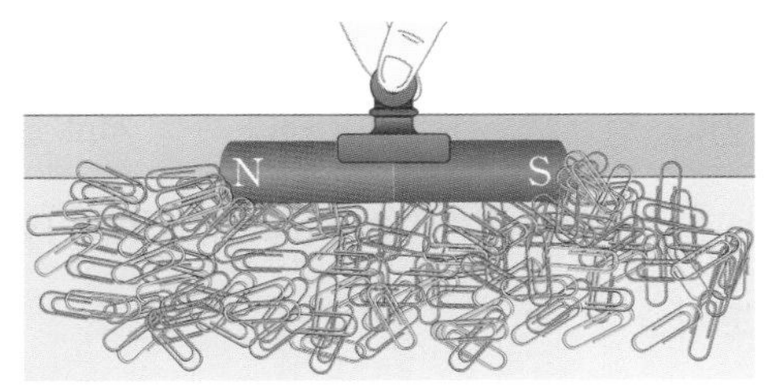

(1) 둥근기둥 모양 자석에서 클립이 많이 붙는 부분은 어느 곳인지 쓰시오.

( )

(2) 위 (1)번의 답과 같이 생각한 까닭은 무엇인지 쓰시오.

3 다음과 같이 자석 드라이버의 끝부분을 나사에 가까이 가져가 보았습니다. 물음에 답하시오.

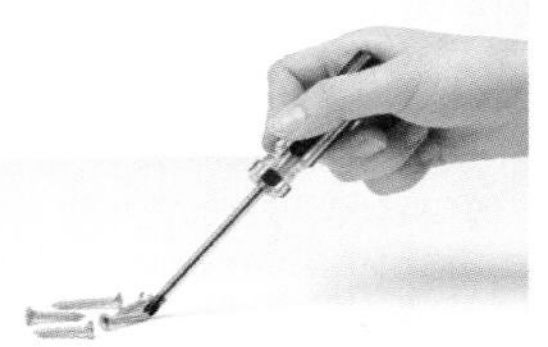

(1) 자석 드라이버의 끝부분에 나사가 붙는다면, 나사는 무엇으로 만들어진 물체인지 쓰시오.

( )

(2) 자석 드라이버는 자석이 철로 된 물체를 끌어당기는 힘을 이용해서 어떤 일을 할 수 있는지 한 가지 쓰시오.

4 다음은 자석을 실에 매달아 자석이 가리키는 방향을 알아보는 실험입니다. 물음에 답하시오.

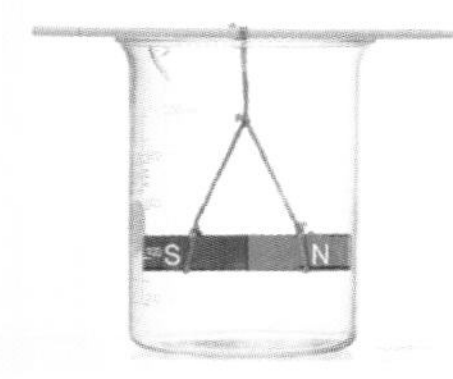

(1) 위 실험에서 막대자석이 완전히 멈췄을 때 막대자석이 가리키는 방향을 모두 쓰시오.

(,)

(2) 위와 같은 실험 결과가 나타나는 까닭은 무엇인지 쓰시오.

(2) 자석의 성질

1 철로 된 물체로 나침반 만들기

(1) 머리핀이 자석의 성질을 띠게 하기

① 막대자석의 극에 머리핀을 1분 동안 붙여 놓은 뒤, 이 머리핀을 클립에 대 보면 머리핀에 클립이 붙습니다.

② 막대자석의 극에 붙여 놓았던 머리핀에 클립이 붙는 까닭은 머리핀이 자석의 성질을 띠게 되어 클립을 끌어당겼기 때문입니다.

③ 철로 된 물체를 자석에 붙여 놓으면 그 물체도 자석의 성질을 띠게 됩니다. 이처럼 자석이 아니었던 물체를 자석의 성질을 띠게 하여 나침반을 만들 수 있습니다.

(2) 철로 된 물체로 나침반 만들기

① 막대자석의 극에 붙여 놓았던 머리핀을 수수깡 조각에 꽂아 물이 담긴 수조에 띄웁니다.

② 나침반 바늘이 가리키는 방향과 머리핀이 가리키는 방향은 같습니다. (나침반 바늘과 머리핀은 모두 북쪽과 남쪽을 가리킵니다.)

③ 머리핀 대신 바늘, 못핀 등을 이용해서 나침반을 만들 수 있습니다.

2 자석을 다른 자석에 가까이 가져가 보기

(1) 자석 사이에 작용하는 힘 알아보기

같은 극끼리 마주 보게 하여 가까이 가져갈 때	다른 극끼리 마주 보게 하여 가까이 가져갈 때	같은 극끼리 마주 보게 나란히 놓고 밀 때	다른 극끼리 마주 보게 나란히 놓고 밀 때
서로 밀어 낸다.	서로 끌어당긴다.	서로 밀어 낸다.	서로 끌어당긴다.

(2) 자석은 같은 극끼리는 서로 밀어 내고, 다른 극끼리는 서로 끌어당깁니다.

3 자석 주위에 놓인 나침반 살펴보기

(1) 막대자석을 나침반에 가까이 가져가기

① 막대자석을 나침반에 가까이 가져가면 나침반 바늘이 돌아 자석의 극을 가리킵니다.

② 막대자석을 나침반에서 멀어지게 하면 나침반 바늘이 다시 돌아 원래 가리키던 방향으로 되돌아갑니다.

(2) 자석 주위에 놓인 나침반 바늘의 움직임

① 나침반 바늘이 막대자석의 극을 가리킵니다.

② 나침반 바늘도 자석이기 때문에 막대자석과 나침반 바늘이 서로 끌어당기거나 밀어 내기도 하므로 나침반 바늘이 움직이는 것입니다.

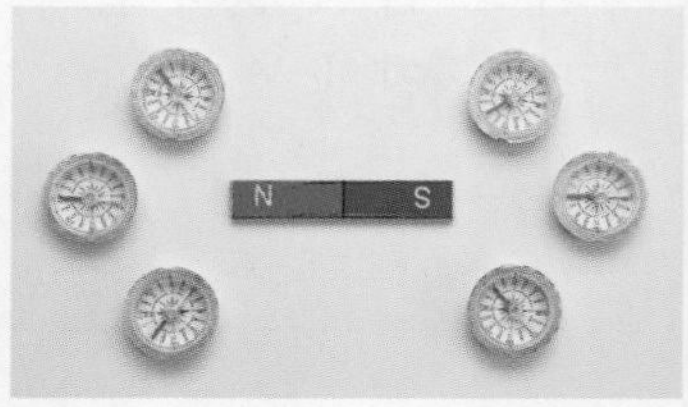

▶ 자석의 성질을 띠게 된 머리핀의 극

머리핀의 둥근 머리 부분을 S극 쪽으로 향하게 자석에 붙여 놓으면 머리핀의 둥근 머리 부분은 N극이 되고, 막대자석의 N극 쪽에 가깝게 붙여 놓았던 머리핀의 다른 부분은 S극이 됩니다.

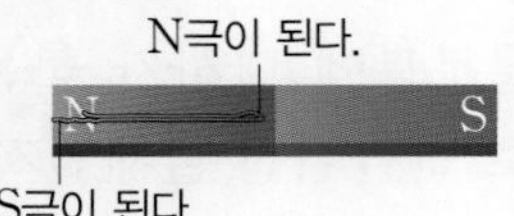

▶ 나침반 바늘이 가리키는 방향과 자석에 붙여 놓았던 머리핀이 가리키는 방향 비교

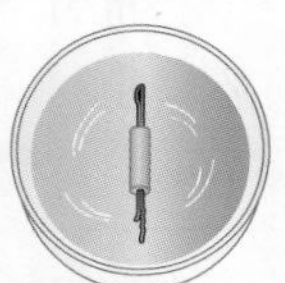

모두 북쪽과 남쪽을 가리킵니다.

▶ 고리 자석으로 만든 탑

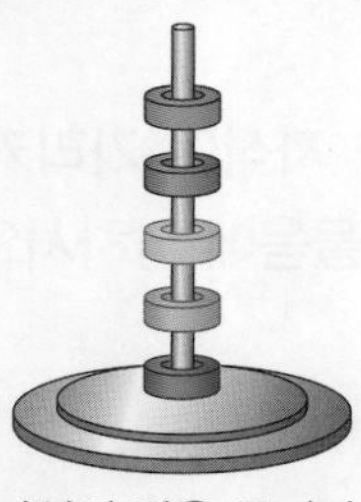

- 고리 자석의 같은 극끼리 서로 밀어 내는 성질을 이용하여 고리 자석의 같은 극끼리 서로 마주 보게 놓으면서 탑을 쌓으면 탑을 높이 쌓을 수 있습니다.
- 고리 자석의 윗면에 막대자석의 N극을 가까이 가져갔을 때 서로 끌어당기면 고리 자석의 윗면은 S극이고, 서로 밀어 내면 고리 자석의 윗면은 N극입니다.

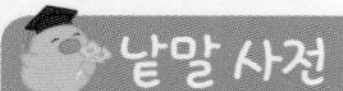

수수깡 곡식으로 먹는 수수나 옥수수 줄기의 껍질을 벗긴 심

4 우리 생활에서 자석이 어떻게 이용되는지 알아보기

자석의 성질을 이용하면 우리 생활에 편리한 생활용품을 만들 수 있습니다.

생활용품	자석이 있는 부분	편리한 점
자석 클립 통	클립 통의 윗부분	클립 통이 뒤집어지거나 바닥에 떨어져도 클립이 잘 흩어지지 않는다.
냉장고 자석	냉장고 자석의 뒷면	쪽지를 냉장고에 붙일 수 있다.
자석 다트	자석 다트와 과녁이 만나는 부분	다트를 과녁에 안전하게 붙일 수 있다.
가방 자석 단추	가방 입구 둥근 단추 부분	가방을 쉽게 열고 닫을 수 있다.
자석을 이용한 스마트폰 거치대	거치대와 스마트폰이 만나는 부분	스마트폰을 살짝 대기만 해도 쉽게 고정할 수 있다.
자석 방충망	방충망 입구에 있는 띠 부분	방충망 입구를 쉽게 열고 닫을 수 있다.
자석 필통	필통을 열고 닫는 부분	필통 뚜껑이 잘 닫힌다.
자석 집게	자석 집게의 뒷면	자석을 이용하여 종이를 칠판에 붙일 수 있다.

5 자석을 이용한 장난감 만들기

(1) 자석을 이용한 장난감을 만드는 방법 계획하기

① 장난감을 만들 때 생각할 점: 장난감의 모양, 준비물, 만드는 방법, 역할 등

② 자석의 어떤 성질을 이용할 것인지 생각해 봅니다.

③ 어떤 장난감을 만들지 그림으로 그려 봅니다.

(2) 자석을 이용한 장난감 만들기

종이 접시에 자동차가 지나갈 길과 배경 꾸미기

자동차 그림 뒷면에 동전 모양 자석 붙이기

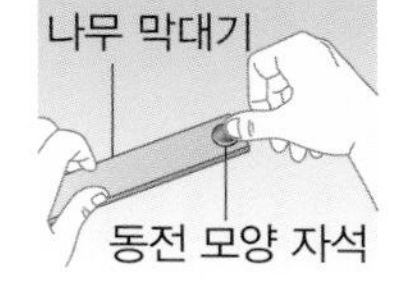

나무 막대기에 동전 모양 자석 붙이기

나무 막대기로 자동차를 움직여 보기

• 이용한 자석의 성질: 자석이 서로 다른 극끼리 끌어당기는 성질, 자석 사이에 종이가 있어도 자석끼리는 서로 밀어 내거나 끌어당기는 힘을 유지할 수 있는 성질

(3) 자석 장난감 소개하기: 만든 장난감을 가지고 놀면서 아쉬운 점이나 부족한 점은 무엇인지, 자석의 어떤 성질을 이용하여 만든 것인지 등을 친구들에게 소개합니다.

▶ 자석의 성질을 이용한 생활용품

▲ 자석 열쇠 걸이

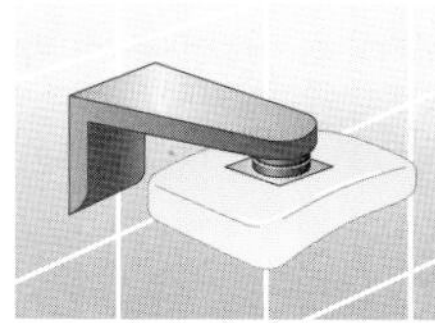

▲ 자석 비누 걸이

▶ 자석을 이용한 장난감

• 자석 낚시

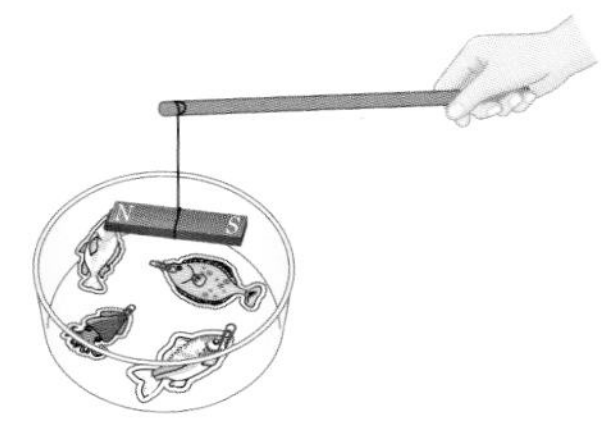

물고기 모양을 그린 뒤 클립을 꽂고, 자석을 막대에 실로 연결해 낚싯대를 만든다.

• 자석 그네

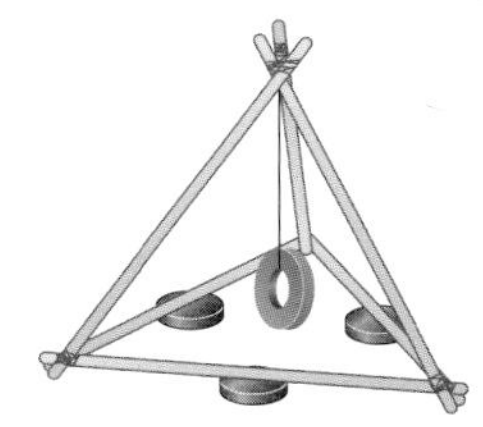

나무젓가락으로 정사면체 모형을 만든 후 고리 자석에 실을 걸어 정사면체의 한 꼭짓점에 연결하고, 정사면체 모형 주변에 다른 자석을 가까이 가져갑니다.

개념 확인 문제

1 막대자석의 극에 머리핀을 붙여 놓으면, 머리핀은 (　　　)의 성질을 띠게 됩니다.

2 책상 위에 막대자석 한 개를 올려놓고 다른 막대자석을 (같은 , 다른) 극끼리 마주 보게 나란히 놓고 밀면 서로 밀어 냅니다.

3 막대자석을 나침반에 가까이 가져가면 나침반 바늘이 자석의 (　　　)을/를 가리킵니다.

정답 1 자석 2 같은 3 극

핵심 개념 문제

개념 1 머리핀이 자석의 성질을 띠게 하는 방법을 묻는 문제

(1) 막대자석의 극에 머리핀을 1분 동안 붙여 놓은 뒤, 이 머리핀을 클립에 대 보면 머리핀에 클립이 붙음.
(2) 막대자석의 극에 붙여 놓았던 머리핀에 클립이 붙는 까닭: 머리핀이 자석의 성질을 띠게 되어 클립을 끌어당겼기 때문임.

01 다음 실험 모습을 보고 (　　) 안에 들어갈 알맞은 말을 쓰시오.

막대자석의 극에 머리핀을 1분 동안 붙여 놓으면, 머리핀이 (　　　　)의 성질을 띠게 된다.

(　　　　　　　　　　)

02 다음 중 1분 동안 막대자석의 극에 붙여 놓았던 머리핀은 어느 것인지 기호를 쓰시오.

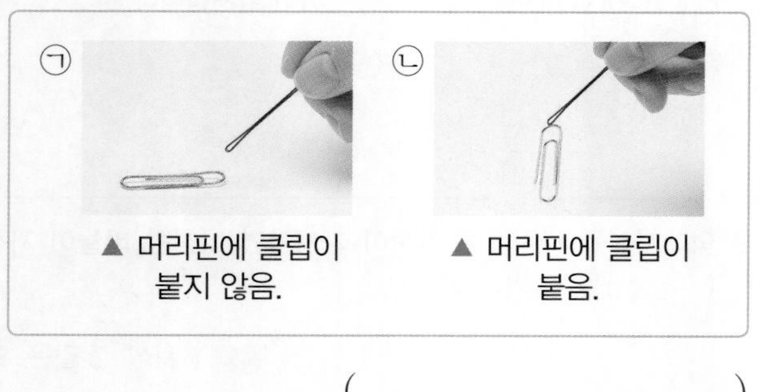

㉠ ▲ 머리핀에 클립이 붙지 않음.
㉡ ▲ 머리핀에 클립이 붙음.

(　　　　　　　　　　)

개념 2 철로 된 물체로 나침반 만드는 방법을 묻는 문제

(1) 막대자석의 극에 붙여 놓았던 머리핀을 수수깡 조각에 꽂아 물이 담긴 수조에 띄움.
(2) 나침반 바늘이 가리키는 방향과 머리핀이 가리키는 방향은 서로 같으며, 모두 북쪽과 남쪽을 가리킴.
(3) 철로 된 물체를 자석에 붙여 놓으면 그 물체도 자석의 성질을 띠게 되는데, 이처럼 자석이 아니었던 물체를 자석의 성질을 띠게 하여 나침반을 만들 수 있음.
(4) 막대자석의 극에 붙여 놓았던 머리핀처럼 나침반을 만드는 데 이용할 수 있는 물체: 바늘, 못핀 등

03 막대자석의 극에 붙여 놓았던 머리핀을 수수깡 조각에 꽂아 물이 담긴 수조에 띄웠습니다. 머리핀이 가리키는 방향으로 옳은 것의 기호를 쓰시오.

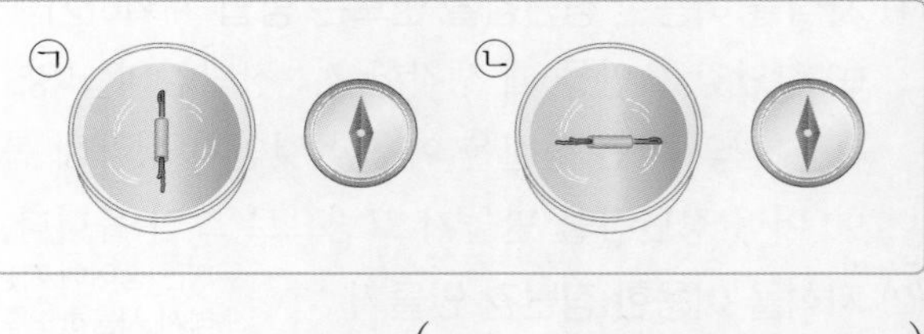

(　　　　　　　　　　)

04 막대자석의 극에 붙여 놓았던 머리핀을 수수깡 조각에 꽂아 물이 담긴 수조에 띄웠을 때 머리핀이 가리키는 방향으로 옳은 것은 어느 것입니까? (　　　)

① 북쪽－동쪽　② 북쪽－서쪽
③ 북쪽－남쪽　④ 남쪽－동쪽
⑤ 남쪽－서쪽

정답과 해설 21쪽

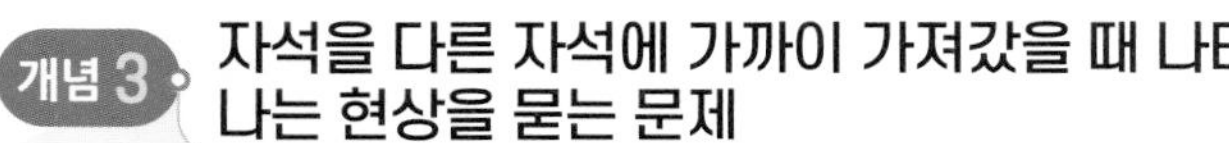

개념 3 자석을 다른 자석에 가까이 가져갔을 때 나타나는 현상을 묻는 문제

(1) 한 자석의 N극에 다른 자석의 N극을 가까이 가져가면 서로 밀어 냄.
(2) 한 자석의 S극에 다른 자석의 S극을 가까이 가져가면 서로 밀어 냄.
(3) 한 자석의 N극에 다른 자석의 S극을 가까이 가져가면 서로 끌어당김.

05 다음과 같이 막대자석 두 개를 다른 극끼리 마주 보게 하여 가까이 가져갈 때 손에 어떤 느낌이 드는지 보기 에서 골라 기호를 쓰시오.

보기
㉠ 밀어 내는 느낌
㉡ 끌어당기는 느낌
㉢ 아무 느낌이 들지 않는다.

(　　　　　　　　)

06 다음은 고리 자석으로 탑 쌓기를 한 모습입니다. 고리 자석의 같은 극끼리 서로 마주 보게 하여 끼워 만든 탑은 어느 것인지 기호를 쓰시오.

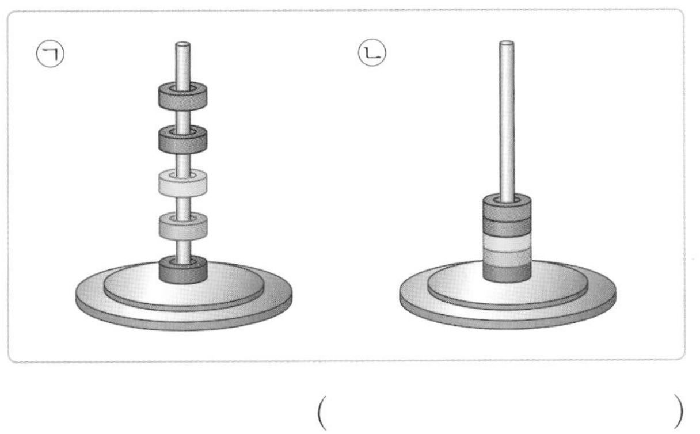

(　　　　　　　　)

개념 4 자석의 극끼리 작용하는 힘을 묻는 문제

(1) 자석은 같은 극끼리는 서로 밀어 냄.
(2) 자석은 다른 극끼리는 서로 끌어당김.

중요

07 다음과 같이 두 개의 막대자석을 마주 보게 나란히 놓고 밀 때, 서로 밀어 내는 힘이 작용하는 경우를 찾아 ○표 하시오.

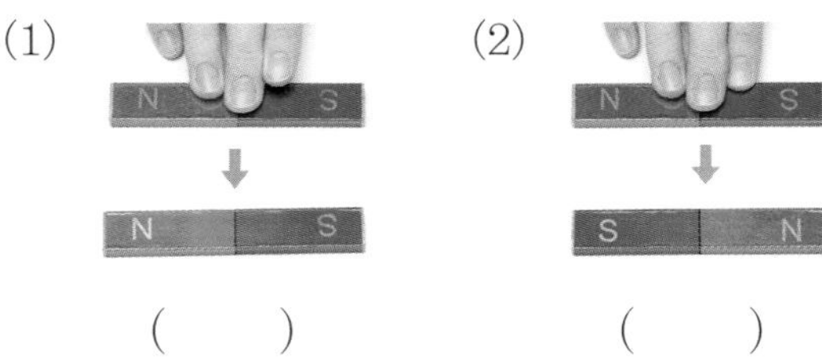

(1) (　　)　　(2) (　　)

08 자석의 극끼리 작용하는 힘을 선으로 바르게 연결하시오.

(1) 같은 극끼리 작용하는 힘
(2) 다른 극끼리 작용하는 힘
㉠ 서로 밀어 내는 힘
㉡ 서로 끌어당기는 힘

개념 5 자석 주위에 놓인 나침반 바늘의 움직임을 묻는 문제

(1) 막대자석을 나침반에 가까이 가져가면 나침반 바늘이 돌아 자석의 극을 가리킴.
(2) 막대자석을 나침반에서 멀어지게 하면 나침반 바늘이 다시 돌아 원래 가리키던 방향으로 되돌아감.

09 다음과 같이 나침반에 막대자석을 가져갔을 때 나침반 바늘의 움직임에 대한 설명으로 옳은 것은 어느 것입니까? (　　)

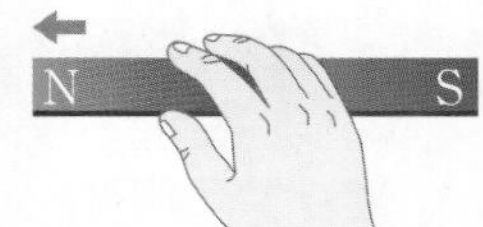

① 아무런 변화가 없다.
② 나침반 바늘이 계속 돈다.
③ 나침반 바늘이 튕겨져 나온다.
④ 나침반 바늘이 돌아 자석의 극을 가리킨다.
⑤ 나침반 바늘이 돌아 북쪽과 남쪽을 가리킨다.

10 위 09번의 실험에서 나침반에 가까이 가져갔던 막대자석을 나침반으로부터 멀어지게 하면 나침반 바늘은 어떻게 되는지 옳게 설명한 것에 ○표 하시오.

(1) 막대자석의 방향과 반대 방향을 가리킨다. (　　)
(2) 나침반 바늘의 S극이 자석의 극을 가리킨다. (　　)
(3) 나침반 바늘이 원래 가리키던 방향으로 되돌아간다. (　　)

개념 6 자석 주위에서 나침반 바늘이 움직이는 까닭을 묻는 문제

(1) 나침반 바늘도 자석임.
(2) 막대자석을 다른 막대자석에 가까이 가져갔을 때 막대자석의 극끼리 서로 끌어당기거나 밀어 내는 것처럼 막대자석의 극과 나침반 바늘의 한쪽 끝도 서로 끌어당기거나 밀어 내기도 하므로 나침반 바늘이 움직이는 것임.

11 다음은 자석 주위에서 나침반 바늘이 움직이는 까닭을 설명한 것입니다. (　　) 안에 들어갈 알맞은 말을 쓰시오.

나침반 바늘도 (　　　　)이기 때문에 자석의 극 쪽으로 끌려간다.

(　　　　　　　　　　)

12 중요 나침반에 막대자석의 S극을 가까이 가져갔을 때 나침반 바늘이 가리키는 모습으로 옳은 것은 어느 것입니까? (　　)

①

②

③

④

⑤

개념 7 자석을 이용한 생활용품에 대해 묻는 문제

(1) **가방 자석 단추:** 가방 입구 둥근 단추 부분에 자석이 있으며 가방을 쉽게 열고 닫을 수 있음.
(2) **냉장고 자석:** 냉장고 자석의 뒷면에 자석이 있으며 쪽지를 냉장고에 붙일 수 있음.
(3) **자석 방충망:** 방충망 입구에 있는 띠 부분에 자석이 있으며 방충망 입구를 쉽게 열고 닫을 수 있음.
(4) **자석 클립 통:** 클립 통의 윗부분에 자석이 있으며 클립 통이 뒤집어지거나 바닥에 떨어져도 클립이 잘 흩어지지 않음.
(5) **자석 필통:** 필통을 열고 닫는 부분에 자석이 있으며 필통 뚜껑이 잘 닫힘.

13 다음 필통에서 자석이 있는 부분에 ○표 하시오.

14 다음과 같이 가방에 다는 단추를 자석으로 만들면 어떤 편리한 점이 있습니까? (　　)

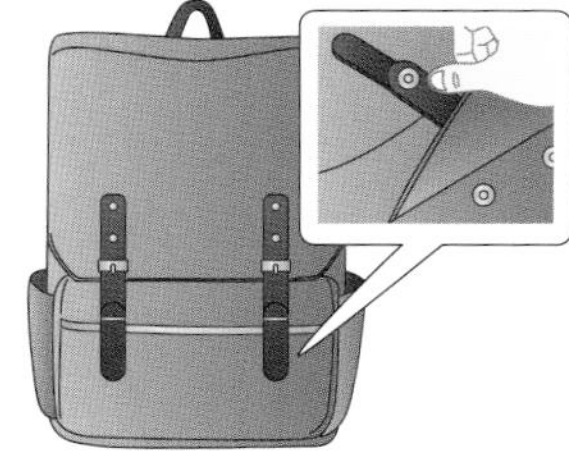

① 가방을 장식한다.
② 가방을 가볍게 해 준다.
③ 쪽지를 가방에 붙일 수 있게 한다.
④ 가방을 쉽게 열고 닫을 수 있게 한다.
⑤ 냉장고에 가방을 붙일 수 있게 해 준다.

개념 8 자석의 성질을 이용한 장난감에 대해 묻는 문제

(1) **자석을 이용한 장난감을 만들 때 생각할 점:** 이용할 자석의 성질, 장난감의 모양, 필요한 준비물, 만드는 방법, 역할 등
(2) **이용할 자석의 성질:** 철로 된 물체를 끌어당기거나, 같은 극끼리는 밀어 내고 다른 극끼리는 서로 끌어당기는 성질
(3) **자석의 성질을 이용한 장난감의 예:** 자석으로 가는 자동차, 자석 낚시, 자석 그네, 공중에 떠 있는 나비 등

[15~16] 다음은 종이컵으로 자동차 모형을 만들고 뒷면에 동전 모양 자석을 붙인 것입니다. 물음에 답하시오.

15 막대자석의 S극을 위의 동전 모양 자석 부분에 가져갔더니 종이컵 자동차가 끌려왔습니다. 동전 모양 자석의 끌려온 부분은 N극과 S극 중 어느 극인지 쓰시오.

(　　　　　　　　　　)

16 중요
다음과 같이 동전 모양 자석을 붙인 나무 막대기를 종이컵 자동차의 자석 부분에 가져갔더니, 종이컵 자동차가 앞으로 움직였습니다. 이때 이용된 자석의 성질은 어느 것입니까? (　　)

① 같은 극끼리 밀어 내는 성질
② 다른 극끼리 밀어 내는 성질
③ 같은 극끼리 끌어당기는 성질
④ 다른 극끼리 끌어당기는 성질
⑤ 철로 된 물체를 끌어당기는 성질

중단원 실전 문제

01 머리핀을 클립에 대 보았을 때 나타나는 현상으로 옳은 것은 어느 것입니까? (　　)

① 클립이 움직이지 않는다.
② 머리핀에 클립이 붙는다.
③ 머리핀에서 열이 나기 시작한다.
④ 클립이 제자리에서 빙글빙글 돈다.
⑤ 머리핀 반대 방향으로 클립이 밀려난다.

02 다음과 같이 막대자석의 극에 머리핀을 1분 동안 붙여 놓은 뒤, 이 머리핀을 클립에 대 보면 어떻게 됩니까? (　　)

① 아무 변화가 없다.
② 머리핀에 클립이 붙는다.
③ 머리핀이 클립을 밀어 낸다.
④ 클립이 머리핀 위로 올라온다.
⑤ 클립이 북쪽과 남쪽을 가리킨다.

중요

03 다음은 위 02번의 실험 결과 알 수 있는 사실을 정리한 것입니다. (　　) 안에 공통으로 들어갈 말을 쓰시오.

> 철로 된 물체를 (　　　　)에 붙여 놓으면, 그 물체도 (　　　　)의 성질을 띠게 된다.

(　　　　　　　　)

[04~07] 다음은 머리핀을 이용해 나침반을 만드는 과정을 순서 없이 나타낸 것입니다. 물음에 답하시오.

> ㉠ 머리핀을 수수깡 조각에 꽂는다.
> ㉡ 막대자석의 극에 머리핀을 1분 동안 붙여 놓는다.
> ㉢ 머리핀을 꽂은 수수깡 조각을 물이 담긴 원형 수조에 띄운다.

04 위 실험을 하는 순서에 맞게 기호를 쓰시오.

(　　) → (　　) → (　　)

05 위 실험 ㉢ 과정에서 수조에 띄운 머리핀을 꽂은 수수깡 조각의 모습으로 옳은 것을 골라 기호를 쓰시오.

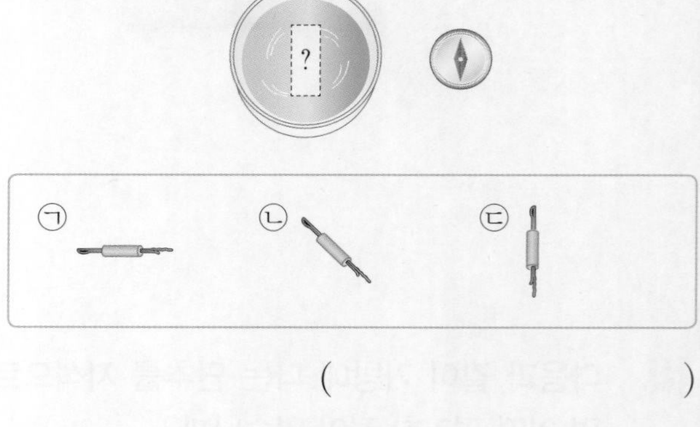

(　　　　　　　　)

06 위 실험에서 수조에 띄운 머리핀을 꽂은 수수깡 조각이 가리키는 방향 두 곳을 각각 쓰시오.

(　　　　　　,　　　　　　)

07 막대자석에 붙여 놓았던 머리핀처럼 나침반을 만드는 데 이용할 수 있는 물체를 한 가지 쓰시오.

(　　　　　　　　)

08 막대자석 두 개를 마주 보게 하여 가까이 가져갔더니 서로 끌어당겼습니다. 이를 통해 알 수 있는 점으로 옳은 것은 어느 것입니까? (　　)

① 마주 보는 두 극은 모두 N극이다.
② 마주 보는 두 극은 모두 S극이다.
③ 마주 보는 두 극은 서로 같은 극이다.
④ 마주 보는 두 극은 서로 다른 극이다.
⑤ 마주 보는 두 극에 철로 된 물체가 많이 붙는다.

09 다음과 같이 두 개의 막대자석을 N극끼리 마주 보게 하여 가까이 가져가면 어떻게 됩니까? (　　)

① 변화가 없다.
② 자석이 서로 밀어 낸다.
③ 자석이 서로 끌어당긴다.
④ 자석이 서로 끌어당기다가 밀어 낸다.
⑤ 자석들이 모두 북쪽과 남쪽을 가리킨다.

중요

10 자석의 극끼리 작용하는 힘에 대한 설명으로 옳은 것을 두 가지 고르시오. (　　,　　)

① 자석은 다른 극끼리는 서로 밀어 낸다.
② 자석은 같은 극끼리는 서로 끌어당긴다.
③ 한 자석의 N극에 다른 자석의 N극을 가까이 가져가면 서로 밀어 낸다.
④ 한 자석의 S극에 다른 자석의 S극을 가까이 가져가면 서로 끌어당긴다.
⑤ 한 자석의 N극에 다른 자석의 S극을 가까이 가져가면 서로 끌어당긴다.

11 다음과 같이 두 개의 막대자석을 마주 보게 나란히 놓고 한 자석을 다른 자석 쪽으로 밀 때 생기는 현상으로 옳은 것은 어느 것입니까? (　　)

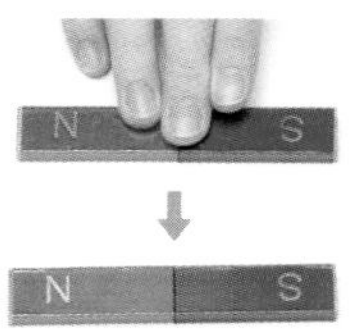

① 자석이 서로 밀어 낸다.
② 자석이 서로 끌어당긴다.
③ 자석의 성질이 점점 강해진다.
④ 두 자석이 모두 같은 방향으로 돈다.
⑤ 두 자석 모두 자석의 성질을 잃게 된다.

12 극 표시가 되어 있지 않은 고리 자석의 N극과 S극을 알 수 있는 방법으로 옳은 것은 어느 것입니까? (　　)

① 철 못을 붙여 본다.
② 머리핀을 붙여 본다.
③ 나무젓가락을 붙여 본다.
④ 막대자석의 N극을 가까이 가져갔을 때 밀어 내는 부분이 S극이다.
⑤ 막대자석의 S극을 가까이 가져갔을 때 서로 끌어당기는 부분이 N극이다.

13 오른쪽과 같이 고리 자석의 윗면에 막대자석의 N극을 가까이 가져갔더니 서로 끌어당겼습니다. 고리 자석의 윗면은 무슨 극인지 쓰시오.

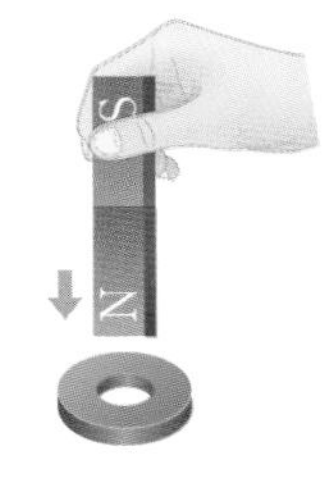

(　　　　　　　　)

14 다음은 고리 자석을 이용하여 탑을 만든 것입니다. 탑을 높게 쌓으려고 할 때 이용하는 자석의 성질로 옳은 것은 어느 것입니까? (　　)

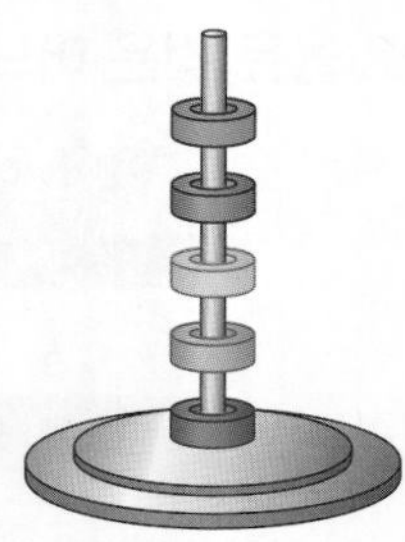

① 같은 극끼리 서로 밀어 내는 성질
② 다른 극끼리 서로 밀어 내는 성질
③ 같은 극끼리 서로 끌어당기는 성질
④ 다른 극끼리 서로 끌어당기는 성질
⑤ 자석과 철로 된 물체 사이에 종이가 있어도 자석이 철로 된 물체를 끌어당기는 성질

15 다음 나침반에서 자석으로 되어 있는 부분의 기호를 쓰시오.

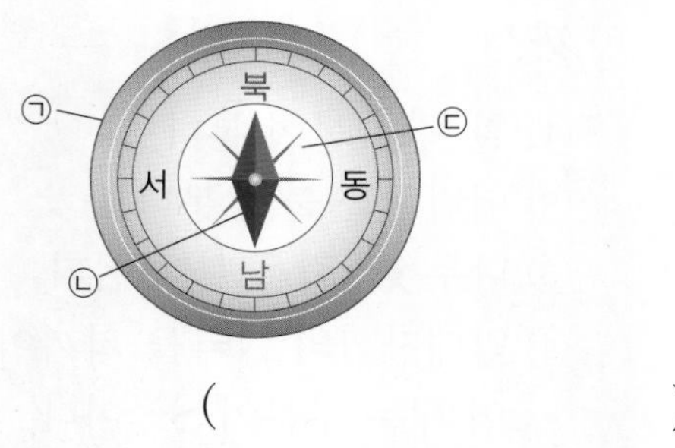

(　　　　　　　　)

16 나침반은 자석의 어떤 성질을 이용한 것입니까? (　　)

① 자석이 단단한 성질
② 자석이 철을 끌어당기는 성질
③ 자석의 극에 클립이 많이 붙는 성질
④ 자석이 일정한 방향을 가리키는 성질
⑤ 자석과 철로 된 물체 사이에 얇은 플라스틱이 있어도 자석이 철로 된 물체를 끌어당기는 성질

[17~18] 다음과 같이 나침반에 막대자석의 N극을 가까이 가져가 보았습니다. 물음에 답하시오.

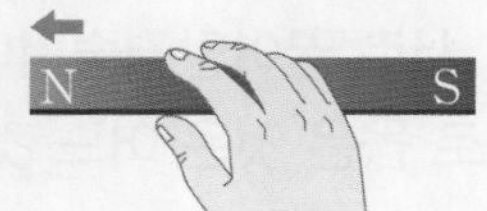

17 위 실험 결과 나침반 바늘이 막대자석 쪽으로 끌려왔습니다. 나침반 바늘의 N극과 S극 중 막대자석 쪽으로 끌려온 극은 무엇인지 쓰시오.

(　　　　　　　　)

18 위 실험에서 나침반에 가까이 가져간 막대자석을 나침반에서 다시 멀어지게 하면 나침반 바늘은 어떻게 됩니까? (　　)

① 움직이지 않는다.
② 동서 방향을 가리킨다.
③ 원래 가리키던 방향으로 되돌아간다.
④ 나침반 바늘의 N극이 막대자석 쪽으로 끌려온다.
⑤ 나침반 바늘의 S극이 막대자석 쪽으로 끌려온다.

중요

19 자석 주변에 나침반을 가져갔을 때 나침반 바늘이 움직이는 까닭으로 옳은 것은 어느 것입니까? (　　)

① 나침반 바늘이 철이기 때문에
② 나침반 바늘이 자석이기 때문에
③ 나침반 바늘이 플라스틱이기 때문에
④ 자석은 나침반 바늘을 항상 밀어 내기 때문에
⑤ 나침반 바늘을 움직이지 못하게 고정했기 때문에

20 나침반을 막대자석 주위의 ㉠ 위치에 놓았을 때 나침반 바늘이 가리키는 방향으로 옳은 것은 어느 것입니까? (　　)

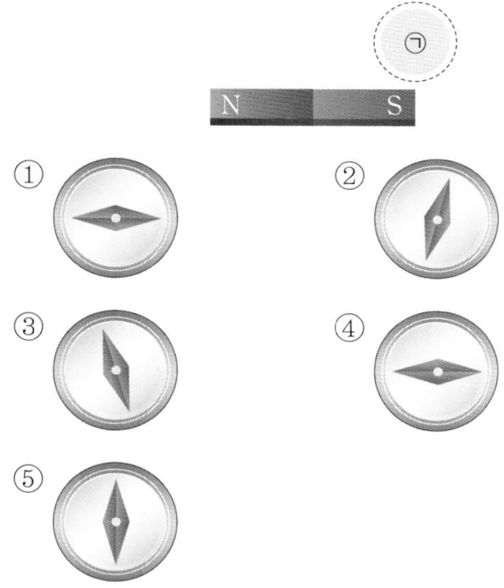

①　②　③　④　⑤

ㄷ중요ㄷ

21 다음 생활용품들의 공통점으로 알맞은 것은 어느 것입니까? (　　)

> 자석 클립 통, 자석 다트, 자석 필통

① 놀이할 때 필요한 물건들이다.
② 쪽지를 냉장고에 붙일 수 있게 해 준다.
③ 자석이 일정한 방향을 가리키는 성질을 이용하였다.
④ 자석이 같은 극끼리 서로 밀어 내는 성질을 이용하였다.
⑤ 자석이 철로 된 물체를 끌어당기는 성질을 이용하였다.

22 자석의 성질을 이용한 물체가 아닌 것은 어느 것입니까? (　　)

① 거울　② 자석 집게
③ 자석 병따개　④ 자석 열쇠 걸이
⑤ 가방 자석 단추

23 오른쪽의 자석 방충망에서 자석이 하는 역할로 옳은 것은 어느 것입니까? (　　)

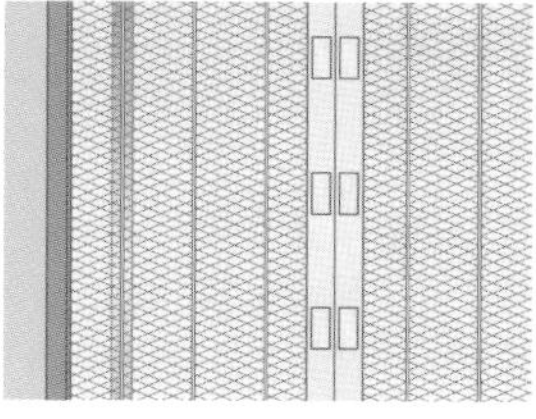

① 벌레를 잡아 준다.
② 방충망을 가볍게 만들어 준다.
③ 방충망을 쉽게 청소할 수 있게 해 준다.
④ 방충망 입구를 쉽게 열고 닫을 수 있게 해 준다.
⑤ 손을 대지 않아도 자동으로 방충망을 열 수 있게 해 준다.

24 자석을 이용한 장난감을 만들 계획을 세울 때 생각해야 할 점으로 알맞지 않은 것은 어느 것입니까? (　　)

① 준비물로는 무엇이 필요할까?
② 자석의 어떤 성질을 이용할까?
③ 장난감을 어떤 모양으로 만들까?
④ 장난감을 어떤 방법으로 만들까?
⑤ 내가 만든 장난감의 부족한 점은 무엇일까?

25 자석의 성질을 이용해 다음과 같은 장난감을 만들었습니다. 자동차 그림의 뒷면에는 동전 모양 자석이 붙어 있고, 자동차를 움직일 수 있게 하는 나무 막대기에도 동전 모양 자석이 붙어 있습니다. 자석의 어떤 성질을 이용한 것인지 알맞은 것을 찾아 ○표 하시오.

(1) 일정한 방향을 가리키는 성질 (　　)
(2) 다른 극끼리 끌어당기는 성질 (　　)
(3) 철로 된 물체를 끌어당기는 성질 (　　)

서술형·논술형 평가 돋보기

학교에서 출제되는 서술형·논술형 평가를 미리 준비하세요.

연습 문제

문제 해결 전략
철로 된 물체를 자석에 붙여 놓으면 이 물체가 자석의 성질을 띠게 됩니다. 물에 띄운 자석이 가리키는 방향을 알아봅니다.

핵심 키워드
머리핀, 자석의 성질

1 다음은 막대자석의 극에 1분 동안 붙여 놓았던 머리핀을 수수깡 조각에 꽂은 다음 물이 담긴 수조에 띄운 모습입니다. 물음에 답하시오.

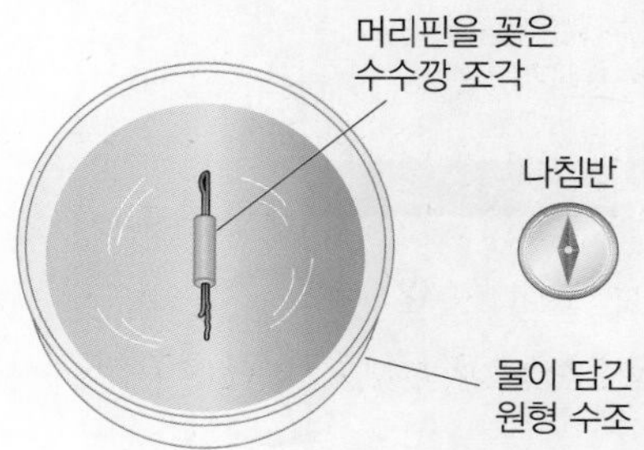

(1) 위 실험에서 ㉠나침반 바늘이 가리키는 방향과 머리핀이 더 이상 움직이지 않을 때 ㉡머리핀이 가리키는 방향을 각각 쓰시오.

㉠: (　　　　　　　　　　)

㉡: (　　　　　　　　　　)

(2) 다음 (　　) 안에 공통으로 들어갈 알맞은 말을 쓰시오.

> 머리핀을 이용해서 나침반을 만들 수 있었던 까닭은 철로 된 물체를 (　　　　)에 붙여 놓으면 그 물체도 (　　　　)의 성질을 띠게 되기 때문이다.

(　　　　　　　　　　)

문제 해결 전략
자석은 같은 극끼리 서로 밀어 내는 힘이 작용하고, 다른 극끼리 서로 끌어당기는 힘이 작용한다는 것을 알고 있어야 합니다.

핵심 키워드
자석의 성질, 같은 극, 다른 극

2 오른쪽은 고리 자석 다섯 개를 이용해서 탑을 쌓은 모습입니다. 물음에 답하시오.

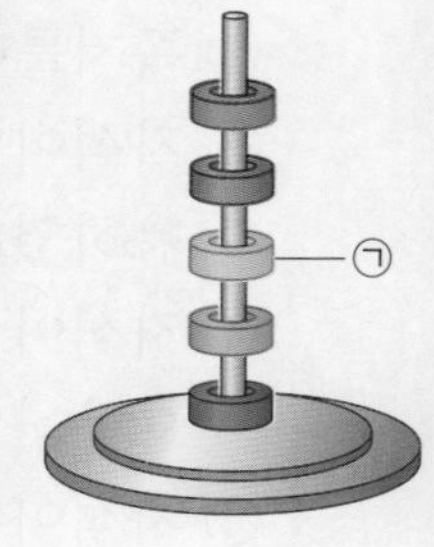

(1) 이 실험에서 가장 아래쪽에 있는 고리 자석의 윗면이 N극일 때, ㉠ 고리 자석의 아랫면은 무슨 극인지 쓰시오.

(　　　　　　　　　　)

(2) 다음은 극 표시가 되어 있는 막대자석으로 극 표시가 되어 있지 않은 고리 자석의 극을 확인하는 방법입니다. (　　) 안에 들어갈 알맞은 말을 각각 쓰시오.

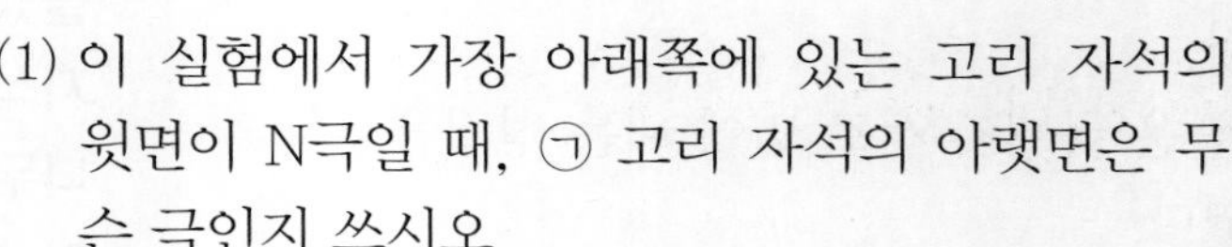

> 고리 자석의 윗면에 막대자석의 N극을 가까이 가져갔을 때 서로 끌어당기면 고리 자석의 윗면이 (　　　　)극이고, 서로 밀어 내면 고리 자석의 윗면이 (　　　　)극이다.

정답과 해설 23쪽

실전 문제

1 **다음과 같이 머리핀을 클립에 대 보았더니 머리핀에 클립이 붙지 않았습니다. 물음에 답하시오.**

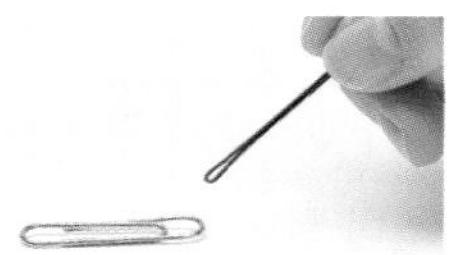

(1) 머리핀에 클립이 붙게 하는 방법을 쓰시오.

(2) 위 (1)과 같은 방법으로 자석의 성질을 띠게 된 머리핀을 이용하면 나침반을 만들 수 있습니다. 머리핀 대신 나침반을 만드는 데 사용할 수 있는 물체를 한 가지 쓰시오.

( )

2 **책상 위에 막대자석 두 개를 마주 보게 나란히 놓고 밀었더니 다음과 같이 막대자석이 서로 끌어당겼습니다. 물음에 답하시오.**

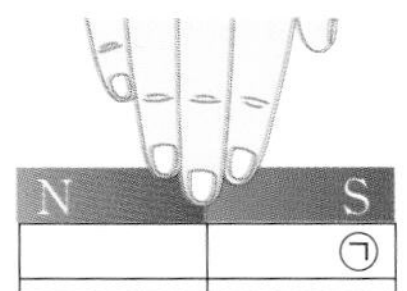

(1) 막대자석의 ㉠부분은 무슨 극인지 쓰시오.

( )

(2) 위 실험을 통해 알 수 있는 자석의 성질을 쓰시오.

3 **다음은 나침반을 막대자석 주위에 놓았을 때 나침반 바늘이 가리키는 방향을 나타낸 것입니다. 물음에 답하시오.**

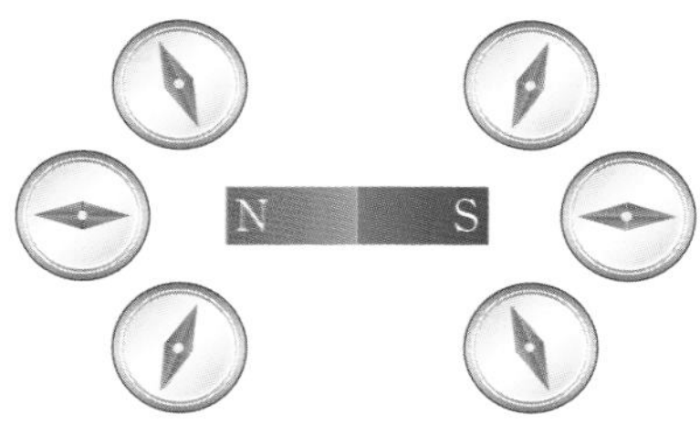

(1) 위 그림에서 나침반 바늘이 가리키는 방향이 잘못된 것을 찾아 나침반에 ○표 하시오.

(2) 자석 주위에서 나침반 바늘이 가리키는 방향이 달라지는 까닭을 쓰시오.

4 **자석 클립 통의 모습입니다. 물음에 답하시오.**

(1) 위 자석 클립 통에서 자석이 있는 곳을 찾아 ○표 하시오.

(2) 클립 통에 자석을 이용하면 어떤 점이 편리한지 쓰시오.

대단원 정리 학습

이 단원의 핵심 개념을 정리해 보세요.

1 자석을 여러 가지 물체에 가까이 가져가기

• 자석에 붙는 물체와 자석에 붙지 않는 물체

자석에 붙는 물체	자석에 붙지 않는 물체
철 못, 철 용수철, 철사, 철이 든 빵 끈, 클립 등	유리컵, 플라스틱 빨대, 고무지우개, 나무젓가락 등

• 자석의 극

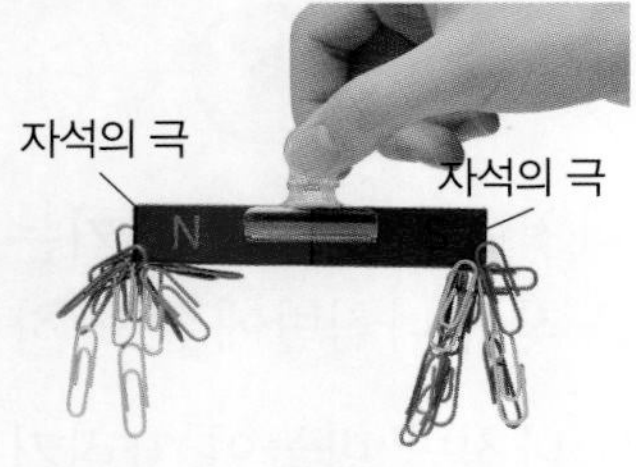

▲ 막대자석의 극

– 자석에서 철로 된 물체가 많이 붙는 부분을 자석의 극이라고 함.
– 자석의 극은 두 개임.
– 막대자석과 둥근기둥 모양 자석의 극은 양쪽 끝부분에 있음.

2 자석을 다른 자석에 가까이 가져가기

• 자석은 같은 극끼리는 서로 밀어 내고 다른 극끼리는 서로 끌어당김.

3 나침반 바늘의 방향

• 물에 띄운 자석과 나침반 바늘의 방향: 물에 띄운 자석과 나침반 바늘은 항상 북쪽과 남쪽을 가리킴.
• 자석 주위에 놓인 나침반 바늘의 움직임: 나침반 바늘도 자석이므로 자석 주위에 놓인 나침반 바늘은 자석의 극을 가리킴.

물에 띄운 자석과 나침반 바늘의 방향	자석 주위에 놓인 나침반 바늘의 움직임
 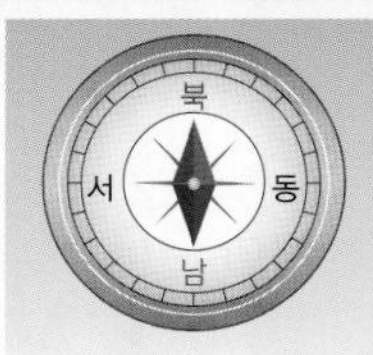	

4 생활 속에서 이용되는 자석

• 자석의 성질을 이용하면 우리 생활에 편리한 여러 가지 도구를 만들 수 있음.

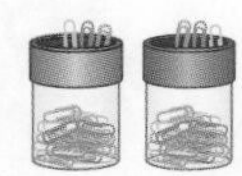
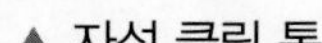
▲ 자석 클립 통

▲ 자석 열쇠 걸이

▲ 자석을 이용한 스마트폰 거치대

▲ 자석 필통

▲ 나침반

대단원 마무리

4. 자석의 이용

정답과 해설 24쪽

[01~02] 다음 물체를 보고, 물음에 답하시오.

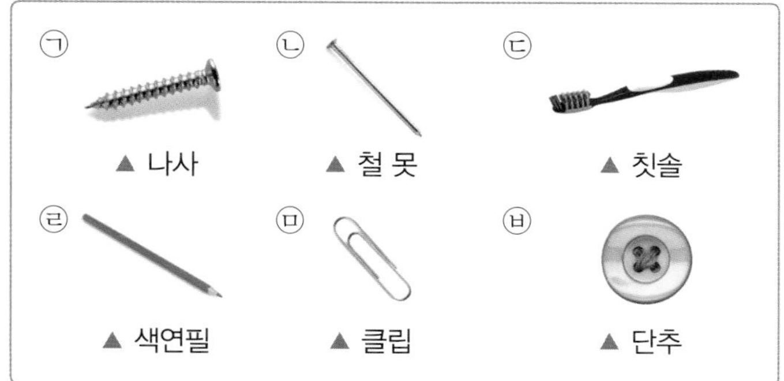

01 위 물체를 자석에 붙는 것과 자석에 붙지 않는 것으로 분류하여 빈칸에 기호를 쓰시오.

자석에 붙는 물체	자석에 붙지 않는 물체

02 위 물체 중 자석에 붙는 물체들의 공통점으로 옳은 것은 어느 것입니까? (　　)

① 가볍다.
② 색깔이 없다.
③ 크기가 크다.
④ 철로 되어 있다.
⑤ 만지면 느낌이 부드럽다.

03 오른쪽 가위의 각 부분에 자석을 대 보았을 때 관찰한 내용을 옳게 설명한 친구의 이름을 쓰시오.

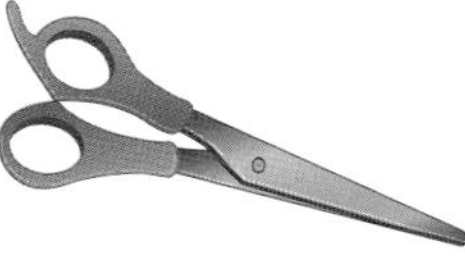

> 정우: 가위의 날 부분은 자석에 붙어.
> 민서: 가위는 자석에 붙는 부분이 없어.
> 해인: 가위의 모든 부분이 자석에 잘 붙어.

(　　　　　　　　)

04 막대자석을 클립이 든 종이 상자에 넣었다가 들어 올렸을 때의 모습으로 옳은 것은 어느 것입니까? (　　)

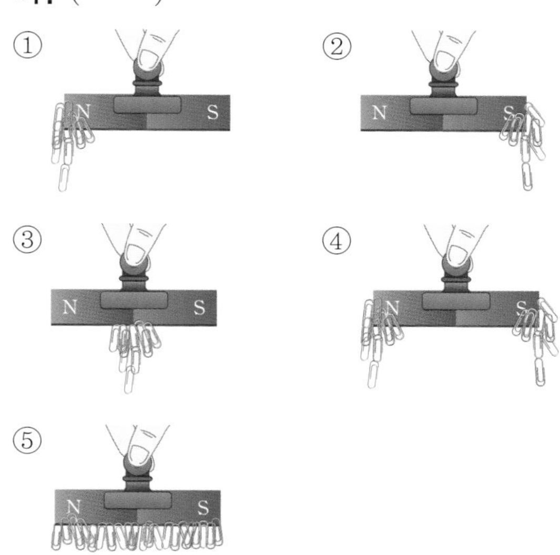

05 오른쪽은 동전 모양 자석에 클립을 붙여 보았을 때의 모습입니다. 동전 모양 자석의 극은 몇 개인지 쓰시오.

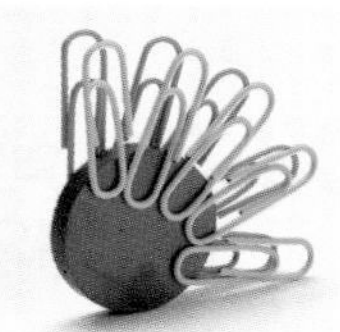

(　　　　　　　　)

중요

06 자석의 극에 대한 설명으로 옳은 것은 어느 것입니까? (　　)

① 자석에서 클립이 가장 적게 붙는 곳이다.
② 둥근기둥 모양 자석에서 자석의 극은 한가운데에 있다.
③ 다른 부분보다 철로 된 물체를 강하게 끌어당기는 부분이다.
④ 자석의 종류에 따라 극의 개수가 다르며, 고리 자석의 극은 한 개이다.
⑤ 자석의 N극은 주로 파란색으로 표시하고, 자석의 S극은 주로 빨간색으로 표시한다.

[07~08] 다음은 막대자석을 투명한 플라스틱 통에 들어 있는 빵 끈 조각에 가까이 가져가 보는 실험입니다. 물음에 답하시오.

07 위 (가) 실험의 결과로 알 수 있는 사실을 두 가지 고르시오. (　　,　　)

① 자석은 철로 된 물체를 밀어 낸다.
② 자석은 철로 된 물체를 끌어당긴다.
③ 자석은 플라스틱으로 된 물체를 끌어당긴다.
④ 자석과 철로 된 물체 사이에는 어떠한 힘도 작용하지 않는다.
⑤ 자석과 철로 된 물체 사이에 얇은 플라스틱이 있어도 자석은 철로 된 물체를 끌어당길 수 있다.

08 위 (나) 실험에 대한 설명으로 옳은 것을 골라 기호를 쓰시오.

> ㉠ 자석과 철로 된 물체가 약간 떨어져 있어도 자석은 철로 된 물체를 끌어당긴다.
> ㉡ 자석과 철로 된 물체 사이의 거리에 상관없이 자석은 철로 된 물체를 끌어당긴다.
> ㉢ 자석이 빵 끈 조각으로부터 멀어지면 자석이 빵 끈 조각을 끌어당기는 힘이 세어진다.

(　　　　　　)

09 자석 드라이버에 이용된 자석의 성질로 옳은 것은 어느 것입니까? (　　)

① 자석은 단단하다.
② 자석에는 극이 있다.
③ 자석은 플라스틱에 잘 붙는다.
④ 자석은 일정한 방향을 가리킨다.
⑤ 자석은 철로 된 물체를 끌어당긴다.

10 물이 들어 있는 원형 수조에 막대자석을 올려놓은 플라스틱 접시를 띄워 보았습니다. 플라스틱 접시가 움직이지 않을 때 막대자석이 가리키는 방향으로 옳은 것은 어느 것입니까? (　　)

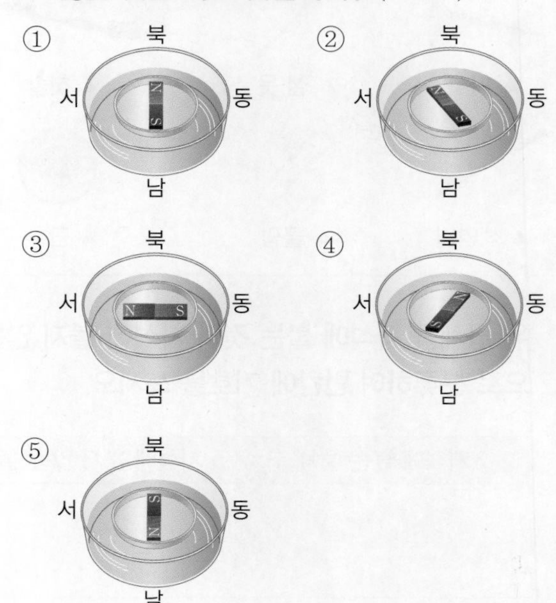

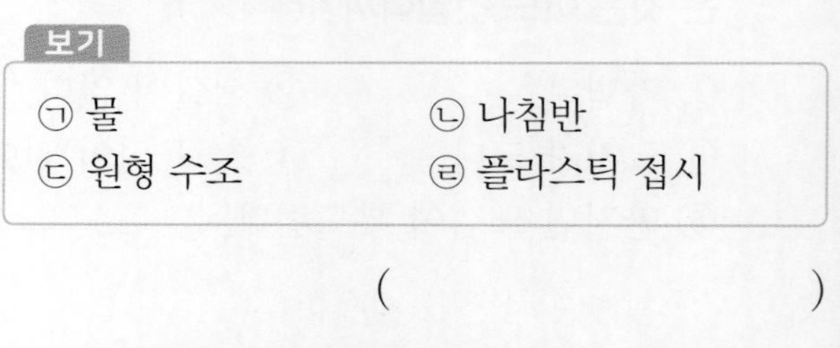

11 위 10번 문제의 실험에서 막대자석을 올려놓은 접시가 잘 움직일 수 있도록 도와주는 것은 무엇인지 보기 에서 골라 기호를 쓰시오.

> **보기**
> ㉠ 물　　　㉡ 나침반
> ㉢ 원형 수조　　　㉣ 플라스틱 접시

(　　　　　　)

12 나침반에 대한 설명으로 알맞지 않은 것은 어느 것입니까? (　　)

① 방향을 알려 주는 도구이다.
② 나침반 바늘은 철로 만들어졌다.
③ 나침반 바늘의 N극은 항상 북쪽을 향한다.
④ 나침반을 편평한 곳에 놓으면 나침반 바늘은 항상 일정한 방향을 가리킨다.
⑤ 나침반은 자석끼리 서로 밀거나 끌어당기는 힘이 작용하는 원리를 이용해 방향을 찾는다.

13 오른쪽과 같이 막대자석을 실에 매단 뒤 공중에 띄우면 막대 자석은 어떻게 됩니까? (　　　)

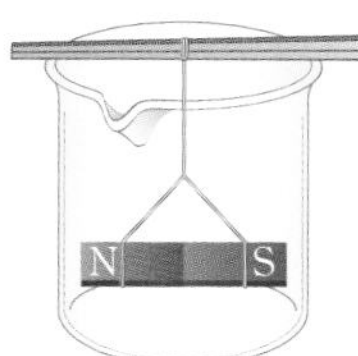

① 막대자석이 비커에 붙는다.
② 막대자석이 계속 빙빙 돈다.
③ 막대자석이 북쪽과 남쪽을 가리킨다.
④ 막대자석이 동쪽과 서쪽을 가리킨다.
⑤ 막대자석의 N극이 비커의 바닥을 가리킨다.

[14~16] 다음은 머리핀으로 나침반을 만드는 실험 과정을 순서 없이 나타낸 것입니다. 물음에 답하시오.

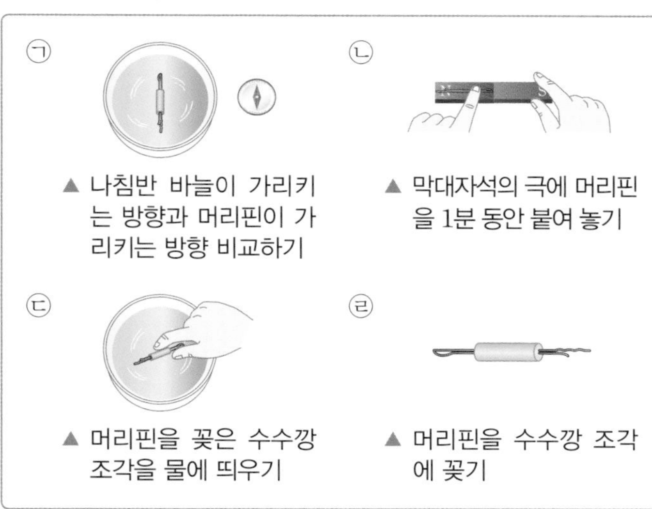

㉠ ▲ 나침반 바늘이 가리키는 방향과 머리핀이 가리키는 방향 비교하기

㉡ ▲ 막대자석의 극에 머리핀을 1분 동안 붙여 놓기

㉢ ▲ 머리핀을 꽂은 수수깡 조각을 물에 띄우기

㉣ ▲ 머리핀을 수수깡 조각에 꽂기

14 위 실험을 하는 순서에 맞게 기호를 쓰시오.

(　　　) → (　　　) → (　　　) → (　　　)

15 ⊂중요⊃ 위 실험 결과를 다음과 같이 정리하였습니다. (　　) 안에 들어갈 알맞은 말을 골라 ○표 하시오.

(1) 나침반 바늘과 머리핀은 (같은 , 다른) 방향을 가리킵니다.
(2) 머리핀을 꽂은 수수깡 조각은 (북쪽과 남쪽 , 동쪽과 서쪽)을 가리킵니다.

16 앞의 실험에서 머리핀 대신 사용했을 때, 같은 실험 결과가 나타나는 물체는 어느 것입니까? (　　　)

① 바늘　　② 연필　　③ 지우개
④ 빨대　　⑤ 플라스틱 자

17 다음과 같이 막대자석 두 개를 마주 보게 하여 가까이 가져갈 때 손에서 서로 끌어당기는 힘을 느낄 수 있는 경우에 ○표 하시오.

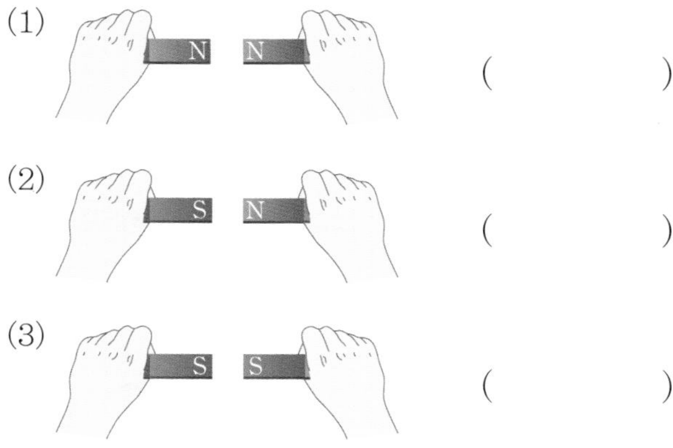

18 다음과 같이 막대자석 두 개를 다른 극끼리 마주 보게 나란히 놓고 밀었더니 막대자석이 서로 붙었습니다. 이와 같은 현상이 나타나는 까닭으로 옳은 것은 어느 것입니까? (　　　)

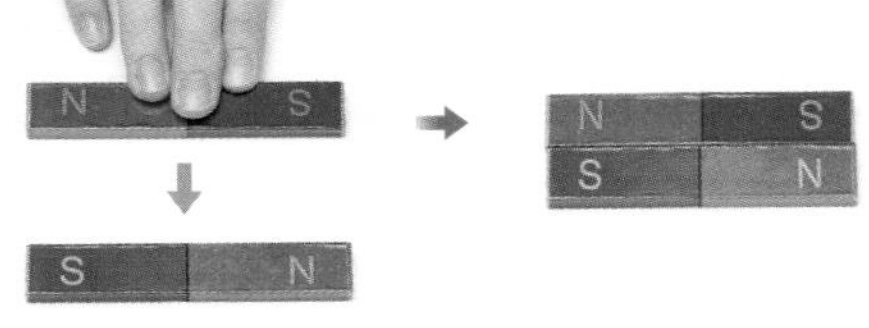

① 막대자석이 철을 끌어당기기 때문이다.
② 막대자석이 일정한 방향을 가리키기 때문이다.
③ 막대자석이 같은 극끼리 서로 밀어 내기 때문이다.
④ 막대자석이 다른 극끼리 서로 끌어당기기 때문이다.
⑤ 막대자석이 떨어져 있는 거리와 상관없이 서로 끌어당기기 때문이다.

19 다음은 고리 자석으로 탑 쌓기를 한 모습입니다. 탑을 가장 높게 쌓을 때와 가장 낮게 쌓을 때 다르게 한 것은 무엇입니까? (　　　)

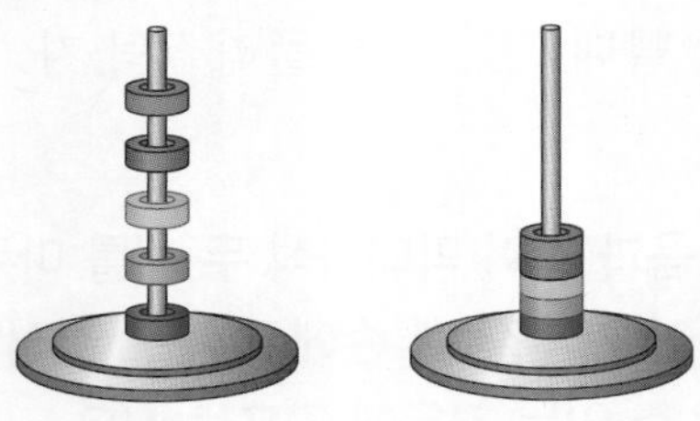

① 고리 자석의 무게　② 고리 자석의 색깔
③ 고리 자석의 세기　④ 고리 자석의 두께
⑤ 고리 자석끼리 마주 보는 극

20 다음과 같이 막대자석 주위에 나침반을 놓았을 때 나침반 바늘의 모습이 옳은 것은 어느 것입니까? (　　　)

①　②
③ N　S ④
⑤

21 ⊂중요⊃ 다음은 위 20번 실험에 대한 설명입니다. (　　　) 안에 들어갈 알맞은 말을 쓰시오.

> 막대자석의 S극과 나침반 바늘의 (　　　　) 극이 서로 끌어당긴다.

(　　　　　　　　　　)

22 자석을 이용한 생활용품 중 주로 쪽지를 붙일 때 사용하는 물건은 어느 것입니까? (　　　)

① 자석 다트　② 자석 필통
③ 냉장고 자석　④ 자석 방충망
⑤ 가방 자석 단추

23 오른쪽의 자석 클립 통에 대한 설명으로 옳은 것을 두 가지 고르시오. (　　,　　)

① 클립 통의 윗부분에 자석이 있다.
② 클립 통의 바닥 부분에 자석이 있다.
③ 자석이 서로 밀어 내는 성질을 이용한 것이다.
④ 자석이 서로 끌어당기는 성질을 이용한 것이다.
⑤ 자석이 철로 된 물체를 끌어당기는 성질을 이용한 것이다.

24 다트에 자석을 이용하면 어떤 편리한 점이 있습니까? (　　　)

① 다트를 잘 맞힐 수 있다.
② 냉장고에 쪽지를 붙일 수 있다.
③ 다트가 가벼워져서 던지기 쉽다.
④ 다트를 과녁에 안전하게 붙일 수 있다.
⑤ 다트 과녁판을 벽에서 떨어지지 않게 고정할 수 있다.

25 자석의 성질을 이용하여 다음과 같이 공중에 떠 있는 나비 장난감을 만들었습니다. 자석의 어떤 성질을 이용한 것입니까? (　　　)

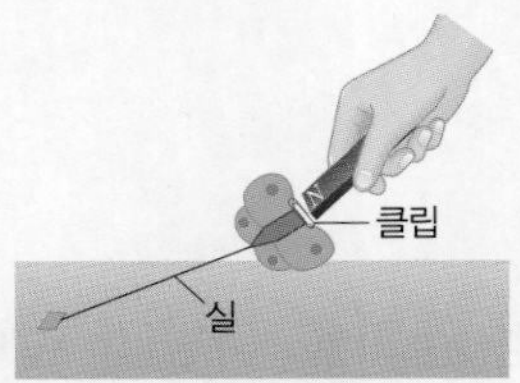

① 일정한 방향을 가리키는 성질
② 철로 된 물체를 끌어당기는 성질
③ 같은 극끼리 서로 밀어 내는 성질
④ 다른 극끼리 서로 끌어당기는 성질
⑤ 자석의 힘이 얇은 플라스틱을 통과하는 성질

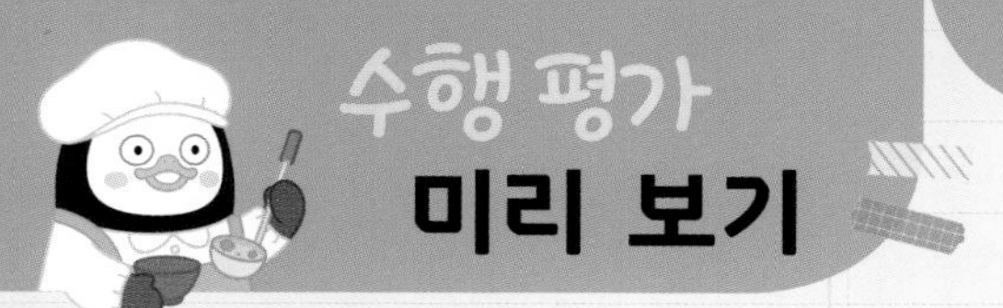

정답과 해설 25쪽

1 **오른쪽과 같이 플라스틱 접시의 가운데에 막대자석을 올려놓고 물에 띄워 보았습니다. 물음에 답하시오.**

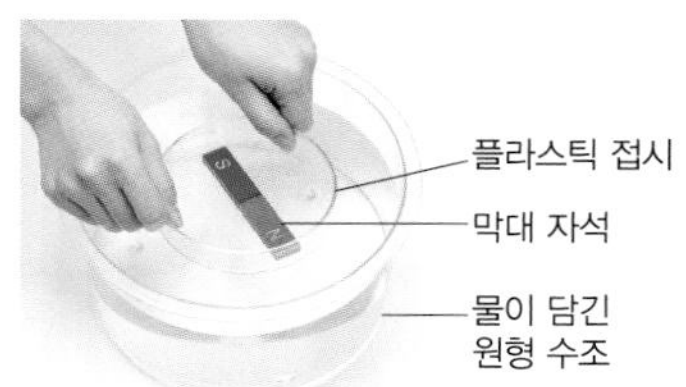

(1) 이 실험은 무엇을 알아보기 위한 것인지 ( ) 안에 들어갈 알맞은 말에 ○표 하시오.

> 물에 띄운 막대자석이 (어느 방향을 가리키는지 , 몇 개의 극을 갖고 있는지) 알아보기 위한 실험이다.

(2) 이 실험을 통해 알 수 있는 사실을 자석의 극과 관련지어 쓰시오.

2 **다음은 책상 위에 막대자석 두 개를 마주 보게 나란히 놓고 한 자석을 다른 자석 쪽으로 밀어 보는 실험입니다. 물음에 답하시오.**

(가) 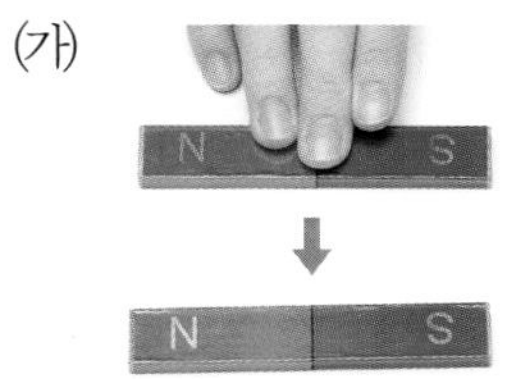

(나) 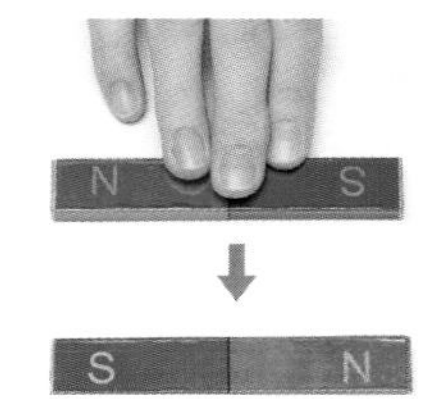

(1) 이 실험에서 한 자석을 다른 자석 쪽으로 밀 때 자석이 어떻게 되는지 각각 쓰시오.

(가)	
(나)	

(2) 이 실험을 통해 알 수 있는 자석의 성질을 쓰시오.

5 단원

지구의 모습

우리가 살고 있는 지구는 아름다운 행성입니다. 또한 지구에서 가장 가까운 곳에는 위성인 달이 있습니다. 지구와 달은 서로 일정한 간격을 유지하면서 시간에 맞추어 움직이고 있습니다. 이 단원에서는 우리가 사는 지구의 모양과 표면의 모습을 관찰해 보고, 지구와 달의 비슷한 점과 다른 점이 무엇인지 알아봅니다.

단원 학습 목표

(1) 지구 표면의 모습

- 지구 표면의 다양한 모습을 관찰하고 설명할 수 있습니다.
- 지구 표면을 이루는 육지와 바다의 넓이를 비교할 수 있습니다.
- 지구 주위를 둘러싸고 있는 공기의 역할을 예를 들어 설명할 수 있습니다.

(2) 지구와 달의 모습

- 지구와 달의 모양과 표면을 관찰하고 특징을 설명할 수 있습니다.
- 지구와 달의 모습을 비교하여 지구에 생물이 살 수 있는 까닭을 설명할 수 있습니다.
- 지구와 달의 차이점이 드러나도록 지구와 달의 모형을 만들 수 있습니다.

단원 진도 체크

회차	학습 내용		진도 체크
1차	(1) 지구 표면의 모습	교과서 내용 학습 + 핵심 개념 문제	✓
2차			✓
3차		실전 문제 + 서술형·논술형 평가	✓
4차	(2) 지구와 달의 모습	교과서 내용 학습 + 핵심 개념 문제	✓
5차			✓
6차		실전 문제 + 서술형·논술형 평가	✓
7차	대단원 정리 학습 + 대단원 마무리 + 수행 평가 미리 보기		✓

해당 부분을 공부한 후 ✓표를 하세요.

(1) 지구 표면의 모습

1 지구 표면의 모습

(1) 지구 표면의 모습을 스마트 기기로 검색하기

① 스마트 기기로는 인터넷, 구글 어스(Google Earth), 구글(Google) 스트리트 뷰 애플리케이션 등을 활용할 수 있습니다.

② 스마트 기기에 산, 들, 강, 호수, 바다 등을 검색어로 입력해 봅니다.

(2) 지구 표면의 모습 중 하나를 선택하여 종이에 표현하기 예

▲ 산

▲ 들

▲ 바다

▲ 강

(3) 자신이 표현한 지구 표면의 모습을 친구들에게 설명하기 예

들	노란색과 초록색을 사용했고, 곡식들이 자라는 모습을 표현했다.
호수	진한 파란색을 사용했고, 잔잔한 표면을 표현했다.
바다	주로 파란색을 사용했고, 파도가 치는 모습을 표현했다.
사막	주로 노란색을 사용했고, 모래와 낙타를 표현했다.

(4) 지구 표면의 다양한 모습

① 우리나라에서 볼 수 있는 모습: 산, 들, 강, 계곡, 호수, 갯벌, 바다 등을 볼 수 있습니다.

② 세계 여러 곳에서 볼 수 있는 사막, 빙하, 화산 등도 지구 표면의 또 다른 모습입니다.

▲ 사막

▲ 빙하

▲ 화산

▲ 계곡

▲ 호수

▲ 갯벌

2 육지와 바다의 특징

(1) 육지와 바다

① 육지: 강이나 바다와 같이 물이 있는 곳을 제외한 지구의 표면입니다.

② 바다: 육지를 제외한 부분입니다.

구글 어스(Google Earth)를 활용하여 지구 표면의 모습 관찰하기

- 인터넷 사이트에서 구글 어스(Google Earth)를 내려받아 설치하고 실행합니다.

- 검색창에 지구 표면의 모습 중 관찰하고 싶은 곳을 입력하거나 한 곳을 확대하여 관찰합니다.

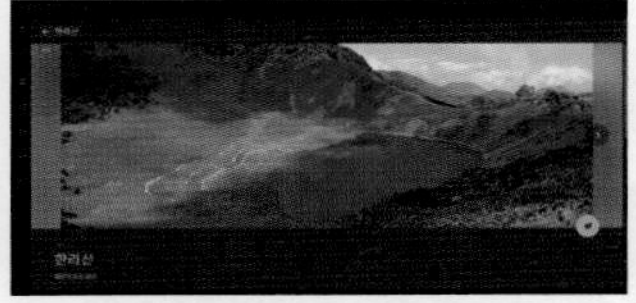

세계의 지붕, 히말라야산맥

- 산맥이란 여러 산들이 길게 연속되어 있는 지형을 말합니다.
- 히말라야산맥은 인도와 중국 티베트 사이에 있는 산맥으로, 세계에서 가장 높은 에베레스트산을 비롯하여 높은 산이 많이 있어서 세계의 지붕이라고 불립니다.

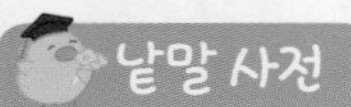

빙하 오랜 시간 동안 쌓인 눈이 얼음덩어리로 변하여 그 자체의 무게로 인해 압력을 받아 이동하는 현상. 또는 그 얼음덩어리

(2) 육지와 바다의 넓이 비교하기: 바다는 육지보다 더 넓습니다.

(3) 육지의 물맛과 바닷물 맛 이야기하기

① 바닷물은 짜지만 육지의 물은 짜지 않습니다.

② 바닷물에서 짠맛이 나는 까닭은 바닷물에는 짠맛이 나는 소금 등 여러 가지 물질이 많이 녹아 있기 때문입니다.

③ 바닷물은 사람이 마시기에 적당하지 않습니다.

(4) 육지와 바다의 차이점 — 바닷속에도 육지처럼 다양한 모습이 있다는 공통점이 있습니다.

넓이	바다는 육지보다 넓다.	물의 양	바닷물은 육지의 물보다 훨씬 많다.
물의 맛	바닷물은 육지의 물보다 짜다.	생물	육지와 바다에 사는 생물이 다르다.

3 공기의 역할

(1) 생활에서 공기를 느껴 본 경험 이야기하기

① 비눗방울과 풍선 안에 공기를 불어 넣어 본 적이 있습니다.

② 선풍기에서 나오는 바람을 느낄 수 있습니다.

③ 부채질을 하면 시원해집니다.

④ 손바람이나 입김으로 공기를 느껴 볼 수 있습니다.

(2) 공기가 담긴 지퍼 백을 손으로 만져 보기

① 손으로 누르면 살짝 들어가고 말랑말랑한 느낌이 듭니다.

② 축구공보다 가볍고 거의 튀지 않습니다.

③ 지퍼 백 입구를 살짝 열어서 손이나 얼굴을 가져다 대고 지퍼 백을 누르면 공기가 빠져나오는 것을 느낄 수 있습니다.

(3) 공기의 역할

① 눈에 보이지 않지만 우리 주위를 둘러싸고 있습니다.

② 생물이 숨을 쉬고 살아가게 해 줍니다.

(4) 공기를 이용하는 다양한 방법

① 바람을 이용하여 연을 날립니다.

② 비행기와 열기구가 날 수 있습니다.

③ 바람의 힘을 이용하여 요트가 움직이고, 풍력 발전소에서 전기를 만듭니다.

④ 튜브에 공기를 넣어 이용합니다.

(5) 지구에 공기가 없을 때 일어날 수 있는 일

① 바람이 불지 않을 것입니다.

② 구름이 없고 비가 오지 않을 것입니다.

③ 생물이 살아갈 수 없을 것입니다.

바닷물에서 얻는 천일염

- 천일염은 바닷물을 염전으로 끌어 들여 바람과 햇빛으로 수분을 증발시켜 만든 소금입니다.

공기의 이용

▲ 연날리기

▲ 요트

▲ 열기구

▲ 비행기

▲ 풍력 발전소

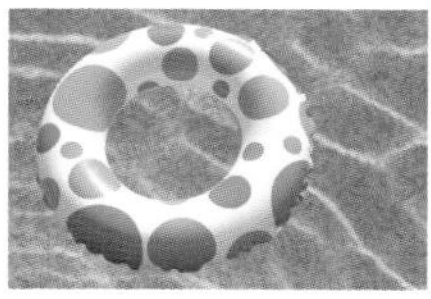

▲ 튜브

개념 확인 문제

1 (　　　)의 표면을 검색하면 산, 들, 강, 호수, 바다 등과 같은 모습을 볼 수 있습니다.

2 바다는 육지보다 (넓습니다 , 좁습니다).

3 선풍기에서 나오는 바람을 느낄 수 있는 것은 우리 주위에 (　　　)이/가 있기 때문입니다.

정답 1 지구 2 넓습니다 3 공기

이제 실험 관찰로 알아볼까?

육지와 바다의 특징 비교하기

[준비물] 지구의

활동 1 **육지와 바다의 넓이 비교하기**

[활동 방법]

① 지구의를 돌려 보면서 육지와 바다 중 어디가 더 넓은지 생각해 봅니다.

② 전체를 50칸으로 나눈 세계 지도에서 육지 칸의 수와 바다 칸의 수를 세어 봅니다.

③ 육지 칸의 수와 바다 칸의 수를 비교해 봅니다.

④ 육지와 바다 중 어디가 얼마나 더 넓은지 이야기해 봅니다.

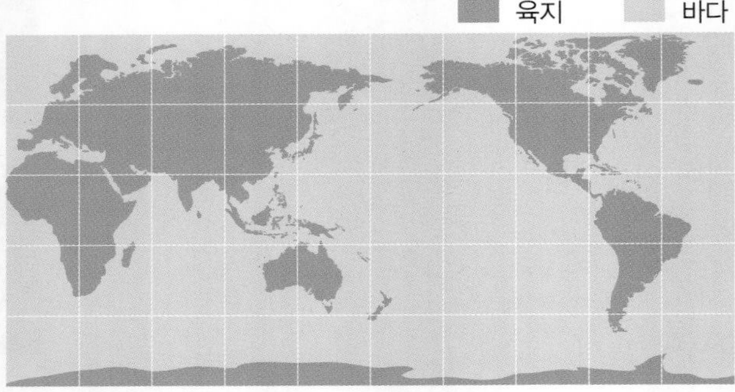

[활동 결과]

① 전체 50개의 칸 중 육지는 14칸, 바다는 36칸입니다.

② 바다 칸의 수가 육지 칸의 수보다 22칸 더 많습니다.

③ 바다가 육지보다 더 넓습니다.

활동 2 **육지의 물맛과 바닷물 맛 이야기하기**

[활동 방법]

① 계곡이나 바닷가에서 물놀이한 경험을 떠올려 봅니다.

② 육지의 물맛과 바닷물 맛은 어떤 차이가 있는지 이야기해 봅니다.

[활동 결과]

① 바닷물은 짭니다.

② 육지의 물은 짜지 않습니다.

주의할 점

활동 1

• 한 칸에서 육지의 크기가 절반을 넘으면 그 칸을 육지로 세고, 바다의 크기가 절반을 넘으면 그 칸을 바다로 셉니다.

▲ 육지 칸

▲ 바다 칸

• 육지 칸과 바다 칸을 기호 등으로 표시하여 칸을 셀 수 있습니다.

㉨ 육지 칸: □, 바다 칸: ○

활동 2

안전을 위하여 육지의 물과 바닷물을 함부로 맛보지 않도록 합니다.

중요한 점

육지 칸과 바다 칸 수를 이용하여 육지와 바다의 넓이를 비교하고, 지구 표면의 많은 부분이 바다로 덮여 있다는 사실을 아는 것이 중요합니다.

탐구 문제

정답과 해설 26쪽

1 위 활동 1의 지도에서 육지 칸의 수와 바다 칸의 수를 세어 다음의 표에 쓰시오.

지도의 전체 칸 수	50칸
육지 칸의 수	㉠ (　　　　)칸
바다 칸의 수	㉡ (　　　　)칸

2 육지와 바다 중 어디가 얼마나 더 넓은지 (　　) 안에 들어갈 알맞은 말을 차례대로 쓰시오.

(　　　　) 칸의 수가 (　　　　) 칸의 수보다 (　　　　)칸 더 많다.
즉, (　　　　)가 (　　　　)보다 더 넓다.

핵심 개념 문제

정답과 해설 26쪽

개념 1 지구 표면의 모습을 스마트 기기로 조사하여 종이에 표현하는 방법을 묻는 문제

(1) 스마트 기기로 산, 들, 강, 호수, 바다 등을 입력하여 검색하여 조사함.
(2) 들은 노란색과 초록색을 사용하여 곡식들이 자라는 모습을 표현함.
(3) 호수는 진한 파란색을 사용하여 잔잔한 표면을 표현함.
(4) 바다는 주로 파란색을 사용하여 파도가 치는 모습을 표현함.
(5) 사막은 주로 노란색을 사용하여 모래와 낙타를 표현함.

01 지구 표면의 모습을 스마트 기기로 검색할 때 검색어로 적당한 것은 어느 것입니까? (　　)

① 들　② 달
③ 한복　④ 우리 집
⑤ 전통 놀이

02 다음 그림은 지구 표면의 모습 중 무엇을 나타낸 것인지 쓰시오.

(　　　　　　　　)

개념 2 지구 표면의 다양한 모습을 묻는 문제

(1) 우리나라에서는 산, 들, 강, 계곡, 호수, 갯벌, 바다 등을 볼 수 있음.
(2) 세계 여러 곳에서 볼 수 있는 사막, 빙하, 화산 등도 지구 표면의 또 다른 모습임.

03 우리나라에서 볼 수 없는 지구 표면의 모습은 어느 것입니까? (　　)

① 산　② 들
③ 사막　④ 호수
⑤ 계곡

04 지구 표면의 모습 중 다음과 같은 곳을 설명하는 내용으로 옳은 것은 어느 것입니까? (　　)

① 나무가 있다.
② 모래가 많이 있다.
③ 얼음으로 덮여 있다.
④ 물줄기가 길게 흐른다.
⑤ 곡식들이 자라고 있다.

개념 3 육지와 바다의 넓이 비교를 묻는 문제

(1) 우리가 사는 지구의 표면은 크게 육지와 바다로 나눌 수 있음.
(2) 칸을 나눈 지도에서 육지 칸의 수와 바다 칸의 수를 세어 봄.
(3) 지도의 한 칸에서 육지의 크기가 절반을 넘으면 그 칸을 육지로 셈.
(4) 지도의 한 칸에서 바다의 크기가 절반을 넘으면 그 칸을 바다로 셈.
(5) 바다는 육지보다 넓음.

05 지구의 표면을 크게 둘로 나눌 때 옳게 나눈 것은 어느 것입니까? (   )

① 강과 들
② 산과 바다
③ 화산과 호수
④ 육지와 바다
⑤ 사막과 빙하

중요

06 다음은 세계 지도를 50칸으로 나눈 것입니다. 이 지도에서 육지와 바다에 해당하는 칸 수를 세어 보았을 때 육지와 바다 중 더 많은 칸을 차지하는 것은 무엇인지 쓰시오.

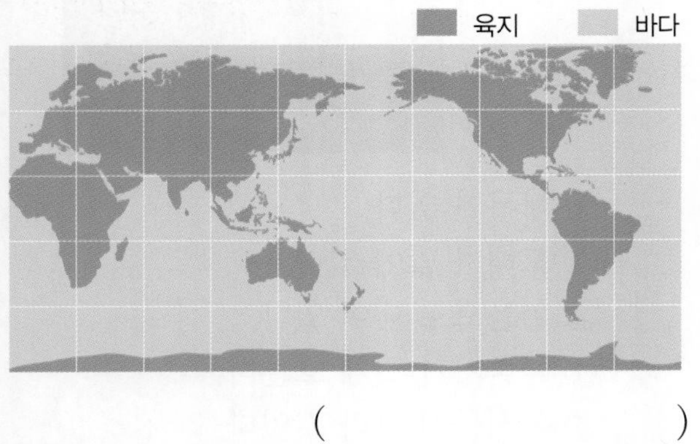

(   )

개념 4 육지와 바다의 차이점을 묻는 문제

(1) 바다는 육지보다 넓음.
(2) 바닷물은 육지의 물보다 짬.
(3) 바닷물에는 짠맛이 나는 물질이 많이 녹아 있음.
(4) 바닷물은 사람이 마시기에 적당하지 않음.
(5) 육지와 바다에 사는 생물이 다름.
(6) 바닷물이 육지의 물보다 훨씬 많음.

07 육지와 바다에 대한 설명으로 옳은 것에는 ○표, 옳지 않은 것에는 ×표 하시오.

(1) 육지와 바다에 사는 생물은 다릅니다. (   )
(2) 육지의 물은 바닷물보다 짭니다. (   )
(3) 바닷물이 육지의 물보다 훨씬 많습니다. (   )

08 다음 (   ) 안에 들어갈 알맞은 말을 골라 ○표 하시오.

(바닷물 , 육지의 물)에는 짠맛이 나는 소금 등 여러 가지 물질이 많이 녹아 있어서 사람이 마시기에 적당하지 않다.

개념 5 생활에서 공기를 느껴 본 경험에 대해 묻는 문제

(1) 비눗방울과 풍선 안에 공기를 불어 넣어 본 적이 있음.
(2) 선풍기에서 나오는 바람을 느낄 수 있음.
(3) 부채질을 하면 시원해짐.
(4) 손바람이나 입김으로 공기를 느껴 볼 수 있음.
(5) 지퍼 백에 공기를 담고 입구를 살짝 열어서 손이나 얼굴을 가져다 대고 지퍼 백을 누르면 공기가 빠져나오는 것을 느낄 수 있음.

09 다음과 같은 경우 비눗방울과 부푼 풍선 안에는 무엇이 들어 있습니까? (　　)

▲ 비눗방울 불기

▲ 풍선 불기

① 물　② 공기
③ 이슬　④ 비누
⑤ 비닐

10 다음과 같이 공기가 담긴 지퍼 백 입구를 살짝 열어서 손이나 얼굴을 가져다 대고 지퍼 백을 누르면 무엇이 빠져나오는 것을 느낄 수 있는지 쓰시오.

(　　　　　　)

개념 6 공기의 역할을 묻는 문제

(1) 공기는 눈에 보이지 않지만 항상 우리 주위를 둘러싸고 있음.
(2) 공기는 생물이 숨을 쉬고 살아가게 해 줌.
(3) 공기를 이용하여 연을 날리고, 해수욕장에서 튜브를 탈 수 있음. 비행기, 열기구, 요트 등을 움직이게 하며, 풍력 발전소에서 전기를 만들 수 있음.
(4) 공기가 없으면 바람이 불지 않을 것이고, 구름이 없고 비가 오지 않을 것임.

11 공기를 이용한 경우가 아닌 것을 골라 기호를 쓰시오.

㉠ ▲ 연날리기
㉡ ▲ 튜브
㉢ ▲ 지하철 타기
㉣ ▲ 풍력 발전소

(　　　　　　)

중요
12 다음은 지구에 공기가 없다면 어떤 일이 일어날지 예상한 것입니다. ㉠과 ㉡에 들어갈 알맞은 말을 각각 쓰시오.

지구에 공기가 없다면 생물이 (　㉠　)을/를 쉴 수 없게 되고, (　㉡　)이/가 불지 않을 것이다.

㉠: (　　　　), ㉡: (　　　　)

중단원 실전 문제

01 스마트 기기를 이용해 지구 표면의 모습을 찾아 볼 때 검색어로 알맞지 않은 것은 어느 것입니까? (   )

① 달 ② 산
③ 바다 ④ 사막
⑤ 호수

02 다음과 같이 지구 표면의 모습을 종이에 표현하였다면 무엇을 표현한 것인지 쓰시오.

> 주로 파란색을 사용하여 파도가 치는 모습을 표현하였다.

(   )

03 다음 지구 표면의 모습에 대한 설명으로 옳은 것을 보기에서 골라 기호를 쓰시오.

보기
- ㉠ 넓은 땅에서 물줄기가 길게 흐른다.
- ㉡ 곡식들이 자라고 있는 넓게 트인 땅이다.
- ㉢ 나무가 많고, 높은 곳도 있고 낮은 곳도 있다.

(   )

중요

04 지구 표면의 모습을 표현하는 방법으로 적당하지 않은 것은 어느 것입니까? (   )

① 흰색을 사용하여 갯벌의 땅을 표현한다.
② 파란색을 사용하여 호수의 물을 표현한다.
③ 노란색을 사용하여 사막의 모래를 표현한다.
④ 노란색과 초록색을 사용하여 들에서 곡식이 자라는 모습을 표현한다.
⑤ 파란색을 사용하여 산에서 움푹 들어간 곳에 물이 흐르는 계곡을 표현한다.

05 우리나라에서 볼 수 없는 지구 표면의 모습을 두 가지 고르시오. (,   )

① 강 ② 들
③ 사막 ④ 갯벌
⑤ 빙하

06 다음과 같이 지구 표면의 모습을 나누었다면 분류 기준으로 옳은 것은 어느 것입니까? (   )

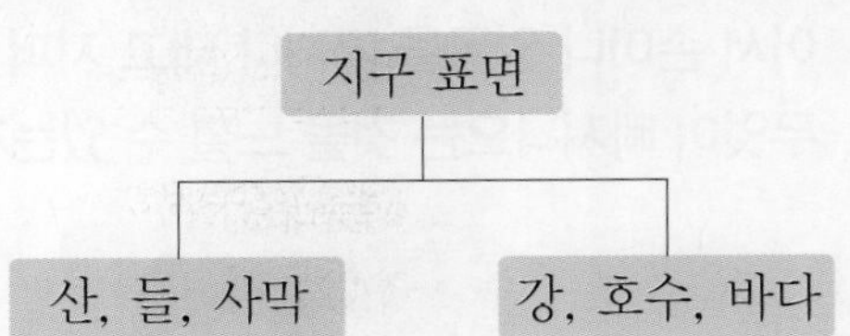

① 표면이 넓은 곳과 좁은 곳
② 표면이 땅인 곳과 물인 곳
③ 생물이 사는 곳과 살지 않는 곳
④ 사람이 살 수 있는 곳과 살 수 없는 곳
⑤ 우리나라에서 볼 수 있는 곳과 볼 수 없는 곳

정답과 해설 26쪽

07 지구 표면의 모습을 잘못 이야기한 친구의 이름을 쓰시오.

지아: 바닷가에서 갯벌을 볼 수 있어.
형일: 지구 표면의 모습은 매우 다양해.
성현: 곡식이 익어 가는 넓은 사막이 있어.

( )

08 다음은 무엇을 설명한 것인지 쓰시오.

강이나 바다와 같이 물이 있는 곳을 제외한 지구의 표면이다.

( )

09 다음 지구의에서 손가락이 가리키는 곳은 무엇입니까? ( )

① 강 ② 호수
③ 육지 ④ 바다
⑤ 빙하

[10~13] 다음은 세계 지도를 50개의 칸으로 나눈 것입니다. 이 지도에서 육지 칸과 바다 칸의 수를 세어 비교하는 활동을 하려고 합니다. 물음에 답하시오.

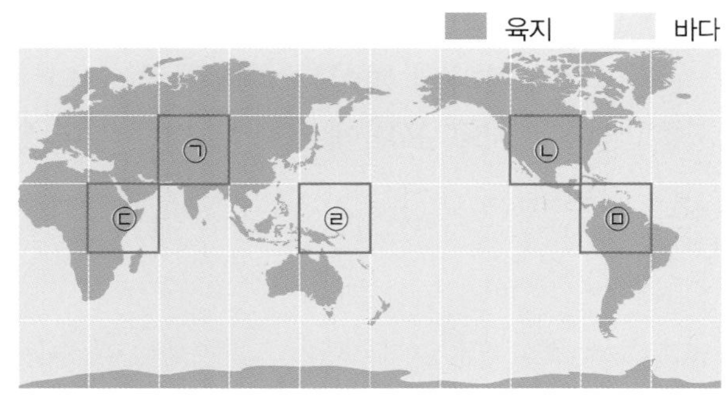

10 위의 지도에서 육지 칸과 바다 칸의 수를 세어 보는 것은 육지와 바다의 무엇을 비교하려는 것입니까? ( )

① 모양 ② 높이
③ 넓이 ④ 색깔
⑤ 깊이

11 위의 지도에서 ㉠~㉤ 중 바다 칸으로 세어야 하는 것은 어느 것인지 기호를 쓰시오.

( )

12 위의 지도에서 육지 칸의 수가 14개라면, 바다 칸의 수는 몇 개입니까? ( )

① 34개 ② 35개
③ 36개 ④ 37개
⑤ 38개

중요

13 위의 활동 결과로 보아 육지와 바다 중 어디가 더 넓은지 쓰시오.

( )

14 육지와 바다의 넓이에 대한 설명으로 옳은 것은 어느 것입니까? (　　)

① 바다가 육지보다 넓다.
② 육지는 바다보다 훨씬 넓다.
③ 육지와 바다의 넓이는 비슷하다.
④ 육지와 바다의 넓이는 비교할 수 없다.
⑤ 바다는 지구 표면에서 매우 적은 부분을 차지한다.

15 다음과 같은 상황에서 바닷물 맛을 보았다면 어떠했을지 옳게 설명한 것은 어느 것입니까? (　　)

① 단맛이 난다.
② 신맛이 난다.
③ 짠맛이 난다.
④ 아무 맛이 없다.
⑤ 육지의 물맛과 비슷하다.

16 바닷물 맛이 위 문제 15번의 답과 같은 까닭으로 알맞은 것은 어느 것입니까? (　　)

① 바다에 비가 많이 내리기 때문이다.
② 바다에 생물이 많이 살기 때문이다.
③ 육지의 물이 흘러 바다로 가기 때문이다.
④ 단맛이 나는 물질이 많이 녹아 있기 때문이다.
⑤ 짠맛이 나는 물질이 많이 녹아 있기 때문이다.

중요

17 육지와 바다에 대한 설명으로 옳지 않은 것은 어느 것입니까? (　　)

① 바다는 육지보다 넓다.
② 바닷물이 육지의 물보다 훨씬 많다.
③ 육지와 바다에 사는 생물이 다르다.
④ 바닷물은 사람이 마시기에 적당하다.
⑤ 바닷속에도 육지처럼 다양한 모습이 있다.

18 생활 속에서 공기를 느낄 수 있는 방법으로 알맞은 것에는 ○표, 알맞지 않은 것에는 ×표 하시오.

(1) 공기의 맛을 본다. (　　)
(2) 손바람을 일으켜 본다. (　　)
(3) 선풍기의 바람을 느껴 본다. (　　)

19 다음과 같이 공기를 담은 지퍼 백을 손으로 만졌을 때의 느낌으로 알맞은 것은 어느 것입니까? (　　)

① 딱딱한 느낌이 든다.
② 말랑말랑한 느낌이 든다.
③ 매우 차가운 느낌이 든다.
④ 매우 뜨거운 느낌이 든다.
⑤ 무겁고 단단한 느낌이 든다.

20 오른쪽과 같이 공기를 담은 지퍼 백 입구를 살짝 열어서 얼굴을 가져다 대고 지퍼 백을 눌러 보는 실험을 했습니다. 이 실험의 결과로 옳은 것은 어느 것입니까? (　　)

① 공기의 맛을 알 수 있다.
② 공기의 무게를 알 수 있다.
③ 공기의 색깔을 알 수 있다.
④ 공기의 온도를 알 수 있다.
⑤ 공기가 빠져나오는 것을 느낄 수 있다.

⊂중요⊃

21 공기에 대한 설명으로 옳은 것은 어느 것입니까? (　　)

① 항상 우리 주변에 있다.
② 자세히 보면 눈에 보인다.
③ 식물에게는 영향을 주지 않는다.
④ 공기는 나무가 많은 산이나 숲에만 있다.
⑤ 눈에 보이지 않으므로 우리 주변에 없다.

22 다음과 같은 활동에 공통적으로 이용된 것은 무엇입니까? (　　)

▲ 연날리기

▲ 튜브 타기

① 물　　② 공기
③ 고무　　④ 종이
⑤ 비닐

23 공기를 이용하는 경우의 예로 알맞은 것은 어느 것입니까? (　　)

① ▲ 독서

② 

▲ 바둑

③ ▲ 나침반

④ 

▲ 열기구

⑤ 

▲ 그림 그리기

24 다음과 같은 역할을 하는 것은 무엇인지 쓰시오.

- 생물이 숨을 쉴 수 있게 해 준다.
- 비행기가 날 수 있게 해 준다.

(　　　　　　　　)

25 지구에 공기가 있어서 일어나는 현상으로 옳은 것을 두 가지 고르시오. (　　,　　)

① 바람이 분다.
② 바다가 있다.
③ 낮과 밤이 있다.
④ 풍력 발전기가 돌아간다.
⑤ 봄, 여름, 가을, 겨울이 있다.

서술형·논술형 평가 돋보기

학교에서 출제되는 서술형·논술형 평가를 미리 준비하세요.

연습 문제

문제 해결 전략
지구 표면의 모습 중 평평하고 넓게 펼쳐져 있는 표면의 모습을 파악합니다.

핵심 키워드
지구, 표면

1 **다음은 지구 표면에서 볼 수 있는 모습을 표현한 것입니다. 물음에 답하시오.**

(1) 위의 그림은 지구 표면의 모습 중 무엇을 나타낸 것인지 쓰시오.
( )

(2) 위의 그림은 지구 표면의 모습에서 어떤 특징을 표현한 것인지 ( ) 안에 들어갈 알맞은 말을 쓰시오.

> 노란색과 초록색을 사용했고 ( )이/가 자라는 모습을 표현했다.

문제 해결 전략
육지의 물맛과 바닷물 맛을 떠올려 보며 물맛이 차이 나는 까닭을 알아봅니다.

핵심 키워드
육지의 물, 바닷물, 소금

2 **다음과 같이 계곡이나 바닷가에서 물놀이한 경험을 떠올리며 육지의 물맛과 바닷물 맛은 어떤 차이가 있는지 생각해 보았습니다. 물음에 답하시오.**

▲ 육지의 물

▲ 바닷물

(1) 육지의 물과 바닷물 중 사람이 마시기에 적당하지 <u>않은</u> 물은 어느 것인지 쓰시오.
( )

(2) 육지의 물맛과 바닷물 맛의 차이에 대한 설명입니다. 다음 ( ) 안에 들어갈 알맞은 말을 쓰시오.

> 육지의 물맛과 비교해서 바닷물 맛은 ㉠ ( ). 그 까닭은 바닷물은 육지의 물과 다르게 ㉡ ( ) 등 여러 가지 물질이 많이 녹아 있기 때문이다.

실전 문제

1 다음은 지구 표면의 모습 중 하나를 종이에 표현한 것입니다. 물음에 답하시오.

(1) 위의 그림은 지구 표면의 모습 중 무엇을 나타낸 것인지 쓰시오.

( )

(2) 위의 그림은 지구 표면의 모습에서 어떤 특징을 표현한 것인지 친구들에게 설명할 내용을 쓰시오.

____

____

2 다음은 세계 지도를 50개의 칸으로 나눈 모습입니다. 물음에 답하시오.

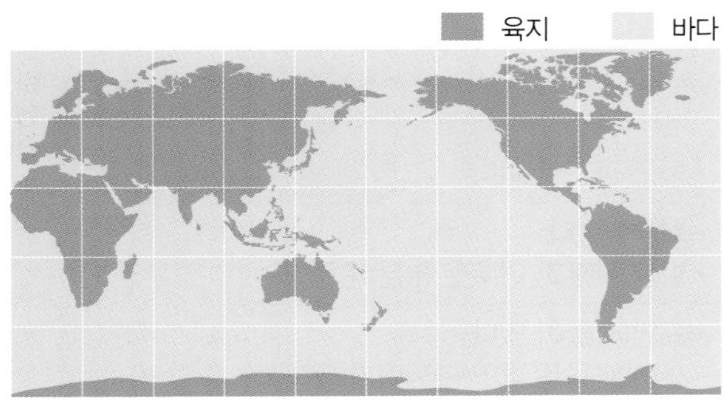

(1) 육지와 바다 중 어디가 더 넓은지 쓰시오.

( )

(2) 위 (1)번의 답과 같이 생각한 까닭은 무엇인지 쓰시오.

____

____

3 다음 두 풍선의 모습을 보고, 물음에 답하시오.

㉠

㉡

(1) 위 ㉠ 풍선과 비교하여 ㉡ 풍선에 들어 있는 것은 무엇인지 쓰시오.

( )

(2) 위 ㉡ 풍선을 손으로 눌렀을 때의 느낌을 쓰시오.

____

____

4 다음은 공기를 이용하는 모습입니다. 물음에 답하시오.

㉠

▲ 비눗방울 놀이

㉡

▲ 풍력 발전소

㉢

▲ 비행기

㉣

▲ 연날리기

(1) 위에서 공기를 이용하여 이동하는 탈것의 기호를 쓰시오.

( )

(2) 만약 지구에 공기가 없다면 일어날 수 있는 일을 위의 ㉠~㉣과 관련지어 두 가지 쓰시오.

____

____

(2) 지구와 달의 모습

▶ 옛날 사람들이 생각한 지구의 모양
- 편평한 모양이라고 생각했습니다.
- 코끼리나 뱀과 같은 동물이 떠받치고 있다고 생각했습니다.

▶ 마젤란 탐험대의 세계 일주 체험하기

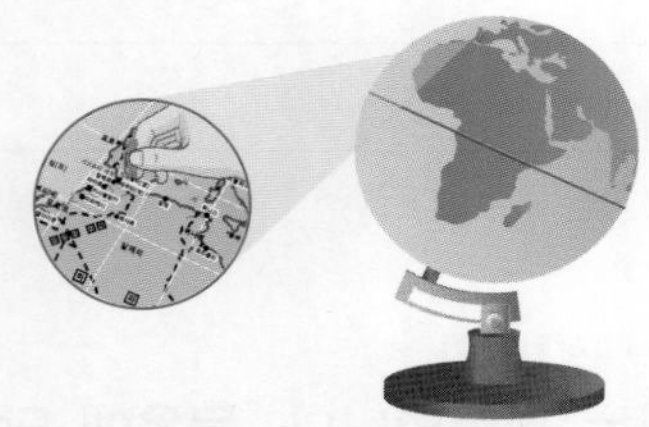

- 지구의에서 마젤란 탐험대가 세계 일주를 출발한 곳에 인형을 붙인 후, 지구의를 돌리며 마젤란 탐험대의 뱃길을 따라가 보면 결국 출발한 곳으로 되돌아옵니다. 이는 지구가 둥글기 때문입니다.

▶ 옛날 사람들이 달을 보고 떠올렸던 모습
- 토끼가 방아를 찧는 모습이라고 생각했습니다.
- 여러 가지 동물 모양을 떠올렸습니다.

▲ 방아 찧는 토끼

낱말 사전

일주 일정한 경로를 한 바퀴 돎.
충돌 움직이는 물체가 부딪치는 것.

1 지구의 모양

(1) 마젤란 탐험대가 세계 일주를 한 뱃길

① 스페인(세비야) 출발 → 대서양 → 브라질(리우데자네이루) → 마젤란 해협 → 태평양 → 필리핀(사마르섬) → 인도양 → 아프리카 희망봉 → 대서양 → 스페인

② 한 방향으로 계속 갔으며 출발한 곳으로 되돌아왔습니다.

(2) 마젤란 탐험대가 세계 일주에서 알아낸 사실

① 지구는 둥근 공 모양입니다.

② 마젤란 탐험대가 세계 일주를 할 수 있었던 것은 지구가 둥글기 때문입니다.

(3) 지구가 우리에게 편평하게 보이는 까닭: 사람의 크기에 비해 지구가 매우 크기 때문입니다.

▲ 우주에서 본 지구

2 달의 모습

(1) 달의 모습 관찰하기

전체적인 모양		• 둥근 공 모양이다.
표면	색깔	• 회색빛이다. • 밝은 부분과 어두운 부분이 있다.
	모습	• 표면에 돌이 있다. • 표면에 움푹 파인 구덩이가 많다. • 매끈매끈한 면도 있고 울퉁불퉁한 면도 있다. • 산처럼 높이 솟은 곳도 있고 바다처럼 깊고 넓은 곳도 있다.

(2) 달 표면의 특징

① 달의 바다: 달의 표면에서 어둡게 보이는 곳으로, 실제로 이곳에는 물이 없습니다.

② 충돌 구덩이: 달 표면에 있는 크고 작은 구덩이로, 우주 공간을 떠돌던 돌덩이가 달 표면에 충돌하여 만들어졌습니다.

▲ 달 표면의 모습

3 지구와 달의 모습 비교하기

(1) 지구와 달의 모습 비교

구분		지구	달
공통점		• 둥근 공 모양이다. • 표면에 돌이 있다.	
차이점	하늘	• 구름이 있다. • 새가 날아다닌다. • 공기가 있다. • 파란색으로 보인다.	• 구름이 없다. • 새가 날아다니지 않는다. • 공기가 없다. • 검은색으로 보인다.
	바다	• 물이 있다. • 생물이 있다. • 파란색으로 보인다.	• 물이 없다. • 생물이 없다. • 어둡게 보인다.

(2) 지구에 생물이 살 수 있는 까닭

① 지구에는 물과 공기가 있어서 생물이 살 수 있습니다.

② 지구는 달과 다르게 생물이 살기에 알맞은 온도를 유지하고 있습니다.

➡ 달에는 물, 공기, 음식(영양분)이 없고, 온도가 알맞지 않기 때문에 생물이 살 수 없습니다.

4 지구와 달 모형 만들기

(1) 지구와 달의 크기 비교

① 지구가 야구공 크기라고 하면, 달은 유리구슬 크기 정도입니다.

② 지구가 달보다 큽니다.

▲ 야구공과 유리구슬

(2) 지구 모형과 달 모형의 공통점과 차이점

공통점	• 둥근 공 모양이다.
차이점	• 지구 모형이 달 모형보다 크다. • 지구 모형은 파란색, 초록색, 갈색, 하얀색 등 색깔이 다양하지만, 달 모형은 회색, 검은색 등의 색깔을 띠고 있다. • 지구 모형과 다르게 달 모형에는 크고 작은 구덩이가 많다.

5 소중한 지구 보존하기

(1) 지구의 날: 매년 4월 22일이며, 갈수록 심각해지는 환경 오염으로부터 지구를 보존하기 위해 만든 날입니다.

(2) 지구를 보존하기 위하여 할 수 있는 일

① 나무를 심습니다.

② 물을 아껴 씁니다.

③ 대중교통을 이용합니다.

④ 불필요한 전등을 끕니다.

⑤ 재활용품을 분리배출합니다.

◗ 지구의 하늘과 달의 하늘

▲ 지구의 하늘

▲ 달의 하늘

◗ 지구의 바다와 달의 바다

▲ 지구의 바다

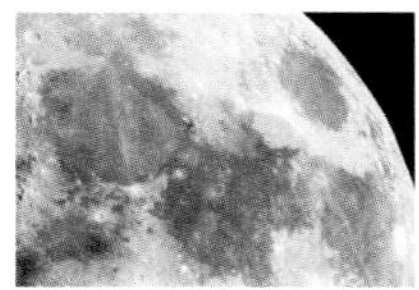

▲ 달의 바다

◗ 지구와 달의 모형

• 지점토로 둥근 공 모양을 만든 후, 색점토로 지구와 달의 표면 모습을 표현했습니다.

▲ 지구 모형 ▲ 달 모형

개념 확인 문제

1 마젤란은 항해를 시작한 뒤 지구를 한 바퀴 돌아 (출발 , 방문) 한 곳으로 되돌아왔습니다.

2 달의 표면에는 크고 작은 움푹 파인 (   )이/가 많습니다.

3 지구는 달보다 크기가 (큽 , 작습)니다.

정답 1 출발 2 구덩이 3 큽

핵심 개념 문제

개념 1 마젤란 탐험대의 세계 일주에 대해 묻는 문제

(1) 마젤란 탐험대는 배를 이용하여 세계 최초로 세계 일주를 하였음.
(2) 스페인을 출발해 한 방향으로 계속 갔으며 출발한 곳으로 되돌아왔음.
(3) 마젤란 탐험대가 세계 일주에서 알아낸 사실은 지구는 둥근 공 모양이라는 것임.

01 다음과 같이 배를 이용하여 세계 최초로 지구를 한 바퀴 도는 세계 일주를 한 탐험대의 이름을 쓰시오.

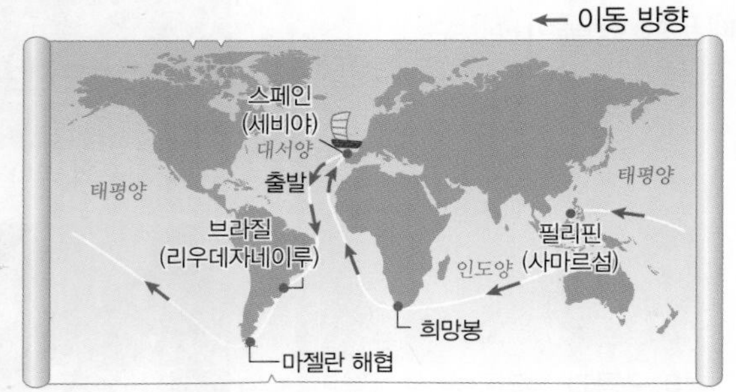

( ) 탐험대

02 다음은 위 문제 01번의 답이 되는 탐험대가 세계 일주를 할 수 있었던 까닭을 나타낸 것입니다. ( ) 안에 들어갈 알맞은 말을 쓰시오.

지구가 ( ) 때문이다.

( )

개념 2 지구의 모양을 묻는 문제

(1) 우리가 사는 지구는 둥근 공 모양임.
(2) 지구가 우리에게 편평하게 보이는 까닭은 사람의 크기에 비해 지구가 매우 크기 때문임.
(3) 우주에서 지구를 바라보면 둥근 지구의 모양을 볼 수 있음.

▲ 우주에서 본 지구

03 지구가 우리에게 편평하게 보이는 까닭을 옳게 설명한 것을 골라 기호를 쓰시오.

㉠ 지구에 사람이 많이 살기 때문이다.
㉡ 사람의 크기에 비해 지구가 매우 크기 때문이다.
㉢ 지구는 태양과 매우 멀리 떨어져 있기 때문이다.

( )

04 우주에서 본 지구의 모양과 가장 비슷한 것은 어느 것입니까? ( )

① 
② 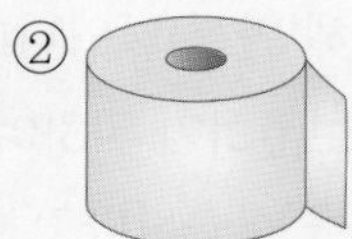
③ 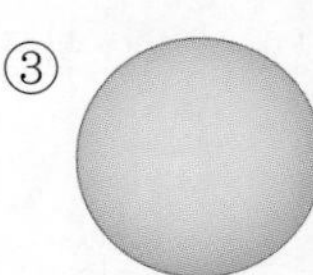
④ 
⑤ 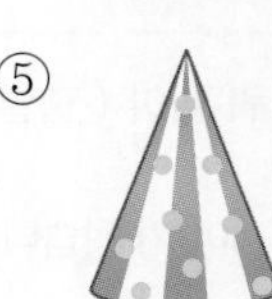

정답과 해설 29쪽

개념 3 달의 모습을 묻는 문제

(1) 옛날 사람들은 달을 보고 토끼가 방아를 찧는 모습을 떠올렸음.
(2) 밤하늘에 떠 있는 달은 둥근 공 모양임.

▲ 달의 모습

05 다음은 옛날 사람들이 달을 보고 달에 살고 있다고 상상한 동물을 나타낸 것입니다. 달에 살고 있다고 상상한 동물이 무엇인지 쓰시오.

(　　　　　　　　　　)

06 달은 어떤 모양입니까? (　　　)

① 상자 모양이다.
② 둥근 공 모양이다.
③ 네모반듯한 모양이다.
④ 납작한 접시 모양이다.
⑤ 길쭉한 타원 모양이다.

개념 4 달 표면의 모습을 묻는 문제

(1) 색깔은 회색빛임.
(2) 밝은 부분과 어두운 부분이 있음.
(3) 표면에 돌이 있음.
(4) 표면에 움푹 파인 구덩이가 많음.
(5) 매끈매끈한 면도 있고 울퉁불퉁한 면도 있음.
(6) 산처럼 높이 솟은 곳도 있고 바다처럼 깊고 넓은 곳도 있음.

중요

07 달의 표면에 대한 설명으로 옳은 것에 ○표 하시오.

(1) 붉은색을 띤다. (　　)
(2) 표면에 강이 흐른다. (　　)
(3) 매끈매끈한 면도 있고 울퉁불퉁한 면도 있다. (　　)

08 다음 달 표면의 모습을 보고 (　　) 안에 들어갈 알맞은 말을 각각 쓰시오.

달의 색깔은 전체적으로 (㉠)이며, 달 표면에 움푹 파인 크고 작은 (㉡)이/가 많이 있다.

㉠: (　　　　　　), ㉡: (　　　　　　)

개념 5 달의 바다와 충돌 구덩이에 대해 묻는 문제

(1) 달의 표면에서 어둡게 보이는 곳을 '달의 바다'라고 부름.
(2) 달의 바다에는 물이 없음.
(3) 달의 표면에 있는 크고 작은 구덩이를 충돌 구덩이라고 함.
(4) 충돌 구덩이는 우주 공간을 떠돌던 돌덩이가 달 표면에 충돌하여 만들어졌음.

09 다음 중 우주 공간을 떠돌던 돌덩이가 달 표면에 충돌하여 만들어진 것을 골라 기호를 쓰시오.

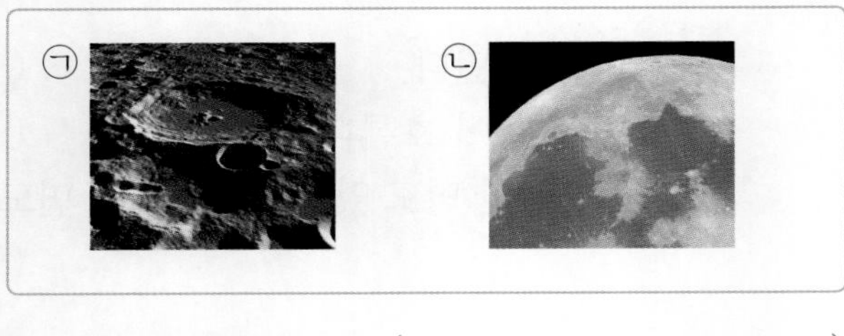

( )

10 다음의 ㉠부분과 같이 달 표면의 어두운 부분을 부르는 말은 어느 것입니까? ( )

① 달의 그늘　② 달의 하늘
③ 달의 호수　④ 달의 바다
⑤ 달의 구덩이

개념 6 지구와 달의 모습 비교를 묻는 문제

(1) 지구와 달은 모두 둥근 공 모양이고, 표면에 돌이 있음.
(2) 지구에는 물과 공기가 있어 다양한 종류의 생물이 살고 있음.
(3) 달에는 물과 공기가 없어 생물이 살지 않음.
(4) 지구에서 본 하늘은 파란색이고 구름이 보이지만, 달에서 본 하늘은 검은색이고 구름이 없음.
(5) 지구의 바다에는 물이 있지만, 달의 바다에는 물이 없음.

중요

11 지구와 달의 공통점으로 옳은 것은 어느 것입니까? ( )

① 물이 있다.
② 구름이 있다.
③ 하늘이 파랗다.
④ 둥근 공 모양이다.
⑤ 표면이 짙은 회색이다.

12 다음은 지구의 하늘과 달의 하늘 사진을 관찰하고 차이점을 나타낸 것입니다.

> 지구의 하늘에는 새가 날아다니지만, 달의 하늘에는 새가 날아다니지 않는다.

달의 하늘에서 새와 같은 생물을 볼 수 없는 까닭으로 가장 알맞은 것은 어느 것입니까? ( )

① 돌이 많기 때문이다.
② 바람이 세게 불기 때문이다.
③ 물과 공기가 없기 때문이다.
④ 하늘이 너무 어둡기 때문이다.
⑤ 높이 솟은 산이 많기 때문이다.

개념 7 지구와 달 모형 만들기에 대해 묻는 문제

(1) 지구가 야구공 크기라고 하면, 달은 유리구슬 크기 정도임.
(2) 지구 모형과 달 모형은 모두 둥근 공 모양으로 만듦.
(3) 지구 모형을 달 모형보다 크게 만듦.
(4) 지구 모형은 육지와 바다, 구름의 색깔을 다양한 색깔로 표현함.
(5) 달 모형은 회색빛으로 표현하고, 움푹 파인 구덩이를 많이 표현함.

13 지구와 달을 모형으로 표현한 것을 찾아 선으로 바르게 연결하시오.

(1)  •  • ㉠ 

(2)  •  • ㉡ 

14 지구와 달의 크기를 비교할 때 지구를 야구공에 비유했다면 달은 어떤 물체에 비유할 수 있는지 알맞은 물체를 골라 기호를 쓰시오.

▲ 축구공 ▲ 배구공 ▲ 유리구슬

( )

개념 8 소중한 지구를 보존하는 방법을 묻는 문제

(1) 매년 4월 22일은 '지구의 날'이며, 갈수록 심각해지는 환경 오염으로부터 지구를 보존하기 위해 만든 날임.
(2) 지구를 보존하기 위해 우리가 할 수 있는 일에는 나무 심기, 물 아껴 쓰기, 대중교통 이용하기, 재활용품 분리배출하기 등이 있음.

15 다음은 무엇에 대한 설명인지 쓰시오.

> 갈수록 심각해지는 환경 오염으로부터 지구를 보존하기 위해 만든 날이다.

( )

16 다음은 지구를 보존하기 위해 어떤 일을 하는 것인지 쓰시오.

( )

중단원 실전 문제

01 다음은 뱃길을 따라 세계 일주에 성공하기 이전까지 대부분의 사람들이 지구에 대해 어떻게 생각하였는지 조사한 것입니다. 알맞지 않은 것을 골라 기호를 쓰시오.

> ㉠ 편평한 모양이라고 생각하였다.
> ㉡ 둥근 공 모양이라고 생각하였다.
> ㉢ 코끼리나 뱀과 같은 동물이 떠받치고 있다고 생각하였다.
> ㉣ 육지에서 배를 타고 멀리 나가면 바다 끝 낭떠러지에 떨어진다고 생각하였다.

( )

02 세계 최초로 배를 이용하여 세계 일주를 한 탐험대의 이름을 쓰시오.

( )

03 다음은 마젤란 탐험대의 세계 일주를 체험하기 위한 활동 과정을 순서 없이 나타낸 것입니다. 순서에 맞게 기호를 쓰시오.

> ㉠ 마젤란 탐험대의 뱃길을 따라가 본다.
> ㉡ 지구의에서 마젤란 탐험대가 세계 일주를 출발한 곳에 인형을 붙인다.
> ㉢ 지구의와 인형을 준비한다.
> ㉣ 세계 일주가 끝나면 도착한 곳과 출발한 곳을 비교해 본다.

( ) → ( ) → ( ) → ( )

[04~07] 다음은 마젤란 탐험대가 세계 일주를 한 뱃길입니다. 물음에 답하시오.

← 마젤란 탐험대의 이동 방향
스페인 (세비야) 대서양 출발
태평양
브라질 (리우데자네이루)
인도양
필리핀 (사마르섬)
태평양
희망봉
마젤란 해협

04 위 지도를 보고, 다음 ( ) 안에 들어갈 알맞은 말을 골라 ○표 하시오.

> 마젤란 탐험대는 ㉠ (한 , 여러) 방향으로 계속 갔으며, 이동한 방향은 ㉡ (동쪽 , 서쪽)이다.

05 마젤란 탐험대가 스페인에서 출발하여 이동한 순서대로 바다의 이름을 나타낸 것은 어느 것입니까? ( )

① 스페인 → 대서양 → 인도양 → 태평양 → 대서양
② 스페인 → 대서양 → 태평양 → 인도양 → 대서양
③ 스페인 → 태평양 → 인도양 → 태평양 → 대서양
④ 스페인 → 태평양 → 대서양 → 인도양 → 태평양
⑤ 스페인 → 인도양 → 태평양 → 대서양 → 태평양

06 마젤란 탐험대가 세계 일주를 할 수 있었던 까닭은 다음 중 어느 것과 관련이 있습니까? ( )

① 지구의 크기
② 지구의 넓이
③ 지구의 모양
④ 바다에 사는 생물
⑤ 가장 깊은 바다의 깊이

중요

07 마젤란 탐험대가 세계 일주에서 알아낸 사실로 알맞은 것은 어느 것입니까? (　　)

① 지구가 둥글다.
② 지구에 공기가 있다.
③ 지구가 달보다 크다.
④ 지구에는 육지와 바다가 있다.
⑤ 지구의 표면에서는 다양한 모습을 볼 수 있다.

중요

08 우리가 사는 지구 표면이 편평하게 보이는 까닭으로 옳은 것은 어느 것입니까? (　　)

① 달이 둥글기 때문이다.
② 지구가 매우 크기 때문이다.
③ 지구가 실제로 편평하기 때문이다.
④ 태양이 지구를 밝게 비추기 때문이다.
⑤ 달과 지구가 매우 가까이 있기 때문이다.

09 다음 그림과 같이 옛날 사람들이 달을 보며 상상한 모습에 대해 잘못 이야기한 친구의 이름을 쓰시오.

진우: 방아 찧는 토끼를 상상하였어.
소연: 달 표면에 나타나는 무늬는 강이 흐르며 만든 무늬야.
현민: 달 표면의 어두운 부분에 따라 여러 가지 동물 모양을 상상하였어.

(　　　　　　)

10 달의 모양과 비슷하게 생긴 물건은 어느 것입니까? (　　)

① 수첩　② 지우개
③ 럭비공　④ 탁구공
⑤ 주사위

[11~13] 다음은 달 표면의 모습입니다. 물음에 답하시오.

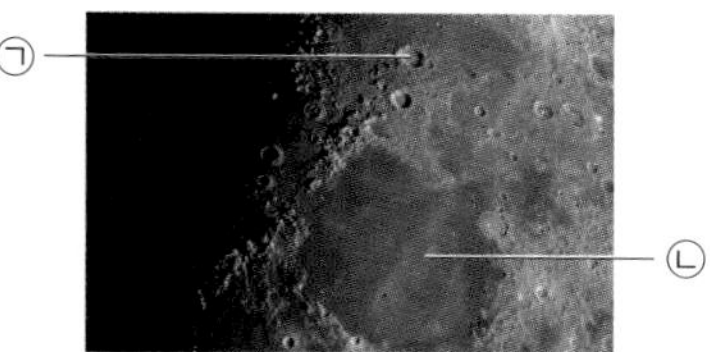

11 달 표면에서 ㉠과 같은 구덩이를 무엇이라고 하는지 쓰시오.

(　　　　　　)

12 위의 ㉠이 어떻게 만들어졌는지 옳게 설명한 것은 어느 것입니까? (　　)

① 눈이 많이 내려서 만들어졌다.
② 화산이 폭발하면서 만들어졌다.
③ 태풍이 세게 불어서 만들어졌다.
④ 비가 내릴 때 표면이 깎여서 만들어졌다.
⑤ 우주 공간을 떠돌던 돌멩이가 달 표면에 충돌하여 만들어졌다.

13 위의 달 표면에서 '달의 바다'에 해당하는 곳을 찾아 기호를 쓰시오.

(　　　　　　)

14 달의 바다에 대한 설명으로 옳은 것은 어느 것입니까? (　　)

① 물이 없다.
② 달 표면에서 밝게 보이는 곳이다.
③ 달 표면에서 온도가 매우 낮은 곳이다.
④ 움푹 파인 큰 구덩이에 물이 고인 곳이다.
⑤ 태풍이 자주 생기고 파도가 세게 치는 곳이다.

중요

15 달 표면에 대한 설명으로 옳은 것은 어느 것입니까? (　　)

① 달 표면에는 돌이 없다.
② 움푹 파인 구덩이가 많다.
③ 표면 전체가 매끈매끈하다.
④ 구덩이의 크기가 모두 같다.
⑤ 달에는 어둡게 보이는 부분이 없다.

16 다음과 같은 모습을 볼 수 있는 곳은 지구와 달 중 어디인지 쓰시오.

(　　　　　　　　)

[17~19] 다음 지구와 달의 모습을 보고, 물음에 답하시오.

▲ 지구

▲ 달

17 지구와 달의 공통적인 모양은 어떠한지 쓰시오.

(　　　　　　　　) 모양

18 지구에서만 관찰할 수 있는 것을 보기 에서 모두 골라 기호를 쓰시오.

보기
㉠ 돌
㉡ 물
㉢ 구름
㉣ 움푹 파인 구덩이
㉤ 산처럼 높이 솟은 곳

(　　　　,　　　　)

19 위의 달의 모습에 대한 설명으로 옳은 것은 어느 것입니까? (　　)

① 육지는 갈색으로 보인다.
② 전체적으로 회색빛을 띤다.
③ 물이 있는 파란 바다가 보인다.
④ 구름이 있는 곳은 하얀색으로 보인다.
⑤ 밝은 부분 없이 전체적으로 어둡게 보인다.

20 지구의 하늘과 달의 하늘에 대한 설명으로 옳지 않은 것은 어느 것입니까? (   )

① 달의 하늘은 검은색이다.
② 지구의 하늘은 파란색이다.
③ 달의 하늘에는 구름이 없다.
④ 지구의 하늘에는 구름이 있다.
⑤ 달의 하늘에는 새가 날아다닌다.

21 지구와 달을 비교한 내용으로 옳은 것에는 ○표, 옳지 않은 것에는 ×표 하시오.

(1) 지구에서는 돌을 볼 수 있지만, 달에서는 돌을 볼 수 없다. (   )
(2) 지구의 바다에는 생물이 있지만, 달의 바다에는 생물이 없다. (   )
(3) 지구는 생물이 살기에 알맞은 온도지만, 달은 생물이 살기에 알맞은 온도가 아니다. (   )

중요

22 다음은 지구에 생물이 살 수 있는 까닭을 나타낸 것입니다. (   ) 안에 들어갈 알맞은 말을 각각 쓰시오.

> 지구에는 (㉠   )과/와 (㉡   )이/가 있어서 다양한 생물이 살 수 있다.

㉠: (   ), ㉡: (   )

23 지구와 달 모형을 만드는 방법으로 옳은 것은 어느 것입니까? (   )

① 둘 다 편평한 모습으로 만든다.
② 달의 바다는 파란색으로 표현한다.
③ 달 모형보다 지구 모형을 크게 만든다.
④ 지구 모형은 크고 작은 구덩이를 많이 표현한다.
⑤ 지구 모형을 야구공 크기로 만들 경우 달 모형은 농구공 크기로 만든다.

24 달 모형을 만들 때, 색점토로 달 표면의 모습을 꾸미려고 합니다. 가장 많이 사용해야 하는 색점토의 색깔은 어느 것입니까? (   )

① 회색　② 노란색
③ 주황색　④ 초록색
⑤ 파란색

25 다음 중 지구를 보존하기 위하여 우리가 할 수 있는 일로 적당하지 않은 것을 골라 기호를 쓰시오.

㉠ ▲ 꽃 꺾기
㉡ ▲ 물 아껴 쓰기
㉢ ▲ 대중교통 이용하기
㉣ ▲ 재활용품 분리 배출하기

(   )

서술형·논술형 평가 돋보기

학교에서 출제되는 서술형·논술형 평가를 미리 준비하세요.

연습 문제

문제 해결 전략
마젤란 탐험대가 세계 일주에 성공할 수 있었던 까닭을 지구의 모양과 관련지어 생각해 봅니다.

핵심 키워드
마젤란 탐험대의 뱃길, 지구는 둥글다

1 다음과 같이 지구의와 인형을 이용하여 마젤란 탐험대가 세계 일주를 한 뱃길을 따라가 보았습니다. 물음에 답하시오.

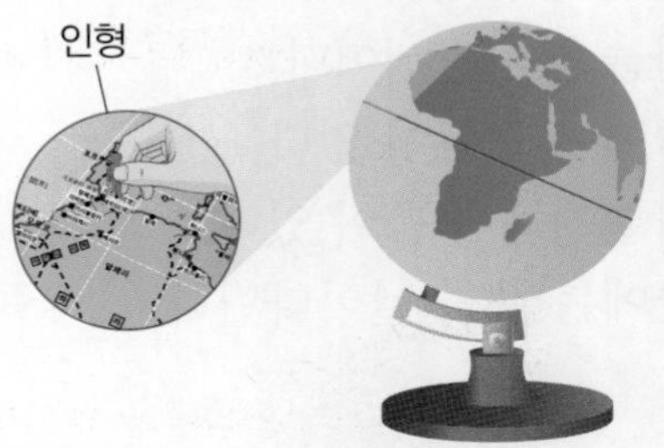

(1) 인형을 스페인의 세비야에서 출발하여 서쪽 방향으로 계속 따라가면, 세계 일주 후 어느 곳에 도착하게 되는지 쓰시오.

( )

(2) 마젤란 탐험대가 세계 일주에 성공한 까닭은 무엇인지 ( ) 안에 들어갈 알맞은 말을 쓰시오.

> 마젤란 탐험대가 세계 일주에 성공한 까닭은 지구가 ( ) 때문이다.

문제 해결 전략
지구의 하늘과 달의 하늘을 관찰하여 차이점을 알아봅니다.

핵심 키워드
지구의 하늘, 달의 하늘, 물, 공기

2 다음은 지구에서 본 하늘과 달에서 본 하늘의 모습입니다. 물음에 답하시오.

(가) 

(나) 

(1) 달에서 본 하늘의 모습은 어느 것인지 기호를 쓰시오.

( )

(2) 다음은 (가)의 하늘에 새가 날아다닐 수 있는 까닭을 정리한 것입니다. ( ) 안에 들어갈 알맞은 말을 각각 쓰시오.

> (가)의 하늘에 새가 날아다닐 수 있는 까닭은 ㉠ ( )과/와 ㉡( )이/가 있어서 생물이 살 수 있기 때문이다.

정답과 해설 31쪽

실전 문제

1 다음은 우주에서 본 지구의 모습입니다. 물음에 답하시오.

(1) 지구는 어떤 모양인지 쓰시오.

( )

(2) 우리에게 지구가 편평하게 보이는 까닭은 무엇인지 쓰시오.

______

2 다음은 달 표면의 한 부분을 확대하여 나타낸 것입니다. 물음에 답하시오.

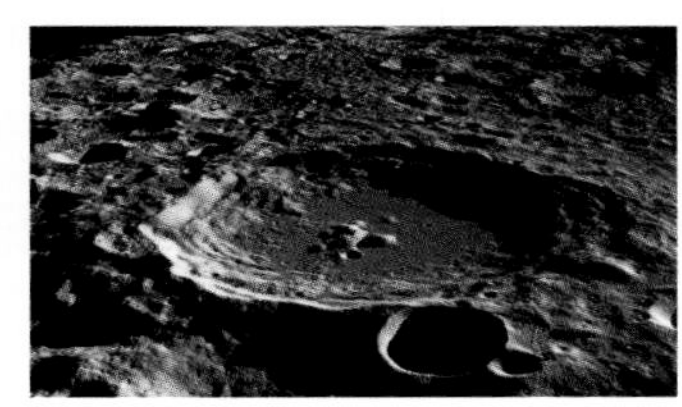

(1) 위와 같이 생긴 부분을 무엇이라고 하는지 쓰시오.

( )

(2) 위와 같은 모습은 어떻게 만들어진 것인지 쓰시오.

______

3 다음은 지구의 바다와 달의 바다 모습입니다. 물음에 답하시오.

㉠ 

㉡ 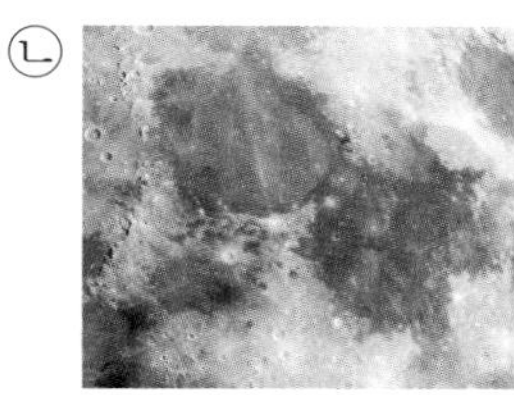

(1) 지구의 바다 모습은 어느 것인지 기호를 쓰시오.

( )

(2) 지구의 바다와 달의 바다의 차이점을 두 가지 쓰시오.

______

4 다음은 매년 4월 22일에 열리는 어떤 행사의 모습입니다. 물음에 답하시오.

(1) 위의 행사가 열리는 매년 4월 22일은 무슨 날인지 쓰시오.

( )

(2) 지구를 보존하기 위하여 우리가 할 수 있는 일을 세 가지 쓰시오.

______

대단원 정리 학습

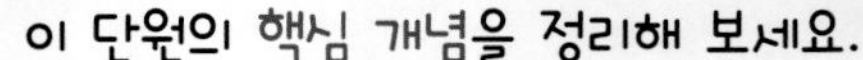

이 단원의 핵심 개념을 정리해 보세요.

1 지구의 육지와 바다

• 육지와 바다의 넓이 비교

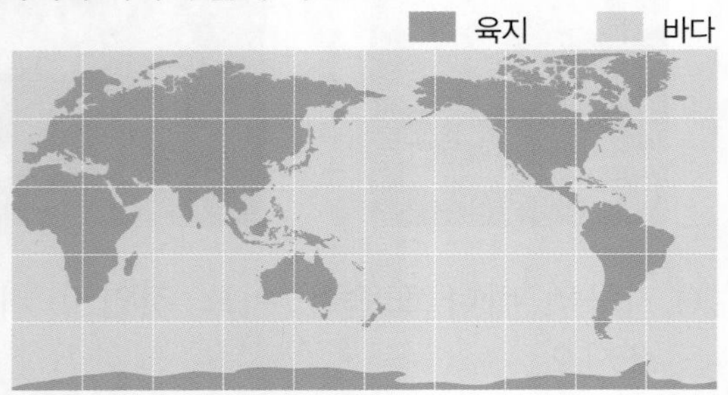

– 지도의 50개 칸 중 육지의 칸 수는 14개이고 바다의 칸 수는 36개 이므로 바다의 칸 수가 22개 더 많음.

바다가 육지보다 더 넓음.

– 지구 표면의 많은 부분은 바다로 덮여 있음.

바다의 면적 > 육지의 면적

• 육지의 물맛과 바닷물 맛 비교: 육지의 물은 짜지 않지만 바닷물은 짬. 바닷물에는 짠맛이 나는 소금 등 여러 가지 물질이 많이 녹아 있어서 사람이 마시기에 적당하지 않음.

2 지구를 둘러싼 공기의 역할

• 지구에는 공기가 있어 생물이 살 수 있음.
• 사람들은 다양한 방법으로 공기를 이용하고 있음. ㉠ 연날리기, 요트, 열기구, 비행기, 풍력 발전소, 튜브 등

3 지구와 달의 모양과 표면

지구	달
• 지구는 둥근 공 모양임. • 지구의 표면에는 산, 들, 강, 호수, 바다 등 다양한 모습이 있음.  ▲ 지구  ▲ 산  ▲ 바다	• 달은 둥근 공 모양임. • 달 표면에서 어둡게 보이는 곳을 '달의 바다'라고 부름. • 달 표면에는 크고 작은 충돌 구덩이가 많음.  ▲ 달 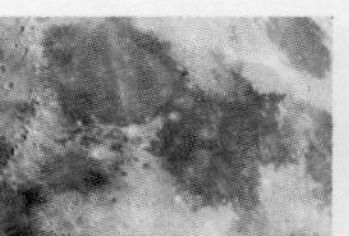 ▲ 달의 바다 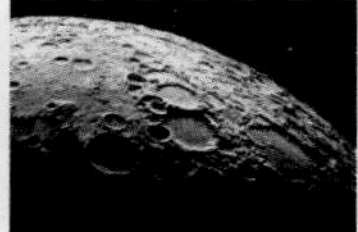 ▲ 충돌 구덩이

4 지구와 달의 공통점과 차이점

구분	지구	달
공통점	• 둥근 공 모양임. • 표면에 돌이 있음.	
차이점	• 물과 공기가 있음. • 생물이 살기에 알맞은 온도임. • 생물이 살 수 있음.	• 물과 공기가 없음. • 생물이 살기에 알맞은 온도가 아님. • 생물이 살 수 없음.

대단원 마무리

5. 지구의 모습

01 지구 표면에서 볼 수 있는 모습을 찾아 기호를 쓰시오.

( )

02 지구 표면의 모습을 종이에 표현하는 방법을 설명한 것입니다. 특징이 드러나게 잘 표현한 것은 어느 것입니까? ( )

① 산은 주로 회색을 사용하여 표현한다.
② 강은 파란색을 사용하여 파도를 표현한다.
③ 바다는 주로 파란색을 사용하여 잔잔한 표면을 표현한다.
④ 호수는 노란색을 사용하여 움푹 파인 구덩이를 표현한다.
⑤ 갯벌은 검은색을 사용하여 바닷물이 빠진 후 드러나는 땅을 표현한다.

03 다음은 지구 표면의 어떤 모습인지 쓰시오.

( )

04 우리나라에서 볼 수 없는 지구 표면의 모습은 어느 것입니까? ( )

① 넓은 들
② 깊은 계곡
③ 길게 흐르는 강
④ 모래사장이 있는 바닷가
⑤ 끝없이 모래가 펼쳐진 사막

[05~06] 다음은 세계 지도를 50개의 칸으로 나눈 것입니다. 물음에 답하시오.

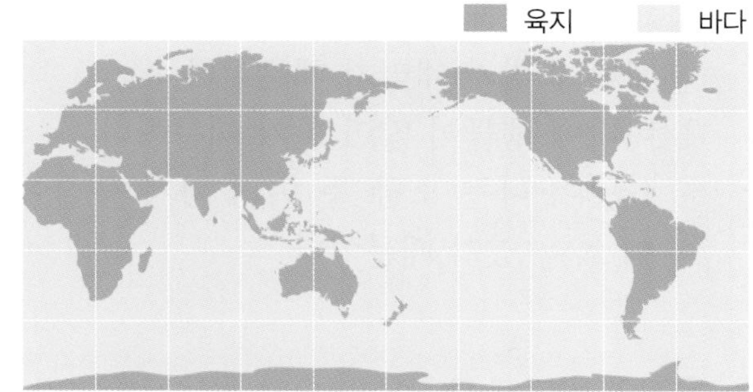

05 위 지도에서 육지와 바다에 해당하는 칸의 수를 세어 비교해 보려고 합니다. 다음 표의 빈칸에 들어갈 수를 쓰시오.

육지 칸의 수	바다 칸의 수	지도의 전체 칸 수
	36	50

중요

06 위의 문제 05번 활동을 통해 알 수 있는 사실은 어느 것입니까? ( )

① 바다가 육지보다 넓다.
② 육지가 바다보다 넓다.
③ 바다가 육지보다 더 깊다.
④ 육지와 바다의 넓이는 비슷하다.
⑤ 실제 넓이를 측정한 것이 아니므로, 육지와 바다의 넓이를 비교할 수 없다.

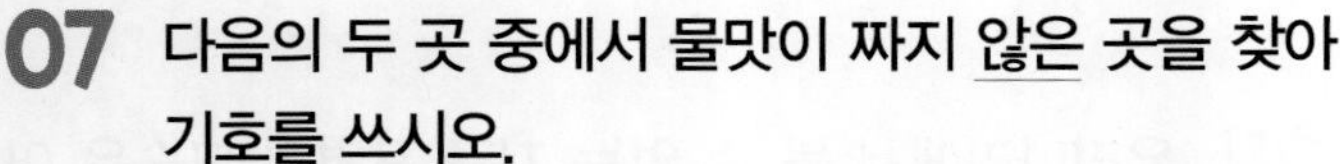

07 다음의 두 곳 중에서 물맛이 짜지 않은 곳을 찾아 기호를 쓰시오.

㉠  ㉡ 

( )

08 바닷물이 짠 까닭을 옳게 설명한 것은 어느 것입니까? ( )

① 물이 고여 있기 때문이다.
② 파도가 세게 치기 때문이다.
③ 바다에 비가 내리기 때문이다.
④ 바다에 생물이 많이 살기 때문이다.
⑤ 짠맛이 나는 소금 등 여러 가지 물질이 많이 녹아 있기 때문이다.

09 육지와 바다에 대한 설명으로 옳은 것은 어느 것입니까? ( )

① 육지가 바다보다 넓다.
② 바닷물이 육지의 물보다 훨씬 적다.
③ 육지의 물맛과 바닷물의 맛은 비슷하다.
④ 육지와 바다에 사는 생물의 종류가 다르다.
⑤ 육지의 물과 바닷물은 모두 사람이 마시기에 적당하다.

10 다음 ( ) 안에 공통으로 들어갈 알맞은 말을 쓰시오.

- 비눗방울과 부푼 풍선 안에는 ( )이/가 들어 있다.
- 손바람이나 입김으로 ( )을/를 느껴 볼 수 있다.

( )

11 다음과 같이 공기가 담긴 지퍼 백을 손으로 만져 보고 모습을 관찰해 보았습니다. 관찰 결과를 옳게 설명한 것은 어느 것입니까? ( )

① 지퍼 백 안에는 아무것도 없다.
② 지퍼 백 안에서 바람 소리가 난다.
③ 지퍼 백을 들어 보면 축구공보다 무겁다.
④ 지퍼 백을 눌러 보면 딱딱한 느낌이 든다.
⑤ 지퍼 백 입구를 살짝 열면 공기가 나온다.

중요

12 공기에 대한 설명으로 옳지 않은 것은 어느 것입니까? ( )

① 눈에 보이지 않는다.
② 지구를 둘러싸고 있다.
③ 지구의 육지에만 공기가 있다.
④ 공기가 없다면 바람이 불지 않을 것이다.
⑤ 공기가 있어서 생물이 숨을 쉬고 살 수 있다.

13 만약 지구에 공기가 없다면 어떤 일이 일어날지 예상한 것으로 가장 알맞은 것은 어느 것입니까? ( )

① 바람이 계속 불 것이다.
② 비가 오지 않을 것이다.
③ 튜브를 이용할 수 있게 된다.
④ 풍력 발전기가 계속 돌아갈 것이다.
⑤ 열기구를 이용하여 세계 일주를 할 수 있게 된다.

[14~15] 다음은 마젤란 탐험대가 세계 일주를 한 뱃길을 나타낸 지도입니다. 물음에 답하시오.

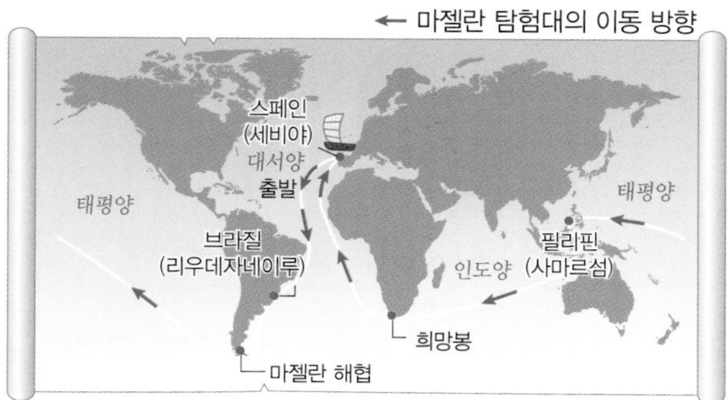

14 마젤란 탐험대가 이동한 순서대로 나라의 이름을 나타낸 것은 어느 것입니까? (   )

① 스페인 → 브라질 → 필리핀 → 스페인
② 스페인 → 필리핀 → 브라질 → 스페인
③ 스페인 → 브라질 → 스페인 → 필리핀
④ 스페인 → 필리핀 → 스페인 → 브라질
⑤ 스페인 → 브라질 → 필리핀 → 브라질

중요

15 마젤란 탐험대의 세계 일주 성공으로 증명할 수 있었던 사실은 무엇입니까? (   )

① 지구는 생각보다 좁다.
② 지구의 모양은 둥글다.
③ 바다에는 다양한 생물이 산다.
④ 세계 일주는 바다보다 육지를 이용하는 것이 편하다.
⑤ 한 방향으로만 가면 출발한 곳으로 다시 돌아오지 못한다.

16 우리가 사는 지구가 편평하다고 느껴지는 까닭을 옳게 이야기한 친구의 이름을 쓰시오.

> 우리: 지구에 생물이 많이 살기 때문이야.
> 지구: 지구가 태양 가까이 있기 때문이야.
> 만세: 지구의 크기에 비해 사람의 크기가 매우 작기 때문이야.

(   )

17 달의 모습에 대한 설명으로 옳은 것은 어느 것입니까? (   )

① 구름이 있다.
② 공기가 맑다.
③ 물이 있는 바다가 있다.
④ 크고 작은 구덩이가 많다.
⑤ 표면 전체가 울퉁불퉁하다.

18 다음은 달 표면의 어두운 부분을 확대한 모습입니다. 이 부분을 무엇이라고 부르는지 쓰시오.

(   )

19 다음의 달 표면에 있는 구덩이에 대한 설명으로 옳은 것은 어느 것입니까? (   )

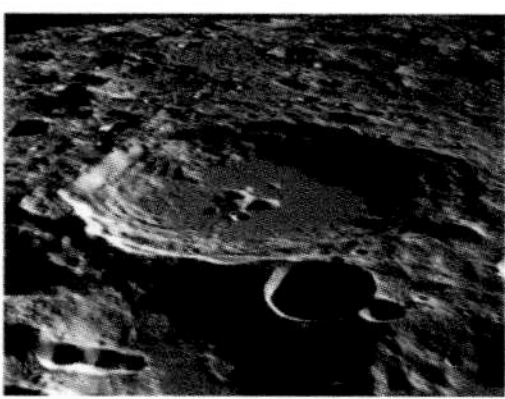

① 물이 차 있다.
② 크기가 모두 같다.
③ 충돌 구덩이라고 부른다.
④ 달 표면의 다른 곳보다 어둡다.
⑤ 달의 화산이 폭발하면서 생겼다.

20 다음 보기 에서 지구의 모습과 달의 모습을 설명한 것을 모두 찾아 기호를 쓰시오.

보기

㉠ 물이 있다.
㉡ 둥근 공 모양이다.
㉢ 표면에 돌이 있다.
㉣ 표면이 회색빛이다.

(1) 지구의 모습: (　　　　　　　　)
(2) 달의 모습: (　　　　　　　　)

21 지구와 달의 바다를 비교한 설명으로 옳은 것은 어느 것입니까? (　　)

① 지구의 바다에는 물이 없다.
② 지구의 바다에는 생물이 산다.
③ 달의 바다는 표면에서 밝게 보이는 곳이다.
④ 달의 바다는 지구의 바다보다 파도가 세다.
⑤ 달의 바다는 지구의 바다보다 물의 깊이가 깊다.

중요

22 달에 생물이 살 수 없는 까닭을 옳게 설명한 것을 두 가지 고르시오. (　　,　　)

① 바람이 세게 불기 때문이다.
② 물과 공기가 없기 때문이다.
③ 표면이 짙은 색이기 때문이다.
④ 움푹 파인 구덩이가 많기 때문이다.
⑤ 생물이 살기에 알맞은 온도가 아니기 때문이다.

[23~24] 다음은 지점토와 색점토로 만든 지구와 달의 모형입니다. 물음에 답하시오.

▲ 지구 모형　▲ 달 모형

23 위 달 모형에서 움푹 파인 것은 달의 무엇을 표현한 것인지 쓰시오.

(　　　　　　　　)

24 위의 모형을 만드는 방법으로 옳지 않은 것은 어느 것입니까? (　　)

① 지구 모형보다 달 모형을 작게 만든다.
② 지구 모형과 달 모형 모두 둥글게 만든다.
③ 지구 표면의 많은 부분을 파란색으로 표현한다.
④ 달 모형의 표면은 울퉁불퉁한 면으로만 표현한다.
⑤ 지구 모형은 여러 가지 색깔로 표현하지만, 달 모형은 회색빛으로 표현한다.

25 다음은 소중한 지구를 보존하기 위해 노력하는 모습입니다. (　　) 안에 들어갈 알맞은 말을 각각 쓰시오.

사람들은 갈수록 심각해지는 환경 오염으로부터 지구를 보존하기 위해 ㉠(　　　　)을/를 만들었다. 매년 ㉡(　　월　　일)에 열리는 이 행사에는 많은 나라가 참여하여 환경 오염의 심각성을 세계에 알리고 지구를 보존하기 위해 노력하고 있다.

㉠: (　　　　　　), ㉡: (　　월　　일)

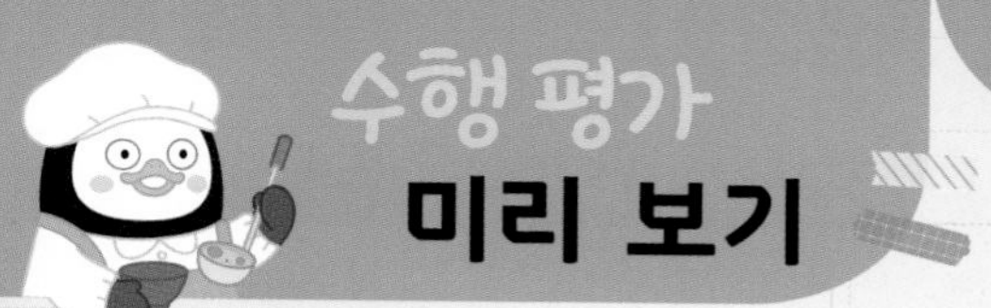

수행 평가 미리 보기

정답과 해설 33쪽

1 다음은 다양한 지구 표면의 모습입니다. 물음에 답하시오.

㉠ ▲ 산　㉡ ▲ 바다　㉢ ▲ 들　㉣ ▲ 호수

(1) 위의 지구 표면의 모습을 땅과 관련된 모습과 물과 관련된 모습으로 나누어 기호를 쓰시오.

(가)	땅과 관련된 지구 표면의 모습	
(나)	물과 관련된 지구 표면의 모습	

(2) 육지와 바다의 차이점을 한 가지 쓰시오.

2 다음은 지구와 달의 하늘과 바다의 모습입니다. 물음에 답하시오.

▲ 지구의 하늘과 달의 하늘

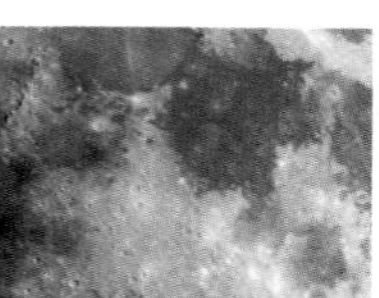

▲ 지구의 바다와 달의 바다

(1) 지구와 달의 하늘과 바다의 차이점을 각각 한 가지씩 쓰시오.

(가)	지구의 하늘과 달의 하늘의 차이점	
(나)	지구의 바다와 달의 바다의 차이점	

(2) 달과 다르게 지구에 다양한 생물이 살 수 있는 까닭을 한 가지 쓰시오.

MEMO

BOOK 1

개념책

BOOK 1 개념책으로 **학습 개념**을
확실하게 공부했나요?

BOOK 2

실전책

BOOK 2 실전책에는 **요점 정리**가
있어서 **공부한 내용을 복습**할 수 있어요!
단원평가가 들어 있어
내 실력을 확인해 볼 수 있답니다.

EBS

인터넷·모바일·TV
무료 강의 제공

초 | 등 | 부 | 터 EBS

예습, 복습, 숙제까지 해결되는

교과서 완전 학습서

만점왕

BOOK 2
실전책

과학 3-1

EBS

단/계/별/구/성

- ▶ Pre 1 ~ 2단계 예비 초
- ▶ 1 ~ 2단계 초1
- ▶ 3 ~ 4단계 초2
- ▶ 5 ~ 6단계 초3
- ▶ 7 ~ 8단계 초4
- ▶ 9 ~ 10단계 초5
- ▶ 11 ~ 12단계 초6

하루 2쪽	주제별 원리와 연산 드릴 문제	군더더기 없는 구성
▼	▼	▼
가벼운 학습	반복 훈련	연산 최적화

BOOK 2
실전책
만점왕
과학
3-1

자기주도 활용 방법

BOOK 2 실전책

시험 2주 전 공부

핵심을 복습하기

시험이 2주 남았네요. 이럴 땐 먼저 핵심을 복습해 보면 좋아요.

만점왕 북2 실전책을 펴 보면

각 단원별로 핵심 정리와 쪽지 시험이 있습니다.

정리된 핵심을 읽고 확인 문제를 풀어 보세요.

확인 문제가 어렵게 느껴지거나 자신 없는 부분이 있다면

북1 개념책을 찾아서 다시 읽어 보는 것도 도움이 돼요.

시험 1주 전 공부

시간을 정해 두고 연습하기

앗, 이제 시험이 일주일 밖에 남지 않았네요.

시험 직전에는 실제 시험처럼 시간을 정해 두고 문제를 푸는 연습을 하는 게 좋아요.

그러면 시험을 볼 때에 떨리는 마음이 줄어드니까요.

이때에는 **만점왕 북2의 학교 시험 만점왕과 수행 평가**를 풀어 보면 돼요.

시험 시간에 맞게 풀어 본 후 맞힌 개수를 세어 보면

자신의 실력을 알아볼 수 있답니다.

이 책의 **차례**

CONTENTS

BOOK 2 실전책

❶ 물체와 물질

- 물체: 모양이 있고 공간을 차지하고 있는 것
- 물질: 물체를 만드는 재료
- 물질의 종류에는 금속, 플라스틱, 나무, 고무, 밀가루, 유리, 종이, 섬유, 가죽 등이 있음.

❷ 물체가 어떤 물질로 이루어져 있는지 알아보기

물질	물체
금속	자물쇠, 가위, 못, 열쇠, 클립, 금속 그릇
플라스틱	장난감 블록, 가위, 탁구공, 바구니
나무	주걱, 의자, 연필
고무	고무줄, 풍선, 고무장갑, 지우개
밀가루	빵, 과자
유리	어항, 유리컵

❸ 네 가지 막대의 성질 비교하기

- 물질의 고유한 성질: 색깔, 단단한 정도, 휘는 정도, 물에 뜨는 정도, 손으로 만졌을 때 느낌 등

단단한 정도	• 두 물질의 막대를 서로 긁었을 때 더 잘 긁히는 물질일수록 덜 단단함. • 금속 막대가 가장 단단함. • 금속 막대 > 플라스틱 막대 > 나무 막대 > 고무 막대
휘는 정도	• 막대를 손으로 잡고 구부려 봄. • 고무 막대는 잘 구부러지지만, 나머지 막대는 구부러지지 않음.
물에 뜨는 정도	• 물이 담긴 수조에 막대를 넣어 봄. • 나무 막대, 플라스틱 막대는 물에 뜸. • 금속 막대, 고무 막대는 물에 가라앉음.

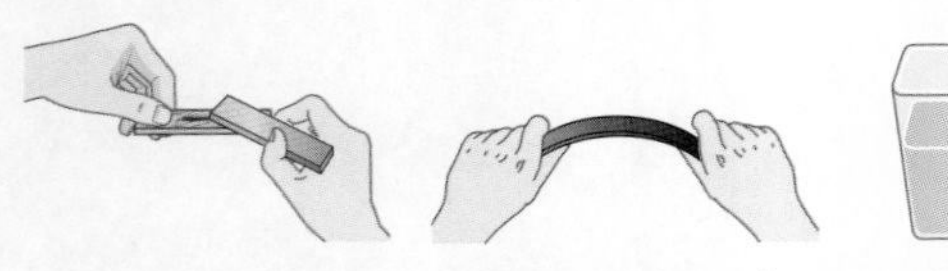
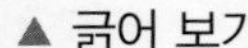
▲ 긁어 보기　▲ 구부려 보기　▲ 물에 넣어 보기

❹ 네 가지 막대를 이루고 있는 물질의 성질

금속	• 다른 물질보다 단단함. • 광택이 있음. • 단단하고 들어 보면 무거움.  ▲ 단단하고 광택이 있는 금속　▲ 나무보다 단단한 금속
나무	• 금속보다 가벼움. • 고유한 향과 무늬가 있음.  ▲ 물에 뜨는 나무　▲ 향과 무늬가 있는 나무
플라스틱	• 금속보다 가볍고 광택이 있음. • 딱딱하고 부드러움. • 다양한 색깔과 모양의 물체를 다른 물질보다 쉽게 만들 수 있음.  ▲ 다양한 모양과 색깔로 쉽게 만들 수 있는 플라스틱
고무	• 쉽게 구부러짐. • 당기면 늘어났다가 놓으면 다시 돌아옴. • 물에 젖지 않고 잘 미끄러지지 않음. 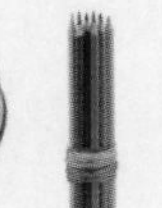 ▲ 당기면 늘어나는 고무　▲ 잘 미끄러지지 않는 고무

❺ 우리 주변에서 볼 수 있는 여러 가지 물질들의 성질

유리	• 투명하고 다른 물체와 부딪치면 잘 깨짐.
종이	• 잘 찢어지고 접을 수 있음. • 물에 잘 젖음.
섬유	• 손으로 만지면 부드럽고 접을 수 있음. • 잘 찢어지지 않고 물에 잘 젖음.
가죽	• 잘 찢어지지 않고 질김.

중단원 쪽지 시험

2 (1) 물체와 물질

정답과 해설 34쪽

01 물체를 만드는 재료를 무엇이라고 합니까?

( )

02 물질에 해당하는 것을 세 가지 쓰시오.

(, ,)

03 책과 상자를 만드는 데 사용된 물질은 무엇입니까?

( )

04 ( )은/는 장난감 블록, 가위, 자, 바구니 등을 만드는 재료입니다.

05 나무로 만들어진 물체를 두 가지 쓰시오.

(,)

06 금속, 플라스틱, 나무, 고무 중 가장 단단한 물질은 어느 것입니까?

( )

07 금속 막대, 플라스틱 막대, 나무 막대, 고무 막대 중 손으로 잡고 구부렸을 때 잘 구부러지는 막대는 어느 것입니까?

( )

08 물이 담긴 수조에 나무 막대와 고무 막대를 넣었을 때 물에 가라앉는 것은 무엇입니까?

( )

09 금속보다 가볍고 광택이 있으며 다양한 색깔과 모양의 물체를 다른 물질보다 쉽게 만들 수 있는 물질은 무엇입니까?

( )

10 연필, 야구 방망이를 이루는 물질로 고유한 향과 무늬가 있는 물질은 무엇입니까?

( )

11 당기면 늘어났다가 놓으면 다시 돌아오는 성질을 지닌 물질은 무엇입니까?

( )

12 종이는 물에 (㉠), 고무는 물에 (㉡).

㉠: ( ), ㉡: ( )

13 유리, 종이, 가죽 중 잘 찢어지지 않고 질긴 성질을 지닌 물질은 무엇입니까?

( )

14 어항을 이루는 물질로 투명하고 다른 물체와 부딪치면 잘 깨지는 물질은 무엇입니까?

( )

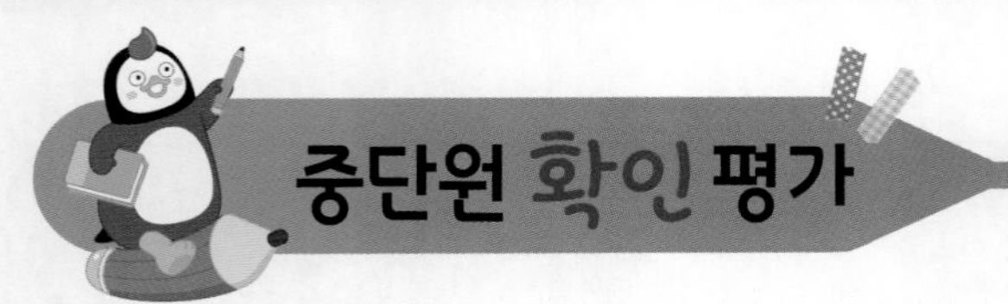

중단원 확인 평가

01 다음 ㉠과 ㉡에 들어갈 알맞은 말을 각각 쓰시오.

> 모양이 있고 공간을 차지하는 것을 (㉠)(이)라고 하고, (㉠)을/를 만드는 재료를 (㉡)(이)라고 한다.

㉠: (   ), ㉡: (   )

02 다음 중 고무로 만든 물체가 아닌 것은 어느 것입니까? (   )

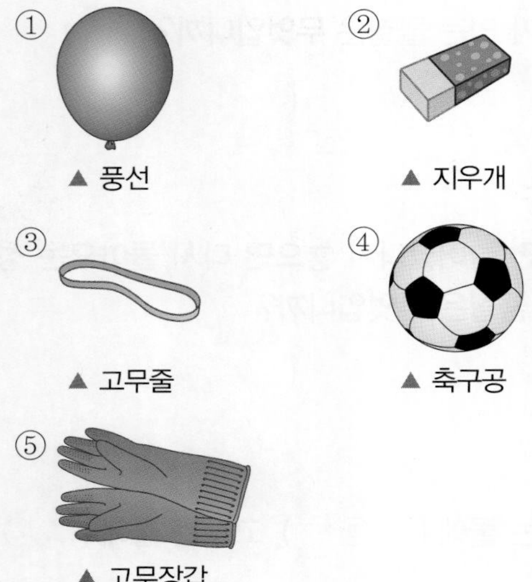

① ▲ 풍선
② ▲ 지우개
③ ▲ 고무줄
④ ▲ 축구공
⑤ ▲ 고무장갑

03 다음 물체를 만드는 데 공통으로 사용된 물질은 무엇인지 쓰시오.

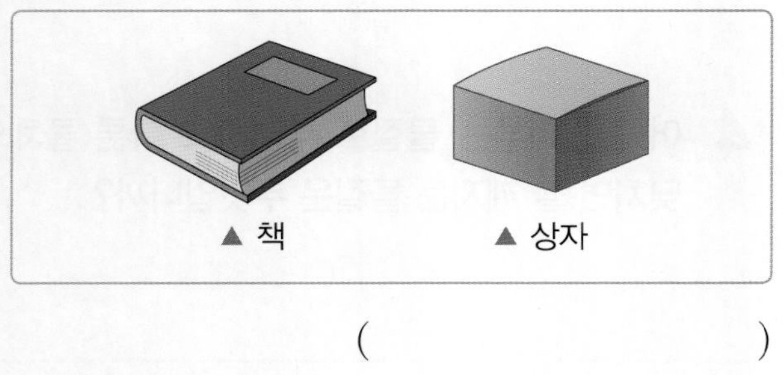

▲ 책 ▲ 상자

(   )

04 물체를 만든 재료를 잘못 설명한 친구는 누구입니까? (   )

① 재민: 자물쇠는 금속으로 만들어.
② 장미: 인형과 옷은 고무로 만들어.
③ 하나: 의자와 연필은 나무로 만들어.
④ 도훈: 빵과 과자는 밀가루로 만들어.
⑤ 이든: 야구 장갑은 가죽으로 만들어.

05 다음과 같이 여러 가지 막대로 나무 막대를 긁었을 때 나무 막대가 긁히는 경우를 모두 골라 기호를 쓰시오.

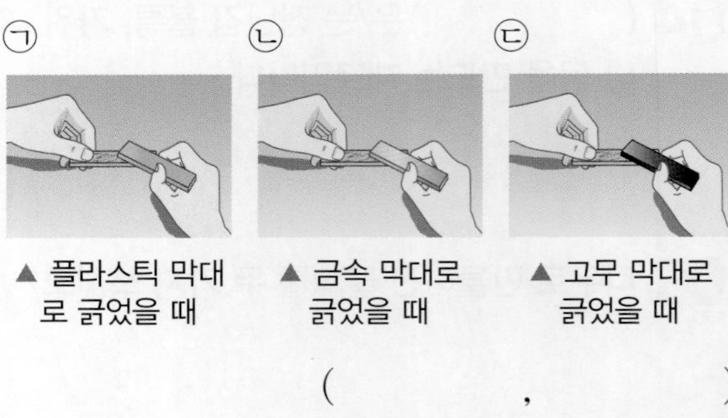

㉠ ▲ 플라스틱 막대로 긁었을 때
㉡ ▲ 금속 막대로 긁었을 때
㉢ ▲ 고무 막대로 긁었을 때

(,   )

중요
06 민수는 물질의 휘는 정도를 알아보기 위해 여러 가지 막대를 구부려 보는 실험을 했습니다. 다음 중 잘 구부러지는 막대는 어느 것입니까? (   )

① 금속 막대
② 나무 막대
③ 고무 막대
④ 유리 막대
⑤ 플라스틱 막대

07 여러 가지 막대를 준비하여 막대를 서로 긁어 보고, 물이 담긴 수조에 넣어 보았습니다. 다음 실험 결과에 해당하는 막대는 어느 것입니까? (　　　)

- 다른 막대로 긁었을 때 긁히지 않았다.
- 물이 담긴 수조에 넣었더니 물에 가라앉았다.

① 금속 막대
② 나무 막대
③ 고무 막대
④ 플라스틱 막대
⑤ 고무 막대와 나무 막대

중요
08 다음은 물체를 물질의 종류에 따라 분류한 것입니다. ㉠과 ㉡에 들어갈 물질을 알맞게 짝 지은 것은 어느 것입니까? (　　　)

㉠	㉡
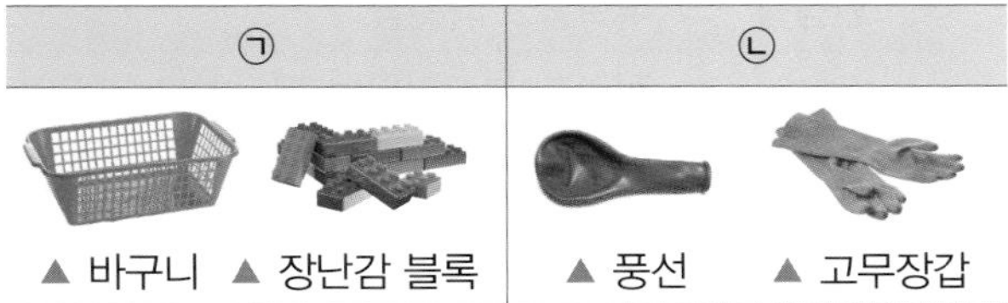 ▲ 바구니 ▲ 장난감 블록	▲ 풍선 ▲ 고무장갑

① ㉠－금속, ㉡－나무
② ㉠－고무, ㉡－금속
③ ㉠－고무, ㉡－플라스틱
④ ㉠－플라스틱, ㉡－고무
⑤ ㉠－플라스틱, ㉡－섬유

09 다음은 나무의 어떤 성질을 이용한 것인지 선으로 이으시오.

(1) 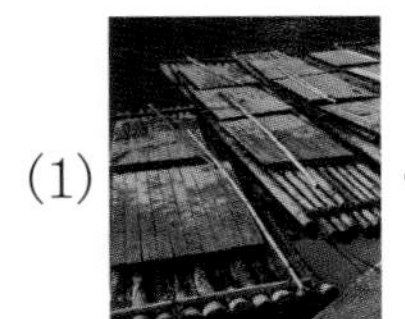 • 　　• ㉠ 향과 무늬가 있다.

(2) 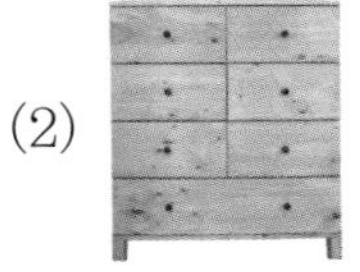 • 　　• ㉡ 물에 뜬다.

10 다음과 같이 금속 도구를 이용하면 나무를 잘 조각할 수 있습니다. 이 경우에는 물질의 어떤 성질을 이용하는 것입니까? (　　　)

① 광택을 가진 금속
② 금속보다 단단한 나무
③ 나무보다 단단한 금속
④ 고유한 향을 가진 나무
⑤ 똑같이 단단한 나무와 금속

11 오른쪽과 같이 신발 바닥을 고무로 만든 것은 고무의 어떤 성질을 이용한 것입니까? (　　　)

① 단단한 성질
② 잘 휘어지는 성질
③ 잘 늘어나는 성질
④ 물에 잘 젖는 성질
⑤ 잘 미끄러지지 않는 성질

12 다음 물체를 만드는 데 공통으로 사용된 물질은 무엇입니까? (　　　)

① 고무　　② 금속
③ 섬유　　④ 나무
⑤ 플라스틱

중단원 핵심 복습 2단원 (2)

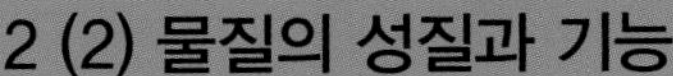

❶ 한 가지 물질로 만들어진 물체

물체	물질	좋은 점
금속 고리	금속	다른 물질로 만들어진 물체보다 튼튼함.
고무줄	고무	잘 늘어나고 다른 물체를 쉽게 묶을 수 있음.
플라스틱 바구니	플라스틱	• 가벼우면서도 튼튼함. • 다양한 색깔과 모양으로 쉽게 만들어 사용할 수 있음.

❷ 두 가지 이상의 물질로 만들어진 물체

▲ 책상 ▲ 쓰레받기 ▲ 자전거

• 책상의 각 부분을 이루는 물질의 특징

부분	물질	좋은 점
상판	나무	가벼우면서도 단단함.
몸체	금속	잘 부러지지 않고 튼튼함.
받침	플라스틱	바닥이 긁히는 것을 줄여 줌.

• 쓰레받기의 각 부분을 이루는 물질의 특징

부분	물질	좋은 점
몸체	플라스틱	가볍고 단단함.
입구	고무	바닥에 잘 달라붙어 작은 먼지도 쓸어 담기 좋음.

• 자전거의 각 부분을 이루는 물질의 특징

부분	물질	좋은 점
손잡이	고무, 플라스틱	부드럽고 미끄러지지 않음.
몸체	금속	잘 부러지지 않고 튼튼함.
안장	가죽, 플라스틱	질기고 부드러움.
체인	금속	튼튼하고 큰 힘에도 잘 견딤.
타이어	고무	충격을 잘 흡수하고 탄력이 있음.

❸ 여러 가지 물질로 만든 컵의 좋은 점

금속 컵	잘 깨지지 않고 튼튼함.
플라스틱 컵	가볍고 단단하며, 모양과 색깔이 다양함.
유리컵	투명하고 내용물을 쉽게 알 수 있음.
도자기 컵	음식을 오랫동안 따뜻하게 보관할 수 있음.
종이컵	싸고 가벼워서 손쉽게 사용할 수 있음.

▲ 금속 컵 ▲ 플라스틱 컵 ▲ 유리컵 ▲ 도자기 컵 ▲ 종이컵

❹ 여러 가지 물질로 만든 장갑의 좋은 점

비닐장갑	투명하고 얇으며 물이 들어오지 않음.
고무장갑	질기고 잘 미끄러지지 않으며 물이 들어오지 않음.
면장갑	부드럽고 따뜻함.
가죽 장갑	질기고 부드러우며 따뜻하고 바람이 들어오지 않음.

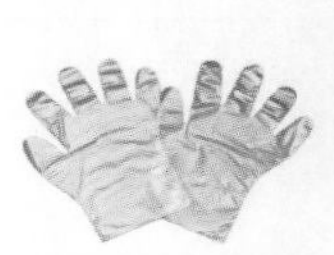

▲ 비닐장갑 ▲ 고무장갑 ▲ 면장갑 ▲ 가죽 장갑

❺ 종류가 같은 물체를 서로 다른 물질로 만드는 까닭

• 종류가 같은 물체라도 그 물체를 이루고 있는 물질에 따라 좋은 점이 서로 다름.

• 물질의 성질에 따라 물체의 기능이 다르고, 서로 다른 좋은 점이 있음.

• 생활 속에서는 물체의 기능을 고려하여 상황에 알맞은 것을 골라 사용함.

❻ 금속이나 유리로 신발을 만들면 불편한 점

금속 신발	신발이 구부러지지 않아 발이 불편할 것임.
유리 신발	신발이 다른 물체에 부딪쳤을 때 쉽게 깨져 다칠 수 있음.

중단원 쪽지 시험 2 (2) 물질의 성질과 기능

정답과 해설 34쪽

01 금속 고리를 만든 물질은 무엇입니까?

( )

02 고무로 만든 고무줄의 좋은 점을 쓰시오.

( )

03 플라스틱으로 바구니를 만들면 가벼우면서도 튼튼하고, 다양한 ( )과/와 ( )(으)로 쉽게 만들어 사용할 수 있습니다.

04 책상의 몸체는 어떤 물질로 만듭니까?

( )

05 책상의 받침을 플라스틱으로 만들면 좋은 점을 쓰시오.

( )

06 가볍고 단단한 성질이 있어 쓰레받기의 몸체를 만들기에 적당한 물질은 무엇입니까?

( )

07 쓰레받기의 입구는 바닥에 잘 달라붙어 작은 먼지도 쓸어 담기 좋아야 합니다. 이런 성질을 지닌 가장 적당한 물질은 무엇입니까?

( )

08 자전거의 손잡이를 만들기에 적당한 물질을 두 가지 쓰시오.

(,)

09 자전거의 몸체와 체인을 만들기에 적당한 물질은 무엇입니까?

( )

10 잘 깨지지 않고 튼튼한 컵을 만들기에 적당한 물질은 무엇입니까?

( )

11 흙을 구워서 만든 컵으로 음식을 오랫동안 따뜻하게 보관할 수 있는 컵은 무엇입니까?

( )

12 (㉠) 장갑은 투명하고 물이 잘 들어오지 않고, (㉡) 장갑은 질기고 부드러우며 따뜻합니다.

㉠: ( ), ㉡: ( )

13 여러 가지 물질로 컵을 만들어 사용하는 까닭을 쓰시오.

( )

14 금속으로 신발을 만들면 어떤 점이 불편할지 쓰시오.

( )

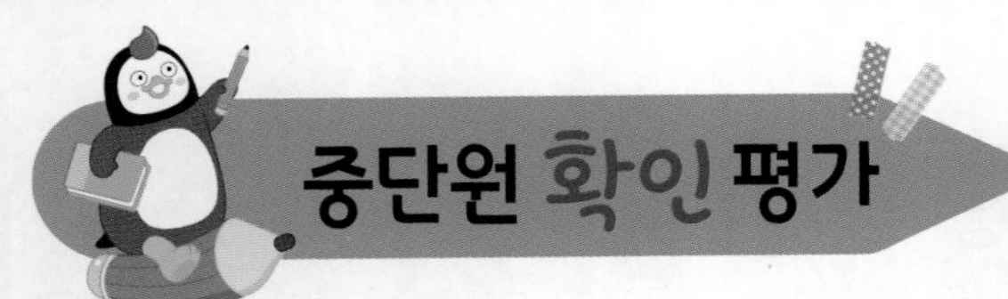

중단원 확인 평가

01 다음 물체에 대한 설명으로 옳지 않은 것은 어느 것입니까? (　　)

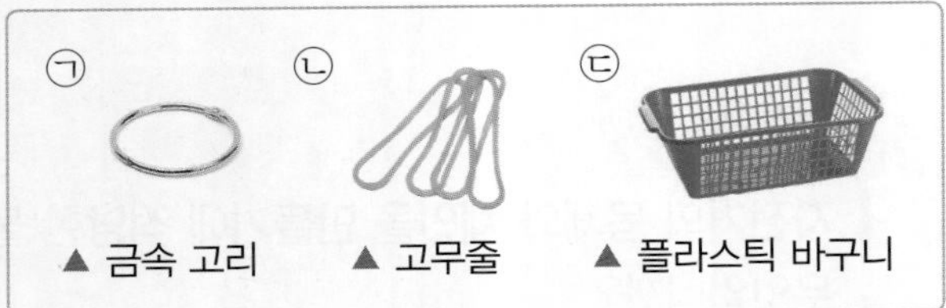

㉠ ▲ 금속 고리　㉡ ▲ 고무줄　㉢ ▲ 플라스틱 바구니

① ㉠이 가장 단단하다.
② ㉠은 금속으로 만들었다.
③ ㉡은 고무로 만들었다.
④ ㉢은 플라스틱으로 만들었다.
⑤ ㉢은 잘 늘어나고 다른 물체를 묶을 수 있다.

02 바구니를 플라스틱으로 만들었을 때의 좋은 점을 모두 고르시오. (　　,　　)

① 잘 늘어난다.
② 질기고 부드럽다.
③ 충격을 잘 흡수한다.
④ 가벼우면서도 튼튼하다.
⑤ 다양한 색깔과 모양으로 쉽게 만들어 사용할 수 있다.

03 다음 책상을 만드는 데 사용된 물질을 세 가지 쓰시오.

(　　　,　　　,　　　)

중요

04 다음 쓰레받기의 각 부분을 만든 물질을 옳게 짝지은 것은 어느 것입니까? (　　)

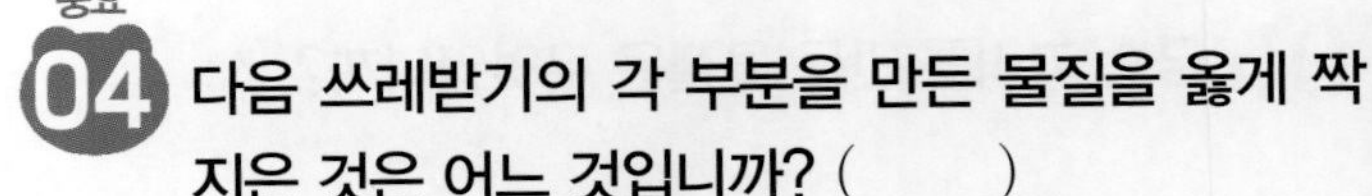

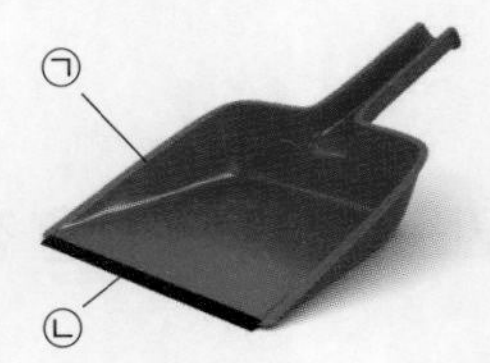

① ㉠－유리, ㉡－고무
② ㉠－나무, ㉡－금속
③ ㉠－플라스틱, ㉡－고무
④ ㉠－플라스틱, ㉡－나무
⑤ ㉠－고무, ㉡－플라스틱

05 다음 자전거에서 플라스틱으로 만들 수 있는 부분을 두 군데 찾아 쓰시오.

(　　　,　　　)

06 다음의 (가) 물체를 만든 물질과 같은 물질로 만들어진 부분을 (나)에서 찾아 쓰시오.

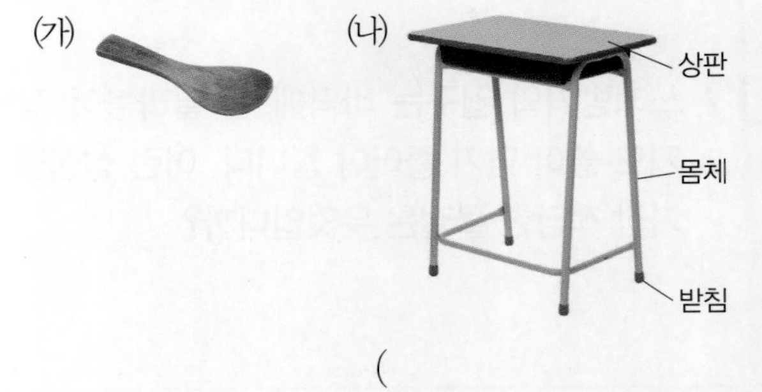

(　　　)

07 다음 (　　) 안에 들어갈 알맞은 말은 어느 것입니까? (　　)

(　　　　) 장갑은 투명하고 얇으며 물이 들어오지 않는다.

① 면　② 비닐　③ 가죽
④ 종이　⑤ 고무

08 다음 상황에서 사용하기에 가장 알맞은 장갑을 골라 기호를 쓰시오.

나무를 조각할 때 손을 다치지 않게 해 주고, 부드럽고 따뜻하게 손을 감싸 준다.

㉠ 고무장갑　㉡ 종이 장갑
㉢ 면(섬유)장갑　㉣ 비닐(플라스틱)장갑

(　　　　　　　　)

중요
09 여러 가지 물질로 된 다음 컵들이 가지는 각각의 성질로 옳지 않은 것은 어느 것입니까? (　　)

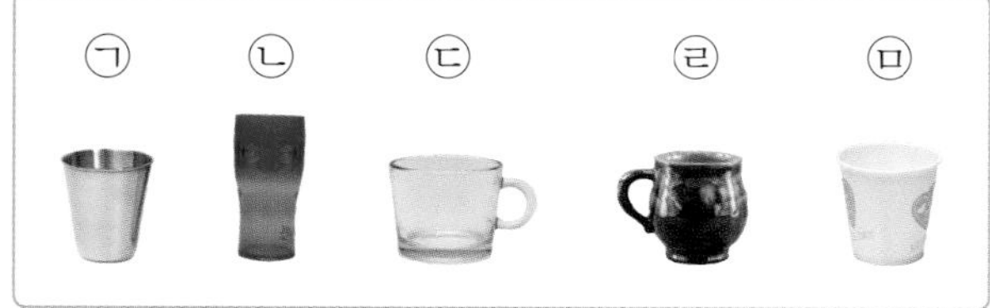

① ㉠은 단단하다.
② ㉡은 다양한 색으로 만들 수 있다.
③ ㉢은 속에 든 내용물이 보인다.
④ ㉣은 음식을 오랫동안 따뜻하게 보관할 수 있다.
⑤ ㉤은 쉽게 사용할 수 있으나 가격이 비싸다.

10 다음은 서로 다른 물질로 만든 장갑의 좋은 점을 정리한 것입니다. ㉠과 ㉡에 들어갈 장갑의 종류를 옳게 짝 지은 것은 어느 것입니까? (　　)

장갑의 종류	좋은 점
㉠	• 질기고 미끄러지지 않는다. • 물이 들어오지 않는다.
㉡	• 질기고 부드러우며 따뜻하다. • 바람이 들어오지 않는다.

	㉠	㉡
①	고무장갑	가죽 장갑
②	가죽 장갑	고무장갑
③	고무장갑	비닐장갑
④	비닐장갑	가죽 장갑
⑤	면(섬유)장갑	고무장갑

11 다음 (　　) 안에 공통으로 들어갈 알맞은 말을 쓰시오.

• 종류가 같은 (　　　　)(이)라도 이루고 있는 물질에 따라 좋은 점이 서로 다르다.
• 생활 속에서는 (　　　　)의 기능을 고려하여 상황에 알맞은 것을 골라 사용한다.

(　　　　　　　　)

12 오른쪽의 물질로 만든 신발을 신는다면 어떤 느낌이 들지 바르게 예상한 친구의 이름을 쓰시오.

은빈: 바닥이 미끄러지지 않아 잘 달릴 수 있어.
광수: 단단하고 잘 구부러져 오래 신어도 발이 편해.
유나: 다른 물체에 부딪쳤을 때 쉽게 깨져 다칠 수 있어.

(　　　　　　　　)

중단원 핵심 복습 2단원 (3)

❶ 서로 다른 물질을 섞었을 때 성질이 변하지 않는 경우

- 미숫가루와 설탕을 넣고 잘 저어 준 후 물질의 성질을 관찰함.
- 물질의 성질은 변하지 않고 그대로 있음.

❷ 탱탱볼을 만드는 물질 관찰하기

물질	특징
물	• 투명하고 만지면 흘러내림.
붕사	• 하얀색으로 광택이 없음. • 손으로 만지면 깔깔함.
폴리비닐 알코올	• 하얀색으로 광택이 있음. • 손으로 만지면 깔깔함. • 붕사보다 알갱이가 큼.

❸ 탱탱볼을 만드는 과정

① 따뜻한 물이 반쯤 담긴 플라스틱 컵에 붕사를 두 숟가락 넣음.

② 유리 막대로 저으면서 나타나는 현상을 관찰함.

③ ②의 플라스틱 컵에 폴리비닐 알코올을 다섯 숟가락 넣음.

④ 유리 막대로 젓고 3분 정도 기다리면서 나타나는 현상을 관찰함.

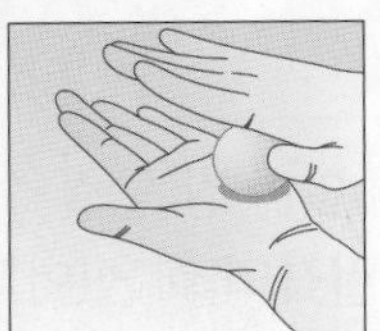

⑤ 엉긴 물질을 꺼내 손으로 주무르면서 공 모양을 만듦.

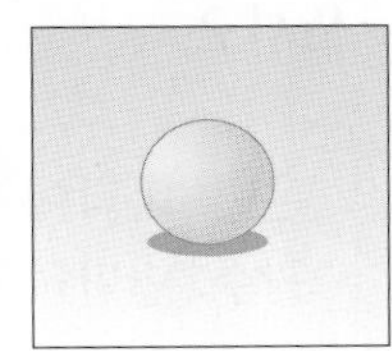

⑥ 물기가 완전히 마르면 탱탱볼을 관찰해 봄.

❹ 탱탱볼을 만들 때 물질의 성질 변화 알아보기

물과 붕사를 섞었을 때	물, 붕사, 폴리비닐 알코올을 섞었을 때
물이 뿌옇게 흐려짐.	서로 엉기고 알갱이가 점점 커짐.

- 탱탱볼을 만들 때 물질을 섞기 전과 섞은 후의 성질 비교하기: 섞기 전에 각 물질이 가지고 있던 색깔, 손으로 만졌을 때의 느낌 등의 성질이 변함.

❺ 만들어진 탱탱볼 관찰하기

- 알갱이가 투명하고 광택이 있음.
- 말랑말랑하고, 고무 같은 느낌임.
- 바닥에 떨어뜨리면 잘 튀어 오름.

❻ 창의적인 연필꽂이를 설계할 때 고려해야 할 것

- 물질의 어떤 성질을 이용할지 생각해 보기
- 어떤 물질을 사용할지 생각해 보기
- 연필꽂이의 크기를 생각해 보기
- 어떤 모양으로 만들지 생각해 보기

❼ 물질의 성질을 이용해 연필꽂이 설계하기

- 플라스틱과 종이의 성질을 생각하여 연필꽂이의 모양을 그리기
- 두 물체를 고정하는 방법과 연필꽂이를 사용할 때의 안전을 생각하기
- 연필을 꽂았을 때 충격을 줄여 줄 물질을 생각하기
- 연필꽂이 바닥이 미끄러지지 않게 하는 방법을 생각하기

❽ 설계한 연필꽂이 각 부분에 사용한 물질의 성질

- 고무: 잘 늘어나는 성질, 부드럽고 잘 미끄러지지 않는 성질
- 스펀지: 충격을 줄여 주는 성질
- 플라스틱: 가볍고 투명한 성질
- 두꺼운 종이: 단단한 성질

중단원 쪽지 시험

2 (3) 물질의 성질과 변화

정답과 해설 35쪽

01 미숫가루와 설탕을 섞으면 물질의 성질은 어떻게 됩니까?

( )

02 탱탱볼을 만들 때 필요한 물질을 세 가지 쓰시오.

(, ,)

03 탱탱볼을 만들 때 필요한 물질 중 투명하고 만지면 흘러내리는 물질은 무엇입니까?

( )

04 붕사와 폴리비닐 알코올 중에서 광택이 있는 것은 무엇입니까?

( )

05 붕사와 폴리비닐 알코올의 공통된 색깔은 무엇입니까?

( )

06 붕사와 폴리비닐 알코올을 손으로 만졌을 때의 느낌은 어떠합니까?

( )

07 탱탱볼을 만드는 과정에서 가루 물질을 녹이는 데 사용하기에 알맞은 물은 따뜻한 물과 찬물 중 무엇입니까?

( )

08 따뜻한 물이 담긴 컵에 붕사를 넣고 유리 막대로 저으면 어떤 변화가 나타나는지 쓰시오.

( )

09 위 08번의 컵에 폴리비닐 알코올을 넣으면 어떻게 됩니까?

( )

10 서로 다른 물질을 섞어 탱탱볼을 만들었을 때, 탱탱볼을 이루는 알갱이의 특징은 어떠합니까?

( )

11 탱탱볼을 만졌을 때 말랑말랑한 느낌은 어떤 물질이 가진 성질과 비슷한 느낌입니까?

( )

12 연필꽂이를 설계할 때 연필이 바닥에 닿는 충격을 줄여 주기 위해 사용할 물질로 적당한 것은 무엇입니까?

( )

13 연필꽂이를 설계할 때 가볍고 투명해서 속이 보이는 연필꽂이를 만들기 위해 사용할 수 있는 재료는 무엇입니까?

( )

14 플라스틱 통을 잘라서 연필꽂이를 만들 때, 플라스틱 통 끝부분에 다치지 않도록 하기 위한 방법을 쓰시오.

( )

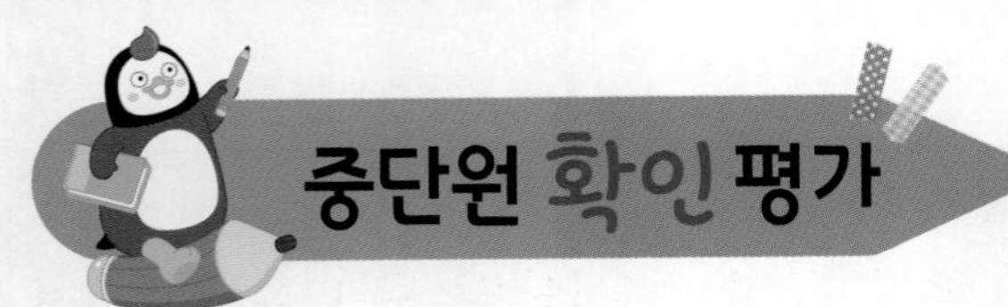

중단원 확인 평가

01 우리 생활에서 서로 다른 물질을 섞는 경우에 해당하지 않는 것을 찾아 기호를 쓰시오.

㉠ 물을 마실 때
㉡ 탱탱볼을 만들 때
㉢ 물에 미숫가루를 타서 먹을 때

( )

02 서로 관련 있는 것끼리 선으로 이으시오.

(1) 
▲ 미숫가루와 설탕을 섞었을 때 • • ㉠ 여러 물질을 섞어서 성질이 변했다.

(2) 
▲ 탱탱볼을 만들었을 때 • • ㉡ 물질을 섞었을 때 성질이 변하지 않았다.

03 다음 중 탱탱볼을 만드는 데 필요한 물질이 아닌 것을 골라 기호를 쓰시오.

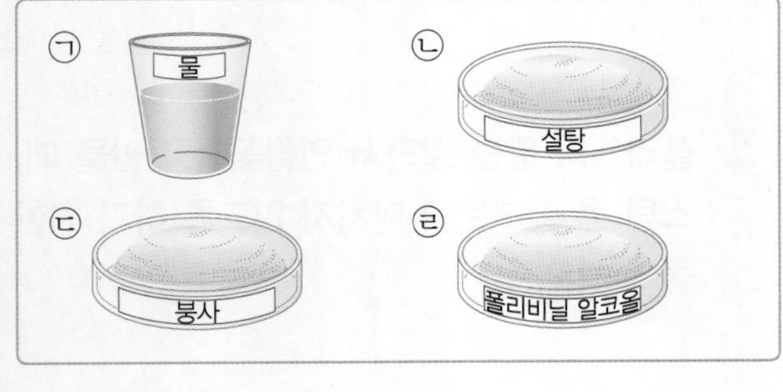

( )

04 붕사와 폴리비닐 알코올을 관찰한 결과로 옳은 것에 모두 ○표 하시오.

(1) 둘 다 하얀색이다. ( )
(2) 붕사는 광택이 없고 폴리비닐 알코올은 광택이 있다. ( )
(3) 알갱이의 크기는 붕사보다 폴리비닐 알코올이 더 크다. ( )
(4) 손으로 만져 보면 붕사는 부드럽고 폴리비닐 알코올은 깔깔하다. ( )

[05~08] 다음은 탱탱볼을 만드는 과정입니다. 물음에 답하시오.

(가) (㉠)이/가 반쯤 담긴 플라스틱 컵에 붕사를 두 숟가락 넣는다.
(나) 유리 막대로 저으면서 나타나는 현상을 관찰한다.
(다) 플라스틱 컵에 (㉡)를/을 다섯 숟가락 넣는다.
(라) 유리 막대로 저어 준 뒤에 3분 정도 기다리며 관찰한다.
(마) 엉긴 물질을 꺼내 손으로 주무르면서 공 모양을 만든다.

05 위 ㉠과 ㉡ 들어갈 물질은 무엇인지 각각 쓰시오.

㉠: ( )
㉡: ( )

중요
06 위의 (나) 과정에서 나타나는 현상으로 옳은 것은 어느 것입니까? ( )

① 물이 검게 변한다.
② 물이 뿌옇게 흐려진다.
③ 물질이 엉기며 투명한 알갱이가 생긴다.
④ 붕사가 녹지 않고 컵 바닥에 가라앉는다.
⑤ 물질이 엉기며 불투명한 알갱이가 생긴다.

07 앞의 ㈑ 과정에서 나타나는 현상을 옳게 설명한 친구의 이름을 쓰시오.

- 서린: 뿌연 물이 투명해져.
- 민국: 물질이 서로 엉기고 알갱이가 점점 커져.
- 정민: 물이 파랗게 변하고 알갱이가 점점 작아져.

(　　　　　　　　　　)

중요

08 앞의 실험 결과 만들어진 탱탱볼에 대한 설명으로 옳지 않은 것은 어느 것입니까? (　　)

① 광택이 있다.
② 말랑말랑하다.
③ 알갱이가 불투명하다.
④ 고무 같은 느낌이 든다.
⑤ 바닥에 떨어뜨리면 잘 튀어 오른다.

09 다음과 같이 탱탱볼의 색깔이 다른 까닭은 무엇입니까? (　　)

① 식용 색소를 넣어서
② 시간이 너무 많이 지나서
③ 엉긴 물질을 너무 빨리 꺼내서
④ 탱탱볼을 바닥에 너무 많이 던져서
⑤ 엉긴 물질을 너무 오래 두었다가 꺼내서

[10~12] 다음 연필꽂이 설계 과정을 보고, 물음에 답하시오.

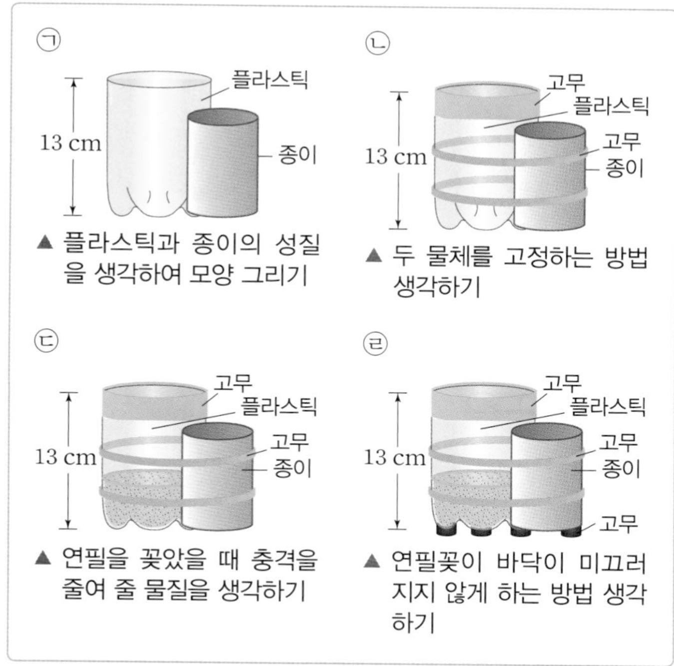

▲ 플라스틱과 종이의 성질을 생각하여 모양 그리기

▲ 두 물체를 고정하는 방법 생각하기

▲ 연필을 꽂았을 때 충격을 줄여 줄 물질을 생각하기

▲ 연필꽂이 바닥이 미끄러지지 않게 하는 방법 생각하기

10 위 ㉡ 과정을 해결하기 위해 사용한 물체는 어느 것입니까? (　　)

① 풀　② 고무줄　③ 테이프
④ 접착제　⑤ 종이

11 위 ㉢ 과정에서 연필을 꽂았을 때 충격을 줄여 주기 위해 사용하기에 알맞은 물질은 무엇인지 쓰시오.

(　　　　　　　　　　)

12 위 ㉣ 과정에서 연필꽂이 바닥에 고무를 붙인 것은 고무의 어떤 성질을 이용한 것입니까? (　　)

① 단단한 성질
② 가볍고 투명한 성질
③ 충격을 줄여 주는 성질
④ 잘 미끄러지지 않는 성질
⑤ 고유한 향과 무늬가 있는 성질

대단원 종합 평가

01 각각의 물체를 이루고 있는 물질을 옳게 짝 지은 것은 어느 것입니까? (　　　)

①  – 고무

②  – 종이

③  – 가죽

④ 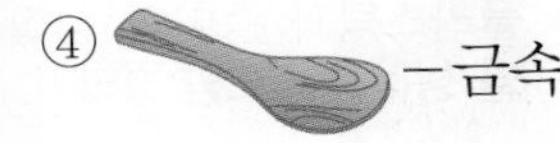 – 금속

⑤ – 나무

02 다음 중 나머지와 다른 물질로 이루어진 물체는 어느 것입니까? (　　　)

① 풍선　② 축구공
③ 지우개　④ 고무줄
⑤ 고무장갑

03 다음과 같은 성질을 지닌 막대는 어느 것입니까? (　　　)

- 손으로 잡고 구부리면 잘 구부러진다.
- 물이 담긴 수조에 넣으면 가라앉는다.

① 금속 막대
② 나무 막대
③ 고무 막대
④ 플라스틱 막대
⑤ 고무 막대와 나무 막대

04 오른쪽은 물이 담긴 수조에 금속 막대, 플라스틱 막대, 나무 막대, 고무 막대를 넣었을 때의 결과입니다. 이 실험에 대한 설명으로 옳은 것을 모두 고르시오. (　　,　　,　　)

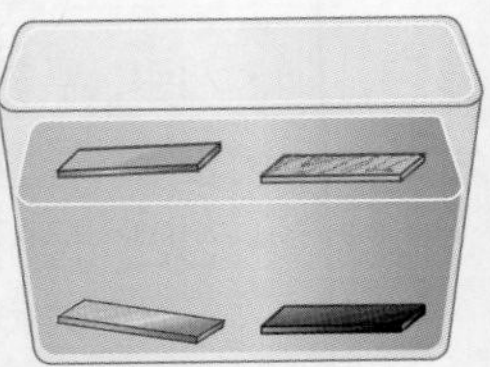

① 플라스틱 막대와 나무 막대는 물에 뜬다.
② 플라스틱 막대와 고무 막대는 물에 뜬다.
③ 금속 막대와 고무 막대는 물에 가라앉는다.
④ 플라스틱과 나무는 물에 뜨는 성질이 있다.
⑤ 나무, 고무는 물에 가라앉는 성질이 있다.

05 다음 사진에 대한 설명으로 옳지 않은 것은 어느 것입니까? (　　　)

▲ 그릇

▲ 의자

① 의자는 나무로 만들었다.
② 그릇은 금속으로 만들었다.
③ 의자는 고유한 무늬가 있다.
④ 그릇과 의자는 모두 물질이다.
⑤ 그릇은 단단하고 광택이 난다.

중요

06 다음과 같은 성질을 지닌 물질로 만든 물체는 어느 것입니까? (　　　)

광택이 있고 다른 물질보다 단단하다.

① 어항　② 고무줄
③ 쓰레받기　④ 금속 고리
⑤ 플라스틱 바구니

07 다음 친구들이 관찰하고 있는 물체를 골라 기호를 쓰시오.

> 지훈: 잡아당기면 잘 늘어나는 성질이 있어.
> 영은: 다른 물체를 묶는 데 쓸 수 있겠어.

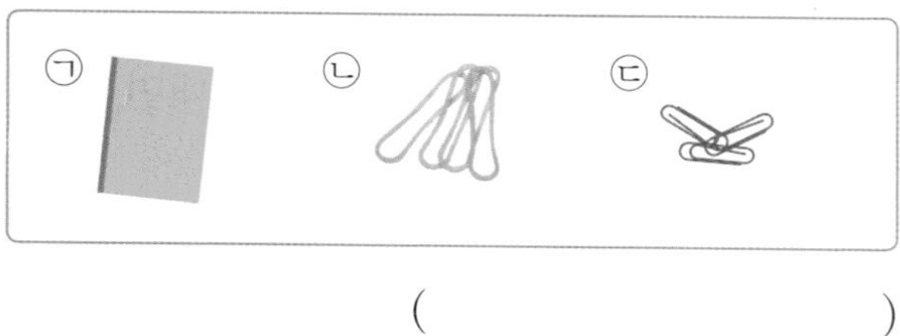

( )

08 오른쪽 쓰레받기의 몸체를 만든 물질과 같은 물질로 만든 것을 골라 기호를 쓰시오.

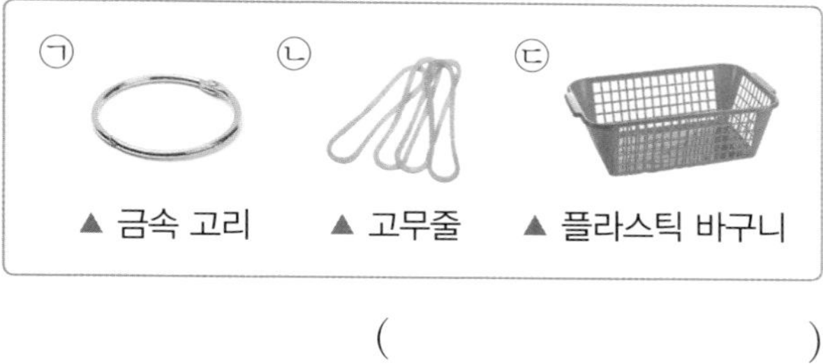

▲ 금속 고리 ▲ 고무줄 ▲ 플라스틱 바구니

( )

중요

09 자전거의 타이어를 이루고 있는 물질과 그 물질로 만들었을 때의 좋은 점을 옳게 짝 지은 것은 어느 것입니까? ( )

① 나무 – 질기고 부드럽다.
② 고무 – 충격을 잘 흡수한다.
③ 플라스틱 – 가볍고 튼튼하다.
④ 금속 – 다른 물질보다 튼튼하다.
⑤ 고무 – 다양한 색깔과 모양으로 쉽게 만들어 사용할 수 있다.

10 다음 의자의 각 부분을 이루고 있는 물질에 대한 설명으로 옳지 않은 것을 골라 기호를 쓰시오.

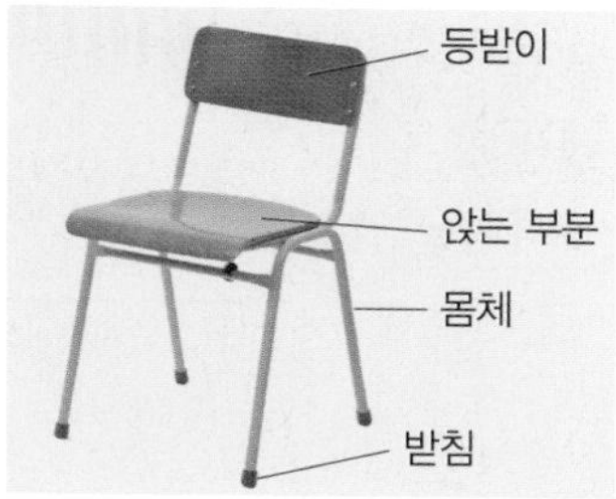

> ㉠ 받침은 나무로 만들어졌다.
> ㉡ 등받이는 나무로 만들어졌다.
> ㉢ 몸체는 금속으로 만들어졌다.
> ㉣ 앉는 부분은 나무로 만들어졌다.

( )

11 서로 다른 물질로 만든 장갑 중 다음과 같은 특징이 있는 장갑을 골라 기호를 쓰시오.

> 투명하고 얇으며, 물이 들어오지 않는다.

㉠ 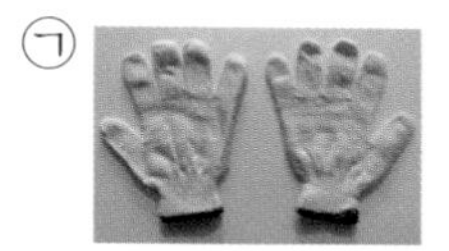
▲ 면장갑

㉡ 
▲ 가죽 장갑

㉢ 
▲ 고무장갑

㉣ 
▲ 비닐장갑

( )

12 다음 중 컵을 만들기에 적당하지 않은 물질은 어느 것입니까? ( )

① 섬유 ② 종이
③ 유리 ④ 도자기
⑤ 플라스틱

13 ㉠~㉢의 알갱이를 관찰했을 때 광택이 없는 것을 골라 기호를 쓰시오.

㉠ 붕사
㉡ 탱탱볼
㉢ 폴리비닐 알코올

(　　　　　　　　)

[14~16] 다음은 탱탱볼을 만드는 실험 과정입니다. 물음에 답하시오.

(가) 따뜻한 물이 담긴 컵에 붕사를 두 숟가락 넣고 젓기
(나) 컵에 폴리비닐 알코올을 다섯 숟가락 넣고 저은 후 (㉠) 정도 기다리기
(다) 엉긴 물질을 꺼내 손으로 (㉡) 만들기

14 ㉠과 ㉡에 들어갈 말을 옳게 짝 지은 것은 어느 것입니까? (　　)

	㉠	㉡
①	30초	공 모양
②	3분	공 모양
③	30초	별 모양
④	3분	별 모양
⑤	30분	공 모양

중요
15 오른쪽과 같이 물이 뿌옇게 흐려지는 현상은 (가)~(다) 중 어느 과정에서 관찰할 수 있는지 기호를 쓰시오.

(　　　　　　　　)

16 앞과 같은 방법으로 만든 탱탱볼에 대한 설명으로 옳지 <u>않은</u> 것은 어느 것입니까? (　　)

① 광택이 있다.
② 알갱이가 불투명하다.
③ 고무같이 말랑말랑한 느낌이다.
④ 엉긴 물질을 너무 빨리 꺼내면 하얀색이 된다.
⑤ 엉긴 물질을 너무 늦게 꺼내면 물컹거리고 투명해진다.

17 다음과 같이 연필꽂이를 설계한 대로 직접 만들 때 필요한 재료가 <u>아닌</u> 것은 어느 것입니까? (　　)

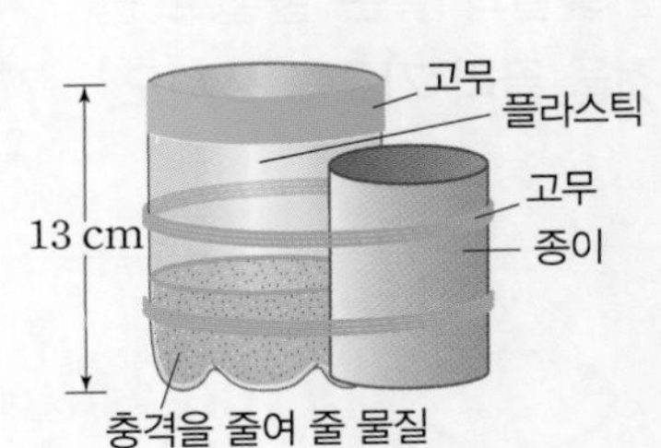

① 클립　　② 고무줄
③ 스펀지　　④ 종이 상자
⑤ 플라스틱 통

18 위 17번과 같이 설계한 연필꽂이 바닥이 미끄러지지 않도록 하기 위한 방법으로 알맞은 것은 어느 것입니까? (　　)

① 고무줄로 몸통을 묶는다.
② 종이 상자를 예쁘게 꾸민다.
③ 플라스틱 통의 색깔을 바꾼다.
④ 연필꽂이 안쪽 바닥에 스펀지를 깐다.
⑤ 고무줄을 잘라 연필꽂이 바닥에 붙인다.

서술형·논술형 평가 2단원

정답과 해설 36쪽

01 다음 장난감들은 각각 어떤 물질로 만들어졌는지 쓰시오.

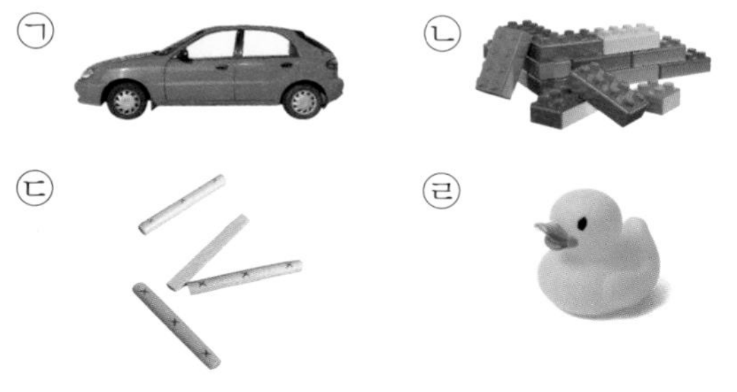

02 다음을 보고, 물음에 답하시오.

▲ 자전거 ▲ 책상

(1) 자전거의 체인과 책상의 몸체를 이루고 있는 공통된 물질은 무엇인지 쓰시오.

( )

(2) 위 (1)과 같은 물질로 자전거의 체인과 책상의 몸체를 만들면 좋은 점을 쓰시오.

03 다음을 보고, 물음에 답하시오.

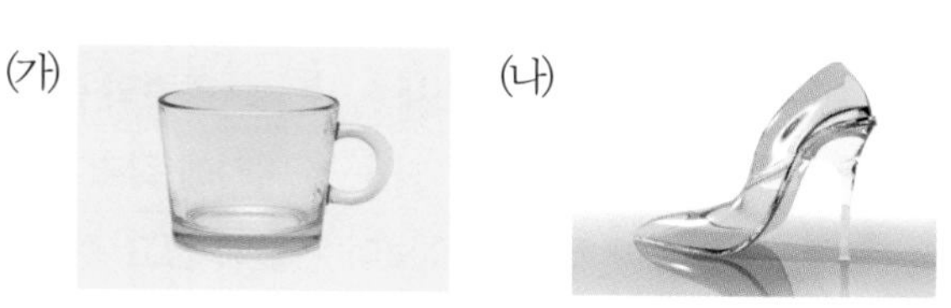

(1) (가)와 (나) 두 물체에 공통으로 사용된 물질은 무엇인지 쓰시오.

( )

(2) 위 (1)의 답과 같은 물질로 만들면 (가) 물체에는 좋고, (나) 물체에는 좋지 않은 까닭을 쓰시오.

04 다음 물질들로 탱탱볼을 만들 때, 어떤 순서로 물질을 넣어야 하는지 쓰시오.

▲ 물 ▲ 붕사 ▲ 폴리비닐 알코올

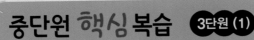

❶ 암수의 구별이 쉬운 동물과 어려운 동물

• 암수가 쉽게 구별되는 동물

동물	수컷의 생김새	암컷의 생김새
사자	머리에 갈기가 있음.	머리에 갈기가 없음.
사슴	뿔이 있고 암컷보다 몸이 큼.	뿔이 없고 수컷에 비해 몸이 작음.
원앙	몸 색깔이 화려함.	몸 색깔이 갈색이고 화려하지 않음.
꿩	깃털의 색깔이 선명하고 화려함.	깃털의 색깔이 수수함.

• 암수가 쉽게 구별되지 않는 동물: 붕어, 무당벌레 등

❷ 알이나 새끼를 돌보는 과정에서 암수의 역할

• 암수가 함께 돌봄: 제비, 꾀꼬리, 황제펭귄, 두루미 등
• 암컷 혼자서 돌봄: 곰, 소, 산양, 바다코끼리 등
• 수컷 혼자서 돌봄: 가시고기, 물자라, 꺽지, 물장군 등
• 암수 모두 돌보지 않음: 거북, 자라, 노린재, 개구리 등

❸ 배추흰나비를 기르는 방법 알아보기

• 준비물: 배추흰나비 애벌레 먹이(배추, 무, 양배추, 케일 등을 심은 화분), 사육 상자, 방충망, 고무줄, 분무기, 휴지 등
• 사육 상자 꾸미기: 사육 상자 바닥에 휴지를 깜. → 배추흰나비알이 붙어 있는 케일 화분을 넣음. → 방충망을 씌움.
• 주의할 점: 알이나 애벌레를 옮길 때는 직접 손으로 만지지 않고, 붙어 있는 잎을 함께 옮김. 손으로 만졌을 때는 비누로 손을 깨끗이 씻음. 사육 상자 주변에서 모기약을 사용하지 않음.

❹ 배추흰나비알

• 길쭉한 옥수수 모양, 주름지고 연한 노란색임.
• 크기가 1 mm 정도이고 자라지 않음.
• 알의 부화 과정: 알 속에서 애벌레의 움직임이 보임. → 애벌레가 알껍데기 밖으로 나옴. → 애벌레가 알껍데기를 갉아 먹음.

❺ 배추흰나비 애벌레

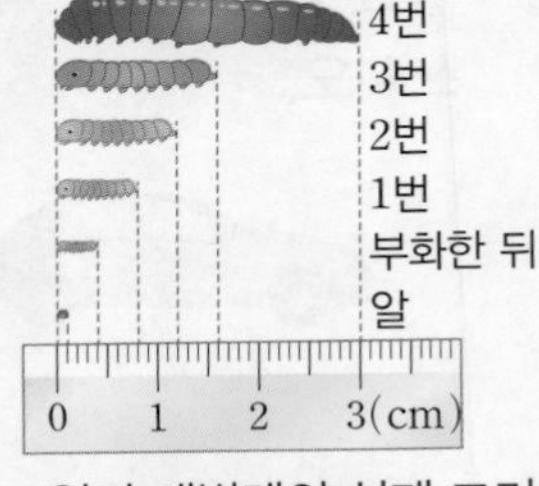

▲ 알과 애벌레의 실제 크기

• 털이 나 있고 고리 모양의 마디가 있음. 긴 원통 모양임.
• 몸은 머리, 가슴, 배로 구분되며 가슴에 가슴발이 세 쌍 있음.
• 자유롭게 기어서 움직이고, 허물을 네 번 벗으며 30 mm 정도까지 자람.

❻ 배추흰나비 번데기

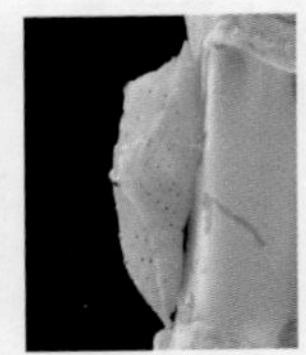

• 여러 개의 마디가 있고 색깔은 주변의 환경과 비슷함.
• 움직이지 않고 먹이도 먹지 않고 자라지도 않음.
• 애벌레가 번데기로 변하는 과정: 입에서 실을 뽑아 몸을 묶음. → 머리부터 껍질이 벌어지며 허물을 벗음. → 번데기 모습이 됨. → 색깔이 주변과 비슷하게 변함.

❼ 배추흰나비 어른벌레

• 날개돋이 과정: 등 부분이 갈라지고 머리가 보임. → 몸 전체가 빠져나옴. → 날개를 늘어뜨리고 천천히 펼침. → 날개가 마르면 날 수 있음.
• 어른벌레는 몸이 머리, 가슴, 배 세 부분으로 되어 있고, 가슴에 두 쌍의 날개와 세 쌍의 다리가 있음.

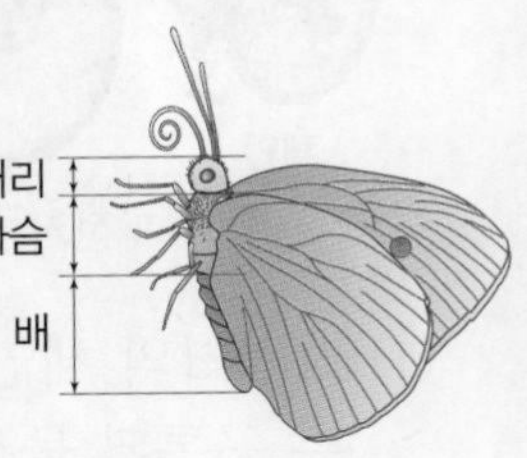

❽ 곤충의 특징

• 곤충: 몸이 머리, 가슴, 배 세 부분으로 되어 있고 다리가 세 쌍인 동물
• 종류: 배추흰나비, 개미, 벌 등

중단원 쪽지 시험 3 (1) 동물의 암수, 배추흰나비의 한살이

정답과 해설 38쪽

01 암수의 생김새가 달라서 암컷과 수컷을 쉽게 구별할 수 있는 동물을 세 가지 쓰시오.

(, ,)

02 사슴의 머리에 뿔이 있는 것은 암컷과 수컷 중 무엇입니까?

( )

03 암수가 함께 알이나 새끼를 돌보는 동물을 두 가지 쓰시오.

(,)

04 가시고기는 (암컷 , 수컷) 혼자서 알을 돌봅니다.

05 동물이 태어나 성장하여 자손을 남기는 과정을 동물의 ( )(이)라고 합니다.

06 배추흰나비 애벌레가 먹이로 먹는 식물을 두 가지 쓰시오.

(,)

07 애벌레가 바닥에 떨어졌을 때는 손으로 만지지 않고, (배춧잎 , 배추흰나비) 등을 애벌레 앞에 놓아 스스로 기어오르도록 합니다.

08 배추흰나비알은 연한 ( )색을 띠며, 길쭉한 옥수수 모양으로 주름져 있습니다.

09 배추흰나비 애벌레는 자라는 동안 허물을 몇 번 벗습니까?

( )

10 배추흰나비알, 애벌레, 번데기 중에서 먹이를 먹고 기어서 움직이는 것은 무엇입니까?

( )

11 배추흰나비 번데기의 색깔은 주변과 ( ) 변합니다.

12 배추흰나비 어른벌레는 날개가 (㉠) 쌍이고, 다리가 (㉡) 쌍입니다.

㉠: ( ), ㉡: ( )

13 배추흰나비의 한살이는 알 → 애벌레 → ( ) → 어른벌레입니다.

14 몸이 머리, 가슴, 배 세 부분으로 되어 있고 다리가 세 쌍인 동물을 ( )(이)라고 합니다.

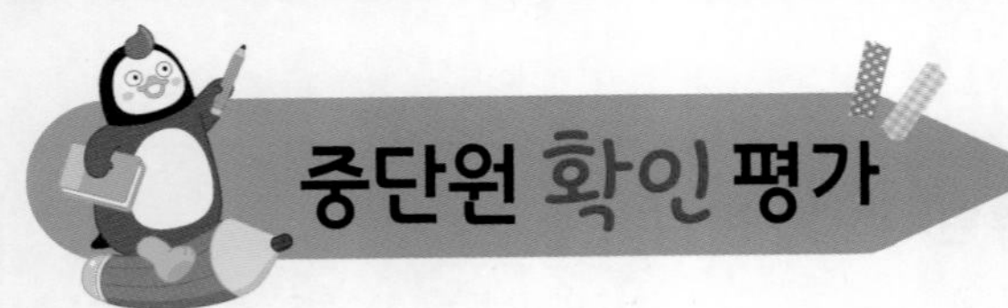

중단원 확인 평가

3 (1) 동물의 암수, 배추흰나비의 한살이

01 다음 ㉠과 ㉡에 들어갈 말을 옳게 짝 지은 것은 어느 것입니까? (　　　)

> 사자는 수컷에만 (　㉠　)이/가 있고, 사슴은 수컷에만 (　㉡　)이/가 있다.

① ㉠ 갈기, ㉡ 뿔　　② ㉠ 뿔, ㉡ 갈기
③ ㉠ 뿔, ㉡ 부리　　④ ㉠ 부리, ㉡ 뿔
⑤ ㉠ 갈기, ㉡ 부리

중요
02 다음 중 암수의 구별이 어려운 동물은 무엇입니까? (　　　)

① 
▲ 사자

② 
▲ 사슴

③ 
▲ 원앙

④ 
▲ 꿩

⑤ 
▲ 무당벌레

03 다음 중 암컷 혼자서 새끼를 돌보는 동물을 골라 기호를 쓰시오.

㉠ ▲ 가시고기　㉡ ▲ 곰
㉢ ▲ 제비　㉣ ▲ 거북

(　　　　　　　　)

04 다음을 먹이로 먹는 시기는 배추흰나비의 한살이 과정 중 어느 단계인지 쓰시오.

▲ 배춧잎

▲ 무 잎

▲ 양배추 잎

(　　　　　　　　)

05 다음은 배추흰나비의 한살이 관찰 계획서입니다. ㉠에 들어갈 내용으로 알맞지 않은 것은 어느 것입니까? (　　　)

관찰 기간	20○○년 ○월 ○일~○월 ○일
관찰할 내용	㉠
관찰 방법	• 맨눈이나 돋보기로 관찰함. • 사진기로 사진이나 동영상을 찍음. • 자를 사용하여 크기 변화를 측정함.
기록 방법	• 관찰 기록장에 글, 그림으로 표현함. • 관찰 일기를 씀.

① 애벌레의 날개 생김새
② 애벌레가 먹이를 먹는 모습
③ 어른벌레의 입과 더듬이 모양
④ 어른벌레의 다리와 날개 생김새
⑤ 알, 애벌레, 번데기의 색깔과 모양

06 배추흰나비를 기르기 위해 준비해야 하는 것으로 알맞지 않은 것은 어느 것입니까? (　　　)

① 해충의 피해를 막아 줄 모기약
② 알과 애벌레를 보호해 줄 방충망
③ 애벌레의 먹이로 사용할 케일 화분
④ 사육 상자로 사용할 투명한 플라스틱 그릇
⑤ 사육 상자 안의 습도를 조절하기 위한 분무기

07 배추흰나비 애벌레의 부화 과정을 순서에 맞게 나열한 것은 어느 것입니까? (　　　)

> ㉠ 애벌레가 알껍데기를 갉아 먹음.
> ㉡ 애벌레가 알껍데기 밖으로 나옴.
> ㉢ 알 속에서 애벌레의 움직임이 보임.

① ㉠－㉡－㉢　　② ㉠－㉢－㉡
③ ㉡－㉢－㉠　　④ ㉢－㉠－㉡
⑤ ㉢－㉡－㉠

08 다음의 배추흰나비알과 번데기의 공통점으로 알맞지 않은 것을 골라 기호를 쓰시오.

▲ 배추흰나비알

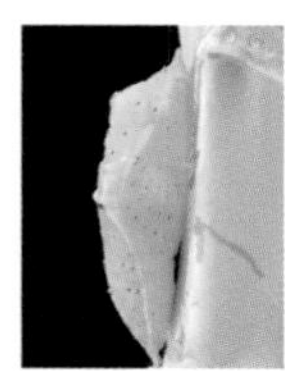
▲ 번데기

> ㉠ 자라지 않는다.
> ㉡ 움직이지 않는다.
> ㉢ 먹이를 먹지 않는다.
> ㉣ 주변과 비슷하게 색이 변한다.

(　　　　　　　　　　)

09 배추흰나비 애벌레가 번데기로 변할 때쯤 보이는 특징으로 옳지 않은 것은 어느 것입니까? (　　　)

① 실로 몸을 묶는다.
② 안전한 곳을 찾는다.
③ 입에서 실을 뽑는다.
④ 평소보다 먹이를 더 많이 먹는다.
⑤ 머리부터 껍질이 벌어지며 허물을 벗는다.

10 다음은 배추흰나비 번데기에서 어른벌레가 나오는 과정을 설명한 것입니다. 이처럼 번데기에서 날개가 있는 어른벌레가 나오는 것을 무엇이라고 하는지 쓰시오.

> 번데기 안에 어른벌레의 모습이 보임. → 등 부분이 갈라지고 머리가 보임. → 몸 전체가 빠져나옴. → 날개를 늘어뜨리고 천천히 펼침.

(　　　　　　　　　　)

11 배추흰나비 어른벌레의 생김새를 관찰했을 때 어른벌레에게 없는 것은 무엇입니까? (　　　)

① 날개　　② 다리
③ 더듬이　　④ 가슴발
⑤ 대롱 모양의 입

12 배추흰나비의 한살이 과정을 순서에 맞게 기호를 쓰시오.

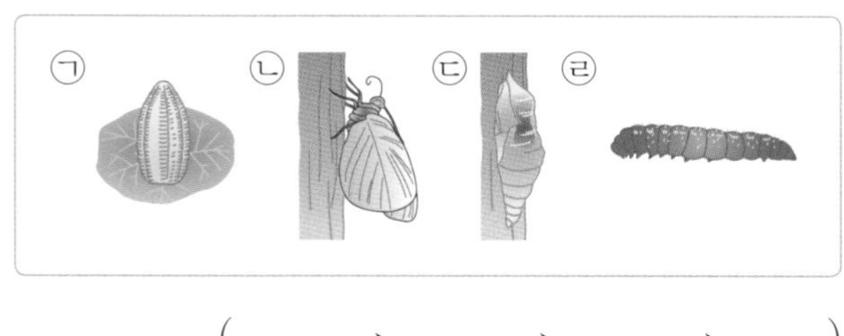

(　　→　　→　　→　　)

중단원 핵심 복습 3단원 (2)

❶ 사슴벌레와 잠자리의 한살이

사슴벌레의 한살이	• 알 → 애벌레 → 번데기 → 어른벌레 • 번데기 단계가 있음.
잠자리의 한살이	• 알 → 애벌레 → 어른벌레 • 번데기 단계가 없음.

❷ 사슴벌레와 잠자리의 한살이에서 공통점과 차이점

구분	사슴벌레	잠자리
공통점	• 알로 태어나고, 애벌레 단계가 있음. • 허물을 벗으며 자람. • 어른벌레는 날개 두 쌍과 다리 세 쌍이 있고, 모두 땅에서 생활함.	
차이점	• 썩은 나무나 습기가 있는 나무에 알을 낳음. • 애벌레는 나무속에서 자람.	• 물에 알을 낳음. • 애벌레는 물속에서 자람.

❸ 완전 탈바꿈과 불완전 탈바꿈

완전 탈바꿈	• 곤충의 한살이에 번데기 단계가 있는 것 • 나비, 벌, 파리, 풍뎅이, 나방, 개미 등
불완전 탈바꿈	• 곤충의 한살이에 번데기 단계가 없는 것 • 사마귀, 메뚜기, 방아깨비, 노린재 등

❹ 닭의 한살이

• 알 → 병아리 → 큰 병아리 → 다 자란 닭

알: 단단한 껍데기에 싸여 있음.

병아리: 몸이 솜털로 덮여 있음.

큰 병아리: 솜털이 깃털로 바뀜.

다 자란 닭: 암컷이 알을 낳을 수 있음.

• 알, 병아리, 다 자란 닭의 차이점

알	• 한쪽 끝이 뾰족한 공 모양 • 암수 구별이 어려움.
병아리	• 솜털로 덮여 있고 볏과 꽁지깃이 없음. • 암수 구별이 어려움.
다 자란 닭	• 깃털로 덮여 있고 꽁지깃이 길게 자람. • 암수 구별이 쉬움.

❺ 알을 낳는 동물의 한살이

연어	알 → 새끼 연어 → 다 자란 연어
개구리	알 → 올챙이 → 개구리
뱀	알 → 새끼 뱀 → 다 자란 뱀
굴뚝새	알 → 새끼 굴뚝새 → 큰 새끼 굴뚝새 → 다 자란 굴뚝새

❻ 개의 한살이

• 갓 태어난 강아지 → 큰 강아지 → 다 자란 개

갓 태어난 강아지: 어미젖을 먹으며 자람.

큰 강아지: 이빨이 나고 먹이를 씹어 먹음.

다 자란 개: 짝짓기하여 암컷이 새끼를 낳음.

• 갓 태어난 강아지와 다 자란 개의 특징 비교하기

구분	갓 태어난 강아지	다 자란 개
공통점	• 몸이 털로 덮여 있고, 다리가 네 개임. • 꼬리가 있고, 코는 털이 없고 촉촉함.	
차이점	• 눈과 귀가 막혀 있음. • 어미젖을 먹음. • 다리에 힘이 없어 일어서지 못함.	• 사물을 보고, 작은 소리도 잘 들음. • 이빨로 고기를 뜯거나 사료를 씹어 먹음. • 걷거나 달릴 수 있음.

❼ 새끼를 낳는 동물의 한살이

사람	아기 → 어린이 → 청소년 → 다 자란 어른
소	갓 태어난 송아지 → 큰 송아지 → 다 자란 소
말	갓 태어난 망아지 → 큰 망아지 → 다 자란 말
고양이	갓 태어난 새끼 고양이 → 큰 새끼 고양이 → 다 자란 고양이

❽ 동물의 한살이를 만화로 표현하기

• 모둠이 정한 동물의 한살이를 함께 정리함. → 동물의 한살이 중 만화로 표현할 내용과 장면을 정함. → 내가 맡은 한살이 단계를 만화 카드에 그리고 대사를 씀. → 친구들이 각각 그린 만화 카드를 함께 모아 완성함.

중단원 쪽지 시험

3 (2) 여러 가지 동물의 한살이 과정

정답과 해설 38쪽

01 사슴벌레는 알 → 애벌레 → (　　　　　) → 어른벌레의 한살이 과정을 거칩니다.

02 잠자리는 (　　　　　)에 알을 낳고, 알에서 깨어난 애벌레는 물속에서 삽니다.

03 잠자리는 한살이 과정에 번데기 단계가 (있습니다 , 없습니다).

04 사슴벌레와 잠자리 어른벌레는 모두 (　　　) 개의 다리가 있습니다.

05 곤충의 한살이에서 번데기 단계가 없는 것을 (　　　　　)(이)라고 합니다.

06 알에서 갓 깨어난 병아리의 몸은 무엇으로 덮여 있습니까?

(　　　　　　　)

07 닭의 암컷과 수컷 중 알을 낳고 품는 역할을 하는 것은 무엇입니까?

(　　　　　　　)

08 병아리와 다 자란 닭 중 볏과 꽁지깃이 있고 암수의 구별이 쉬운 단계는 무엇입니까?

(　　　　　　　)

09 연어, 개구리, 뱀은 (알 , 새끼)을/를 낳는 동물들입니다.

10 갓 태어난 강아지는 어미젖과 사료 중 무엇을 먹습니까?

(　　　　　　　)

11 갓 태어난 강아지와 다 자란 개의 공통점을 한 가지 쓰시오.

(　　　　　　　　　　　　　　)

12 개의 한살이 중 눈이 감겨 있고 귀도 막혀 있으며 걷지 못하는 단계는 무엇입니까?

(　　　　　　　)

13 사람의 한살이는 아기 → 어린이 → (　　　　) → 다 자란 어른입니다.

14 소, 말, 고양이는 (알 , 새끼)을/를 낳는 동물들입니다.

중단원 확인 평가

정답과 해설 38쪽

01 다음은 어느 곤충의 한살이 과정인지 쓰시오.

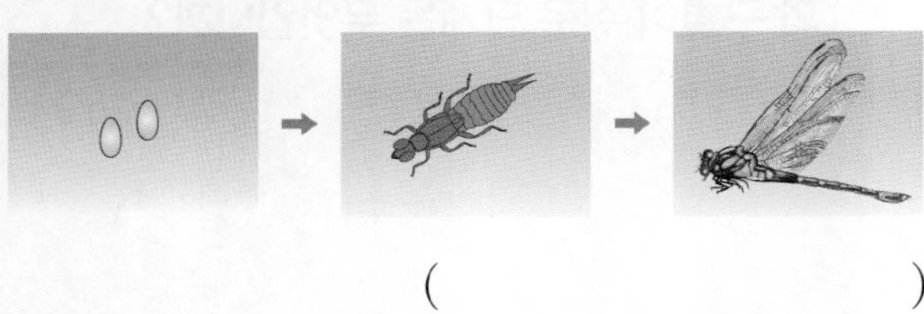

( )

02 다음 곤충에 대한 설명으로 옳지 않은 것은 어느 것입니까? ( )

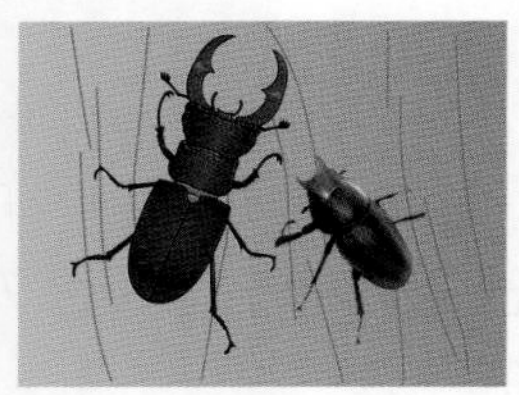

① 사슴벌레이다.
② 나무에 알을 낳는다.
③ 완전 탈바꿈을 한다.
④ 한살이에 번데기 단계가 없다.
⑤ 애벌레는 허물을 벗으며 자란다.

중요

03 서로 관련 있는 것끼리 선으로 연결하시오.

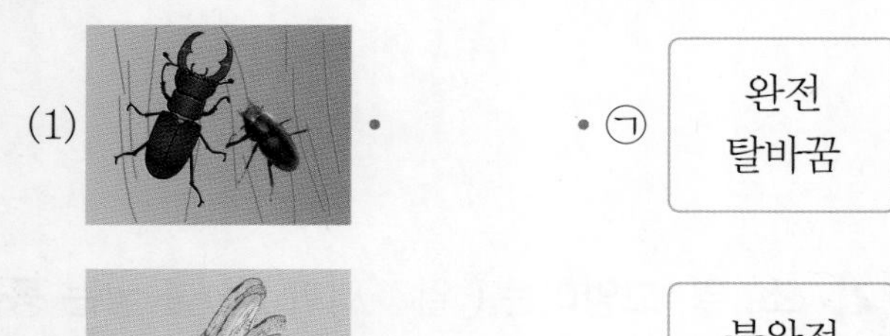

(1) • • ㉠ 완전 탈바꿈

(2) • • ㉡ 불완전 탈바꿈

04 다음 ㉠과 ㉡에 들어갈 말을 옳게 짝 지은 것은 어느 것입니까? ( )

> 사슴벌레는 (㉠)에 알을 낳고 잠자리는 (㉡)에 알을 낳는다.

	㉠	㉡
①	물	나무
②	나무	물
③	물	모래
④	모래	물
⑤	나무	모래

[05~06] 닭의 한살이 과정을 보고, 물음에 답하시오.

05 위의 ㉠은 알이고 ㉣은 다 자란 닭입니다. ㉡과 ㉢ 단계는 무엇인지 각각 쓰시오.

㉡: ( ), ㉢: ( )

06 위 닭의 한살이에서 각 단계에 대한 설명으로 옳은 것에 ○표 하시오.

(1) ㉠ 단계는 단단한 껍데기에 싸여 있다. ( )

(2) ㉡ 단계에는 볏과 꽁지깃, 날개가 없다. ( )

(3) ㉢ 단계에는 솜털이 깃털로 바뀐다. ( )

(4) ㉣ 단계에는 암수의 구별이 어렵다. ( )

다음은 알, 병아리, 다 자란 닭의 특징을 비교하여 설명한 것입니다. 옳게 설명한 것을 골라 기호를 쓰시오.

> ㉠ 알, 병아리, 다 자란 닭 모두 암수 구별이 쉽다.
> ㉡ 병아리와 다 자란 닭은 모두 몸이 깃털로 덮여 있다.
> ㉢ 병아리와 다 자란 닭은 모두 날개와 다리가 두 개씩 있다.
> ㉣ 병아리는 암수 구별이 쉽고 다 자란 닭은 암수 구별이 어렵다.

(　　　　　　　　　　)

08 다음 동물들의 한살이에는 어떤 공통점이 있습니까? (　　　)

▲ 연어

▲ 개구리

▲ 뱀

▲ 굴뚝새

① 땅에 알을 낳는다.
② 알의 크기가 같다.
③ 물에 알을 낳는다.
④ 다 자란 암컷이 알을 낳는다.
⑤ 한 번에 한 개의 알을 낳는다.

09 개의 한살이 과정입니다. 순서에 맞게 기호를 쓰시오.

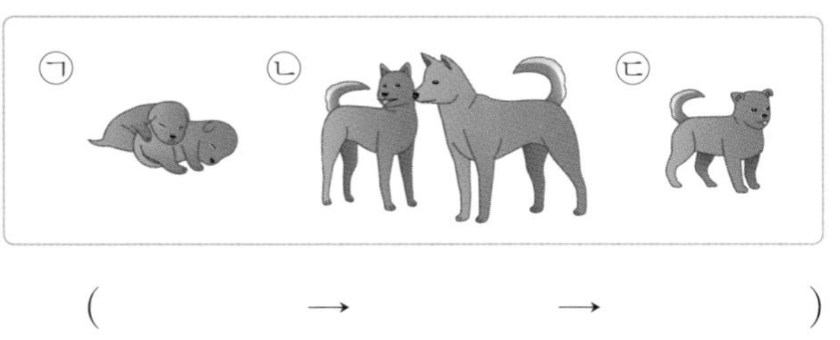

(　　　　→　　　　→　　　　)

10 연우의 이야기로 보아 연우가 키우는 개는 한살이 과정 중 어느 단계에 해당하는지 기호를 쓰시오.

> 연우: 우리 몽이가 또 내 신발을 물고 있어. 이빨이 나기 시작하면서 이가 간질거려서 그런가 봐.

(　　　　　　　　　　)

11 새끼를 낳는 동물의 한살이를 잘못 설명한 친구의 이름을 쓰시오.

> 정운: 고양이는 어미가 젖을 먹이며 새끼를 보살펴.
> 하루: 사람의 한살이는 아기 → 어린이 → 청소년 → 다 자란 어른의 순서로 이루어져.
> 보민: 송아지와 망아지처럼 어린 시절에 부르는 이름이 다른 동물은 어미와 생김새도 달라.

(　　　　　　　　　　)

12 다음은 어느 동물의 한살이를 만화로 표현한 것인지 쓰시오.

(　　　　　　　　　　)

대단원 종합 평가

01 다음 동물의 공통점으로 알맞지 않은 것은 어느 것입니까? (　　)

▲ 원앙

▲ 꿩

① 암수의 구별이 쉽다.
② 날개가 있고 알을 낳는다.
③ 수컷의 몸 색깔이 화려하다.
④ 암컷의 몸 색깔은 수수하다.
⑤ 수컷의 머리에 갈기가 있다.

중요
02 다음 중 암수 모두 알이나 새끼를 돌보지 않는 동물을 골라 기호를 쓰시오.

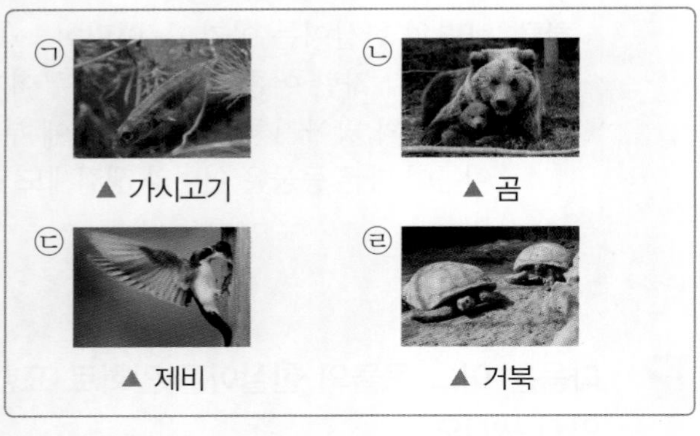
㉠ ▲ 가시고기
㉡ ▲ 곰
㉢ ▲ 제비
㉣ ▲ 거북

(　　　　　　　　)

03 배추흰나비를 사육 상자에서 기를 때 주의할 점을 잘못 말한 친구는 누구인지 쓰시오.

- 사라: 알과 애벌레는 손으로 옮기면 돼.
- 은우: 사육 상자 주변에서 모기약을 사용하면 안 돼.
- 영후: 알과 애벌레를 보호하기 위해 사육 상자에 방충망을 꼭 씌워야 해.

(　　　　　　　　)

04 배추흰나비 애벌레가 알껍데기에서 밖으로 나오자마자 처음으로 먹는 것은 무엇인지 쓰시오.

(　　　　　　　　)

05 배추흰나비의 한살이 과정 중 먹이를 먹지 않는 단계에 해당하는 것끼리 바르게 짝 지은 것은 어느 것입니까? (　　)

① 알, 애벌레
② 알, 번데기
③ 애벌레, 번데기
④ 번데기, 어른벌레
⑤ 애벌레, 어른벌레

06 민지는 배추흰나비의 한살이 과정 중 한 단계를 관찰하고 있습니다. 민지가 관찰하고 있는 단계에 대한 설명으로 알맞지 않은 것은 어느 것입니까? (　　)

민지: 애벌레의 몸을 자로 재었더니 길이가 30 mm야.

① 케일을 먹는다.
② 몸은 초록색이다.
③ 가슴발이 6개 있다.
④ 허물을 두 번 벗은 애벌레이다.
⑤ 몸 주변에 털이 나 있고 고리 모양의 마디가 있다.

07 배추흰나비의 날개돋이 과정입니다. (　　) 안에 들어갈 내용으로 알맞은 것을 보기 에서 골라 기호를 쓰시오.

> 번데기 안에 어른벌레의 모습이 보임. → (　　　　) → 몸 전체가 빠져나옴. → 날개를 늘어뜨리고 천천히 펼침. → 날개가 마르면 날 수 있음.

보기

> ㉠ 등 부분이 갈라지고 머리가 보임.
> ㉡ 배 부분이 갈라지고 꼬리가 보임.
> ㉢ 날개가 먼저 나오고 머리가 보임.

(　　　　　　　　)

08 배추흰나비 번데기와 어른벌레의 공통점으로 옳은 것은 어느 것입니까? (　　)

① 몸이 자라지 않는다.
② 날개를 이용하여 날아다닌다.
③ 몸 색깔이 주변과 비슷해진다.
④ 세 쌍의 다리, 한 쌍의 더듬이가 있다.
⑤ 대롱 모양의 입으로 꿀을 빨아 먹는다.

중요

09 배추흰나비의 한살이에서 각 단계에 해당하는 모습을 선으로 연결하시오.

(1) 알 • 　　　　• ㉠ 

(2) 애벌레 • 　　　　• ㉡ 

(3) 번데기 • 　　　　• ㉢ 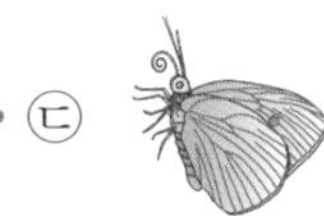

(4) 어른벌레 • 　　　　• ㉣

10 다음은 어느 곤충의 한살이 과정인지 쓰시오.

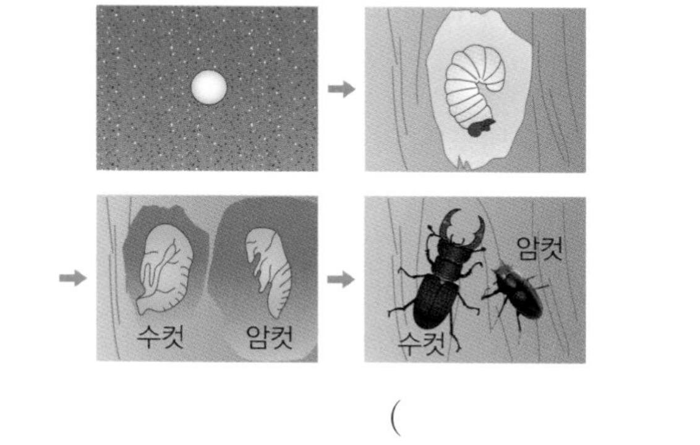

(　　　　　　　　)

11 다음 중 불완전 탈바꿈을 하는 곤충은 어느 것입니까? (　　)

① 벌　　　② 나비
③ 파리　　④ 잠자리
⑤ 사슴벌레

12 다음 (　　) 안에 공통으로 들어갈 알맞은 말을 쓰시오.

> • 잠자리는 한살이에서 번데기 단계를 거치지 않는 불완전 (　　　　)을/를 한다.
> • 사슴벌레는 한살이에서 번데기 단계를 거치는 완전 (　　　　)을/를 한다.

(　　　　　　　　)

13 닭의 한살이 중 다음 단계의 특징을 보기에서 모두 찾아 각각 기호를 쓰시오.

보기

㉠ 몸이 솜털로 덮여 있다.
㉡ 몸이 깃털로 덮여 있다.
㉢ 암수의 구별이 어렵다.
㉣ 이마와 턱에 볏이 있다.
㉤ 꽁지깃이 길게 자라 있다.

(1) (2)

( ) ( )

14 동물의 한살이 과정을 나타낸 것으로 옳지 않은 것은 어느 것입니까? ( )

① 뱀: 알 → 새끼 뱀 → 다 자란 뱀
② 개구리: 알 → 올챙이 → 개구리
③ 소: 알 → 송아지 → 다 자란 소
④ 연어: 알 → 새끼 연어 → 다 자란 연어
⑤ 닭: 알 → 병아리 → 큰 병아리 → 다 자란 닭

15 다음 중 물에 알을 낳는 동물을 골라 기호를 쓰시오.

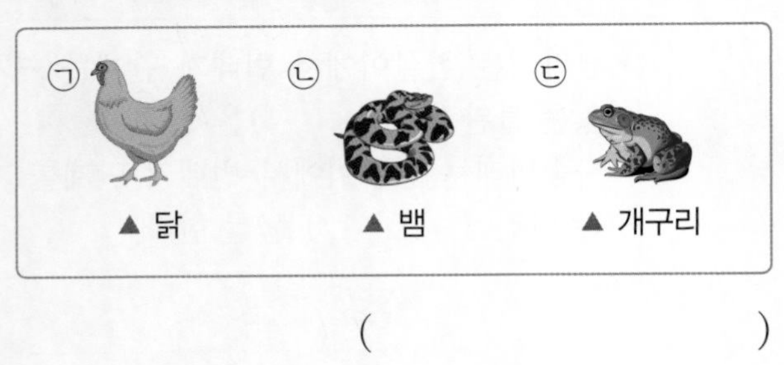

▲ 닭 ▲ 뱀 ▲ 개구리

( )

16 다음 동물들의 한살이를 비교했을 때 어떤 공통점이 있는지 설명한 것입니다. ( ) 안에 들어갈 알맞은 말을 쓰시오.

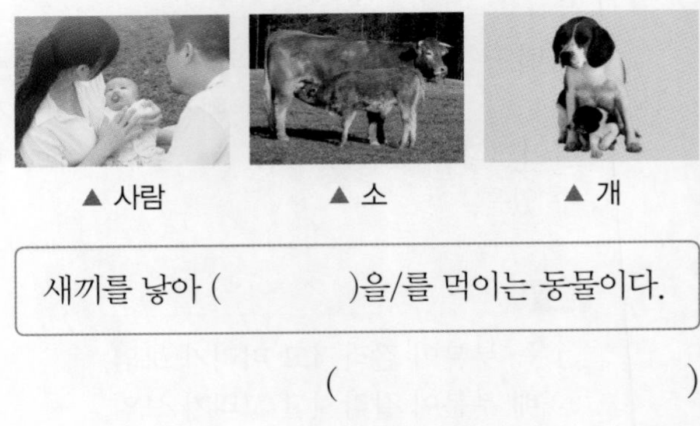
▲ 사람 ▲ 소 ▲ 개

새끼를 낳아 ( )을/를 먹이는 동물이다.

( )

중요

17 개의 한살이 중 다음 단계의 특징으로 알맞지 않은 것은 어느 것입니까? ( )

▲ 갓 태어난 강아지

① 이빨이 없다.
② 걷지 못한다.
③ 귀가 막혀 있다.
④ 눈이 감겨 있다.
⑤ 몸이 깃털로 덮여 있다.

18 다음은 개의 한살이를 만화로 표현한 것입니다. 한살이 순서에 맞게 기호를 쓰시오.

( ) → ( ) → ( )

서술형·논술형 평가 3단원

정답과 해설 40쪽

01 다음 동물들의 암수 생김새를 비교했을 때 공통점을 쓰고, 각각의 수컷이 가진 생김새의 특징을 쓰시오.

▲ 사자

▲ 사슴

02 배추흰나비의 한살이 중 일부 단계의 모습입니다. 물음에 답하시오.

(가) 

(나) 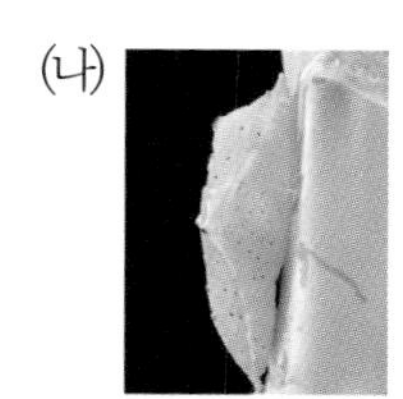

(1) (가)와 (나) 단계의 특징을 비교했을 때 공통점을 두 가지 쓰시오.

- 크기가 (   ).
- 먹이를 먹지 않고 움직임이 (   ).

(2) (가)와 (나) 단계의 색깔을 비교하여 쓰시오.

03 다음을 보고, 물음에 답하시오.

▲ 닭

▲ 개

(1) 위 두 동물의 한살이 과정을 쓰시오.

- 닭의 한살이: ㉠ (   ) → 병아리 → 큰 병아리 → 다 자란 닭
- 개의 한살이: ㉡ (   ) → 큰 강아지 → 다 자란 개

(2) 위 두 동물의 한살이 과정에는 어떤 차이점이 있는지 쓰시오.

04 개의 한살이를 다음과 같이 만화로 표현했을 때 갓 태어난 강아지 단계에 해당하는 장면을 찾아 기호를 쓰고 그렇게 생각한 까닭을 쓰시오.

중단원 핵심 복습 4단원 (1)

4 (1) 자석 사이에 작용하는 힘

❶ 자석에 붙는 물체와 자석에 붙지 않는 물체

자석에 붙는 물체	자석에 붙지 않는 물체
철 못, 철이 든 빵 끈, 철 용수철, 철사 등	유리컵, 플라스틱 빨대, 고무지우개, 나무젓가락 등

- 자석에 붙는 물체의 공통점: 철로 되어 있음.

❷ 한 물체에서 자석에 붙는 부분과 자석에 붙지 않는 부분 구별하기

- 가위: 날 부분은 자석에 붙지만 손잡이 부분은 자석에 붙지 않음.

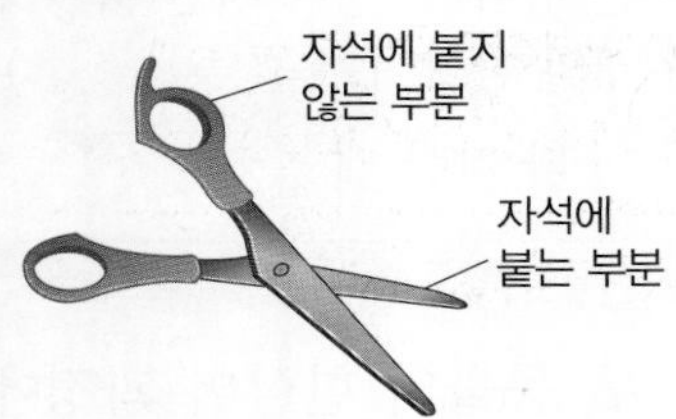

- 소화기: 몸통은 자석에 붙지만 호스 부분은 자석에 붙지 않음.
- 책상: 다리는 자석에 붙지만 책을 올려놓는 부분은 자석에 붙지 않음.

❸ 자석에서 클립이 많이 붙는 부분

막대자석	고리 자석	동전 모양 자석
양쪽 끝부분	양쪽 둥근 면	양쪽 둥근 면

❹ 막대자석의 극

- 자석에서 철로 된 물체가 많이 붙는 부분을 '자석의 극'이라고 함.
- 막대자석과 둥근기둥 모양 자석에서 자석의 극은 양쪽 끝부분에 있음.
- 자석의 극은 항상 두 개임.

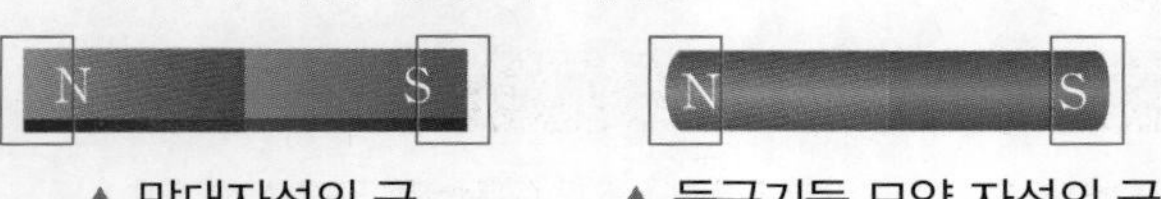

▲ 막대자석의 극　▲ 둥근기둥 모양 자석의 극

❺ 자석을 철로 된 물체에 가까이 가져가기

막대자석을 투명한 통에 들어 있는 빵 끈 조각에 가까이 가져갔을 때	빵 끈 조각이 막대자석에 끌려옴.
막대자석으로 빵 끈 조각을 투명한 통의 윗부분까지 끌고 갔을 때	빵 끈 조각이 막대자석을 따라 투명한 통의 윗부분까지 끌려옴.
막대자석을 조금 떨어뜨렸을 때	빵 끈 조각이 투명한 통의 윗부분에 붙어 있음.
막대자석을 조금씩 더 떨어뜨렸을 때	빵 끈 조각이 투명한 통의 윗부분에서 떨어짐.

▲ 막대자석을 빵 끈 조각에 가까이 가져갔을 때

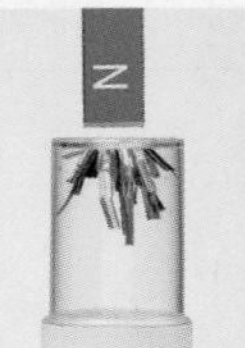

▲ 막대자석을 조금 떨어뜨렸을 때

❻ 자석과 철로 된 물체 사이에 작용하는 힘

- 철로 된 물체와 자석 사이에는 서로 끌어당기는 힘이 작용함.
- 철로 된 물체와 자석이 약간 떨어져 있어도 자석은 철로 된 물체를 끌어당길 수 있음.
- 철로 된 물체와 자석 사이에 얇은 플라스틱이나 종이 등의 물질이 있어도 자석은 철로 된 물체를 끌어당길 수 있음.
- 철로 된 물체로부터 자석이 멀어질 경우 자석이 철로 된 물체를 끌어당기는 힘이 조금씩 약해짐.

❼ 물에 띄운 자석이 가리키는 방향

- 물에 띄운 자석은 일정한 방향을 가리킴. 그때 북쪽을 가리키는 자석의 극을 N극이라고 하고, 남쪽을 가리키는 자석의 극을 S극이라고 함.

❽ 나침반

- 북쪽과 남쪽을 가리키는 자석의 성질을 이용하여 방향을 알 수 있도록 만든 도구임.
- 나침반 바늘은 자석이며 나침반을 편평한 곳에 놓으면 나침반 바늘은 항상 북쪽과 남쪽을 가리킴.

중단원 쪽지 시험

4 (1) 자석 사이에 작용하는 힘

정답과 해설 41쪽

01 자석에 붙는 물체를 세 가지 쓰시오.

(, ,)

02 자석에 붙지 않는 물체를 세 가지 쓰시오.

(, ,)

03 자석에 붙는 물체의 공통점은 무엇인지 쓰시오.

( )

04 가위에서 자석에 붙는 부분은 가위의 (㉠) 부분이고 자석에 붙지 않는 부분은 가위의 (㉡) 부분입니다.

㉠: ( ), ㉡: ( )

05 클립이 든 종이 상자에 자석을 넣으면 클립은 자석에 (붙습니다 , 붙지 않습니다).

06 막대자석의 양쪽 끝부분과 가운데 부분 중 클립이 많이 붙는 곳은 어디입니까?

( )

07 자석에서 철로 된 물체가 많이 붙는 부분을 무엇이라고 합니까?

( )

08 투명한 통에 빵 끈 조각을 넣은 뒤 막대자석을 투명한 통에 들어 있는 빵 끈 조각에 가까이 가져가면 빵 끈 조각이 어떻게 되는지 쓰시오.

( )

09 막대자석으로 투명한 통에 들어 있는 빵 끈 조각을 통의 윗부분까지 끌고 가면 빵 끈 조각은 무엇을 따라 움직입니까?

( )

10 자석 드라이버의 끝부분은 무엇으로 되어 있습니까?

( )

11 물에 띄운 막대자석이 가리키는 방향은 어느 방향과 어느 방향입니까?

(,)

12 막대자석을 물에 띄웠을 때 북쪽을 가리키는 자석의 극을 무슨 극이라고 합니까?

( )

13 막대자석을 물에 띄우거나 공중에 매달면 항상 일정한 방향을 가리킵니다. 자석의 이런 성질을 이용해 방향을 알 수 있도록 만든 도구의 이름을 쓰시오.

( )

14 나침반 바늘은 무엇으로 되어 있습니까?

( )

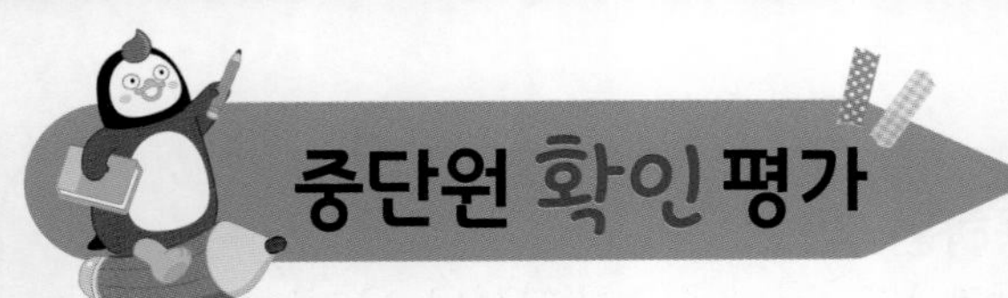

01 자석에 붙는 물체는 어느 것입니까? (   )

① 철로 만든 바늘
② 유리로 만든 컵
③ 고무로 만든 지우개
④ 나무로 만든 색연필
⑤ 플라스틱으로 만든 빨대

02 다음은 여러 가지 물체를 자석에 대 보고, 자석에 붙는 물체와 자석에 붙지 않는 물체로 분류한 것입니다. 잘못 분류한 물체를 찾아 이름을 쓰시오.

자석에 붙는 물체	자석에 붙지 않는 물체
클립, 못핀, 동전	거울, 칫솔, 책

(   )

03 다음의 소화기에서 자석에 붙는 부분을 찾아 기호를 쓰시오.

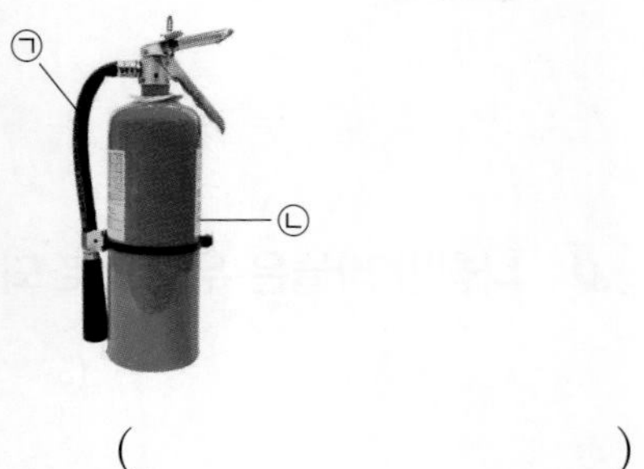

(   )

[04~05] 다음과 같이 클립을 골고루 부어 놓은 종이 상자에 막대자석을 넣었습니다. 물음에 답하시오.

중요

04 위 실험에서 막대자석을 천천히 들어 올릴 때 막대자석에서 클립이 많이 붙는 부분을 모두 찾아 기호에 ○표 하시오.

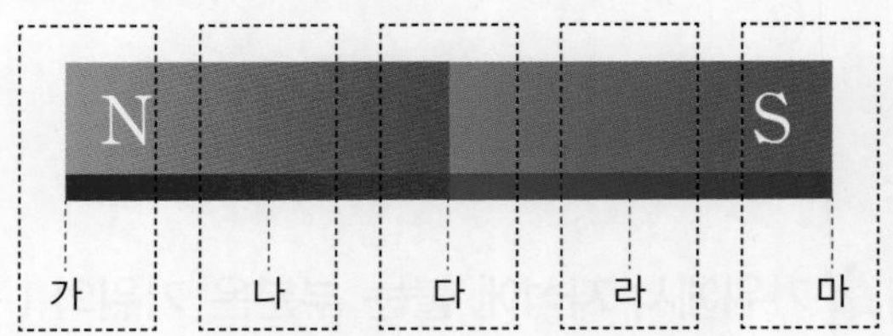

05 위 실험으로 알 수 있는 사실을 다음과 같이 정리해 보았습니다. (   ) 안에 들어갈 알맞은 말을 쓰시오.

> 자석의 극은 항상 (   ) 개이다.

(   )

06 오른쪽 동전 모양 자석에 대해 바르게 설명한 친구의 이름을 쓰시오.

> 현진: 동전 모양 자석은 극이 한 개야.
> 수영: 양쪽 둥근 면보다 옆면에 클립이 많이 붙어.
> 형우: 둥근 윗면과 아랫면이 동전 모양 자석의 극이야.

(   )

[07~09] 다음은 막대자석을 투명한 통에 들어 있는 빵 끈 조각에 가까이 가져갔을 때의 모습입니다. 물음에 답하시오.

07 위 실험에서 빵 끈 조각을 투명한 통의 윗부분에 붙어 있게 하려면 어떻게 해야 합니까? (　　)

① 막대자석의 극을 바꾸어 준다.
② 투명한 통의 윗부분을 손으로 톡톡 두드린다.
③ 막대자석을 투명한 통에서 조금씩 떨어뜨려 본다.
④ 막대자석으로 빵 끈 조각을 투명한 통의 윗부분까지 끌고 간다.
⑤ 투명한 통의 오른쪽에서 막대자석 두 개로 빵 끈 조각을 끌어당긴다.

08 다음은 위 실험을 통해 알 수 있는 점입니다. ㉠과 ㉡에 들어갈 말을 각각 쓰시오.

> 자석은 (　㉠　)(으)로 된 물체를 끌어당긴다. 철로 된 물체와 자석 사이에 얇은 (　㉡　)이/가 있어도 자석은 철로 된 물체를 끌어당길 수 있다.

㉠: (　　　　　　), ㉡: (　　　　　　)

09 다음 중 막대자석을 빵 끈 조각에 가까이 가져갈 때와 비슷한 원리를 이용한 물체는 어느 것입니까? (　　)

① 바늘　　② 비커
③ 철 용수철　　④ 손톱깎이
⑤ 자석 드라이버

[10~11] 플라스틱 접시에 막대자석을 올려놓고 물에 띄웠더니 다음과 같은 모습이 되었습니다. 물음에 답하시오.

중요
10 위 실험에서 막대자석의 ㉠과 ㉡이 가리키는 방향을 각각 쓰시오.

㉠: (　　　　　　), ㉡: (　　　　　　)

11 위 실험에서 플라스틱 접시의 역할로 옳은 것은 어느 것입니까? (　　)

① 철로 된 물체를 끌어당긴다.
② 일정한 방향을 가리키게 한다.
③ 막대자석의 힘이 강해지게 돕는다.
④ 막대자석이 물에 가라앉지 않게 해 준다.
⑤ 막대자석이 잘 움직일 수 있게 도와준다.

12 나침반에 대한 설명으로 옳은 것을 찾아 기호를 쓰시오.

> ㉠ 나침반 바늘은 금속을 끌어당긴다.
> ㉡ 나침반 바늘은 플라스틱으로 되어 있다.
> ㉢ 나침반을 편평한 곳에 놓으면 나침반 바늘은 항상 일정한 방향을 가리킨다.

(　　　　　　)

중단원 핵심 복습 4단원 (2)

❶ 머리핀이 자석의 성질을 띠게 하기

- 막대자석의 극에 머리핀을 1분 동안 붙여 놓은 뒤, 이 머리핀을 클립에 대 보면 머리핀에 클립이 붙음.
- 막대자석의 극에 붙여 놓았던 머리핀에 클립이 붙는 까닭: 머리핀이 자석의 성질을 띠게 되어 클립을 끌어당겼기 때문임.

❷ 철로 된 물체로 나침반 만들기

- 막대자석의 극에 붙여 놓았던 머리핀을 수수깡 조각에 꽂아 물이 담긴 수조에 띄움.
- 나침반 바늘이 가리키는 방향과 머리핀이 가리키는 방향은 서로 같으며, 모두 북쪽과 남쪽을 가리킴.

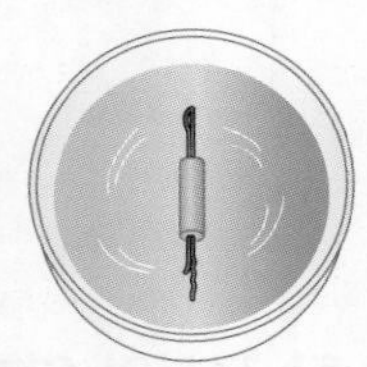

- 철로 된 물체를 자석에 붙여 놓으면 그 물체도 자석의 성질을 띠게 되는데, 이처럼 자석이 아니었던 물체를 자석의 성질을 띠게 하여 나침반을 만들 수 있음.

❸ 자석과 자석 사이에 작용하는 힘

- 한 자석의 N극에 다른 자석의 N극을 가까이 가져가거나 한 자석의 S극에 다른 자석의 S극을 가까이 가져가면 서로 밀어 냄.
- 한 자석의 N극에 다른 자석의 S극을 가까이 가져가면 서로 끌어당김.
- 자석은 같은 극끼리는 서로 밀어 내고, 다른 극끼리는 서로 끌어당김.

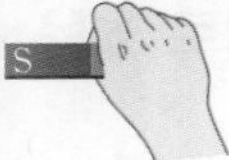

- 자석의 같은 극끼리 서로 밀어 내는 성질을 이용하여 고리 자석의 같은 극끼리 서로 마주 보게 놓으면서 탑을 쌓으면 탑을 가장 높게 쌓을 수 있음.

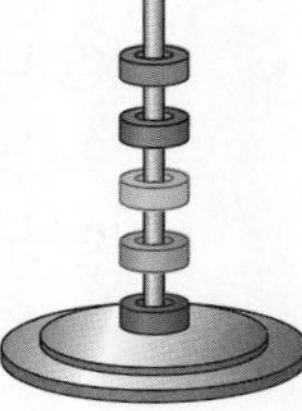

❹ 나침반에 막대자석을 가까이 가져가기

나침반에 막대자석을 가까이 가져갔을 때	나침반 바늘이 자석의 극을 가리킴.
나침반에서 막대자석을 멀어지게 했을 때	나침반 바늘이 원래 가리키던 방향으로 되돌아감.

❺ 나침반을 자석 주위에 놓기

- 나침반 바늘은 자석임.
- 막대자석을 다른 막대자석에 가까이 가져갔을 때 막대자석의 극끼리 서로 끌어당기거나 밀어 내는 것처럼 막대자석의 극과 나침반 바늘의 한쪽 끝도 서로 끌어당기거나 밀어 냄.
- 막대자석의 N극에는 나침반 바늘의 S극이, 막대자석의 S극에는 나침반 바늘의 N극이 끌려옴.

❻ 우리 생활에서 자석의 이용

- 자석 클립 통: 클립 통이 뒤집어지거나 바닥에 떨어져도 클립이 잘 흩어지지 않음.
- 자석 다트: 다트를 과녁에 안전하게 붙일 수 있음.
- 자석 필통: 필통 뚜껑이 잘 닫힘.
- 가방 자석 단추: 가방을 쉽게 열고 닫을 수 있음.
- 자석을 이용한 스마트폰 거치대: 스마트폰을 살짝 대기만 해도 쉽게 고정할 수 있음.
- 자석 방충망: 방충망 입구를 쉽게 열고 닫을 수 있음.

❼ 자석을 이용한 장난감 만들기

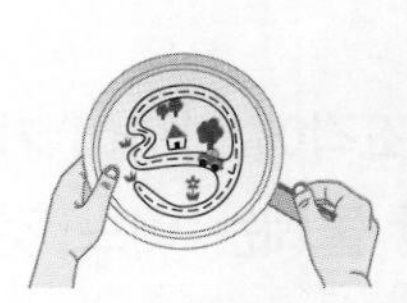

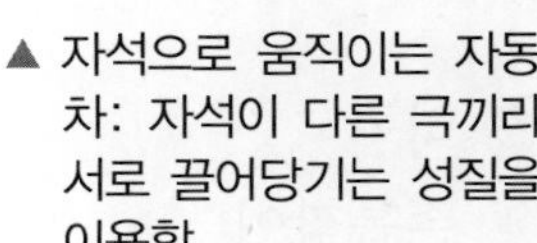

▲ 자석으로 움직이는 자동차: 자석이 다른 극끼리 서로 끌어당기는 성질을 이용함.

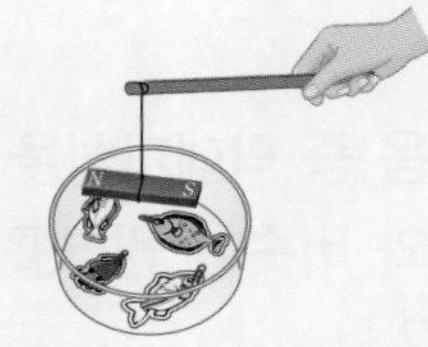

▲ 자석 낚시: 자석이 철로 된 물체를 끌어당기는 성질을 이용함.

중단원 쪽지 시험

4 (2) 자석의 성질

정답과 해설 42쪽

01 막대자석의 극에 머리핀을 1분 동안 붙여 놓으면, 머리핀은 어떤 성질을 띠게 됩니까?

( )

02 막대자석의 극에 1분 동안 붙여 놓았던 머리핀을 클립에 대 보면 어떻게 되는지 쓰시오.

( )

03 클립, 바늘, 고무지우개 중에서 자석에 붙여 놓아도 자석의 성질을 띠지 않는 물체는 어느 것입니까?

( )

04 막대자석에 붙여 놓았던 머리핀을 수수깡 조각에 꽂아 물이 담긴 수조에 띄우면 머리핀은 어느 방향을 가리킵니까?

( )

05 자석의 성질을 띠는 머리핀을 수수깡 조각에 꽂아 물이 담긴 수조에 띄우면 (나침반 , 클립)의 역할을 합니다.

06 막대자석의 S극에 다른 막대자석의 무슨 극을 마주 보게 가까이 가져갈 때 서로 밀어 내는 힘을 느낄 수 있습니까?

( )

07 자석의 다른 극끼리 가까이하면 어떻게 되는지 쓰시오.

( )

08 고리 자석으로 탑을 가장 높게 쌓으려면 고리 자석의 (같은 , 다른) 극끼리 서로 마주 보게 놓으면서 쌓습니다.

09 나침반의 동쪽에 막대자석의 N극을 가까이 가져가면 나침반 바늘의 무슨 극이 막대자석의 N극을 가리킵니까?

( )

10 막대자석의 S극을 나침반 바늘의 S극 가까이 가져가면 서로 (밀어 냅니다 , 끌어당깁니다).

11 나침반 여섯 개를 막대자석 주위에 놓았을 때 나침반 바늘은 어디를 가리킵니까?

( )

12 철로 된 물체가 자석에 붙는 성질을 이용하여 클립 통이 뒤집어지거나 바닥에 떨어져도 클립이 잘 흩어지지 않도록 만든 물건의 이름은 무엇입니까?

( )

13 냉장고 자석에서 자석이 있는 부분은 어디입니까?

( )

14 자석 낚시와 자석 그네 중 자석이 철로 된 물체를 끌어당기는 성질을 이용하여 만든 장난감은 어느 것입니까?

( )

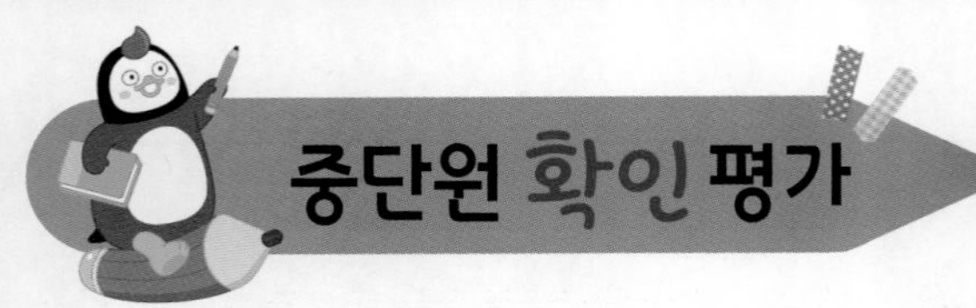

정답과 해설 42쪽

01 머리핀을 클립에 대어 보면 머리핀에 클립이 붙지 않습니다. 머리핀에 클립이 붙게 하려면 어떻게 하면 됩니까? (　　)

① 머리핀을 물로 씻는다.
② 머리핀끼리 서로 부딪친다.
③ 머리핀을 알코올램프로 가열한다.
④ 머리핀을 클립 주변에 오래 놓아둔다.
⑤ 머리핀을 막대자석의 극에 붙여 놓는다.

02 막대자석에 붙여 놓았던 머리핀을 수수깡 조각에 꽂아 다음과 같이 물에 띄워 보았습니다. 어떤 현상을 관찰할 수 있습니까? (　　)

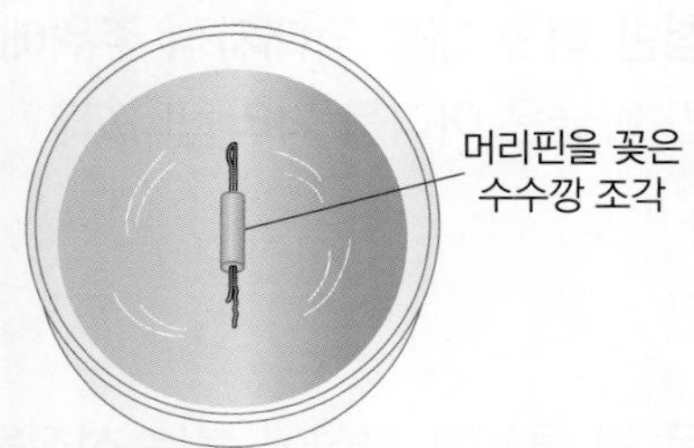

① 아무 변화가 없다.
② 머리핀이 가라앉는다.
③ 머리핀이 빙글빙글 돈다.
④ 머리핀이 북쪽과 남쪽을 가리킨다.
⑤ 머리핀이 동쪽과 서쪽을 가리킨다.

03 위 02번 실험에서 머리핀 대신 사용했을 때, 같은 결과를 얻을 수 있는 물체를 보기 에서 찾아 기호를 쓰시오.

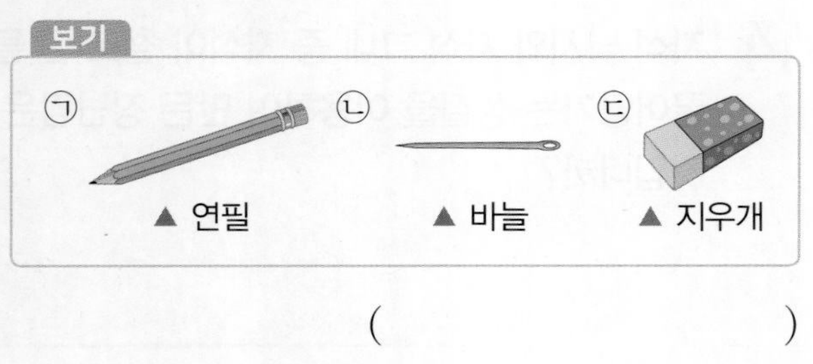

(　　　　　　　　　)

중요

04 다음과 같이 책상 위에 두 개의 막대자석을 마주 보게 나란히 놓고 한 자석을 다른 자석 쪽으로 밀 때, 서로 끌어당기는 경우를 찾아 ○표 하시오.

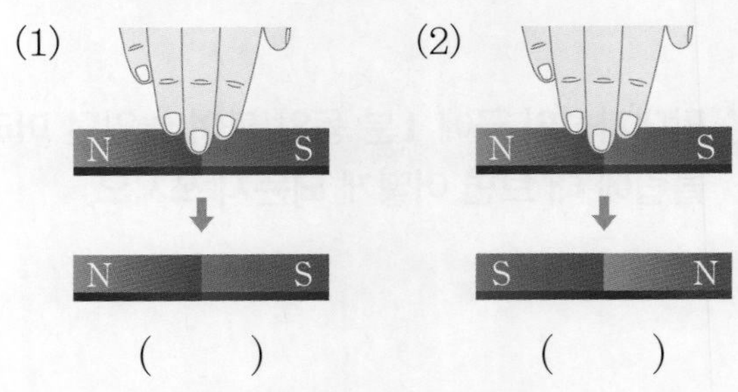

(1) (　　)　(2) (　　)

05 다음과 같이 막대자석 두 개를 마주 보게 하여 가까이 가져갔더니 막대자석이 서로 밀어 냈습니다. (가) 막대자석의 ㉠ 부분은 무슨 극인지 쓰시오.

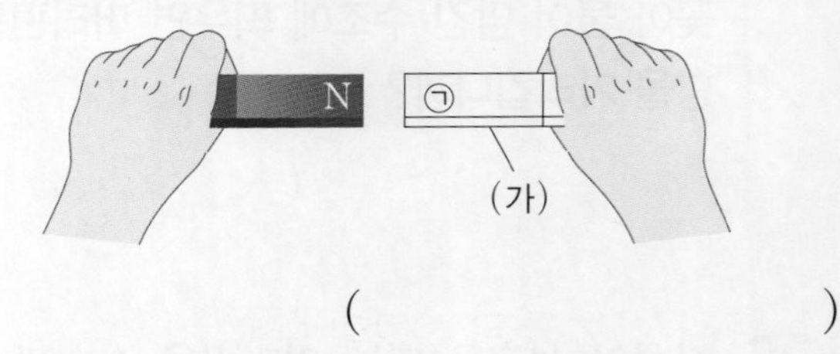

(　　　　　　　　　)

06 고리 자석을 이용해 만든 다음의 탑에서 마주 보는 ㉠의 아랫면과 ㉡의 윗면은 서로 같은 극인지, 다른 극인지 쓰시오.

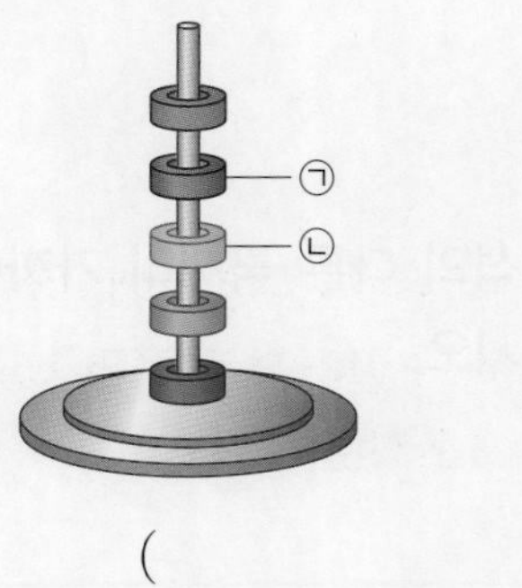

(　　　　　　　　　)

[07~09] 다음은 나침반의 동쪽으로 막대자석의 N극을 가까이 가져가는 모습입니다. 물음에 답하시오.

중요
07 위 실험에서 나침반에 막대자석을 가까이 가져갔을 때, 나침반 바늘의 모습으로 옳은 것은 어느 것입니까? ( )

① 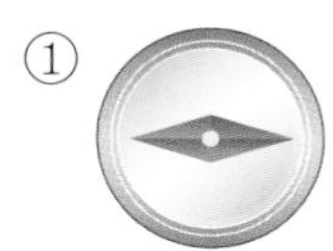
② 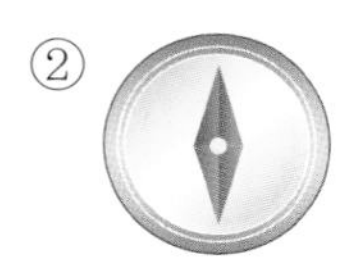
③ 
④ 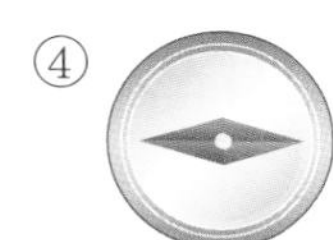
⑤ 

08 위 07번의 답과 같이 나침반 바늘이 움직이는 까닭은 나침반 바늘이 무엇으로 되어 있기 때문입니까? ( )

① 철 ② 유리
③ 자석 ④ 구리
⑤ 알루미늄

09 위 실험에서 나침반에 가까이 가져갔던 막대자석을 다시 멀어지게 하면 나침반 바늘은 어떻게 되는지 쓰시오.

( )

10 자석을 이용한 생활용품 중 쪽지를 붙일 때 사용하는 것을 두 가지 고르시오. (,)

① 자석 다트
② 칠판 자석
③ 자석 방충망
④ 냉장고 자석
⑤ 자석 클립 통

11 오른쪽과 같은 스마트폰 거치대에 자석을 이용하는 까닭으로 옳은 것은 어느 것입니까? ( )

① 떨어지지 않아 좋기 때문이다.
② 스마트폰을 열고 닫기가 쉽기 때문이다.
③ 스마트폰을 쉽게 고정할 수 있기 때문이다.
④ 스마트폰에 쪽지를 붙일 수 있기 때문이다.
⑤ 스마트폰을 예쁘게 꾸밀 수 있기 때문이다.

12 다음은 자석 그네 장난감을 만든 것입니다. 이 장난감에 대한 설명으로 옳지 않은 것은 어느 것입니까? ( )

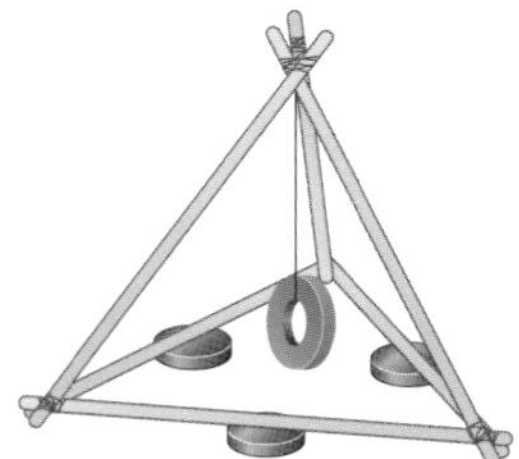

① 자석을 이용한 장난감이다.
② 자석이 철을 끌어당기는 성질을 이용하였다.
③ 자석이 같은 극끼리 서로 밀어 내는 성질을 이용하였다.
④ 고리 자석, 동전 모양 자석, 나무젓가락, 실 등이 필요하다.
⑤ 나무젓가락으로 정사면체 모형을 만든 후 고리 자석을 실에 걸어 매달아 만든다.

대단원 종합 평가

정답과 해설 43쪽

01 다음 물체들의 공통점은 무엇입니까? (   )

▲ 철 못 ▲ 철 용수철 ▲ 옷핀

① 크기가 매우 크다.
② 자석에 붙는 물체이다.
③ 유리로 만들어진 물체이다.
④ 교실에서 공부할 때 꼭 필요한 물건이다.
⑤ 두 가지 이상의 물질로 만들어진 물체이다.

02 다음 소화기에서 자석에 붙는 부분의 기호를 쓰고, 그 부분은 어떤 물질로 이루어져 있는지 쓰시오.

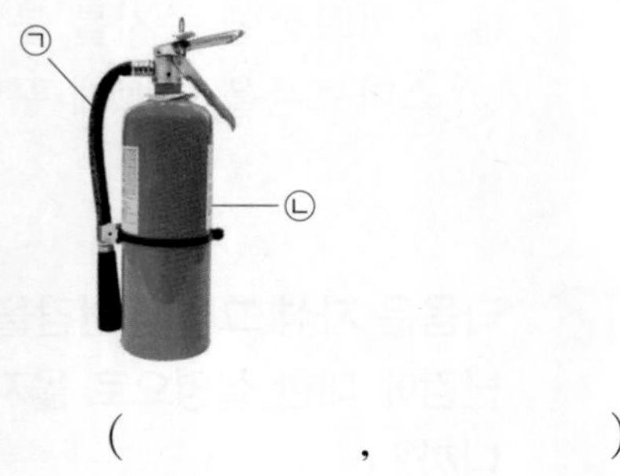

(,   )

중요

03 클립이 담긴 종이 상자에 막대자석을 넣었다가 천천히 들어 올렸을 때 막대자석에 클립이 붙은 모습으로 옳지 않은 것을 두 가지 고르시오. (,   )

① 막대자석 전체에 클립이 붙는다.
② 클립이 많이 붙는 곳은 두 군데이다.
③ 막대자석의 양쪽 끝부분에 클립이 많이 붙는다.
④ 막대자석의 가운데 부분에 클립이 많이 붙는다.
⑤ 막대자석의 모든 부분에 클립이 골고루 붙는 것은 아니다.

04 오른쪽은 동전 모양 자석에 클립을 붙여 본 것입니다. 이와 같이 자석에서 철로 된 물체가 가장 많이 붙는 부분을 무엇이라고 하는지 쓰시오.

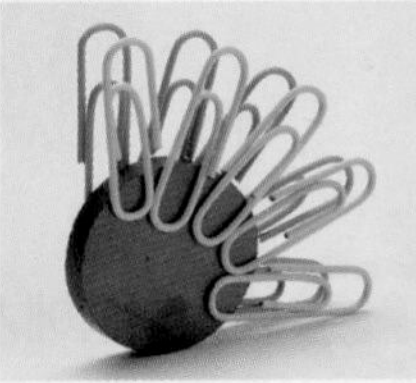

(   )

05 다음은 다양한 자석의 모습입니다. 자석의 극은 몇 개인지 쓰시오.

▲ 말굽 자석 ▲ 사각 자석 ▲ 둥근기둥 모양 자석

(   )

06 막대자석을 투명한 플라스틱 통에 들어 있는 빵 끈 조각에 가까이 가져갈 때 빵 끈 조각의 모습을 그려 보시오.

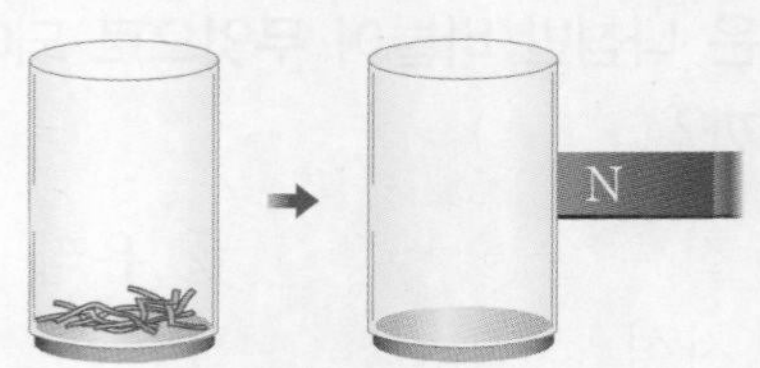

07 다음 보기 의 물체에 자석을 가까이 가져갔을 때 자석에 끌려오는 물체를 두 가지 찾아 기호를 쓰시오.

보기

㉠ 클립 ㉡ 유리컵 ㉢ 철 구슬
㉣ 나무젓가락 ㉤ 알루미늄 캔

(,   )

08 철로 된 물체로부터 자석이 멀어질 경우 자석이 철로 된 물체를 끌어당기는 힘은 어떻게 되는지 옳게 설명한 것을 찾아 기호를 쓰시오.

> ㉠ 철로 된 물체를 끌어당기는 힘이 조금씩 세어진다.
> ㉡ 철로 된 물체를 끌어당기는 힘이 조금씩 약해진다.
> ㉢ 철로 된 물체를 끌어당기는 자석의 힘은 변함이 없다.

( )

09 막대자석이 어느 방향을 가리키는지 관찰하는 실험 방법으로 알맞은 것은 어느 것입니까? ( )

① 막대자석을 책상 위에 던져 본다.
② 막대자석을 손바닥 위에 올려 본다.
③ 막대자석을 나침반과 나란히 접시 위에 올려 본다.
④ 막대자석을 플라스틱 접시에 올려놓고 물에 띄워 본다.
⑤ 막대자석을 플라스틱 접시에 올려놓고 손바닥 위에 올려 본다.

중요
10 위 문제 09번의 답과 같은 방법으로 막대자석이 가리키는 방향을 알아볼 때 (1) 북쪽을 가리키는 막대자석의 극과 (2) 남쪽을 가리키는 막대자석의 극을 각각 쓰시오.

(1): ( ), (2): ( )

11 다음 ( ) 안에 들어갈 알맞은 말을 골라 ○표 하시오.

> ㉠(나침반 , 클립)은 자석의 성질을 이용하여 방향을 알 수 있도록 만든 도구로, 편평한 곳에 놓으면 항상 ㉡(북쪽과 남쪽 , 동쪽과 서쪽)을 가리킨다.

12 클립에 대 보았을 때 클립이 붙는 머리핀은 어느 것입니까? ( )

① 클립 통 속에 놓아두었던 머리핀
② 수수깡 조각에 꽂아 두었던 머리핀
③ 나침반 옆에 나란히 놓아두었던 머리핀
④ 빵 끈 조각이 든 투명한 통 옆에 있던 머리핀
⑤ 막대자석의 극에 1분 동안 붙여 놓았던 머리핀

13 막대자석에 붙여 놓았던 바늘이 자석의 성질을 띠게 되었는지 확인하는 방법으로 옳은 것은 어느 것입니까? ( )

① 바늘을 뜨겁게 가열해 본다.
② 바늘을 책상 위에 올려놓고 돌려 본다.
③ 바늘이 물 위에 잘 뜨는지 확인해 본다.
④ 바늘을 수수깡 조각에 가까이 가져가 본다.
⑤ 바늘을 수수깡 조각에 꽂아 물 위에 띄워 본다.

14 다음과 같이 두 개의 막대자석을 마주 보게 나란히 놓고 한 자석을 다른 자석 쪽으로 밀었더니 자석이 서로 밀어 냈습니다. (가) 자석의 ㉠과 ㉡ 부분은 무슨 극인지 각각 쓰시오.

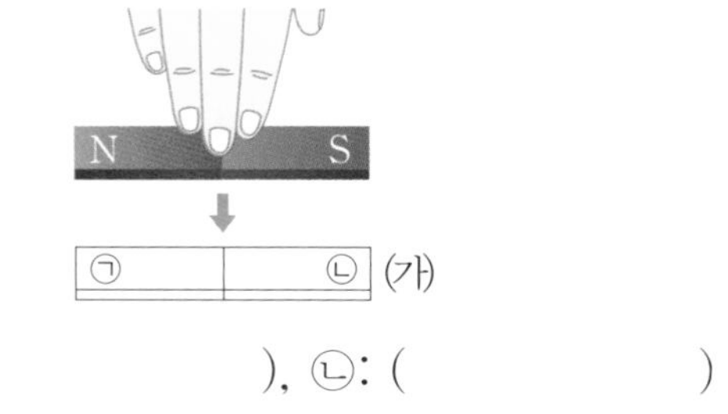

㉠: ( ), ㉡: ( )

15 오른쪽은 고리 자석을 이용하여 탑을 가장 높게 쌓은 모습입니다. 이 탑에 관한 설명으로 옳은 것은 어느 것입니까? ( )

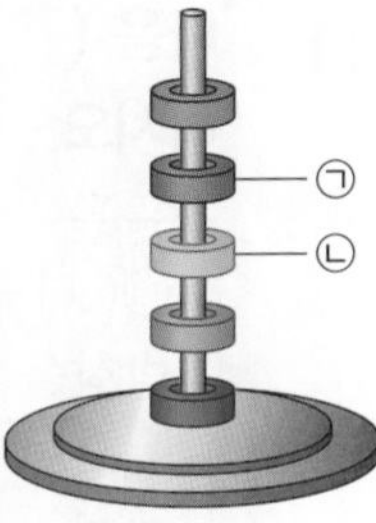

① 고리 자석의 다른 극끼리 서로 마주 보게 쌓았다.
② 고리 자석 ㉠의 아랫면과 ㉡의 윗면은 서로 밀어 낸다.
③ 고리 자석 ㉠의 아랫면과 ㉡의 윗면은 서로 끌어당긴다.
④ 고리 자석 ㉠의 아랫면이 N극일 때 ㉡의 윗면은 S극이다.
⑤ 고리 자석에 나무를 가까이 하면 고리 자석이 나무를 끌어당기는 성질을 이용하였다.

16 다음과 같이 나침반에 막대자석을 가까이 가져갔을 때 나침반 바늘의 모습을 그리시오.

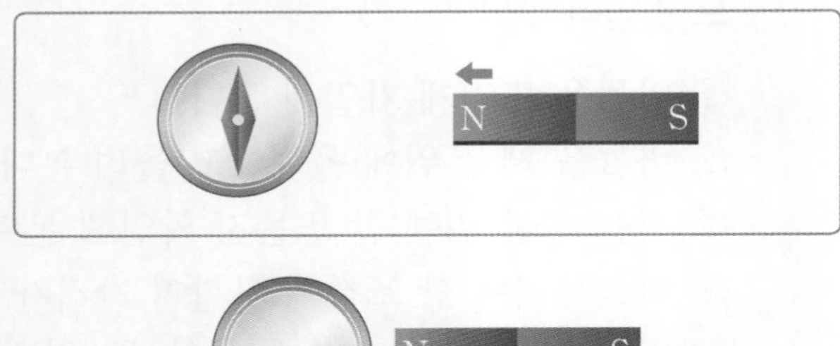

중요

17 자석 주위에서 나침반 바늘이 움직이는 까닭으로 옳은 것은 어느 것입니까? ( )

① 나침반 바늘도 자석이기 때문이다.
② 나침반 바늘이 철로 되어 있기 때문이다.
③ 나침반 바늘이 구리로 되어 있기 때문이다.
④ 나침반 바늘이 자석의 성질을 띠지 않기 때문이다.
⑤ 나침반 바늘이 자석 주위에서 항상 북쪽과 남쪽을 가리키기 때문이다.

18 다음 생활용품 중에서 자석이 있는 부분을 잘못 표시한 것을 골라 기호를 쓰시오.

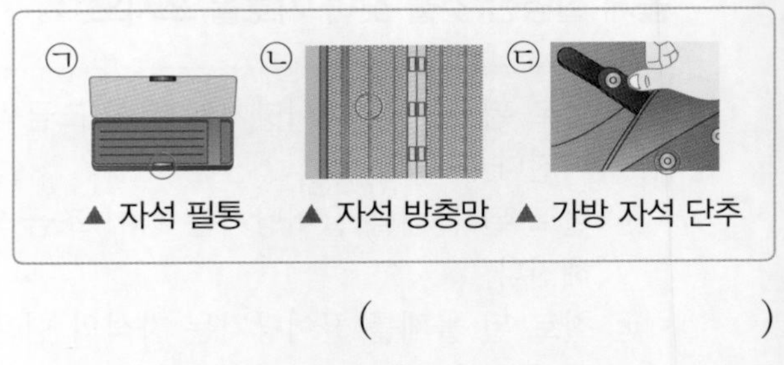

▲ 자석 필통 ▲ 자석 방충망 ▲ 가방 자석 단추

( )

19 다음 생활용품 중에서 자석이 하는 역할로 옳은 것에는 ○표, 옳지 않은 것에는 ×표 하시오.

(1) 냉장고 자석의 자석은 쪽지를 냉장고에 쉽게 붙일 수 있게 해 준다. ( )
(2) 자석 병따개의 자석은 냉장고에 자석 병따개를 붙일 수 있게 해 준다. ( )
(3) 자석 다트의 자석은 다트를 던질 때 다트가 다트판의 높은 점수 부위에 잘 붙도록 해 준다. ( )

20 오른쪽은 자석의 성질을 이용하여 만든 공중에 떠 있는 나비 장난감입니다. 이 장난감에 이용한 것과 같은 자석의 성질을 이용한 장난감은 어느 것인지 기호를 쓰시오.

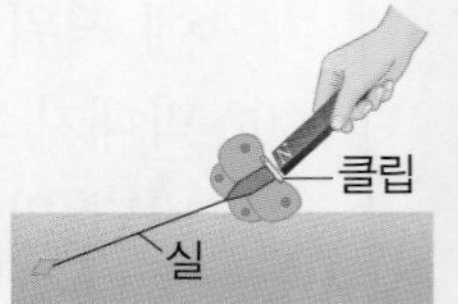

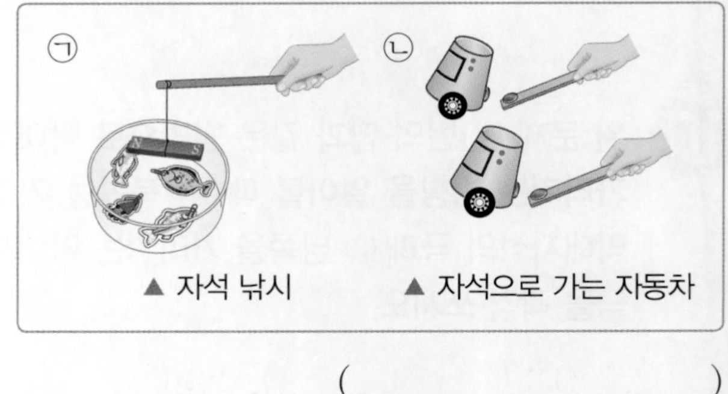

▲ 자석 낚시 ▲ 자석으로 가는 자동차

( )

서술형·논술형 평가 4단원

정답과 해설 44쪽

01 막대자석으로 빵 끈 조각을 투명한 플라스틱 통의 윗부분까지 끌고 간 뒤, 막대자석을 통에서 멀리 했더니 빵 끈 조각이 떨어졌습니다. 이런 현상이 나타난 까닭을 자석의 성질과 관련지어 쓰시오.

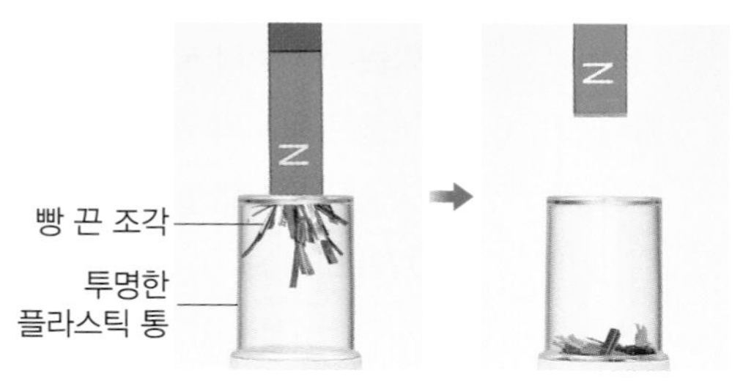

02 다음은 자석에 붙는 물체를 나타낸 것입니다. 물음에 답하시오.

(1) 위 물체들의 공통점을 쓰시오.

(2) 위 물체들의 공통점을 통해 알게 된 자석의 성질을 포함하여 자석의 성질을 세 가지 쓰시오.

03 다음은 막대자석에 붙여 놓았던 머리핀을 수수깡 조각에 꽂아 수조에 띄웠을 때 머리핀이 가리키는 방향과 나침반 바늘이 가리키는 방향을 나타낸 것입니다. 물음에 답하시오.

▲ 자석에 붙여 놓았던 머리핀이 가리키는 방향

▲ 나침반 바늘이 가리키는 방향

(1) 위 머리핀의 ㉠에 해당하는 극을 쓰시오.

( )

(2) 위 (1)번의 답과 같이 생각한 까닭을 자석의 성질과 관련하여 쓰시오.

04 다음은 자석을 이용한 자석 클립 통의 모습입니다. 자석 클립 통에서 자석이 하는 역할은 무엇인지 쓰시오.

중단원 핵심 복습 5단원 (1)

❶ 지구 표면의 모습

- 지구 표면의 모습을 스마트 기기로 검색하기: 스마트 기기에 산, 들, 강, 호수, 바다 등을 검색어로 입력해 봄.
- 지구 표면의 모습 중 하나를 선택하여 종이에 표현하기: 주의 깊게 관찰한 뒤, 모습의 특징(색깔, 모양 등)이 잘 드러나게 그림.

▲ 산

▲ 들

▲ 바다

▲ 강

- 자신이 표현한 지구 표면의 모습을 친구들에게 설명함.

들	노란색과 초록색을 사용했고, 곡식들이 자라는 모습을 표현함.
호수	진한 파란색을 사용했고, 잔잔한 표면을 표현함.
바다	주로 파란색을 사용했고, 파도가 치는 모습을 표현함.
사막	주로 노란색을 사용했고, 모래와 낙타를 표현함.

❷ 지구 표면의 다양한 모습

- 우리나라: 산, 들, 강, 계곡, 호수, 갯벌, 바다 등
- 세계 여러 곳: 사막, 빙하, 화산 등

❸ 육지와 바다

- 육지: 강이나 바다와 같이 물이 있는 곳을 제외한 지구의 표면
- 바다: 육지를 제외한 부분

❹ 육지와 바다의 넓이 비교하기

- 육지 칸의 수는 14개, 바다 칸의 수는 36개임.
- 바다가 육지보다 더 넓음.

❺ 육지의 물맛과 바닷물 맛 비교하기

- 바닷물은 짜지만 육지의 물은 짜지 않음.
- 바닷물에는 짠맛이 나는 소금 등 여러 가지 물질이 많이 녹아 있어서 사람이 마시기에 적당하지 않음.

❻ 육지와 바다의 차이점

넓이	바다는 육지보다 넓음.
물의 맛	바닷물은 육지의 물보다 짬.
물의 양	바닷물은 육지의 물보다 훨씬 많음.
생물	육지와 바다에 사는 생물이 다름.

❼ 공기를 느껴 본 경험 이야기하기

- 비눗방울과 풍선 안에 공기를 불어 넣어 본 적이 있음.
- 선풍기에서 나오는 바람을 느낄 수 있음.
- 부채질을 하면 시원해짐.
- 손바람이나 입김으로 공기를 느껴 볼 수 있음.

❽ 공기가 담긴 지퍼 백을 손으로 만져 보기

- 손으로 누르면 살짝 들어가고 말랑말랑한 느낌이 듦.
- 축구공보다 가볍고 거의 튀지 않음.
- 지퍼 백 입구를 살짝 열어서 손이나 얼굴을 가져다 대고 지퍼 백을 누르면 공기가 빠져나오는 것을 느낄 수 있음.

❾ 공기의 역할

- 눈에 보이지 않지만 우리 주위를 둘러싸고 있음.
- 생물이 숨을 쉬고 살아가게 해 줌.

❿ 공기를 이용하는 다양한 방법

▲ 연날리기

▲ 요트

▲ 열기구

⓫ 공기가 없을 때 일어날 수 있는 일

- 바람이 불지 않을 것임.
- 구름이 없고 비가 오지 않을 것임.
- 생물이 살아갈 수 없을 것임.

중단원 쪽지 시험 5 (1) 지구 표면의 모습

정답과 해설 45쪽

01 지구 표면의 모습을 스마트 기기로 검색할 때, 검색어로 입력할 수 있는 것을 세 가지 쓰시오.

(, ,)

02 지구 표면의 모습 중 곡식들이 자라는 넓은 땅은 어디입니까?

( )

03 지구 표면의 모습 중에서 모래와 낙타가 있는 사막을 종이에 표현할 때 주로 사용하는 색깔은 무슨 색입니까?

( )

04 우리나라에서 볼 수 없는 지구 표면의 모습을 한 가지 쓰시오.

( )

05 우리가 사는 지구의 표면을 크게 둘로 나눌 때, 무엇과 무엇으로 나눌 수 있는지 쓰시오.

(,)

06 지구 표면의 많은 부분이 (육지 , 바다)로 덮여 있습니다.

07 50개의 칸으로 나눈 세계 지도에서 육지 칸의 수가 14개라면 바다 칸의 수는 몇 개입니까?

( )

08 육지의 물과 바닷물 중 짠맛이 나는 물은 어느 것입니까?

( )

09 육지의 물과 바닷물 중 사람이 마시기에 적당하지 않은 물은 어느 것입니까?

( )

10 비눗방울 안에 들어 있는 것은 무엇입니까?

( )

11 공기가 담긴 지퍼 백 입구를 열고 지퍼 백을 누르면 무엇이 밖으로 빠져나옵니까?

( )

12 생물이 숨을 쉬고 살 수 있는 것은 눈에 보이지 않지만 주위에 무엇이 있기 때문입니까?

( )

13 공기를 이용하는 예를 세 가지 쓰시오.

(, ,)

14 '지구에 공기가 없다면 □□이/가 불지 않을 것입니다.'에서 빈칸에 들어갈 알맞은 말을 쓰시오.

( )

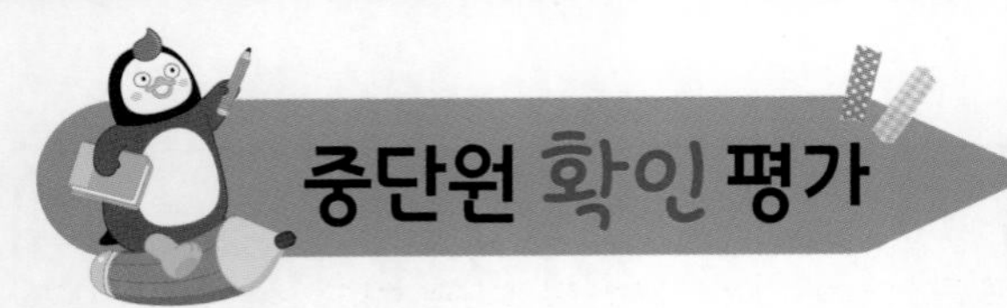

01 다음은 스마트 기기를 이용해서 찾은 지구 표면의 모습입니다. 어느 곳의 모습인지 쓰시오.

(　　　　　　)

02 다음과 같은 지구 표면의 모습을 종이에 표현하는 방법으로 옳은 것을 두 가지 고르시오. (　　, 　　)

① 주로 붉은색을 사용한다.
② 주로 파란색을 사용한다.
③ 강물이 흐르는 모습을 나타낸다.
④ 화산이 분출하는 모습을 나타낸다.
⑤ 아침이 되어 해가 떠오르는 모습을 나타낸다.

03 서로 관련 있는 지구 표면의 모습을 선으로 바르게 연결하시오.

04 다음은 지구 표면의 모습을 종이에 그린 후 친구들에게 설명하는 내용입니다. (　　) 안에 들어갈 알맞은 말을 쓰시오.

> 나무를 나타내기 위해 초록색을 주로 사용하였고, 높고 낮은 곳을 그려서 (　　　　)을/를 표현하였다.

[05~06] 다음의 지도를 보고, 육지 칸의 수와 바다 칸의 수를 세어 보려고 합니다. 물음에 답하시오.

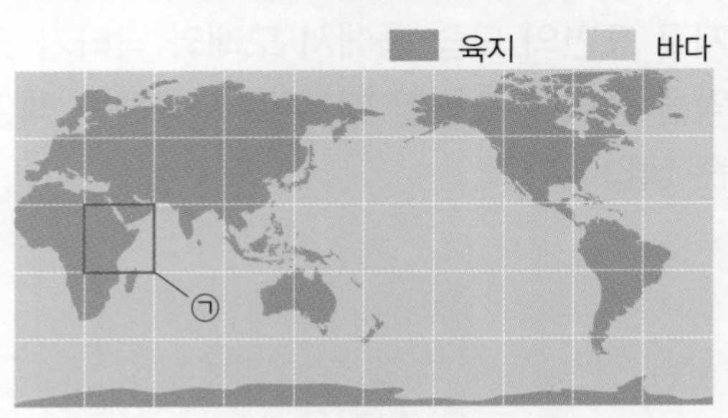

05 위 지도에서 ㉠ 부분은 육지 칸과 바다 칸 중 어느 것으로 세어야 알맞은지 쓰시오.

(　　　　　　)

중요

06 다음은 위 지도에서 육지와 바다에 해당하는 칸의 수를 세어 기록한 표입니다. 이 표를 바르게 해석한 것은 어느 것입니까? (　　)

육지 칸의 수	바다 칸의 수	지도의 전체 칸 수
14	36	50

① 육지 칸의 수가 바다 칸의 수보다 많다.
② 육지 칸의 수와 바다 칸의 수는 비슷하다.
③ 육지 칸의 수와 바다 칸의 수를 비교할 수 없다.
④ 바다 칸의 수가 육지 칸의 수보다 22칸 더 많다.
⑤ 육지가 바다보다 넓다는 것을 알 수 있다.

07 다음에서 설명하는 것은 무엇인지 쓰시오.

> 지구의 표면을 크게 둘로 나누었을 때 육지를 제외한 부분이다.

(　　　　　　　　　　)

중요

08 지구 표면에서 육지와 바다의 차이점으로 옳은 것은 어느 것입니까? (　　　)

① 육지에만 생물이 살고 있다.
② 육지의 물은 바닷물보다 짜다.
③ 육지와 바다에 사는 생물이 다르다.
④ 바닷물보다 육지의 물이 훨씬 많다.
⑤ 바닷물에는 여러 가지 물질이 많이 녹아 있어서 사람이 마시기에 적당하다.

09 다음 중 공기를 느낄 수 있는 경우가 아닌 것은 어느 것입니까? (　　　)

① 풍선을 불어 본다.
② 바람개비가 돌아간다.
③ 비가 올 때 우산을 쓴다.
④ 부채질을 하면 시원해진다.
⑤ 선풍기에서 나오는 바람을 느낄 수 있다.

10 다음은 지퍼 백에 공기를 담은 다음 입구를 닫은 것입니다. 이 지퍼 백에 대한 설명으로 옳지 않은 것은 어느 것입니까? (　　　)

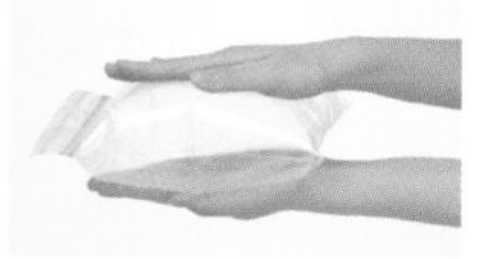

① 축구공보다 가볍다.
② 축구공처럼 잘 튄다.
③ 지퍼 백 속 공기는 눈에 보이지 않는다.
④ 손으로 누르면 살짝 들어가고 말랑말랑한 느낌이 든다.
⑤ 입구를 살짝 열어서 손을 가져다 대고 지퍼 백을 누르면 공기가 빠져나오는 것을 느낄 수 있다.

11 다음과 같은 활동에 공통적으로 이용된 것은 무엇인지 쓰시오.

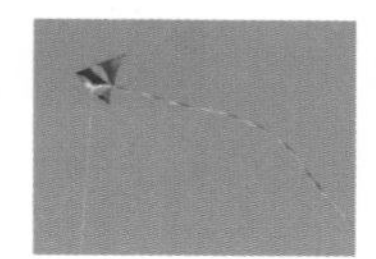
▲ 연날리기

▲ 열기구

▲ 튜브 타기

(　　　　　　　　　　)

12 다음 보기 에서 지구에 공기가 없을 때 생길 수 있는 일로 알맞지 않은 것을 골라 기호를 쓰시오.

보기

> ㉠ 비가 오지 않게 된다.
> ㉡ 구름이 생기지 않게 된다.
> ㉢ 비행기가 날 수 있게 된다.
> ㉣ 생물이 숨을 쉴 수 없게 된다.

(　　　　　　　　　　)

❶ 옛날 사람들이 생각한 지구의 모양

- 편평한 모양이라고 생각했음.
- 코끼리나 뱀과 같은 동물이 떠받치고 있다고 생각했음.

❷ 마젤란 탐험대의 세계 일주

▲ 마젤란 탐험대가 세계 일주를 한 뱃길

- 한 방향으로 계속 갔으며 출발한 곳으로 다시 돌아옴.
- 마젤란 탐험대가 세계 일주에서 알아낸 사실: 지구는 둥근 공 모양이라는 것임.

❸ 지구의 모양

- 우리가 사는 지구는 둥근 공 모양임.
- 우주에서 지구를 바라보면 둥근 지구의 모양을 볼 수 있음.

▲ 우주에서 본 지구

❹ 지구가 우리에게 편평하게 보이는 까닭

- 사람의 크기에 비해 지구가 매우 크기 때문임.

❺ 옛날 사람들이 달을 보고 떠올렸던 모습

- 토끼가 방아를 찧는 모습이라고 생각했음.
- 여러 가지 동물 모양을 떠올렸음.

❻ 달의 여러 가지 모습

전체적인 모양		• 둥근 공 모양임.
표면	색깔	• 회색빛임. • 밝은 부분과 어두운 부분이 있음.
	모습	• 표면에 돌이 있음. • 표면에 움푹 파인 구덩이가 많음. • 매끈매끈한 면도 있고 울퉁불퉁한 면도 있음. • 산처럼 높이 솟은 곳도 있고 바다처럼 깊고 넓은 곳도 있음.

❼ 달의 바다와 충돌 구덩이

- 달의 표면에서 어둡게 보이는 곳을 '달의 바다'라고 함.
- 달의 바다에는 물이 없음.
- 달의 표면에 있는 크고 작은 구덩이를 충돌 구덩이라고 함.
- 충돌 구덩이는 우주 공간을 떠돌던 돌덩이가 달의 표면에 충돌하여 만들어졌음.

▲ 달의 모습

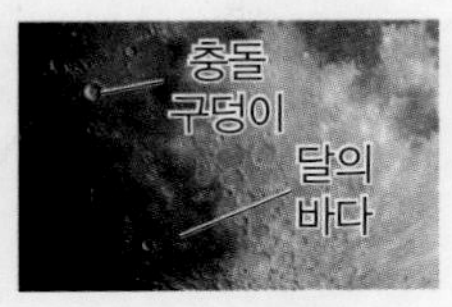

▲ 달 표면의 모습

❽ 지구와 달의 모습 비교하기

- 지구와 달은 모두 둥근 공 모양임.
- 지구와 달은 모두 표면에 돌이 있음.
- 지구에는 물과 공기가 있어서 생물이 살 수 있음.
- 달에는 물, 공기, 음식(영양분)이 없어서 생물이 살 수 없음.
- 지구에서 본 하늘은 파란색이지만, 달에서 본 하늘은 검은색임.
- 지구의 바다에는 물이 있고 파랗게 보이지만, 달의 바다에는 물이 없고 어둡게 보임.
- 지구는 달과 다르게 생물이 살기에 알맞은 온도를 유지하고 있음.

❾ 지구 모형과 달 모형의 공통점과 차이점

공통점	• 둥근 공 모양임.
차이점	• 지구 모형이 달 모형보다 큼. • 지구 모형은 파란색, 초록색, 갈색, 하얀색 등 색깔이 다양하지만, 달 모형은 회색, 검은색 등의 색깔을 띰. • 지구 모형과 다르게 달 모형에는 크고 작은 구덩이가 많음.

❿ 소중한 지구를 보존하기

- 지구를 보존하기 위하여 나무 심기, 물 아껴 쓰기, 대중교통 이용하기, 재활용품 분리배출하기 등을 할 수 있음.

중단원 쪽지 시험

5 (2) 지구와 달의 모습

정답과 해설 45쪽

01 옛날 사람들은 지구가 (편평한 , 둥근 공) 모양이라고 생각하였습니다.

02 스페인에서 출발하여 배를 타고 세계 일주를 하여 지구의 모양을 알아낸 탐험대의 이름은 무엇입니까?

( )

03 스페인을 출발한 마젤란 탐험대가 한 방향으로 계속 이동하여 세계 일주를 한 후 도착한 곳은 어디입니까?

( )

04 우주에서 본 지구의 모양은 어떤 모양입니까?

( )

05 지구가 우리에게 편평하게 보이는 까닭을 쓰시오.

( )

06 달의 전체적인 모양은 둥근 □ 모양입니다.

( )

07 달 표면의 색깔은 (파란색 , 회색)입니다.

08 달 표면에는 (돌 , 물)이 있습니다.

09 달의 표면에서 어둡게 보이는 곳을 무엇이라고 합니까?

( )

10 달의 바다에는 실제로 물이 (있습니다 , 없습니다).

11 달 표면의 크고 작은 구덩이를 무엇이라고 합니까?

( )

12 지구와 달 중 물, 공기, 음식(영양분)이 없어서 생물이 살 수 없는 곳은 어디입니까?

( )

13 지구와 달 중 하늘에 구름이 있고 새가 날아다니는 곳은 어디입니까?

( )

14 지구와 달의 크기를 비교할 때 야구공을 지구로 비유한다면, 달로 비유할 수 있는 것은 축구공과 유리구슬 중 어느 것입니까?

( )

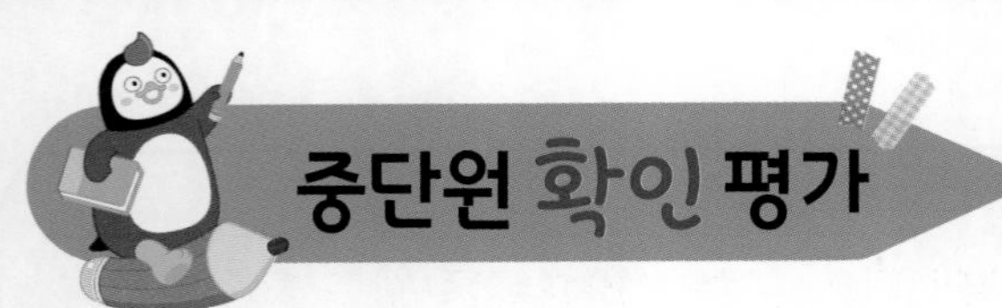

[01~03] 다음은 마젤란 탐험대가 세계 일주를 한 뱃길을 나타낸 지도입니다. 물음에 답하시오.

01 위의 지도를 보고 마젤란 탐험대의 이동 방향을 설명한 것으로 옳은 것은 어느 것입니까? (　　　)

① 육지로 다녔다.
② 북쪽으로 이동했다.
③ 한 방향으로 이동했다.
④ 동쪽과 서쪽을 왔다갔다 이동했다.
⑤ 출발한 곳으로 다시 돌아오지 못했다.

02 마젤란 탐험대가 스페인의 세비야 근처의 항구에서 출발하여 세계 일주를 하고 마지막에 도착한 곳은 어디입니까? (　　　)

① 인도양
② 태평양
③ 마젤란 해협
④ 스페인 세비야
⑤ 필리핀 사마르섬

중요

03 마젤란 탐험대가 이동한 뱃길을 보았을 때 알 수 있는 지구의 모양은 어떠한지 쓰시오.

(　　　　　　　　　　　　　　　)

04 지구에 사는 우리가 지구 표면이 편평하다고 느끼는 까닭은 다음 중 어느 것과 관련이 있습니까? (　　　)

① 지구의 모양
② 지구의 크기
③ 지구의 무게
④ 지구 표면의 색깔
⑤ 지구에 사는 생물

05 달에 대하여 조사한 내용으로 옳은 것은 어느 것입니까? (　　　)

① 토끼가 산다.
② 표면에 물이 있다.
③ 표면에 돌이 있다.
④ 표면이 진한 푸른빛이다.
⑤ 표면이 전체적으로 어두운 부분만 있다.

06 다음은 스마트 기기로 지구와 달의 모습을 검색하여 찾은 사진입니다. 달의 모습과 관련된 사진은 어느 것입니까? (　　　)

① 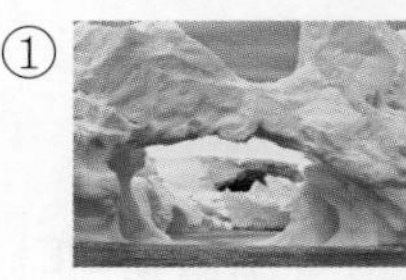
② 
③ 
④ 
⑤ 

07 다음 보기에서 달의 바다에 대한 설명으로 옳은 것을 찾아 기호를 쓰시오.

보기

㉠ 크고 작게 움푹 파인 부분이다.
㉡ 깊지 않지만 물이 차 있는 곳이다.
㉢ 물결이 잔잔하고 파도가 치지 않는다.
㉣ 표면의 색깔이 어둡게 보이는 부분이다.

( )

08 다음과 같은 달 표면에 있는 크고 작은 구덩이에 대해 옳게 설명한 것을 두 가지 고르시오. (,)

① 달 표면에 많이 있다.
② 달보다 지구 표면에 더 많다.
③ 화산이 폭발하여 만들어졌다.
④ 비가 많이 내려서 땅이 파여 만들어졌다.
⑤ 우주 공간을 떠돌던 돌덩이가 달 표면에 충돌하여 만들어졌다.

중요
09 달에 생물이 살 수 없는 까닭으로 옳지 않은 것은 어느 것입니까? ( )

① 달에는 물이 없기 때문이다.
② 달에는 공기가 없기 때문이다.
③ 달에는 음식(영양분)이 없기 때문이다.
④ 달의 표면에 돌이 많기 때문이다.
⑤ 달의 온도가 생물이 살기에 알맞지 않기 때문이다.

10 지구와 달의 모습을 비교했을 때 공통점을 두 가지 고르시오. (,)

① 편평한 모양이다.
② 둥근 공 모양이다.
③ 표면에 돌이 있다.
④ 표면에 강이 흐른다.
⑤ 하늘에 구름이 있다.

11 지구 모형과 달 모형 중 다음과 같이 표면 모습을 표현하기에 알맞은 것은 무엇인지 쓰시오.

- 표면을 매끈매끈한 면과 울퉁불퉁한 면으로 표현한다.
- 연필을 사용하여 모형의 표면을 꾹꾹 눌러 움푹 파인 구덩이를 표현한다.

( )

12 다음은 소중한 지구를 보존하기 위해 우리가 실천할 수 있는 일입니다. ( ) 안에 공통으로 들어갈 알맞은 말을 보기에서 골라 쓰시오.

보기

물 공기 땅 바다 하늘

( )에는 많은 동물이 살고 있고, 대부분의 식물은 ( )속에 뿌리를 내리고 자란다. 또 사람들은 이런 동물과 식물을 먹기 때문에 우리는 ( )을 보존하기 위해 나무를 심어야 한다.

( )

대단원 종합 평가

01 지구 표면의 모습 중 우리나라에서 볼 수 없는 모습을 두 가지 고르시오. (　　,　　)

①

▲ 사막

② ▲ 계곡

③ ▲ 빙하

④ ▲ 들

⑤

▲ 갯벌

02 지구 표면의 모습을 종이에 표현할 때, 초록색을 주로 사용하여 높이 솟은 모습으로 표현하기에 알맞은 것은 어느 것입니까? (　　)

① 산　② 강
③ 들　④ 호수
⑤ 바다

03 지구 표면의 모습을 설명한 것으로 옳지 않은 것을 골라 기호를 쓰시오.

> ㉠ 매우 다양한 모습을 볼 수 있다.
> ㉡ 산, 들, 강, 바다 등을 볼 수 있다.
> ㉢ 지구 표면에서 사막을 가장 많이 볼 수 있다.
> ㉣ 강, 호수, 바다는 지구 표면에서 물이 있는 곳이다.

(　　　　　　　　)

[04~05] 다음과 같이 50칸으로 나눈 세계 지도를 보고, 물음에 답하시오.

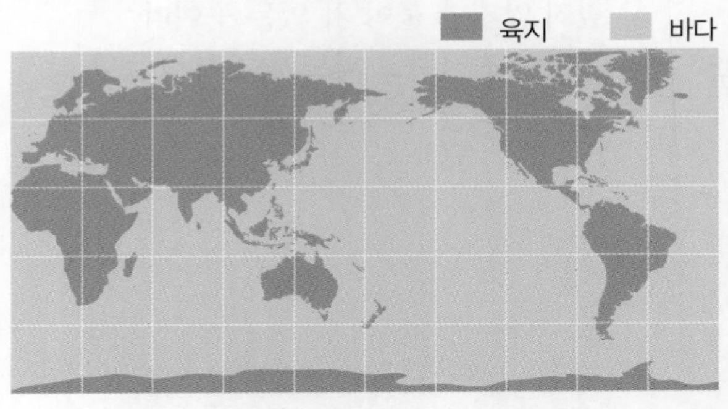

04 위 지도에서 육지 칸의 수와 바다 칸의 수를 세어 보고, 그 수를 비교하여 ○ 안에 >, =, <로 나타내시오. (단, 한 칸에 육지의 크기가 절반을 넘으면 육지 칸으로, 바다의 크기가 절반을 넘으면 바다 칸으로 셉니다.)

> 육지 칸의 수 ○ 바다 칸의 수

중요
05 위와 같이 육지 칸의 수와 바다 칸의 수를 세어 보는 활동을 통해서 비교할 수 있는 것은 어느 것입니까? (　　)

① 바다와 육지의 색깔
② 바다와 육지의 넓이
③ 바다와 육지의 높낮이
④ 바다와 육지에 사는 생물의 종류
⑤ 바다와 육지에 있는 정확한 물의 양

06 다음에서 설명하는 것은 육지의 물과 바닷물 중 어느 것인지 쓰시오.

> • 짠맛이 난다.
> • 여러 가지 물질이 많이 녹아 있어서 사람이 마시기에 적당하지 않다.

(　　　　　　　　)

07 지구에 있는 물의 대부분이 존재하는 곳은 어디인지 쓰시오.

( )

08 공기를 느낄 수 있는 방법으로 옳은 것은 어느 것입니까? ( )

① 맛을 본다.
② 냄새를 맡아 본다.
③ 손으로 만져 본다.
④ 입김을 불어 본다.
⑤ 눈으로 자세히 관찰한다.

09 다음과 같이 공기가 담긴 지퍼 백을 관찰한 결과로 옳은 것은 어느 것입니까? ( )

① 매우 무겁다.
② 공처럼 잘 튄다.
③ 손으로 누르면 살짝 들어간다.
④ 지퍼 백 속 공기의 색깔이 파란빛으로 변한다.
⑤ 지퍼 백 속 공기가 움직이는 것이 눈에 보인다.

10 지구에 공기가 있어서 생기는 현상으로 알맞지 않은 것은 어느 것입니까? ( )

① 비가 온다.
② 강물이 흘러간다.
③ 생물이 살 수 있다.
④ 연날리기를 할 수 있다.
⑤ 나뭇잎이 바람에 흔들린다.

[11~12] 다음은 마젤란 탐험대가 세계 일주를 한 뱃길을 나타낸 것입니다. 물음에 답하시오.

← 마젤란 탐험대의 이동 방향
스페인 (세비야)
대서양
출발
태평양
브라질 (리우데자네이루)
필리핀 (사마르섬)
인도양
태평양
희망봉
마젤란 해협

11 다음은 위의 뱃길을 살펴보고 그 특징을 정리한 것입니다. ( ) 안에 들어갈 알맞은 말을 각각 쓰시오.

마젤란 탐험대는 (㉠) 방향으로 계속 이동하였고 (㉡)한 곳으로 다시 돌아왔다.

㉠: ( ), ㉡: ( )

중요

12 마젤란 탐험대가 세계 일주를 통해 알아낸 사실을 옳게 이야기한 친구의 이름을 쓰시오.

동후: 바다는 매우 넓다는 것을 알아냈어. 미래: 지구의 모양이 둥글다는 것을 알아냈어. 보람: 지구 표면이 모두 물로 덮여 있다는 것을 알아냈어.

( )

13 다음은 지구가 우리에게 편평하게 보이는 까닭을 나타낸 것입니다. ( ) 안에 들어갈 알맞은 말을 순서대로 짝 지은 것은 어느 것입니까? ( )

( )의 크기에 비해 ( )이/가 매우 크기 때문이다.

① 달, 지구
② 태양, 지구
③ 사람, 지구
④ 지구, 태양
⑤ 지구, 사람

14 달의 모습에 대한 설명으로 옳지 않은 것은 어느 것입니까? (　　)

① 회색빛이다.
② 둥근 공 모양이다.
③ 표면에 돌이 있다.
④ 표면이 모두 매끈매끈하다.
⑤ 높이 솟은 곳과 깊고 넓은 곳이 있다.

15 다음과 같이 달 표면에 있는 크고 작은 구덩이가 만들어진 까닭을 한 단어로 표현한다면, 알맞은 단어는 어느 것입니까? (　　)

① 비　　② 눈
③ 바람　　④ 태양
⑤ 충돌

16 달의 표면은 밝은 부분과 어두운 부분이 있는데, 어두운 부분을 무엇이라고 하는지 쓰시오.

(　　　　　　)

중요
17 지구와 달을 비교한 것으로 옳지 않은 것은 어느 것입니까? (　　)

	지구	달
①	물이 있음.	물이 없음.
②	다양한 색깔임.	회색빛임.
③	둥근 공 모양임.	편평한 모양임.
④	하늘이 파란색임.	하늘이 검은색임.
⑤	바다가 파란색임.	바다가 어둡게 보임.

18 오른쪽과 같이 지구에는 다양한 생물이 살고 있습니다. 그 까닭을 옳게 설명한 것을 두 가지 고르시오.

(　　,　　)

① 공기가 맑기 때문이다.
② 온도가 알맞기 때문이다.
③ 표면에 돌이 있기 때문이다.
④ 물과 공기가 있기 때문이다.
⑤ 육지와 바닷속 땅이 편평하기 때문이다.

19 지구의 크기를 오른쪽 농구공에 비유했을 때 달의 크기를 비유하기에 적당한 것을 골라 기호를 쓰시오.

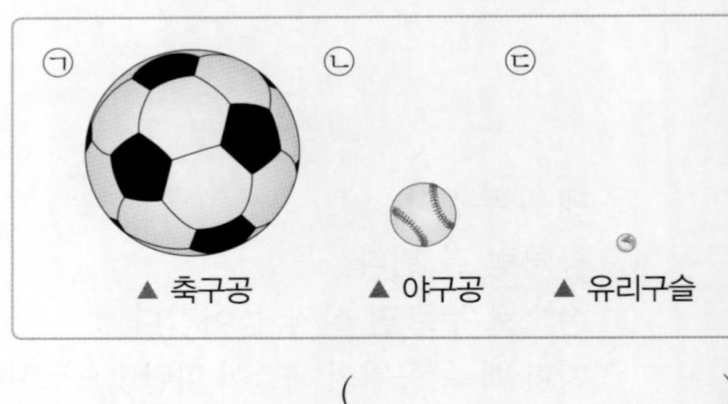

(　　　　　　)

20 지구의 공기를 보존하기 위한 방법으로 알맞지 않은 것은 어느 것입니까? (　　)

① 나무를 심는다.
② 자전거를 탄다.
③ 대중교통을 이용한다.
④ 지저분한 쓰레기를 태운다.
⑤ 가까운 거리는 걸어 다닌다.

서술형·논술형 평가 5단원

정답과 해설 47쪽

01 다음은 지구 표면의 모습 중 하나를 종이에 표현한 것입니다. 물음에 답하시오.

(1) 위의 그림은 지구 표면의 모습 중 무엇을 나타낸 것인지 쓰시오.

( )

(2) 위의 그림은 지구 표면의 모습에서 어떤 특징을 표현한 것인지 친구들에게 설명할 내용을 쓰시오.

02 다음은 공기가 담긴 지퍼 백과 축구공의 모습입니다. 물음에 답하시오.

(1) 위 물체들의 공통점을 한 가지 쓰시오.

(2) 위 물체들의 차이점을 한 가지 쓰시오.

03 다음은 마젤란 탐험대가 세계 일주를 한 뱃길을 나타낸 지도입니다. 물음에 답하시오.

(1) 위 지도를 보고 스페인 세비야를 출발한 마젤란 탐험대가 세계 일주를 마치고 도착한 곳은 어디인지 쓰시오.

( )

(2) 만일 지구가 둥근 공 모양이 아니라 편평한 모양이었다면 마젤란 탐험대는 어떻게 되었을지 자신의 생각을 쓰시오.

04 다음은 우주에서 본 지구와 달의 모습입니다. 물음에 답하시오.

(1) 지구와 달의 공통점을 한 가지 쓰시오.

(2) 지구와 달의 차이점을 한 가지 쓰시오.

MEMO

효과가 상상 이상입니다.

예전에는 아이들의 어휘 학습을 위해 학습지를 만들어 주기도 했는데,
이제는 이 교재가 있으니 어휘 학습 고민은 해결되었습니다.
아이들에게 아침 자율 활동으로 할 것을 제안하였는데,
"선생님, 더 풀어도 되나요?"라는 모습을 보면,
아이들의 기초 학습 습관 형성에도 큰 도움이 되고 있다고 생각합니다.

ㄷ초등학교 안00 선생님

어휘 공부의 힘을 느꼈습니다.

학습에 자신감이 없던 학생도 이미 배운 어휘가 수업에 나왔을 때 반가워합니다.
어휘를 먼저 학습하면서 흥미도가 높아지고
동기 부여가 되는 것을 보면서 어휘 공부의 힘을 느꼈습니다.

ㅂ학교 김00 선생님

학생들 스스로 뿌듯해해요.

처음에는 어휘 학습을 따로 한다는 것 자체가 부담스러워했지만,
공부하는 내용에 대해 이해도가 높아지는 경험을 하면서
스스로 뿌듯해하는 모습을 볼 수 있었습니다.

ㅅ초등학교 손00 선생님

앞으로도 활용할 계획입니다.

학생들에게 확인 문제의 수준이 너무 어렵지 않으면서도
교과서에 나오는 낱말의 뜻을 확실하게 배울 수 있었고,
주요 학습 내용과 관련 있는 낱말의 뜻과 용례를
정확하게 공부할 수 있어서 효과적이었습니다.

ㅅ초등학교 지00 선생님

학교 선생님들이 확인한
어휘가 문해력이다의 학습 효과!
직접 경험해 보세요

학기별 교과서 어휘 완전 학습
<어휘가 문해력이다>
— 예비 초등 ~ 중학 3학년 —

'자유탐구'는 EBS 창의체험 탐구생활 · 방학생활

창의체험 탐구생활

12권 응답하라 전통생활문화

1권 잘 먹고 잘 싸는 법	7권 접속! 미디어 월드
2권 어쩌다 동물 탐험	8권 슬기로운 의복생활
3권 우리는 집에 산다	9권 스포츠 빅리그
4권 환경을 부탁해	10권 한국사를 알고 싶다
5권 이것도 타고 저것도 타요	11권 우주에서 온 그대
6권 궁금한 이야기 안전!	12권 응답하라 전통생활문화

학년에 맞는 주제로
고른 기초 지식을 쌓아요.

1~6학년 전 6권

아직 기초가 부족해서 차근차근 공부하고 싶어요.

조금 어려운 내용에 **도전해보고 싶어요.**

영어의 모든 것! 체계적인 영어공부를 원해요.

조금 어려운 내용에 **도전해보고 싶어요.**

학습 고민이 있나요?

초등온에는 친구들의 **고민에 맞는 다양한 강좌**가 준비되어 있답니다.

학교 진도에 맞춰 공부하고 싶어요.

초등ON 이란?

EBS가 직접 제작하고 분야별 전문 교육업체가 개발한
다양한 콘텐츠를 바탕으로,

초등 목표달성을 위한 <**초등온**>**서비스**를 제공합니다.

BOOK 3

해설책

BOOK 3 해설책으로
틀린 문제의 해설도 확인해 보세요!

EBS

인터넷·모바일·TV
무료 강의 제공

초 | 등 | 부 | 터 EBS

예습, 복습, 숙제까지 해결되는

교과서 완전 학습서

만점왕

BOOK 3
해설책

과학 3-1

당신의 문해력

평생을 살아가는 힘,
문해력을 키워 주세요!

문해력을 가장 잘 아는 EBS가 만든 문해력 시리즈

예비 초등 ~ 중학

문해력을 이루는 핵심 분야별/학습 단계별 교재

어휘 | 쓰기 | ERI 독해 | 배경지식 | 디지털독해

우리 아이의 **문해력 수준은?**

더욱 효과적인 문해력 학습을 위한

EBS 문해력 진단 테스트

https://primary.ebs.co.kr/course/literacy

NEW

등급으로 확인하는 문해력 수준

문해력 등급 평가

초1 - 중1

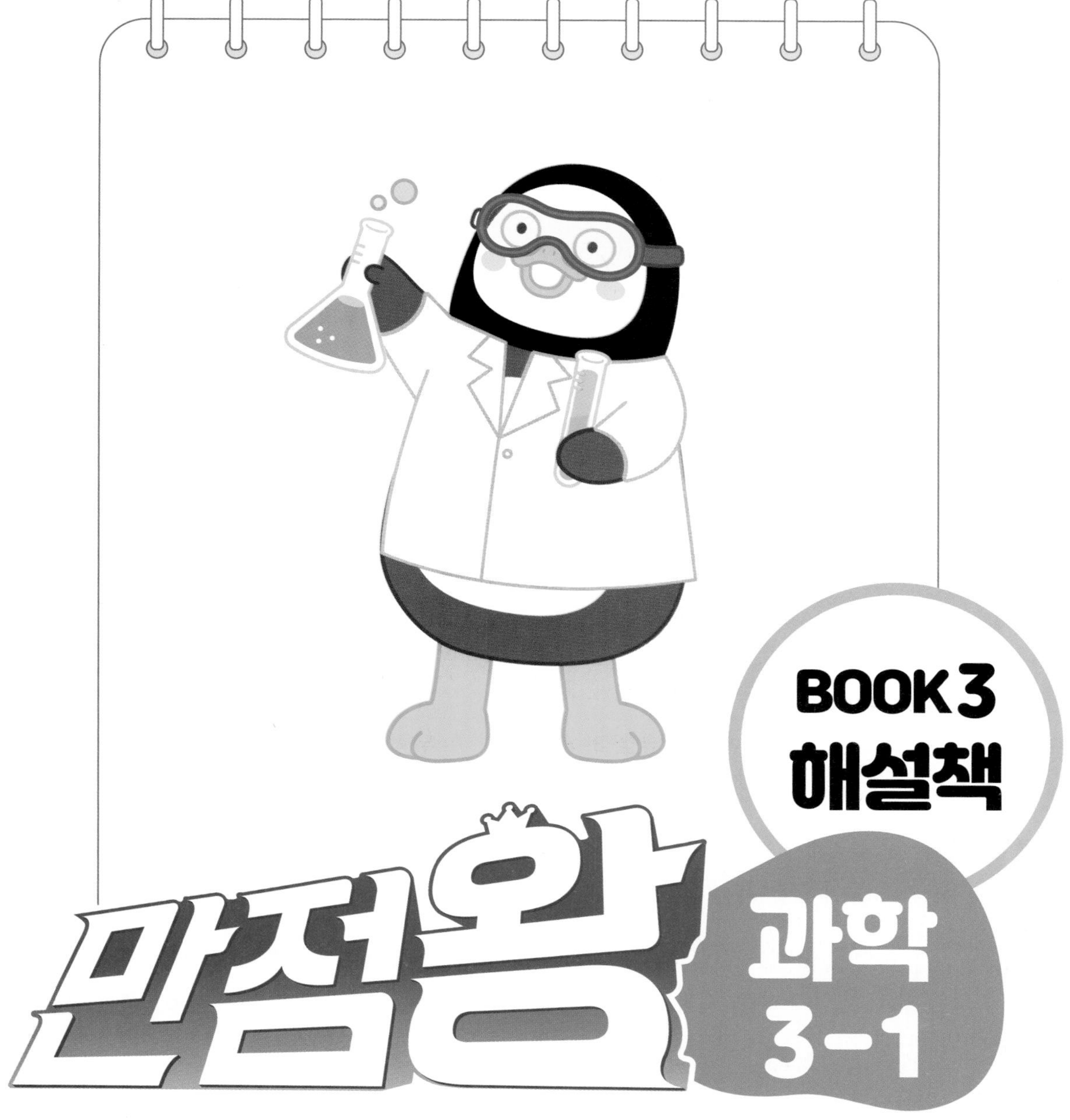
BOOK 3
해설책
만점왕
과학
3-1

2 단원 물질의 성질

(1) 물체와 물질

탐구 문제 17쪽

1 ① 2 금속 막대, 고무 막대

1 두 막대를 서로 긁었을 때 잘 긁힐수록 덜 단단합니다. 금속 막대는 긁히지 않고 가장 단단합니다.

2 나무 막대와 플라스틱 막대는 물에 뜨고, 금속 막대와 고무 막대는 물에 가라앉습니다.

핵심 개념 문제 18~20쪽

01 물질 02 ④ 03 ③ 04 ② 05 ㉡ 06 ⑤ 07 ㉣ 08 ⑤ 09 나무 10 ① 11 ㉡, ㉢ 12 ②

01 컵과 어항은 유리, 책상과 의자는 나무를 재료로 하여 만듭니다. 유리와 나무는 물질입니다.

02 물질의 종류에는 금속, 플라스틱, 나무, 고무, 밀가루, 유리, 종이, 섬유, 가죽 등이 있습니다. 어항은 유리로 만들어진 물체입니다.

03 책은 종이, 인형은 섬유, 열쇠는 금속, 연필은 나무, 고무줄은 고무로 만듭니다.

04 클립은 금속으로 만듭니다.

05 단단한 정도는 금속 막대 > 플라스틱 막대 > 나무 막대 > 고무 막대 순입니다. 따라서 금속 막대가 가장 단단합니다.

06 나무 막대, 플라스틱 막대는 물에 뜨지만, 금속 막대, 고무 막대는 물에 가라앉습니다.

07 다양한 색깔과 모양의 물체를 쉽게 만들 수 있는 것은 플라스틱이 가진 성질입니다.

08 플라스틱을 이용하면 다양한 색깔과 모양의 물체를 쉽게 만들 수 있습니다.

09 나무는 고유한 향과 무늬가 있습니다.

10 광택이 있는 것은 금속과 플라스틱이 가진 성질입니다.

11 종이와 섬유는 접을 수 있으며 물에 잘 젖는 성질이 있습니다.

12 유리는 투명하고 다른 물체와 부딪치면 잘 깨집니다.

중단원 실전 문제 21~23쪽

01 유나 02 ② 03 ⑤ 04 ㉣ 05 ④ 06 ③ 07 ㉡ 08 ③ 09 ④ 10 ①, ⑤ 11 ㉠, ㉣ 12 ③ 13 ① 14 ⑤ 15 ① 16 ② 17 ③ 18 ②

01 물질은 물체를 만드는 재료입니다. 모양과 공간을 차지하고 있는 것은 물체이며 컵, 어항, 책상, 의자 등은 모두 물체에 해당합니다.

02 클립과 그릇을 이루고 있는 것은 금속입니다. 금속은 단단하고 광택이 나는 성질이 있습니다.

03 빵과 과자는 밀가루를 이용하여 만듭니다. 재료로 사용된 밀가루는 물질이고, 빵과 과자는 물체입니다.

04 금속, 고무, 나무, 플라스틱은 물질이고, 연필은 물체입니다.

05 어항을 만든 물질은 유리로 유리컵을 만드는 데도 사용됩니다. 책은 종이, 인형은 섬유, 풍선은 고무, 야구 글러브는 가죽으로 만듭니다.

06 자물쇠, 열쇠, 못은 금속으로 만들어졌습니다.

07 두 물질의 막대를 서로 긁었을 때 단단한 물질이 덜 단단한 물질을 긁습니다.

㉠ 고무 막대로 금속 막대를 긁으면 금속 막대는 긁히지 않습니다.

㉢ 나무 막대로 플라스틱 막대를 긁으면 플라스틱 막대는 긁히지 않습니다.

08 플라스틱 막대와 금속 막대를 서로 긁었을 때 플라스틱 막대가 긁혔으므로, 플라스틱 막대보다 금속 막대가 단단하다는 것을 알 수 있습니다.

09 금속은 다른 물질보다 단단합니다.

10 고무는 쉽게 구부러지고, 잡아당기면 늘어났다가 놓으면 다시 돌아오는 성질이 있습니다.

② 투명하고 잘 깨지는 것은 유리의 성질입니다.

③ 단단하고 광택이 있는 것은 금속의 성질입니다.

④ 고유한 향과 무늬가 있는 것은 나무의 성질입니다.

11 나무 막대, 플라스틱 막대는 물에 뜨고, 금속 막대, 고무 막대는 물에 가라앉습니다.

12 미끄럼틀은 광택이 나고 단단한 금속으로 만들어졌습니다.

13 잘 휘어지고 당기면 잘 늘어나고 물에 젖지 않는 물질은 고무입니다.

①은 고무장갑, ②는 플라스틱 블록, ③은 밀가루로 만든 빵 ④는 나무 주걱, ⑤는 금속으로 된 클립의 모습입니다.

14 상자는 종이로, 옷은 섬유로 만듭니다. 종이와 섬유는 모두 접을 수 있는 성질이 있습니다.

15 열쇠와 그릇은 금속으로 만들었습니다. 금속은 단단하고 광택이 납니다.

16 유리는 투명하고 잘 깨지며 유리컵, 어항 등을 만들 수 있지만, 접을 수는 없습니다.

17 ①은 유리로 만든 어항, ②는 나무 주걱 ③은 가죽 장갑, ④는 섬유로 만든 인형, ⑤는 고무장갑입니다.

18 ㉡ 가볍고 고유한 향과 무늬가 있는 것은 나무의 성질입니다.

서술형·논술형 평가 돋보기

24~25쪽

연습 문제

1 (1) 금속 , 나무 (2) 예 단단하고 광택이 있다. / 예 향과 무늬 **2** (1) 당기면 늘어나는, 다른 물질보다 단단한 (2) 예 고무장갑, 지우개, 고무 매트 / 예 못, 클립, 금속 컵

실전 문제

1 (1) 예 물질에 해당하는 것은 밀가루, 고무, 나무이고 물체에 해당하는 것은 과자, 바구니, 풍선, 페트병, 책상이다. **2** (1) 고무 막대 (2) 예 고무 막대는 물에 가라앉는다. **3** (1) 금속 (2) 예 ㉠은 단단하고 광택이 나는 금속의 성질을, ㉡은 나무보다 단단한 금속의 성질을 이용하였다. **4** 고무, 고무는 잘 미끄러지지 않는 성질이 있기 때문이다.

연습 문제

1 (1) 그릇과 클립을 만든 재료는 금속이고, 주걱과 의자를 만든 재료는 나무입니다.

(2) 금속은 단단하고 광택이 납니다. 나무는 고유한 향과 무늬가 있습니다.

2 (1) ㉠의 물질은 고무로 당기면 늘어나는 성질이 있습니다. ㉡의 물질은 금속으로 다른 물질보다 단단한 성질이 있습니다.

(2) 고무로 만든 물체에는 고무장갑, 지우개, 고무 매트 등이 있고, 금속으로 만든 물체에는 못, 클립, 금속 컵 등이 있습니다.

실전 문제

1 물체는 모양과 공간을 차지하는 것이고 물질은 물체를 만든 재료입니다.

채점 기준	
상	물체와 물질을 모두 바르게 분류한 경우
중	물체와 물질 중 일부만 맞게 분류한 경우
하	물체와 물질을 알맞게 분류하지 못한 경우

2 (1) 고무 막대는 손으로 잡고 구부리면 잘 구부러집니다.

채점 기준

고무 막대를 쓴 경우 정답으로 합니다.

(2) 물이 담긴 수조에 넣었을 때 가라앉는 것은 금속 막대와 고무 막대입니다.

채점 기준

고무 막대가 물에 가라앉는다는 내용을 쓴 경우 정답으로 합니다.

3 (1) 금속

채점 기준

금속을 쓴 경우 정답으로 합니다.

(2) ㉠의 미끄럼틀은 금속으로 만들어 단단하고 광택이 나는 성질이 있습니다. ㉡은 나무를 금속으로 된 도구로 조각하는 모습으로 금속이 나무보다 단단한 성질을 이용한 것입니다.

채점 기준

상	㉠과 ㉡의 성질을 모두 맞게 쓴 경우
중	㉠과 ㉡ 중 하나의 성질만 맞게 쓴 경우
하	㉠과 ㉡의 성질을 맞게 쓰지 못한 경우

4 운동화 바닥이 미끄러운 것을 해결하려면 잘 미끄러지지 않는 성질을 지닌 물질을 운동화 바닥에 사용해야 합니다. 고무는 잘 미끄러지지 않는 성질이 있습니다.

채점 기준

상	고무를 제시하고 그 성질을 잘 설명한 경우
중	고무와 그 성질 중 한 가지만 맞게 쓴 경우
하	고무도 제시하지 못하고 성질도 설명하지 못한 경우

(2) 물질의 성질과 기능

탐구 문제 29쪽

1 (1) 금속 고리 (2) 고무줄 **2** (1) 나무 (2) 금속 (3) 플라스틱

1 다른 물질로 만들어진 물체보다 단단한 것은 금속 고리이고, 잘 늘어나고 다른 물체를 쉽게 묶을 수 있는 것은 고무줄입니다.

2 책상의 상판은 나무, 몸체는 금속, 받침은 플라스틱으로 이루어졌습니다.

핵심 개념 문제 30~32쪽

01 ㉠ **02** ① **03** ② **04** ④ **05** 금속 **06** ③ **07** 유리 **08** ④ **09** 가죽 **10** ②, ⑤ **11** 물질 **12** 연우

01 금속 고리는 금속으로 이루어져, 고무로 된 고무줄이나 플라스틱 바구니보다 더 튼튼합니다.

02 플라스틱 바구니는 플라스틱으로 이루어져 가벼우면서도 튼튼하고, 다양한 색깔과 모양으로 만들 수 있습니다. ① 잘 늘어나는 것은 고무의 성질입니다.

03 책상의 상판은 나무로 이루어져 가볍고 단단합니다.

04 쓰레받기의 몸체는 플라스틱, 입구는 고무로 이루어져 있습니다.

05 자전거의 몸체와 체인은 잘 부러지지 않고 튼튼해야 하므로 금속으로 만듭니다.

06 ㉠은 타이어로 고무로 만듭니다. 고무는 충격을 잘 흡수하고 탄력이 있습니다.

07 유리는 투명한 성질이 있어서 유리로 만든 컵은 내용물이 무엇인지 쉽게 알아볼 수 있습니다.

08 도자기 컵은 흙을 구워 만든 것으로, 음식을 오랫동안 따뜻하게 보관할 수 있습니다.

09 가죽 장갑은 질기고 부드러우며 따뜻합니다.

10 고무장갑은 질기고 미끄러지지 않으며, 물이 들어오지 않습니다.

11 같은 물체라도 그 물체를 이루고 있는 물질에 따라 좋은 점이 다릅니다.

12 컵, 그릇, 장갑, 모자, 가방, 옷 등은 서로 다른 물질로 만들 수 있는 물체라는 공통점이 있습니다.

중단원 실전 문제 33~35쪽

01 한 02 예 클립, 못, 열쇠 등 03 ⑤ 04 ㉠, ㉢ 05 ㉡
06 ④ 07 ⑤ 08 ㉢, ㉣ 09 ② 10 ④ 11 ㉢ 12 금속
13 고무 14 ㉡ 15 ② 16 ③ 17 ④ 18 ㉢

01 금속 고리는 금속, 고무줄은 고무, 플라스틱 바구니는 플라스틱 한 가지 물질로만 이루어져 있습니다.

02 금속 고리는 금속으로 이루어져 있습니다. 금속으로 이루어진 물체에는 클립, 못, 열쇠 등이 있습니다.

03 고무줄은 고무 한 가지 물질로 되어 있어 당기면 잘 늘어나고 다른 물체를 쉽게 묶을 수 있습니다.
⑤ 다른 물체와 부딪치면 잘 깨지는 것은 유리의 성질입니다.

04 ㉠ 책상은 나무, 금속, 플라스틱으로 이루어져 있습니다.
㉢ 쓰레받기는 플라스틱과 고무로 이루어져 있습니다.

05 ㉡ 책상의 몸체는 금속으로 되어 있어 튼튼합니다.

06 쓰레받기 입구는 고무로 되어 있어 바닥에 잘 달라붙으므로 먼지를 쓸어 담기 좋습니다.

07 ㉠은 안장으로 가죽이나 플라스틱으로 만들고, ㉡은 몸체로 금속으로 만듭니다. ㉢ 손잡이는 고무나 플라스틱으로 만들고, ㉣은 타이어로 고무로 만듭니다.
⑤ ㉤은 체인으로 금속으로 만듭니다.

08 고무줄을 만든 물질은 고무입니다. 고무는 자전거의 ㉢ 손잡이와 ㉣ 타이어를 만드는 데 사용할 수 있습니다.

09 고무는 자전거의 타이어를, 금속은 몸체와 체인을, 가죽은 안장을, 플라스틱은 손잡이를 만드는 데 사용됩니다.

10 쓰레받기의 입구는 고무로 만듭니다. ① 클립은 금속, ② 페트병은 플라스틱, ③ 종이컵은 종이, ④ 고무장갑은 고무, ⑤ 나무 주걱은 나무로 만듭니다.

11 ㉠ 쓰레받기는 플라스틱과 고무가 사용되었습니다.
㉡ 가위는 플라스틱과 금속이 사용되었습니다.
㉢ 고무장갑은 고무가 사용되었습니다.
㉣ 의자는 플라스틱, 나무, 금속 등이 사용되었습니다.

12 단단하고 광택이 나는 금속으로 만든 컵입니다.

13 설거지와 빨래할 때는 고무장갑이 가장 좋습니다. 고무는 잘 미끄러지지 않고 물이 들어오지 않는 성질이 있습니다.

14 질기고 부드러우며 바람이 들어오지 않아 따뜻한 성질을 지닌 장갑은 가죽 장갑입니다. ㉠은 면(섬유)장갑, ㉡은 가죽 장갑, ㉢은 고무장갑, ㉣은 비닐장갑입니다.

15 비닐장갑을 만든 비닐과 유리컵을 만든 유리는 모두 투명한 성질이 있습니다.

16 플라스틱 컵은 가볍고, 단단하며, 모양과 색깔이 다양합니다. 잘 찢어지는 것은 종이컵이 가진 성질입니다.

17 도자기는 흙을 구워 만들어 단단하고 음식물을 오랫동안 따뜻하게 보관할 수 있습니다.

18 종류가 같은 물체를 서로 다른 물질로 만드는 까닭은 물질에 따라 기능이 다르고 서로 다른 좋은 점이 있기 때문입니다.

서술형·논술형 평가 돋보기 36~37쪽

연습 문제

1 (1) 안장, 체인 (2) 고무, 충격 **2** (1) 금속 컵, 종이컵 (2) 기능이 다르고, 좋은 점

실전 문제

1 예 (가)(금속 고리)는 금속으로, (나)(고무줄)는 고무로, (다)(플라스틱 바구니)는 플라스틱으로 되어 있다. **2** (1) 받침, 몸체 (2) 예 (가) 책상 받침은 바닥이 긁히는 것을 줄여 주고, (나) 쓰레받기의 몸체는 가볍고 단단해서 좋다. **3** (1) 따뜻하게 (2) (가)는 도자기로 만들었고, (나)는 가죽으로 만들었다. **4** 예 금속으로 만든 신발을 신으면 단단한 금속의 성질 때문에 신발이 구부러지지 않아 불편할 것이다.

연습 문제

1 (1) 자전거의 안장은 가죽으로 만들고 단단한 성질이 필요한 몸체와 체인은 금속으로 만듭니다.

(2) 타이어는 고무로 만들어야 충격을 흡수하고 탄력이 있어 좋습니다.

2 (1) 금속은 단단한 성질이 있으므로 금속 컵은 잘 깨지지 않고 튼튼합니다. 종이컵은 싸고 가벼워서 손쉽게 사용할 수 있습니다.

(2) 종류가 같은 물체라도 서로 다른 물질로 만드는 까닭은 물질의 성질에 따라 기능이 다르고 서로 다른 좋은 점이 있기 때문입니다.

실전 문제

1 금속 고리는 단단한 금속으로, 고무줄은 잘 늘어나는 고무로, 플라스틱 바구니는 다양한 모양과 색깔로 만들기 쉬운 플라스틱으로 만듭니다.

채점 기준

상	세 가지 물체를 이루는 물질을 모두 맞게 쓴 경우
중	두 가지 물체를 이루는 물질만 맞게 쓴 경우
하	한 가지 물체만 맞게 쓰거나 정답을 쓰지 못한 경우

2 (1) 책상의 받침과 쓰레받기의 몸체는 플라스틱으로 되어 있습니다.

채점 기준

상	두 가지를 모두 맞게 쓴 경우
중	한 가지만 맞게 쓴 경우
하	정답을 쓰지 못한 경우

(2) ㈎ 책상의 받침을 플라스틱으로 만들면 바닥이 긁히는 것을 줄여 줄 수 있어 좋습니다.

㈏ 쓰레받기의 몸체를 플라스틱으로 만들면 가볍고 단단해서 좋습니다.

채점 기준

상	두 가지를 모두 맞게 쓴 경우
중	한 가지만 맞게 쓴 경우
하	정답을 쓰지 못한 경우

3 (1) ㈎는 도자기 컵으로 음식을 오랫동안 따뜻하게 보관할 수 있습니다.

㈏는 가죽 장갑으로 바람을 막아 주어 손을 따뜻하게 해 줍니다.

채점 기준

따뜻하게 한다는 의미의 답을 쓰면 정답입니다.

(2) ㈎는 도자기 컵으로 도자기로 만들고, ㈏는 가죽 장갑으로 가죽으로 만듭니다.

채점 기준

상	두 가지를 모두 맞게 쓴 경우
중	한 가지만 맞게 쓴 경우
하	정답을 쓰지 못한 경우

4 금속은 단단한 성질이 있어 잘 구부러지지 않습니다. 금속 신발을 신으면 신발이 구부러지지 않기 때문에 발이 불편할 것입니다.

채점 기준

상	금속의 성질과 불편한 점을 모두 쓴 경우
중	금속의 성질과 불편한 점 중 한 가지만 쓴 경우
하	정답을 쓰지 못한 경우

(3) 물질의 성질과 변화

탐구 문제 41쪽

1 폴리비닐 알코올 2 폴리비닐 알코올

1 붕사와 폴리비닐 알코올은 모두 하얀색이지만 붕사는 광택이 없고, 폴리비닐 알코올은 광택이 있습니다.

2 탱탱볼을 만드는 과정은 따뜻한 물에 붕사 두 숟가락을 넣고, 폴리비닐 알코올을 다섯 숟가락 넣는 과정으로 이루어집니다.

핵심 개념 문제 42~44쪽

01 성질 02 ㉡, ㉢ 03 ㉡ 04 물 05 ㉡ 06 ㉡ → ㉢ → ㉠ 07 ④ 08 ⑤ 09 연필꽂이 10 ④ 11 ⑤ 12 ②

01 미숫가루와 설탕을 섞으면 물질의 성질이 변하지 않습니다.

02 물, 붕사, 폴리비닐 알코올을 섞어 탱탱볼을 만들 때는 물질의 성질이 변합니다.

03 붕사는 하얀색으로 광택이 없고, 손으로 만지면 깔깔합니다.

04 물은 탱탱볼을 만들 때 필요한 물질이며 투명하고 손으로 만지면 흘러내립니다.

05 탱탱볼을 만들기 위해서는 먼저 따뜻한 물이 반쯤 담긴 투명한 플라스틱 컵에 붕사를 두 숟가락 넣고 유리 막대로 저어 줍니다.

06 탱탱볼을 만들기 위해서 가장 먼저 따뜻한 물에 붕사를 넣고, 그다음 폴리비닐 알코올을 넣은 후 엉긴 물질을 꺼내 공 모양으로 만들면 됩니다.

07 물과 붕사를 섞으면 물이 뿌옇게 흐려집니다.

08 탱탱볼은 알갱이가 투명하고 광택이 있으며, 말랑말랑하고 고무 같은 느낌입니다. 바닥에 떨어뜨리면 잘 튀어 오릅니다.
⑤ 색깔이 있는 탱탱볼을 만들려면 식용 색소를 따로 넣어야 합니다.

09 원통 두 개 모양의 연필꽂이를 설계한 모습입니다.

10 스펀지는 충격을 흡수해 주는 성질이 있습니다.

11 가볍고 투명한 성질을 지닌 물질은 플라스틱입니다. 고무, 나무, 종이, 스펀지는 투명하지 않습니다.

12 ② 종이는 물에 잘 젖는 성질이 있습니다. 두꺼운 종이는 단단한 성질을 이용하여 연필꽂이 설계에 활용할 수 있습니다.

중단원 실전 문제

45~47쪽

01 ⑤ 02 ⑤ 03 ㉣ 04 ㉡ 05 ㉡, ㉢ 06 < 07 붕사 08 ⑤ 09 ㉣ 10 ③ 11 준이 12 ㉠ 13 ② 14 ① 15 ④ 16 ④ 17 ⑤ 18 ⑤

01 설탕과 미숫가루를 섞어도 설탕과 미숫가루의 성질은 변하지 않고 그대로 있습니다.

02 탱탱볼은 물, 붕사, 폴리비닐 알코올을 섞어서 만듭니다.

03 폴리비닐 알코올은 하얀색으로 광택이 있고, 손으로 만지면 깔깔합니다. 붕사보다 알갱이가 큽니다.

04 붕사는 하얀색으로 광택이 없고, 손으로 만지면 깔깔합니다.

05 물은 손으로 잡으면 흘러내립니다. 붕사와 폴리비닐 알코올은 손으로 만지면 깔깔합니다.

06 폴리비닐 알코올은 붕사보다 알갱이가 큽니다.

07 탱탱볼을 만들 때 가장 먼저 따뜻한 물에 붕사를 넣습니다.

08 따뜻한 물에 붕사 두 숟가락을 넣고 유리 막대로 저으면 물이 뿌옇게 흐려집니다.

09 따뜻한 물에 붕사, 폴리비닐 알코올을 넣으면 탱탱볼을 만들 수 있습니다. 서로 엉기고 알갱이가 커지는 것을 볼 수 있습니다.

10 컵 안에서 엉긴 물질을 꺼내 손으로 주물러 공 모양을 만들면 탱탱볼이 완성됩니다.

11 엉긴 물질을 너무 빨리 꺼내면 탱탱볼이 하얀색이 되고, 너무 오래 두었다가 꺼내면 약간 물컹거리고 투명한 탱탱볼이 됩니다.

12 여러 가지 물질들을 섞어 탱탱볼을 만들 때, 섞기 전에 각 물질이 가진 성질들은 섞고 난 후에 변합니다.

13 창의적인 연필꽂이를 설계할 때는 어떤 물질을 사용하고 물질의 어떤 성질을 이용할지, 어떤 모양과 크기로 만들지 등을 생각해야 합니다.

14 고무는 부드럽고 잘 늘어났다가 원래대로 돌아오며, 잘 미끄러지지 않는 성질이 있습니다.

15 플라스틱 통과 원통형 종이 상자는 고무줄로 묶어서 고정할 수 있습니다.

16 ④ 넓은 고무줄로 플라스틱 통 끝부분을 감싸면 다치지 않게 할 수 있습니다.

17 연필을 꽂았을 때 충격을 줄여 주기 위해 연필꽂이 바닥에 스펀지를 잘라 넣어 줍니다.

18 플라스틱 통과 종이 상자를 고무줄로 묶어서 고정했는데, 이때 고무줄이 계속 당기고 있어 종이 상자 모양이 찌그러질 수 있습니다. 나머지는 모두 좋은 점을 설명하고 있습니다.

서술형·논술형 평가 돋보기 48~49쪽

연습 문제

1 (1) ㉠ 뿌옇게 흐려진다. ㉡ 커진다. (2) 공 모양을 만든다.
2 (1) 충격을 줄여 줘서 (2) 찌그러질 수 있다.

실전 문제

1 (1) ㉠ 하얗다 ㉡ 깔깔하다 (2) 예 폴리비닐 알코올의 알갱이가 붕사보다 크다. 2 예 알갱이가 투명하고 광택이 있다. 말랑말랑하고 고무 같은 느낌이다. 바닥에 떨어뜨리면 잘 튀어 오른다. 3 (1) 붕사 (2) 예 폴리비닐 알코올을 다섯 숟가락 넣고 저었을 때 나타나는 현상이다. 4 예 연필심이 바닥에 닿아도 부러지지 않는다. 연필꽂이가 미끄러지지 않는다. 튼튼하고 속이 잘 보인다.

연습 문제

1 (1) ㉠ 따뜻한 물에 붕사를 넣으면 물이 뿌옇게 흐려집니다.
㉡ 물, 붕사, 폴리비닐 알코올을 넣고 저어 주면 물질이 서로 엉기고 알갱이가 점점 커집니다.

2 (1) 연필꽂이 안쪽 바닥에 스펀지를 넣으면 연필을 꽂았을 때 충격을 줄여 줘서 연필심이 바닥에 닿아도 부러지지 않습니다.
(2) 플라스틱 통과 종이 상자를 고무줄로 묶어서 고정했는데, 고무줄이 계속 당기고 있어서 종이 상자의 모양이 찌그러질 수 있습니다.

실전 문제

1 (1) 붕사와 폴리비닐 알코올은 모두 색깔이 하얗고, 손으로 만지면 깔깔합니다.

채점 기준

상	두 가지를 모두 맞게 쓴 경우
중	한 가지만 맞게 쓴 경우
하	정답을 쓰지 못한 경우

(2) 폴리비닐 알코올의 알갱이는 붕사 알갱이보다 큽니다.

채점 기준

폴리비닐 알코올의 알갱이가 더 크다고 썼으면 정답으로 합니다.

2 탱탱볼은 알갱이가 투명하고 광택이 있으며, 말랑말랑하고 고무 같은 느낌이 있습니다. 또 바닥에 떨어뜨리면 잘 튀어 오릅니다.

채점 기준

상	탱탱볼의 성질을 두 가지 이상 쓴 경우
중	탱탱볼의 성질을 한 가지만 쓴 경우
하	탱탱볼의 성질을 쓰지 못한 경우

3 (1) 따뜻한 물에 붕사를 넣으면 물이 뿌옇게 흐려집니다.

채점 기준

붕사를 썼으면 정답으로 합니다.

(2) 폴리비닐 알코올을 다섯 숟가락 넣고 유리 막대로 저은 후 3분 정도 기다리면 물질이 엉기면서 알갱이가 커지는 현상이 나타납니다.

채점 기준

상	물질 이름과 넣는 양이 모두 맞은 경우
중	물질 이름과 넣는 양 중 한 가지만 맞은 경우
하	정답을 쓰지 못한 경우

4 창의적으로 설계한 연필꽂이의 좋은 점에는 바닥에 스펀지를 깔아 연필심이 바닥에 닿아도 부러지지 않는 점, 바닥에 고무를 붙여서 연필꽂이가 미끄러지지 않는 점, 플라스틱으로 만들어 튼튼하고 속이 잘 보이는 점 등이 있습니다.

채점 기준

상	좋은 점을 두 가지 쓴 경우
중	좋은 점을 한 가지만 쓴 경우
하	좋은 점을 쓰지 못한 경우

대단원 마무리 51~54쪽

01 ⑤ 02 ① 03 나무 04 ④ 05 ② 06 ② 07 ④ 08 ② 09 ⑤ 10 ㉢, ㉣ 11 ③ 12 ①, ⑤ 13 ① 14 ⑤ 15 ㉡ 16 ③ 17 ㉢, ㉣ 18 ㉡ 19 ④ 20 ㉢ 21 (1)-㉠, (2)-㉡ 22 (2) ○ (3) ○ 23 스펀지 24 ②

01 물체는 모양과 공간을 차지하는 것이고 그 물체를 만드는 재료는 물질입니다.
⑤ 한 가지 물질로 다양한 물체를 만들 수 있습니다.

02 ① 유리로는 어항, 컵 등을 만들 수 있습니다. 책은 종이로 만듭니다.

03 책상, 의자, 야구 방망이는 나무로 만듭니다.

04 구부렸을 때 잘 구부러지고, 잡아당기면 늘어났다가 놓으면 다시 돌아오는 물질은 고무입니다. 고무는 잘 미끄러지지 않고 물에 젖지 않는 성질도 있습니다. 지우개, 고무줄, 고무장갑, 고무 매트는 고무로 만들었지만, 가죽 장갑은 가죽으로 만듭니다.

05 바구니와 블록을 만든 물질은 플라스틱입니다. 플라스틱보다 더 단단한 물질은 금속입니다.

06 ① 고무 막대는 잘 구부러집니다.
② 물에 가라앉는 것은 고무 막대와 금속 막대입니다.
③, ④ 금속 막대는 가장 단단하므로 잘 긁히지 않습니다.
⑤ 나무 막대와 플라스틱 막대는 물에 뜹니다.

07 공책은 종이로 만들고, 옷은 섬유로 만듭니다. 종이와 옷은 모두 접을 수 있습니다.

08 고리는 금속으로 만듭니다. 옷은 섬유, 클립은 금속, 축구공은 가죽, 고무줄은 고무, 페트병은 플라스틱으로 만듭니다.

09 ① 고무줄은 고무로, ② 바구니는 플라스틱으로, ③ 열쇠는 금속으로 ④ 나무젓가락은 나무 한 가지 물질로 만들어졌습니다. ⑤ 가위는 플라스틱과 금속 두 가지 물질로 만들어졌습니다.

10 책상의 ㉠은 나무, ㉡은 금속, ㉢은 플라스틱으로 되어 있고, 쓰레받기의 ㉣은 플라스틱, ㉤은 고무로 되어 있습니다.

11 의자의 몸체는 금속으로 되어 있습니다. 금속은 단단한 성질이 있으므로 잘 부러지지 않고 튼튼합니다.

12 자전거의 ㉠부분은 손잡이로, 고무나 플라스틱으로 만듭니다.

13 ② 손잡이는 고무나 플라스틱으로 만들어져 부드럽고 미끄럽지 않습니다.
③ 안장은 가죽이나 플라스틱으로 만들어져 부드럽고 질깁니다.
④ 몸체는 금속으로 만들어져 튼튼합니다.
⑤ 타이어는 고무로 만들어져 충격을 잘 흡수합니다.

14 플라스틱 컵은 다양한 색깔과 모양으로 만들 수 있는 것이 좋은 점입니다.

15 ㉠은 가죽 신발, ㉡은 유리 신발 ㉢은 금속 신발입니다. 다른 물체와 부딪쳤을 때 쉽게 깨지는 것은 유리로 만든 신발입니다.

16 종이컵은 싸고 가벼워서 손쉽게 사용할 수 있지만 잘 찢어지는 단점이 있습니다.

17 고무장갑과 비닐장갑은 모두 물이 들어오지 않는 성질이 있습니다. ㉠은 면(섬유)장갑, ㉡은 가죽 장갑, ㉢은 고무장갑, ㉣은 비닐(플라스틱)장갑입니다.

18 ㉠ 물과 붕사를 섞으면 물이 뿌옇게 흐려지며 성질이 변합니다.
㉢ 물, 붕사, 폴리비닐 알코올을 섞으면 물질의 성질이 변하여 탱탱볼을 만들 수 있습니다.

19 탱탱볼을 만들기 위해서는 물, 붕사, 폴리비닐 알코올이 필요합니다.

20 폴리비닐 알코올은 하얀색으로 광택이 있으며, 손으로 만지면 깔깔합니다.

21 물과 붕사를 섞으면 물이 뿌옇게 흐려집니다. 물, 붕사, 폴리비닐 알코올을 섞으면 물질이 서로 엉기고 알갱이가 점점 커집니다.

22 물, 붕사, 폴리비닐 알코올을 섞어 만든 탱탱볼은 알갱이가 투명하고, 만져 보면 말랑말랑하며, 바닥에 떨어뜨리면 잘 튀어 오릅니다.

23 연필꽂이를 설계한 모습으로, 바닥에 스펀지를 깔면 충격을 줄여 주어 연필심이 잘 부러지지 않습니다.

24 ② 플라스틱 통으로 만들어 속이 보이고 튼튼합니다.

수행 평가 미리 보기 55쪽

1 (1) ㉠, ㉢ / ㉡, ㉣ (2) 예 (가)의 나무는 가볍고 고유한 향과 무늬가 있어 가구나 윷놀이 도구 같은 장난감을 만들기에 좋다. (나)의 플라스틱은 다양한 색깔과 모양으로 쉽게 만들 수 있어 물병이나 장난감 블록을 만들기에 좋다.
2 (1) 자전거의 타이어와 손잡이 부분 / 책상의 상판 부분 (2) 책상의 몸체, 자전거의 몸체와 체인 부분을 금속으로 만든다. 금속은 단단한 성질이 있기 때문에 튼튼하고 잘 부러지지 않는 몸체와 체인을 만드는 데 사용한다.

1 (1) 나무로 만든 물체는 ㉠ 가구와 ㉢ 윷놀이 도구입니다. 플라스틱으로 만든 물체는 ㉡의 물병과 ㉣의 장난감 블록입니다.
(2) 나무는 가볍고 고유한 향과 무늬가 있어 가구를 만들거나 장난감을 만들기 좋습니다. 플라스틱은 다양한 색깔과 모양으로 쉽게 만들 수 있어 여러 가지 물병을 만들거나 장난감을 만들 수 있습니다.

2 (1) 고무로 만들 수 있는 부분은 자전거의 타이어와 손잡이 부분입니다. 고무는 충격을 잘 흡수하고 탄력이 있으며 잘 미끄러지지 않기 때문입니다. 나무로 만들면 좋은 부분은 책상의 상판입니다. 나무는 가벼우면서도 단단하기 때문입니다.
(2) 금속은 단단해서 튼튼하게 만들어야 하는 부분에 사용됩니다. 책상의 몸체와 자전거의 몸체를 금속으로 만들면 큰 힘에도 잘 견딜 수 있습니다. 자전거의 체인도 잘 끊어지지 않되므로 금속으로 만듭니다.

3 단원 동물의 한살이

(1) 동물의 암수, 배추흰나비 한살이

핵심 개념 문제 62~65쪽

01 ㉡ 02 (1) ㉠ (2) ㉡ 03 ⑤ 04 암컷 05 ② 06 배춧잎 07 ③ 08 ㉡ 09 ㉢ 10 알껍데기 11 배추흰나비 애벌레 12 ⑤ 13 번데기 14 ④ 15 머리 16 애벌레 → 번데기 → 어른벌레

01 ㉠ 꿩의 수컷은 깃털 색깔이 선명하고 화려하지만, 암컷의 깃털은 색깔이 수수합니다.
㉢ 사슴의 수컷은 뿔이 있고, 암컷은 없습니다.
㉣ 원앙은 수컷이 암컷에 비해 몸 색깔이 화려합니다.

02 사자의 수컷은 갈기가 있고, 암컷은 없습니다.

03 ① 소는 암컷 혼자서 새끼를 돌봅니다.
② 제비와 ④ 두루미는 암수가 함께 알과 새끼를 돌봅니다.
③ 거북은 암수 모두 알과 새끼를 돌보지 않습니다.
⑤ 가시고기는 수컷 혼자서 알을 돌봅니다.

04 곰은 암컷 혼자서 새끼를 돌보는 동물입니다.

05 배추흰나비를 기를 때는 애벌레의 먹이(배추, 무, 양배추, 케일 등), 사육 상자, 방충망, 고무줄, 분무기, 휴지 등이 필요합니다.

06 배추흰나비 애벌레가 바닥에 떨어졌을 때에는 배춧잎 등을 애벌레 앞에 놓아 애벌레가 스스로 기어오르도록 합니다.

07 배추흰나비의 한살이를 관찰할 때는 알이나 애벌레, 번데기의 색깔과 모양, 먹이를 먹는 모습, 어른벌레의 입과 더듬이, 다리, 날개의 생김새 등을 관찰할 수 있습니다.
③ 방충망의 색깔은 배추흰나비의 한살이를 관찰하는 내용이 아닙니다.

08 관찰한 내용을 기록하기 위해서는 관찰 기록장에 글과 그림으로 표현하거나, 관찰 일기를 쓰는 방법이 있습니다. ㉡은 관찰을 기록하는 방법이 아닙니다.

09 ㉢ 배추흰나비알의 크기는 1 mm 정도입니다.

10 알껍데기 밖으로 나온 애벌레는 자기가 나온 알껍데기를 갉아 먹습니다.

11 배추흰나비 애벌레는 긴 원통 모양에 초록색을 띠고 몸 주변에 털이 나 있으며 고리 모양의 마디가 있습니다. 애벌레는 자유롭게 기어 다니며 움직입니다.

12 허물을 네 번 벗은 배추흰나비 애벌레의 크기는 10원짜리 동전보다 큰 16 mm~30 mm 정도입니다.

13 네 번의 허물을 벗은 배추흰나비 애벌레가 입에서 실을 뽑아 몸을 묶는 것은 번데기로 변하기 위해서입니다.

14 배추흰나비 번데기의 모습으로, 번데기 단계에서는 움직이지 않고, 먹이도 먹지 않으며 자라지 않습니다. 번데기는 주변과 비슷한 색을 띱니다.

15 배추흰나비 번데기가 날개돋이를 할 때, 등 부분이 갈라지고 머리가 보입니다.

16 배추흰나비의 한살이는 알 → 애벌레 → 번데기 → 어른벌레입니다.

중단원 실전 문제 66~69쪽

01 ④ 02 ② 03 ㉡, ㉠ 04 ⑤ 05 ① 06 수컷 07 ⑤ 08 한살이 09 ① 10 ① 11 ① 12 ㉢ 13 ④ 14 ⑤ 15 ② 16 ④ 17 번데기 18 ㉠, ㉢ 19 ⑤ 20 ⑤ 21 ① 22 ② 23 ㉣ 24 ②

01 ① 사자는 수컷만 머리에 갈기가 있습니다.
② 원앙은 수컷만 몸 색깔이 화려합니다.

③ 무당벌레는 암수의 색깔과 무늬가 비슷합니다.
⑤ 꿩의 수컷은 깃털이 화려하고, 암컷은 수수합니다.

02 붕어는 암수 모두 길쭉한 몸에 지느러미가 있고 몸의 색깔도 비슷해서 암수의 구별이 쉽지 않습니다.

03 사슴의 수컷은 뿔이 있고 암컷보다 큽니다. 암컷은 뿔이 없고 수컷에 비해 몸이 작습니다.

04 제비, 꾀꼬리, 황제펭귄, 두루미는 암수가 함께 알과 새끼를 돌봅니다.

05 곰과 소는 모두 암컷 혼자서 새끼를 돌봅니다. 거북, 개구리는 암수 모두 알을 돌보지 않고, 가시고기는 수컷 혼자서 알을 돌봅니다. 제비는 암수가 함께 알과 새끼를 돌봅니다.

06 가시고기는 수컷 혼자서 알을 돌봅니다. 바다코끼리는 암컷 혼자서 새끼를 돌보고, 수컷은 새끼를 돌보지 않습니다.

07 배추흰나비 애벌레는 배추, 무, 양배추, 케일 등을 먹이로 먹습니다.

08 동물이 태어나서 성장하여 자손을 남기는 과정을 동물의 한살이라고 합니다.

09 배추흰나비 사육 상자의 모습입니다. ㉠은 방충망으로 알과 애벌레를 보호하기 위한 것입니다.

10 배추흰나비알과 애벌레는 손으로 만지면 죽을 수 있기 때문에, 옮길 때는 알과 애벌레가 붙은 잎을 함께 옮깁니다.

11 ① 배추흰나비알과 애벌레는 맨눈이나 돋보기로 관찰합니다.

12 배추흰나비알과 알에서 막 나온 배추흰나비 애벌레는 연한 노란색입니다. 애벌레는 먹이를 먹으면서 초록색으로 변합니다.

13 ㉠ 알 속에서 애벌레의 움직임이 보이다가 ㉡ 애벌레가 알 밖으로 나옵니다. ㉢ 밖으로 나온 애벌레는 알껍데기를 갉아 먹습니다. 알의 크기는 1 mm 정도이고, 애벌레의 크기는 2 mm~4 mm 정도입니다.

14 ① 알에서 막 나온 애벌레의 크기는 2 mm~4 mm 입니다.
② 1번 허물을 벗은 애벌레의 크기는 4 mm~8 mm 입니다.
③ 2번 허물을 벗은 애벌레의 크기는 8 mm~12 mm 입니다.
④ 3번 허물을 벗은 애벌레의 크기는 12 mm~16 mm 입니다.
⑤ 4번 허물을 벗은 애벌레의 크기는 16 mm~30 mm 입니다.

15 ① 애벌레의 몸에는 털이 나 있습니다.
③ 네 번의 허물을 벗고 자랍니다.
④ 긴 원통형이고 몸에 고리 모양의 마디가 있습니다.
⑤ 몸은 머리, 가슴, 배 세 부분으로 구분됩니다.

16 ㉠은 배추흰나비알이고, ㉡은 배추흰나비 애벌레입니다. ④ ㉠은 길쭉한 옥수수 모양이고, ㉡은 긴 원통 모양입니다.

17 배추흰나비 번데기 단계에서는 움직이지 않고 먹이도 먹지 않으므로 크기가 변하지 않고 자라지도 않습니다. 번데기는 여러 개의 마디가 있고 색깔은 주변의 환경과 비슷합니다.

18 ㉠은 배추흰나비알, ㉡은 애벌레, ㉢은 번데기, ㉣은 어른벌레의 모습입니다. 움직이지도 않고 먹이도 먹지 않는 단계는 알과 번데기 단계입니다.

19 ⑤ 배추흰나비 번데기의 색은 주변과 비슷하게 변합니다.

20 ① 세 쌍의 다리가 있습니다.
② 두 쌍의 날개가 있습니다.
③ 한 쌍의 더듬이가 있습니다.
④ 몸은 머리, 가슴, 배 세 부분으로 구분됩니다.

21 날개돋이 순서는 ③ → ① → ② → ④ → ⑤입니다. 번데기 안에 어른벌레의 모습이 보이는 것이 가장 처음에 해당합니다.

22 ② 배추흰나비 애벌레는 날개가 없고, 어른벌레는 날개가 있습니다.

23 ㉠은 배추흰나비알, ㉡은 애벌레, ㉢은 번데기, ㉣은 어른벌레의 모습입니다. 어른벌레일 때 알을 낳을 수 있습니다.

24 배추흰나비와 개미는 모두 곤충으로 더듬이가 있고, 세 쌍의 다리(여섯 개)가 있으며, 몸이 머리, 가슴, 배 세 부분으로 구분됩니다. 배추흰나비와 개미는 모두 알을 낳습니다.

서술형·논술형 평가 돋보기 70~71쪽

연습 문제

1 (1) 사자 / 무당벌레, 붕어 (2) 갈기, 갈기 2 (1) 움직임이 없다 / 자유롭게 움직인다 (2) 머리, 가슴, 배 세 부분으로 / 예 날개가 없고, 날개가 있다

실전 문제

1 예 가시고기의 암컷과 거북의 암컷은 둘 다 알을 돌보지 않는다. 2 (1) 애벌레 / 알, 애벌레 (2) 예 애벌레가 바닥에 떨어졌을 때는 배춧잎 등을 애벌레 앞에 놓아 스스로 기어오르도록 한다. 손으로 직접 만지면 죽을 수도 있기 때문이다. 3 예 먹이를 먹기 시작한 애벌레는 초록색으로 변하고, 허물을 네 번 벗으면서 자란다. 4 (1) 곤충 (2) 몸이 머리, 가슴, 배 세 부분으로 되어 있다. 다리가 세 쌍이다.

연습 문제

1 (1) 사자는 암수의 생김새가 달라서 구별이 쉽고, 무당벌레와 붕어는 생김새가 비슷해서 암수 구별이 어렵습니다.
(2) 사자의 수컷은 머리에 갈기가 있고, 암컷은 갈기가 없습니다.

2 (1) ㉠ 알과 ㉢ 번데기 단계에서는 움직임이 없습니다. ㉡ 애벌레와 ㉣ 어른벌레 단계에서는 자유롭게 움직입니다.
(2) ㉡ 애벌레와 ㉣ 어른벌레의 공통점은 몸이 머리, 가슴, 배 세 부분으로 구분된다는 점입니다. 차이점은 애벌레는 날개가 없지만, 어른벌레는 날개가 있습니다.

실전 문제

1 가시고기는 수컷 혼자서 알을 돌보고, 거북은 암컷과 수컷 모두 알을 돌보지 않습니다.

채점 기준

상	가시고기와 거북에 대해 모두 맞게 쓴 경우
중	가시고기와 거북 중 한 가지만 맞게 쓴 경우
하	알맞은 정답을 쓰지 못한 경우

2 (1) ㉠ 케일 화분은 애벌레의 먹이로 필요하고, ㉡ 방충망은 알과 애벌레를 보호하기 위해 필요합니다.

채점 기준

상	㉠과 ㉡이 모두 맞은 경우
중	㉠과 ㉡ 중 한 가지만 맞은 경우
하	알맞은 정답을 쓰지 못한 경우

(2) 알이나 애벌레를 옮길 때는 알이나 애벌레가 붙은 잎을 함께 옮기고 손으로 직접 만지지 않습니다. 손으로 알이나 애벌레를 만지면 죽을 수도 있기 때문입니다.

채점 기준

상	방법과 까닭을 모두 쓴 경우
중	방법과 까닭 중 한 가지만 쓴 경우
하	알맞은 정답을 쓰지 못한 경우

3 배추흰나비 애벌레는 알 밖으로 나온 후 알껍데기를 갉아 먹습니다. 그다음 케일, 배춧잎 등의 먹이를 먹으면서 몸이 연한 노란색에서 초록색으로 변합니다. 허물을 네 번 벗으면서 30 mm 정도까지 자랍니다.

채점 기준

상	몸 색깔과 허물 벗는 횟수를 맞게 쓴 경우
중	몸 색깔과 허물 벗는 횟수 중 한 가지만 맞게 쓴 경우
하	정답을 쓰지 못한 경우

4 (1) 배추흰나비와 개미는 모두 곤충에 해당합니다.

채점 기준

곤충으로 썼으면 정답으로 합니다.

(2) 곤충은 몸이 머리, 가슴, 배 세 부분으로 되어 있고 다리가 세 쌍인 공통된 특징이 있습니다.

채점 기준

상	공통점 두 가지를 쓴 경우
중	공통점을 한 가지만 쓴 경우
하	공통점을 쓰지 못한 경우

(2) 여러 가지 동물의 한살이 과정

핵심 개념 문제 75~77쪽

01 ㉠ 알 ㉡ 어른벌레 **02** 사슴벌레 **03** ㉠ 완전 ㉡ 불완전 **04** ① **05** ㉠ 병아리 ㉡ 큰 병아리 **06** ㉢ **07** 알 **08** ⑤ **09** 새끼 **10** ④ **11** 새끼 **12** 사람

01 사슴벌레와 잠자리의 한살이는 모두 ㉠ 알에서 시작해서 ㉡ 어른벌레로 끝납니다.

02 사슴벌레는 한살이에서 번데기 단계를 거치고, 잠자리는 번데기 단계를 거치지 않습니다.

03 완전 탈바꿈은 곤충의 한살이에 번데기 단계가 있는 것이고, 불완전 탈바꿈은 곤충의 한살이에 번데기 단계가 없는 것입니다.

04 완전 탈바꿈을 하는 곤충에는 나비, 벌, 파리, 풍뎅이, 나방, 개미, 무당벌레 등이 있습니다. 사마귀, 메뚜기, 노린재, 방아깨비 등은 불완전 탈바꿈을 합니다.

05 닭의 한살이는 알 → 병아리 → 큰 병아리 → 다 자란 닭입니다.

06 다 자란 닭의 수컷은 볏이 암컷보다 크고 꽁지깃이 길어서 암수를 구별하기 쉽습니다.

07 연어, 개구리, 뱀은 모두 알을 낳는 동물들입니다.

08 알을 낳는 동물에 따라 알을 낳는 장소, 알의 수, 크기, 모양이 다릅니다.
⑤ 암컷은 다 자라면 알을 낳을 수 있습니다.

09 개는 새끼를 낳는 동물입니다.

10 ④ 갓 태어난 강아지는 다리에 힘이 없어 일어서지 못하지만, 다 자란 개는 걷거나 달릴 수 있습니다.

11 사람, 소, 개는 모두 새끼를 낳는 동물입니다.

12 사람의 한살이 과정입니다. 사람은 새끼를 낳는 동물에 해당합니다.

중단원 실전 문제 78~79쪽

01 번데기 **02** ① **03** ④ **04** ④ **05** (1) ○ (2) × (3) × (4) ○ **06** ㉢ **07** ①, ④, ⑤ **08** ③ **09** (1)-㉡ (2)-㉠ (3)-㉢ **10** (1) 사람 (2) 소 **11** ⑤ **12** ④

01 잠자리의 한살이에는 번데기 단계가 없고, 사슴벌레의 한살이에는 번데기 단계가 있습니다.

02 사슴벌레는 땅에 있는 썩은 나무나 습기가 있는 나무에 알을 낳고, 잠자리는 물에 알을 낳습니다.

03 완전 탈바꿈을 하는 곤충에는 나비, 벌, 파리, 개미, 풍뎅이, 나방, 무당벌레 등이 있습니다. 사마귀, 메뚜기, 방아깨비, 노린재 등은 불완전 탈바꿈을 합니다.

04 ④ 잠자리는 한살이에서 번데기 단계를 거치지 않습니다.

05 ㉠은 알, ㉡은 병아리, ㉢은 큰 병아리 ㉣은 다 자란 닭의 모습입니다.

06 큰 병아리 단계에서 몸의 솜털이 깃털로 바뀝니다.

07 병아리, 큰 병아리, 다 자란 닭은 모두 닭의 한살이 과정에 해당하며 두 개의 다리와 날개가 있고 부리가 있습니다.
② 볏은 다 자란 닭만 있습니다.
③ 병아리와 닭은 둘 다 날개가 있습니다.

08 ③ 소는 새끼를 낳는 동물입니다.

09 (1) 갓 태어난 강아지는 눈이 감겨 있고 귀도 막혀 있으며 걷지 못하고 어미젖을 먹으며 자랍니다.
(2) 큰 강아지는 이빨이 나기 시작하고 먹이를 씹어 먹기 시작합니다.
(3) 다 자란 개는 짝짓기를 하여 암컷이 새끼를 낳습니다.

10 (1) 아기에서 어른으로 자라는 것은 사람입니다.
(2) 송아지에서 소로 자라는 것은 소입니다.

11 ⑤ 소, 개는 새끼를 낳아 기르는 동물이지만 임신 기간과 낳는 새끼의 수, 새끼가 자라는 기간 등은 다릅니다.

12 알 → 애벌레 → 번데기 → 어른벌레의 한살이 단계를 거치고, 어른벌레의 수컷에 큰턱이 있는 동물은 사슴벌레입니다.

서술형·논술형 평가 돋보기 80~81쪽

연습 문제

1 (1) 알 → 애벌레 → 어른벌레 (2) 번데기, 불완전 탈바꿈
2 (1) 21일, 부리 (2) 병아리, 큰 병아리

실전 문제

1 예 사슴벌레의 한살이이다. 어른벌레는 두 쌍의 날개와 세 쌍의 다리가 있다. 어른벌레의 수컷은 큰턱이 있다. **2** (1) ㉠ 물 ㉡ 땅 (2) 예 연어와 뱀은 모두 알을 낳는 동물이다. **3** (1) 어미젖, 고기 또는 사료 (2) 예 몸이 털로 덮여 있다. 다리가 네 개이다. 꼬리가 있다. 주둥이가 길쭉하게 튀어나온 모양이다. 코는 털이 없고 촉촉하다. **4** (1) 예 소, 말, 고양이, 사람 (2) 예 새끼와 어미의 모습이 닮았다. 젖을 먹여 새끼를 기른다. 암컷이 새끼를 낳는다. 다 자랄 때까지 어미의 보살핌을 받는다.

연습 문제

1 (1) 사마귀, 메뚜기, 잠자리는 한살이 과정에서 번데기 단계를 거치지 않는 곤충들입니다.
(2) 곤충의 한살이에서 번데기 단계를 거치지 않는 것을 불완전 탈바꿈이라고 합니다.

2 (1) 닭의 알이 부화하기까지 걸리는 시간은 약 21일입니다. 부화할 때 병아리는 부리로 껍데기를 깨고 나옵니다.
(2) 알에서 나온 병아리는 몸이 솜털로 덮여 있습니다. 약 30일 후에 큰 병아리가 되면 솜털이 깃털로 바뀝니다. 다 자란 닭은 암컷이 알을 낳을 수 있습니다.

실전 문제

1 나무에 알을 낳고 번데기 과정을 거치며 어른벌레 수컷과 암컷의 생김새로 보아 사슴벌레라는 것을 알 수 있습니다. 사슴벌레의 어른벌레는 두 쌍의 날개와 세 쌍의 다리가 있고 수컷은 큰턱이 있습니다.

채점 기준

상	곤충 이름과 특징을 모두 쓴 경우
중	곤충 이름과 특징 중 한 가지만 쓴 경우
하	알맞은 정답을 쓰지 못한 경우

2 (1) 연어는 물에 알을 낳고, 뱀은 땅에 알을 낳습니다.

채점 기준

상	㉠과 ㉡을 모두 맞게 쓴 경우
중	㉠과 ㉡ 중 한 가지만 맞게 쓴 경우
하	알맞은 정답을 쓰지 못한 경우

(2) 연어와 뱀은 닭처럼 알을 낳는 동물의 한살이 단계를 보입니다.

채점 기준

알을 낳는 동물이라는 뜻으로 답을 쓴 경우 정답으로 합니다.

3 (1) 갓 태어난 강아지는 이빨이 없어서 어미젖을 먹고, 다 자란 개는 고기를 뜯어 먹거나 사료를 먹습니다.

채점 기준

상	두 가지 모두 맞게 쓴 경우
중	두 가지 중 한 가지만 맞게 쓴 경우
하	알맞은 정답을 쓰지 못한 경우

(2) 갓 태어난 강아지와 다 자란 개 모두 몸이 털로 덮여 있고 다리가 네 개이며 꼬리가 있습니다. 주둥이가 길쭉하게 튀어나온 모양이고 코는 털이 없고 촉촉합니다.

채점 기준

상	공통점을 두 가지 이상 쓴 경우
중	공통점을 한 가지만 쓴 경우
하	공통점을 쓰지 못한 경우

4 (1) 개 이외에 소, 말, 고양이, 사람 등도 새끼를 낳습니다.

채점 기준

새끼를 낳는 동물의 예를 두 가지 맞게 쓴 경우 정답으로 합니다.

(2) 새끼를 낳는 동물은 새끼와 어미의 모습이 비슷하고 어미젖을 먹고 자라다가 점차 다른 먹이를 먹습니다. 다 자란 동물은 암수가 짝짓기를 하여 암컷이 새끼를 낳습니다. 다 자랄 때까지 어미의 보살핌을 받습니다.

채점 기준

상	공통적인 특징을 맞게 쓴 경우
중	공통적인 특징 중 일부만 맞게 쓴 경우
하	공통적인 특징을 쓰지 못한 경우

대단원 마무리

83~86쪽

01 (1) ㉡ (2) ㉠ **02** ㉡ **03** ② **04** ③ **05** ③ **06** ⑤ **07** ㉡, ㉢, ㉣ **08** ③ **09** ㉡ **10** ② **11** ① **12** ② **13** ㉠, ㉣, ㉢, ㉡ **14** ⑤ **15** 불완전 탈바꿈 **16** ㉢ **17** ③ **18** ⑤ **19** ㉠ **20** 올챙이 **21** ㉡ **22** ③ **23** ③ **24** 한살이

01 (1) 사슴의 수컷은 커다란 뿔이 있는 ㉡이고, 암컷은 ㉠입니다.
(2) 사자의 수컷은 갈기가 있는 ㉠이고, 암컷은 ㉡입니다.

02 ㉠ 곰과 ㉢ 바다코끼리는 암컷 혼자서 새끼를 돌봅니다. ㉡ 가시고기는 수컷 혼자서 알을 돌봅니다.

03 소는 암컷 혼자서 새끼를 돌보고 제비는 암수가 함께 알과 새끼를 돌봅니다. 원앙과 꿩은 수컷이 더 화려하기 때문에 암수 구별이 쉽습니다.
② 거북은 암수 모두 알을 돌보지 않습니다.

04 배추흰나비의 한살이를 관찰하기 위해서는 사육 상자를 준비하여 바닥에 휴지를 깔고, 배추흰나비알이 붙어 있는 케일 화분을 넣은 다음, 방충망을 씌웁니다.

05 ③ 관찰 일기를 쓰는 것은 ㉢ 기록 방법에 해당합니다.

06 배추흰나비 애벌레는 네 번의 허물을 벗으며 30 mm 정도까지 자랍니다. 몸 주변에 털이 나 있고 긴 원통 모양이며 초록색을 띱니다. 자유롭게 기어서 움직입니다.
⑤ 입에 말려 있는 긴 관을 쭉 펴서 꿀을 빨아 먹는 것은 배추흰나비 어른벌레입니다.

07 배추흰나비알과 번데기는 모두 움직이지 않고 먹이도 먹지 않으며 크기도 변하지 않습니다. 배추흰나비알은 연한 노란색이고, 번데기는 주변과 비슷한 색깔을 띱니다.

08 배추흰나비 애벌레는 가슴발이 세 쌍 있고, 어른벌레는 다리가 세 쌍 있습니다.

09 ㉠은 배추흰나비알, ㉡은 애벌레, ㉢은 번데기, ㉣은 어른벌레의 모습입니다. 몸이 초록색이고 허물을 벗으며 자라는 것은 애벌레입니다.

10 배추흰나비 어른벌레는 다리가 여섯 개, 날개 두 쌍, 더듬이가 한 쌍이며, 몸이 머리, 가슴, 배 세 부분으로 구분됩니다. 몸의 크기는 변화가 없고, 자라지 않습니다.

11 배추흰나비의 한살이는 알 → 애벌레 → 번데기 → 어른벌레입니다.

12 배추흰나비, 개미, 벌 등 몸이 머리, 가슴, 배 세 부분으로 구분되고 다리가 세 쌍인 동물을 곤충이라고 합니다.
② 곤충 중에는 날개가 있는 것도 있고, 날개가 없는 것도 있습니다.

13 사슴벌레의 한살이는 알 → 애벌레 → 번데기 → 어른벌레입니다.

14 ① 사슴벌레는 번데기 과정을 거치지만, 잠자리는 번데기 과정을 거치지 않습니다.
② 사슴벌레는 나무에 알을 낳고 잠자리는 물에 알을 낳습니다.

③ 사슴벌레 애벌레는 나무속에서 자라고, 잠자리 애벌레는 물속에서 자랍니다.
④ 사슴벌레와 잠자리의 어른벌레는 세 쌍의 다리가 있습니다.

15 곤충의 한살이에 번데기 단계가 없는 것을 불완전 탈바꿈이라고 합니다.

16 사마귀, 메뚜기, 잠자리는 모두 불완전 탈바꿈을 하는 곤충으로 한살이에서 번데기 단계를 거치지 않습니다.

17 닭의 한살이는 ㉠ 알 → ㉣ 병아리 → ㉢ 큰 병아리 → ㉡ 다 자란 닭 순서입니다.

18 ⑤ 어미 닭이 약 21일 동안 품어야 알이 부화합니다.

19 다 자란 닭은 암컷이 알을 낳습니다.

20 개구리는 알을 낳는 동물로 알 → 올챙이→ 개구리의 한살이 과정을 거칩니다.

21 ㉠은 갓 태어난 강아지, ㉡은 큰 강아지, ㉢은 다 자란 개의 모습입니다. 이빨이 나기 시작하고 먹이를 씹어 먹기 시작하는 것은 ㉡ 큰 강아지 단계의 특징입니다.

22 갓 태어난 강아지는 눈이 감겨 있고 어미젖을 먹다가 이빨이 나면 먹이를 먹기 시작합니다.
③ 갓 태어난 강아지도 몸에 털이 있습니다.

23 새끼를 낳는 동물에는 사람, 소, 말, 고양이 등이 있습니다.
③ 사슴벌레는 알을 낳는 동물입니다.

24 동물의 한살이 과정을 만화로 표현하기 위한 것이므로 괄호 안에 공통으로 들어갈 말은 '한살이'입니다.

수행 평가 미리 보기 87쪽

1 (1) ㈎ 몸이 머리, 가슴, 배로 구분된다. ㈏ 여섯 개(세 쌍)이다. (2) 예 몸이 머리, 가슴, 배 세 부분으로 구분되고, 다리가 세 쌍인 동물을 곤충이라고 한다.
2 (1) ㈎ 사슴벌레 ㈏ 닭, 개 (2) 예 분류 기준은 알을 낳는 것과 새끼를 낳는 것이다. 사슴벌레와 닭은 알을 낳는 동물이고, 소와 개는 새끼를 낳는 동물이기 때문이다.

1 (1) ㉠은 배추흰나비, ㉡은 개미, ㉢은 잠자리, ㉣은 사슴벌레로 모두 곤충에 해당합니다. 곤충은 몸이 머리, 가슴, 배 세 부분으로 구분되고, 다리가 여섯 개입니다.
(2) 곤충은 몸이 머리, 가슴, 배로 구분되고 다리가 세 쌍인 동물을 말합니다.

2 (1) 사슴벌레는 곤충이고, 닭, 소, 개는 곤충이 아닙니다. (가)와 (나)에 각각을 나누어 쓰면 됩니다.
(2) 사슴벌레와 닭은 알을 낳는 동물이고, 소와 개는 새끼를 낳는 동물입니다. 분류 기준은 알을 낳는 것과 새끼를 낳는 것으로 정할 수 있습니다.

4 단원

자석의 이용

(1) 자석 사이에 작용하는 힘

탐구 문제 92쪽

1 ③ 2 ㉠ N ㉡ S

1 물에 띄운 막대자석이 가리키는 방향을 알아보는 실험을 할 때는 나침반, 원형 수조, 물, 플라스틱 접시, 막대자석이 필요합니다. 시간을 측정하는 실험이 아니기 때문에 초시계는 필요하지 않습니다.

2 물에 띄운 막대자석은 일정한 방향을 가리킵니다. 그때 북쪽을 가리키는 자석의 극을 N극이라고 하고, 남쪽을 가리키는 자석의 극을 S극이라고 합니다.

핵심 개념 문제 93~95쪽

01 ② 02 ㉡ 03 자석의 극 04 ② 05 끌어당기는 06 ⑤ 07 빵 끈 조각이 막대자석에 끌려온다. 08 (1)-㉡ (2)-㉠ 09 ① 10 ㉡ 11 나침반 12 ③

01 자석에 붙는 물체는 클립, 나사, 철 못, 철사와 같이 철로 만들어진 물체입니다. 유리, 나무, 고무, 플라스틱, 종이 등으로 된 물체는 자석에 붙지 않습니다.

02 철로 된 가위의 날 부분은 자석에 붙지만, 플라스틱으로 된 손잡이 부분은 자석에 붙지 않습니다.

03 자석에서 철로 된 물체가 많이 붙는 부분을 '자석의 극'이라고 합니다.

04 자석의 극은 항상 두 개입니다. 막대자석에서 자석의 극은 양쪽 끝부분에 있습니다.

05 철로 된 물체와 자석 사이에는 서로 끌어당기는 힘이 작용합니다.

06 자석 드라이버의 끝부분을 나사에 가까이 가져가면 나사가 자석 드라이버의 끝부분에 붙습니다. 자석 드라이버의 끝부분은 자석으로 되어 있기 때문에 나사를 드라이버 끝부분에 고정시키기 편리합니다.

07 막대자석을 투명한 통에 들어 있는 빵 끈 조각에 가까이 가져가면, 빵 끈 조각이 막대자석에 끌려옵니다. 철로 된 물체와 자석 사이에는 서로 끌어당기는 힘이 작용하기 때문입니다.

08 막대자석을 투명한 통의 윗부분에서 조금 떨어뜨릴 때는 빵 끈 조각이 여전히 투명한 통의 윗부분에 붙어 있지만, 막대자석을 투명한 통의 윗부분에서 조금씩 더 떨어뜨리면 빵 끈 조각이 투명한 통의 윗부분에서 바닥으로 떨어집니다.

09 한 번이 아니라 여러 번의 반복 실험을 통해 물에 띄운 자석이 항상 북쪽과 남쪽을 가리킴을 확인하는 것이 중요합니다.

10 물에 띄운 막대자석은 항상 일정한 방향인 북쪽과 남쪽을 가리킵니다.

11 나침반은 자석의 성질을 지닌 바늘로 방향을 알아내는 도구입니다.

12 나침반을 편평한 곳에 놓으면 나침반 바늘은 항상 북쪽과 남쪽을 가리킵니다. 나침반 바늘이 일정한 방향을 가리키는 것은 바늘을 자석으로 만들었기 때문입니다.

중단원 실전 문제 96~99쪽

01 ② 02 ③ 03 ③ 04 ⑤ 05 ㉠ 06 해설 참조 07 ⑤ 08 ④ 09 ① 10 ②, ④ 11 가, 마 12 2개 13 (2) ○ 14 ⑤ 15 ①, ④ 16 ㉠ 17 (2) ○ 18 ㉠ 19 ③ 20 ② 21 ④ 22 ⑤ 23 나침반 24 ② 25 같다

01 철로 만들어진 철사는 자석에 붙습니다. 철이 아닌 금속으로 만들어진 동전은 자석에 붙지 않습니다.

02 철 못, 철 용수철, 철이 든 빵 끈은 모두 철로 만들어진 물체이며 철로 만들어진 물체는 자석에 붙습니다.

03 자석에 붙는 물체는 철로 되어 있습니다. 철이 아닌 금속, 나무, 종이, 플라스틱으로 만들어진 물체는 자석에 붙지 않습니다.

04 유리, 플라스틱, 고무, 나무, 종이 등으로 만들어진 물체는 자석에 붙지 않습니다.

05 가위는 자석에 붙는 부분과 붙지 않는 부분이 모두 있는 물체입니다. 철로 된 가위의 날 부분은 자석에 붙지만, 플라스틱으로 된 손잡이 부분은 자석에 붙지 않습니다.

06 책상 다리 부분이 철로 되어 있어 자석에 붙습니다.

07 클립이 담긴 종이 상자에 막대자석을 넣었다가 천천히 들어 올리는 실험은 자석에서 클립이 많이 붙는 부분을 알아보기 위한 실험입니다.

08 클립이 가장 많이 붙는 부분은 막대자석의 양쪽 끝부분으로 막대자석은 극이 양쪽 끝부분에 있습니다.

09 자석에 철로 된 물체가 많이 붙는 부분을 자석의 극이라고 합니다.

10 동전 모양 자석의 극은 두 개입니다. 클립이 담긴 종이 상자에 동전 모양 자석을 넣으면 양쪽 둥근 면에 클립이 많이 붙습니다. 동전 모양 자석의 극은 양쪽 둥근 면에 있습니다.

11 둥근기둥 모양 자석에서 자석의 극은 양쪽 끝부분에 있습니다.

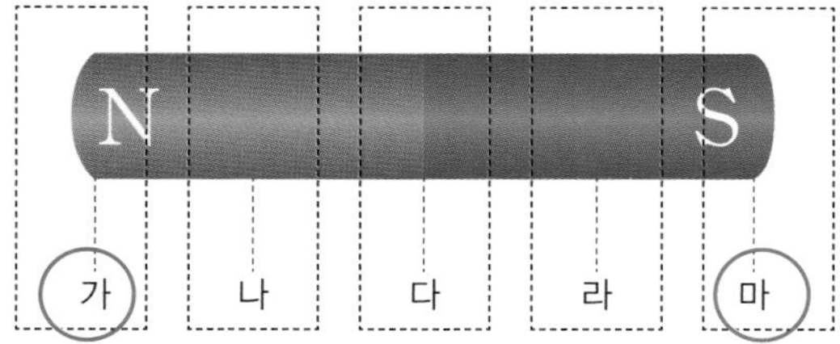

12 고리 자석의 윗면과 아랫면에 클립이 가장 많이 붙어 있습니다. 고리 자석의 극은 2개입니다.

13 막대자석을 투명한 플라스틱 통에 들어 있는 빵 끈 조각에 가까이 가져가면 빵 끈 조각이 막대자석에 끌려옵니다.

14 막대자석을 투명한 플라스틱 통의 윗부분까지 가져가면 빵 끈 조각이 막대자석을 따라 투명한 통의 윗부분까지 끌려옵니다.

15 자석을 철로 된 물체에 가까이 가져가면 철로 된 물체는 자석에 끌려옵니다. 철로 된 물체와 자석 사이에 얇은 플라스틱이나 종이 등의 물질이 있어도 자석은 철로 된 물체를 끌어당길 수 있습니다.

16 빵 끈 조각, 철 구슬과 같이 철로 된 물체에 막대자석을 가까이 가져가면 철로 된 물체는 자석에 끌려옵니다.

17 자석이 철로 된 물체와 조금씩 멀어지면 자석이 철로 된 물체를 끌어당기는 힘이 조금씩 약해집니다.

18 자석 드라이버의 끝부분은 자석으로 되어 있습니다. 자석 드라이버의 끝부분을 나사에 가까이 가져가면 나사가 자석 드라이버의 끝부분에 붙습니다. 자석 드라이버의 끝부분이 자석으로 되어 있기 때문에 나사를 드라이버 끝부분에 고정시키기 편리합니다.

19 물에 띄운 자석이 가리키는 방향을 관찰하기 위한 실험입니다. 주위에 다른 자석을 놓으면 다른 자석으로 인해 자석이 가리키는 방향이 달라질 수 있으므로 주위에 다른 자석을 놓지 않도록 합니다.

20 물에 띄운 자석이 항상 가리키는 방향은 북쪽과 남쪽입니다.

21 자석을 물에 띄웠을 때 북쪽을 가리키는 자석의 극을 N극이라고 합니다. 자석의 N극은 주로 빨간색으로 표시합니다.

22 막대자석을 실에 매달아 공중에 띄우면 막대자석은 항상 북쪽과 남쪽을 가리킵니다.

23 나침반은 자석의 성질을 지닌 바늘이 항상 북쪽과 남쪽을 가리키는 원리를 이용해 방향을 알 수 있도록 만든 도구입니다.

24 나침반 바늘이 항상 일정한 방향을 가리키는 까닭은 나침반 바늘을 자석으로 만들었기 때문입니다. 나침반을 편평한 곳에 놓으면 나침반 바늘은 항상 북쪽과 남쪽을 가리킵니다.

25 물에 띄운 막대자석과 나침반 바늘은 모두 북쪽과 남쪽을 가리킵니다.

서술형·논술형 평가 돋보기

100~101쪽

연습 문제

1 (1) ㉠ (2) 철 **2** (1) 플라스틱 (2) 붙어 있다

실전 문제

1 (1) ㉡ (2) 철로 된 부분만 자석에 붙기 때문이다. **2** (1) 자석의 양쪽 끝부분 (2) 예 자석의 양쪽 끝부분이 자석의 극이기 때문이다. **3** (1) 철 (2) 예 매우 작은 철로 된 물체를 잡는 데 도움이 된다. 나사를 드라이버 끝부분에 고정시키기 편리하다. **4** (1) 북쪽, 남쪽(또는 남쪽, 북쪽) (2) 예 실에 매달은 자석은 항상 북쪽과 남쪽을 가리키는 성질이 있기 때문이다.

연습 문제

1 (1) 철 못, 철 용수철, 철사, 철이 든 빵 끈은 모두 자석에 붙습니다.
(2) 철로 이루어진 물체는 자석에 붙습니다.

2 (1) 자석과 철로 된 물체 사이에 얇은 플라스틱 등의 물질이 있어도 자석은 철로 된 물체를 끌어당길 수 있습니다.
(2) 철로 된 물체와 자석이 약간 떨어져 있어도 자석은 철로 된 물체를 끌어당길 수 있기 때문에, 막대자석을 투명한 통의 윗부분에서 조금 떨어뜨렸을 때 빵 끈 조각은 바닥에 떨어지지 않고 여전히 통의 윗부분에 붙어 있습니다.

실전 문제

1 (1) 소화기의 몸통은 철로 되어 있고, 호스 부분은 고무로 되어 있습니다. 따라서 자석에 붙는 부분은 소화기의 몸통입니다.
(2) 자석에는 철로 된 부분만 붙고, 유리, 나무, 고무 등 철로 되어 있지 않은 부분은 자석에 붙지 않습니다.

채점 기준

상	소화기에서 자석에 붙는 부분의 기호와 소화기에서 자석에 붙는 부분과 자석에 붙지 않는 부분이 있는 까닭을 모두 옳게 쓴 경우
중	자석에 붙는 부분의 기호는 썼으나 까닭을 못 쓴 경우
하	답을 틀리게 쓴 경우

2 자석에서 철로 된 물체가 많이 붙는 부분을 자석의 극이라고 하고, 둥근기둥 모양 자석의 극은 오른쪽 끝부분과 왼쪽 끝부분에 있습니다. 따라서 클립과 같이 철로 된 물체는 자석의 양쪽 끝부분에 많이 붙습니다.

채점 기준

상	둥근기둥 모양 자석에서 클립이 많이 붙는 부분과 그 까닭을 모두 옳게 쓴 경우
중	클립이 많이 붙는 부분은 썼으나 까닭을 못 쓴 경우
하	답을 틀리게 쓴 경우

3 (1) 나사는 철로 되어 있기 때문에 자석 드라이버의 끝부분에 붙습니다.

채점 기준

철 또는 쇠라고 썼으면 정답으로 합니다.

(2) 자석 드라이버의 끝부분이 자석으로 되어 있어서, 매우 작은 철로 된 물체를 잡는 데 도움이 되고, 나사를 드라이버 끝부분에 고정시키기 편리합니다.

채점 기준

상	자석이 철로 된 물체를 끌어당기는 성질을 이용해서 자석 드라이버의 끝부분에 있는 자석이 철로 된 나사를 잡는 데 도움을 준다는 내용으로 쓴 경우
중	자석의 성질을 썼으나 자석이 작은 철로 된 물체나 나사를 잡는다는 내용을 못 쓴 경우
하	답을 틀리게 쓴 경우

4 (1) 실에 매단 자석은 항상 일정한 방향인 북쪽과 남쪽을 가리킵니다.

채점 기준

북쪽, 남쪽을 모두 썼으면 정답으로 합니다.

(2) 실에 매달은 자석은 항상 북쪽과 남쪽을 가리킵니다. 북쪽을 가리키는 자석의 극을 N극이라고 하고, 남쪽을 가리키는 자석의 극을 S극이라고 합니다.

채점 기준

상	실에 매달은 자석이 가리키는 방향인 북쪽과 남쪽 두 군데를 모두 옳게 쓴 경우
중	실에 매달은 자석이 일정한 방향을 가리킨다는 말을 썼으나 정확한 방향을 못 쓴 경우
하	답을 틀리게 쓴 경우

(2) 자석의 성질

핵심 개념 문제 104~107쪽

01 자석 **02** ㉡ **03** ㉠ **04** ③ **05** ㉡ **06** ㉠ **07** (1) ○
08 (1)–㉠ (2)–㉡ **09** ④ **10** (3) ○ **11** 자석 **12** ②
13 해설 참조 **14** ④ **15** N극 **16** ①

01 막대자석의 한쪽 극에 머리핀을 1분 동안 붙여 놓으면 머리핀은 자석의 성질을 띠게 됩니다.

02 막대자석에 붙여 놓았던 머리핀은 자석의 성질을 띱니다. 따라서 머리핀을 철로 된 클립에 가져가면 머리핀에 클립이 붙습니다.

03 자석의 성질을 띤 머리핀을 수수깡 조각에 꽂아 물이 담긴 수조에 띄웠을 때 머리핀이 가리키는 방향과 나침반 바늘이 가리키는 방향은 서로 같습니다.

04 막대자석에 붙여 놓았던 머리핀으로 만든 나침반은 항상 북쪽과 남쪽 방향을 가리킵니다.

05 자석은 다른 극끼리는 서로 끌어당깁니다.

06 고리 자석을 이용하여 탑을 높게 쌓으려면 같은 극끼리 서로 마주 보게 하여 끼웁니다. 마주 보는 자석 사이에는 밀어 내는 힘이 작용하기 때문입니다.

07 두 개의 막대자석을 같은 극끼리 마주 보게 나란히 놓고 밀 때 서로 밀어 내는 힘이 작용합니다.

08 자석은 같은 극끼리는 서로 밀어 내고 다른 극끼리는 서로 끌어당깁니다.

09 막대자석을 나침반에 가까이 가져가면 나침반 바늘이 돌아 자석의 극을 가리킵니다.

10 나침반에 가까이 가져갔던 막대자석을 나침반으로부터 멀어지게 하면 자석에 끌려왔던 나침반 바늘이 원래 가리키던 방향으로 되돌아갑니다.

11 나침반 바늘도 자석이기 때문에 막대자석의 극과 나침반 바늘의 한쪽 끝이 서로 끌어당기거나 밀어 내기도 하므로 나침반 바늘이 움직이는 것입니다.

12 나침반 바늘과 막대자석은 서로 다른 극끼리 끌어당깁니다.

13 자석 필통에서 자석은 필통을 열고 닫는 부분에 있으며 필통 뚜껑이 잘 닫히게 해 줍니다.

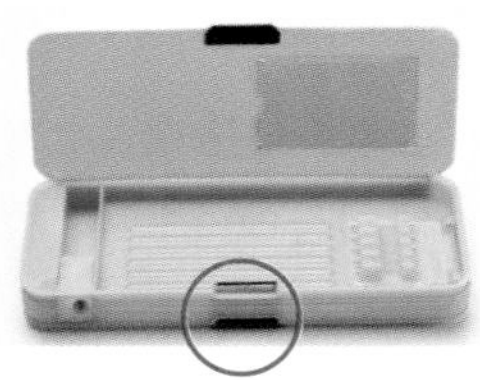

14 가방 자석 단추는 가방 입구 둥근 단추 부분에 있으며 가방을 쉽게 열고 닫을 수 있게 합니다.

15 자석은 다른 극끼리 끌어당기기 때문에 막대자석의 S극에 끌려오는 동전 모양 자석의 극은 N극입니다.

16 종이컵 자동차는 같은 극끼리 서로 밀어 내는 성질을 이용하여 앞으로 나아갑니다.

중단원 실전 문제 108~111쪽

01 ① 02 ② 03 자석 04 ㉡→㉠→㉢ 05 ㉢ 06 북쪽, 남쪽 (남쪽, 북쪽) 07 예 바늘, 못핀, 작은 못 08 ④ 09 ② 10 ③, ⑤ 11 ① 12 ⑤ 13 S극 14 ① 15 ㉡ 16 ④ 17 S극 18 ③ 19 ② 20 ② 21 ⑤ 22 ① 23 ④ 24 ⑤ 25 (2) ○

01 머리핀과 클립은 둘 다 철로 만들어진 물체입니다. 서로 가까이 가져가도 붙거나 움직이지 않습니다.

02 머리핀을 자석에 붙여 놓으면 머리핀이 자석의 성질을 띠게 됩니다. 자석의 극에 1분 동안 붙여 놓은 머리핀을 클립에 대 보면 머리핀에 클립이 붙습니다.

03 철로 된 물체를 자석에 붙여 놓으면, 그 물체도 자석의 성질을 띠게 됩니다.

04 막대자석의 극에 붙여 놓았던 머리핀을 수수깡 조각에 꽂아 물이 담긴 수조에 띄워 나침반을 만들 수 있습니다.

05 막대자석의 극에 붙여 놓았던 머리핀이 자석의 성질을 띠게 되어 물에 띄운 머리핀은 나침반 바늘이 가리키는 방향과 같은 방향을 가리킵니다.

06 자석의 성질을 띠게 된 머리핀을 꽂은 수수깡 조각을 물에 띄우면 머리핀을 꽂은 수수깡 조각은 북쪽과 남쪽을 가리킵니다.

07 머리핀 대신에 못핀, 클립을 편 것, 작은 못, 바늘 등 철로 된 가벼운 물체를 사용할 수 있습니다.

08 막대자석 두 개를 마주 보게 하여 가까이 가져갔을 때 서로 끌어당긴 것으로 보아 마주 보는 두 극은 서로 다른 극입니다.

09 두 개의 막대자석을 N극끼리 마주 보게 하여 가까이 가져가면 두 자석은 서로 밀어 냅니다.

10 자석은 같은 극끼리는 서로 밀어 내고, 다른 극끼리는 서로 끌어당깁니다.

11 두 개의 막대자석을 같은 극끼리 마주 보게 나란히 놓고 한 자석을 다른 자석 쪽으로 밀면 자석은 서로 밀어 냅니다.

12 고리 자석의 윗면에 막대자석의 S극을 가까이 가져갔을 때 서로 끌어당기면 고리 자석의 윗면이 N극이고, 서로 밀어 내면 고리 자석의 윗면이 S극입니다.

13 자석은 다른 극끼리 서로 끌어당기기 때문에 막대자석의 N극과 고리 자석의 윗면이 서로 끌어당겼을 경우 고리 자석의 윗면은 S극입니다.

14 고리 자석으로 탑을 높게 쌓으려고 할 때, 고리 자석을 서로 같은 극끼리 마주 보게 하면 고리 자석 사이에서 서로 밀어 내는 힘이 작용해 탑을 높게 쌓을 수 있습니다.

15 나침반 바늘은 자석으로 되어 있습니다.

16 나침반 바늘은 자석이기 때문에 항상 일정한 방향을 가리킵니다. 나침반의 N극은 항상 지구의 북쪽을 향하도록 되어 있습니다.

17 막대자석의 N극은 나침반 바늘의 S극을 끌어당깁니다.

18 막대자석을 나침반에서 멀어지게 하면 나침반 바늘이 다시 돌아 원래 가리키던 방향으로 되돌아갑니다.

19 나침반 바늘은 자석이기 때문에 다른 자석과 서로 밀어 내기도 하고 끌어당기기도 합니다.

20 나침반 바늘이 자석이기 때문에 나침반을 막대자석의 S극 주위에 놓았을 때 나침반 바늘의 N극이 끌려갑니다.

21 자석 클립 통, 자석 다트, 자석 필통은 모두 자석이 철로 된 물체를 끌어당기는 성질을 이용한 생활용품입니다.

22 거울은 자석의 성질을 이용한 물체가 아닙니다.

23 자석 방충망 입구 띠 부분에 있는 자석은 방충망 입구를 쉽게 열고 닫을 수 있게 해 줍니다.

24 장난감을 만들고 난 후 내가 만든 장난감을 친구들에게 소개할 때 내가 만든 장난감의 아쉬운 점이나 부족한 점은 무엇인지에 대한 생각을 하고 보완하도록 합니다.

25 자석으로 가는 자동차는 자석이 다른 극끼리 서로 끌어당기는 성질을 이용하여 자동차를 움직이게 합니다.

서술형·논술형 평가 돋보기 112~113쪽

연습 문제

1 (1) ㉠ 북쪽과 남쪽 ㉡ 북쪽과 남쪽 (2) 자석 2 (1) S극 (2) S, N

실전 문제

1 (1) 예 머리핀을 막대자석의 극에 1분 정도 붙여 놓았다가 떼어 낸 뒤 클립에 대 본다. (2) 예 못핀, 클립을 편 것, 작은 못, 바늘 2 (1) N극 (2) 예 자석은 다른 극끼리 서로 끌어당기는 성질이 있다. 3 (1) 해설 참조 (2) 예 나침반 바늘도 자석이기 때문이다. 4 (1) 해설 참조 (2) 예 클립 통이 뒤집어지거나 바닥에 떨어져도 클립이 잘 흩어지지 않는다.

연습 문제

1 (1) 막대자석의 극에 1분 동안 붙여 놓았던 머리핀을 수수깡 조각에 꽂은 다음 물이 담긴 수조에 띄우면 북쪽과 남쪽을 가리킵니다. 이는 나침반 바늘이 가리키는 방향과 같습니다.

(2) 철로 된 물체를 자석에 붙여 놓으면 그 물체도 자석의 성질을 띠게 되므로, 이 물체를 물에 띄우면 북쪽과 남쪽을 가리킵니다.

2 (1) 고리 자석으로 쌓은 높은 탑은 같은 극끼리 서로 밀어 내는 자석의 성질을 이용한 것입니다. 따라서 이 탑은 고리 자석을 같은 극끼리 서로 마주 보게 하여 쌓은 것입니다. 가장 아래쪽에 있는 고리 자석의 윗면이 N극이면 이와 마주 보는 아래에서 두 번째 고리 자석의 아랫면은 N극이고 윗면은 S극입니다. 이와 마주 보는 아래에서 세 번째 고리 자석인 ㉠의 아랫면은 S극입니다.

(2) 자석은 같은 극끼리 서로 밀어 내고, 다른 극끼리 서로 끌어당기는 성질이 있으므로, 고리 자석의 윗면에 막대자석의 N극을 가까이 가져갔을 때 서로 끌어당기면 고리 자석의 윗면이 S극이고, 서로 밀어 내면 고리 자석의 윗면이 N극입니다.

실전 문제

1 (1) 머리핀을 막대자석의 극에 1분 정도 붙여 놓으면 자석의 성질을 띠게 되므로 머리핀에 클립이 붙습니다.

채점 기준

머리핀을 자기화하는 다른 방법, 예를 들어 '머리핀을 막대자석의 한쪽 극으로 한쪽 방향으로만 문지른다.' 도 정답으로 합니다.

(2) 자석의 성질을 띠는 머리핀을 이용하여 나침반을 만들 수 있습니다. 머리핀 대신에 못핀, 클립을 편 것, 작은 못, 바늘 등 철로 된 가벼운 물체를 사용할 수 있습니다.

채점 기준

머리핀 대신 철로 된 가벼운 물체를 제시하면 정답으로 합니다.

2 막대자석을 다른 극끼리 마주 보게 나란히 놓고 밀면 막대자석이 서로 끌어당깁니다.

채점 기준

상	'N극'과 '자석은 다른 극끼리 서로 끌어당기는 성질이 있다.'는 내용으로 쓴 경우
중	둘 중 일부만 옳게 쓴 경우
하	답을 틀리게 쓴 경우

3 (1) 막대자석의 N극과 나침반 바늘의 S극 사이에 서로 끌어당기는 힘이 작용합니다.

(2) 나침반 바늘도 자석이기 때문에 나침반 바늘과 자석이 서로 밀어 내기도 하고 끌어당기기도 합니다.

채점 기준	
상	나침반 바늘이 가리키는 방향이 잘못된 나침반을 찾고, 나침반 바늘이 가리키는 방향이 달라지는 까닭을 옳게 쓴 경우
중	둘 중 일부만 옳게 쓴 경우
하	답을 틀리게 쓴 경우

4 (1) 자석 클립 통에서 자석은 클립 통의 윗부분에 있습니다.

(2) 철로 된 물체를 끌어당기는 자석의 성질을 이용한 자석 클립 통을 사용할 때 편리한 점은 클립 통이 뒤집어지거나 바닥에 떨어져도 클립이 잘 흩어지지 않는다는 점입니다.

채점 기준	
상	자석 클립 통에서 자석이 있는 부분을 찾고, 클립 통에 자석을 이용할 때 편리한 점을 옳게 쓴 경우
중	둘 중 일부만 옳게 쓴 경우
하	답을 틀리게 쓴 경우

대단원 마무리 115~118쪽

01 자석에 붙는 물체: ㉠, ㉡, ㉤ 자석에 붙지 않는 물체: ㉢, ㉣, ㉥ **02** ④ **03** 정우 **04** ④ **05** 2개 **06** ③ **07** ②, ⑤ **08** ㉠ **09** ⑤ **10** ① **11** ㉠ **12** ② **13** ③ **14** ㉡ → ㉣ → ㉢ → ㉠ **15** (1) 같은 (2) 북쪽과 남쪽 **16** ① **17** (2) ○ **18** ④ **19** ⑤ **20** ② **21** N **22** ③ **23** ①, ⑤ **24** ④ **25** ②

01 나사, 철 못, 클립은 모두 자석에 붙습니다.

02 철로 된 물체는 자석에 붙습니다.

03 철로 된 가위의 날 부분은 자석에 붙고, 플라스틱으로 된 가위의 손잡이 부분은 자석에 붙지 않습니다.

04 막대자석에서 클립이 많이 붙는 부분은 오른쪽 끝부분과 왼쪽 끝부분입니다.

05 자석의 극은 항상 두 개입니다. 동전 모양 자석의 극도 두 개입니다. 동전 모양 자석에 클립을 붙여 보면 두 개의 극에 클립이 많이 붙습니다.

06 자석에서 철로 된 물체가 많이 붙는 부분을 자석의 극이라고 합니다. 자석의 종류와 상관없이 자석의 극은 항상 두 개입니다. 둥근기둥 모양 자석에서 자석의 극은 양쪽 끝부분에 있습니다.

07 막대자석을 투명한 통에 들어 있는 빵 끈 조각에 가까이 가져가면 빵 끈 조각이 막대자석에 끌려옵니다. 이것으로 보아 자석은 철로 된 물체를 끌어당긴다는 사실과, 철로 된 물체와 자석 사이에 얇은 플라스틱이 있어도 자석은 철로 된 물체를 끌어당길 수 있다는 사실을 알 수 있습니다.

08 철로 된 물체와 자석이 약간 떨어져 있어도 자석은 철로 된 물체를 끌어당길 수 있습니다. 철로 된 물체로부터 자석이 멀어질 경우 자석이 철로 된 물체를 끌어당기는 힘은 조금씩 약해집니다.

09 자석 드라이버는 자석이 철로 된 물체를 끌어당기는 성질을 이용한 물건입니다. 자석 드라이버는 끝부분이 자석으로 되어 있기 때문에 나사를 드라이버 끝부분에 고정시키기 편리합니다.

10 물에 띄운 자석은 일정한 방향을 가리킵니다. 그때 북쪽을 가리키는 자석의 극을 N극이라고 하고, 남쪽을 가리키는 자석의 극을 S극이라고 합니다.

11 원형 수조에 담긴 물은 막대자석이 잘 움직이도록 도와주는 역할을 합니다.

12 나침반은 자석의 성질을 지닌 바늘이 항상 북쪽과 남쪽을 가리키는 원리를 이용해 방향을 알 수 있도록 만든 도구입니다. 나침반 바늘은 자석으로 되어 있고, 지구도 하나의 커다란 자석과 같습니다. 나침반은 자석끼리 서로 밀거나 끌어당기는 힘이 작용하는 원리를 이용해 방향을 찾습니다.

13 나무 막대에 작은 막대자석을 실로 매단 뒤 빈 비커에 나무 막대를 올려놓으면 막대자석은 항상 북쪽과 남쪽을 가리킵니다.

14 막대자석의 극에 붙여 두어 자석의 성질을 띠는 머리핀을 수수깡 조각에 꽂아 물에 띄우면 어느 방향을 가리키는지 나침반 바늘과 비교하여 확인할 수 있습니다.

15 막대자석에 붙여 놓았던 머리핀을 꽂은 수수깡 조각과 나침반 바늘은 모두 북쪽과 남쪽을 가리킵니다.

16 머리핀 대신에 못핀, 클립을 편 것, 작은 못, 바늘 등 철로 된 가벼운 물체를 사용할 수 있습니다. 고무, 나무, 플라스틱은 자석에 붙여 놓아도 자석의 성질을 띠지 않습니다.

17 막대자석 두 개를 다른 극끼리 마주 보게 하여 가까이 가져갈 때 손에서 서로 끌어당기는 힘을 느낄 수 있습니다.

18 자석은 다른 극끼리 서로 끌어당기는 성질이 있습니다. 막대자석 두 개를 다른 극끼리 마주 보게 나란히 놓고 밀면 자석이 서로 붙습니다.

19 고리 자석으로 탑을 가장 높게 쌓으려면 고리 자석의 같은 극끼리 서로 마주 보게 놓으면서 탑을 쌓도록 합니다. 고리 자석으로 탑을 가장 낮게 쌓으려면 고리 자석의 다른 극끼리 서로 마주 보게 놓으면서 탑을 쌓도록 합니다.

20 막대자석과 그 주변의 나침반 바늘은 서로 다른 극을 끌어당깁니다.

21 막대자석의 S극과 나침반 바늘의 N극은 서로 끌어당깁니다.

22 냉장고 자석은 쪽지를 냉장고에 붙일 때 사용하거나 냉장고를 장식할 때 사용하는 생활용품입니다.

23 자석 클립 통은 자석이 철로 된 물체를 끌어당기는 성질을 이용한 생활용품입니다. 자석 클립 통에서 자석은 클립 통의 윗부분에 있습니다. 자석 클립 통을 사용하면 클립 통이 뒤집어지거나 바닥에 떨어져도 클립이 잘 흩어지지 않아서 편리합니다.

24 다트에 자석을 이용하면 다트를 과녁에 안전하게 붙일 수 있습니다.

25 공중에 떠 있는 나비 장난감은 자석이 철로 된 물체를 끌어당기는 성질을 이용한 것입니다.

수행 평가 미리 보기 119쪽

1 (1) 어느 방향을 가리키는지 (2) 예 물에 띄운 막대자석은 일정한 방향을 가리킨다. 그때 북쪽을 가리키는 자석의 극을 N극이라고 하고, 남쪽을 가리키는 자석의 극을 S극이라고 한다.

2 (1) (가) 자석이 서로 밀어 낸다. (나) 자석이 서로 끌어당긴다. (2) 예 자석은 같은 극끼리는 서로 밀어 내고, 다른 극끼리는 서로 끌어당긴다.

1 플라스틱 접시의 가운데에 막대자석을 올려놓고 물에 띄워 보는 실험은 물에 띄운 막대자석이 어느 방향을 가리키는지 알아보기 위한 실험입니다. 물에 띄운 막대자석은 항상 북쪽과 남쪽을 가리킵니다.

2 한 자석의 N극에 다른 자석의 N극을 가까이 가져가거나, 한 자석의 S극에 다른 자석의 S극을 가까이 가져가면 서로 밀어 냅니다. 그러나 한 자석의 N극에 다른 자석의 S극을 가까이 가져가면 서로 끌어당깁니다. 이처럼 자석은 같은 극끼리는 서로 밀어 내고, 다른 극끼리는 서로 끌어당깁니다.

5단원 지구의 모습

(1) 지구 표면의 모습

탐구 문제 124쪽

1 ㉠ 14 ㉡ 36 2 바다, 육지, 22, 바다, 육지

1 육지 칸과 바다 칸을 기호 등으로 표시하여 칸을 세어 보면 육지 칸은 14칸, 바다 칸은 36칸입니다. 육지 칸의 수와 바다 칸의 수를 더하면 지도의 전체 칸 수가 됩니다.

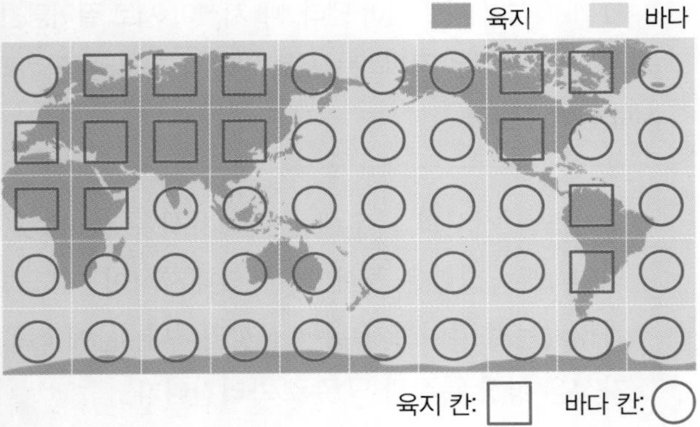

2 바다 칸의 수가 육지 칸의 수보다 22칸 더 많은 것으로 보아, 바다가 육지보다 더 넓다는 사실을 알 수 있습니다.

핵심 개념 문제 125~127쪽

01 ① 02 산 03 ③ 04 ③ 05 ④ 06 바다 07 (1) ○ (2) × (3) ○ 08 바닷물 09 ② 10 공기 11 ㉢ 12 ㉠ 숨 ㉡ 바람

01 지구 표면의 모습을 스마트 기기로 검색할 때 스마트 기기에 산, 들, 강, 호수, 바다 등을 입력하여 검색합니다.

02 문제의 그림은 나무와 풀을 표현하기 위해 초록색을 주로 사용하였고, 높고 낮은 곳을 표현한 산의 모습입니다.

03 사막은 우리나라에서 찾아볼 수 없는 지구 표면의 모습입니다.

04 빙하는 오랜 시간 동안 쌓인 눈이 거대한 얼음덩어리로 변한 것입니다.

05 우리가 사는 지구의 표면은 크게 육지와 바다로 나눌 수 있습니다.

06 50칸으로 나눈 세계 지도에서 육지와 바다에 해당하는 칸 수를 세어 보았을 때 육지 칸은 14칸, 바다 칸은 36칸입니다.

07 바닷물에는 짠맛이 나는 물질이 많이 녹아 있어서 육지의 물보다 짭니다.

08 바닷물은 육지의 물과는 다르게 짠맛이 나는 소금 등 여러 가지 물질이 많이 녹아 있어서 사람이 마시기에 적당하지 않습니다.

09 비눗방울과 부푼 풍선 안에는 공기가 들어 있습니다.

10 공기가 담긴 지퍼 백 입구를 살짝 열고 누르면 공기가 빠져나오는 것을 느낄 수 있습니다.

11 바람을 이용해 연을 날릴 수 있으며, 튜브에 공기를 채워 넣어 물놀이에 이용할 수 있습니다. 바람을 이용해 풍력 발전기를 돌려 우리가 사용하는 전기를 만들기도 합니다.

12 공기가 없다면 생물이 숨을 쉬고 살아갈 수 없게 되고, 바람이 불지 않을 것이며, 구름이 없고 비가 오지 않을 것입니다.

중단원 실전 문제 128~131쪽

01 ① 02 바다 03 ㉢ 04 ① 05 ③, ⑤ 06 ② 07 성현 08 육지 09 ④ 10 ③ 11 ㉣ 12 ③ 13 바다 14 ① 15 ③ 16 ⑤ 17 ④ 18 (1) × (2) ○ (3) ○ 19 ② 20 ⑤ 21 ① 22 ② 23 ④ 24 공기 25 ①, ④

01 지구 표면의 모습을 스마트 기기로 검색할 때는 산, 바다, 사막, 호수 등을 검색합니다.

02 바다는 주로 파란색을 사용하여 파도가 치는 모습을 표현할 수 있습니다.

03 산에는 나무와 풀이 많고, 높은 곳도 있고 낮은 곳도 있습니다.

04 갯벌은 검은색을 사용하여 바다에서 썰물이 빠져나가면 드러나는 땅의 모습을 표현할 수 있습니다.

05 사막, 빙하는 우리나라에서 볼 수 없는 지구 표면의 모습입니다.

06 산, 들, 사막은 표면이 땅인 곳이고, 강, 호수, 바다는 표면이 물인 곳입니다.

07 지구 표면의 모습은 매우 다양하며, 바닷가에서 갯벌을 볼 수 있습니다. 곡식이 익어 가는 모습은 편평하고 넓게 트인 들에서 볼 수 있습니다.

08 지구의 표면은 크게 육지와 바다로 나눌 수 있습니다. 육지는 강이나 바다와 같이 물이 있는 곳을 제외한 지구의 표면입니다.

09 지구의에서 육지를 제외한 파란색 부분은 바다를 나타내는 부분입니다.

10 세계 지도를 50개의 칸으로 나누어 육지 칸과 바다 칸의 수를 각각 세어 보고 비교하면 육지와 바다 중 어디가 더 넓은지 알 수 있습니다.

11 한 칸에서 육지의 크기가 절반을 넘으면 그 칸을 육지로 세고, 바다의 크기가 절반을 넘으면 그 칸을 바다로 셉니다.

12 지도를 50개의 칸으로 나누었기 때문에 육지 칸의 수가 14개라면, 바다 칸의 수는 전체 50개에서 14개를 뺀 36개가 됩니다.

13 지도에서 바다 칸의 수가 육지 칸의 수보다 더 많은 것으로 보아, 바다가 육지보다 더 넓다는 사실을 알 수 있습니다.

14 육지와 바다의 넓이를 비교하면 바다가 육지보다 더 넓습니다.

15 육지의 물은 짜지 않지만 바닷물은 짭니다.

16 바닷물에서 짠맛이 나는 까닭은 바닷물에는 짠맛이 나는 소금 등 여러 가지 물질이 많이 녹아 있기 때문입니다.

17 바닷물은 육지의 물보다 짜고, 여러 가지 물질이 많이 녹아 있기 때문에 사람이 마시기에 적당하지 않습니다. 바닷속에도 육지처럼 다양한 모습이 있다는 것은 공통점입니다.

18 손바람을 일으키거나 선풍기의 바람을 통해 공기를 느낄 수 있습니다.

19 공기를 담은 지퍼 백을 손으로 만지면 말랑말랑한 느낌이 들고 손으로 누르면 살짝 들어갑니다.

20 공기를 담은 지퍼 백 입구를 살짝 열어서 얼굴을 가져다 대고 지퍼 백을 누르면 지퍼 백에서 공기가 빠져나오는 것을 느낄 수 있습니다.

21 공기는 눈에 보이지 않지만 항상 우리 주위를 둘러싸고 있습니다. 공기는 생물이 숨을 쉬고 살아가게 해 줍니다.

22 연날리기, 튜브 타기는 공기를 이용한 활동입니다.

23 열기구를 띄울 때 공기가 이용됩니다.

24 공기는 생물이 숨을 쉬고 살아가게 해 주고, 비행기가 날 수 있게 해 줍니다.

25 공기가 이동하는 것을 바람이라고 합니다. 지구에 공기가 있어서 바람이 불고, 바람으로 풍력 발전기가 돌아갑니다.

서술형·논술형 평가 돋보기

132~133쪽

연습 문제

1 (1) 들 (2) 곡식(또는 곡식들) **2** (1) 바닷물 (2) ㉠ 짜다 ㉡ 소금

실전 문제

1 (1) 강 (2) 예 파란색을 사용하여 물줄기가 길게 흐르는 모습을 표현했다. **2** (1) 바다 (2) 예 육지 칸과 바다 칸을 세었더니 바다 칸이 더 많기 때문이다. **3** (1) 공기 (2) 예 살짝 들어가고 말랑말랑한 느낌이 든다. **4** (1) ㉢ (2) 예 비눗방울 놀이를 할 수 없다. 바람이 불지 않기 때문에 풍력 발전기가 돌아가지 않는다. 비행기를 탈 수 없다. 연을 날릴 수 없다.

연습 문제

1 (1) 지구 표면의 모습 중 들을 나타낸 것입니다.

(2) 들은 편평하고 넓게 펼쳐져 있습니다. 노란색과 초록색을 사용했고, 곡식들이 자라고 있는 모습을 표현했습니다.

2 (1) 바닷물에 녹아 있는 여러 가지 물질 때문에 바닷물은 사람이 마시기에 적당하지 않습니다.

(2) 바닷물이 육지의 물보다 짠 까닭은 바닷물에는 짠맛이 나는 소금 등 여러 가지 물질이 많이 녹아 있기 때문입니다.

실전 문제

1 (1) 넓은 땅에서 물줄기가 길게 흐르는 강을 그림으로 나타냈습니다.

(2) 물이 고여 있는 호수, 파도치는 바다와는 다르게 강은 넓은 땅에서 물줄기가 길게 흐르는 모습을 표현해야 합니다.

채점 기준	
상	'강'이라는 답을 쓰고, 강 모습의 특징(색깔, 모양 등)이 잘 드러나게 쓴 경우
중	'강'이라는 답은 썼지만, 강 모습의 특징을 강의 색깔, 모양 등과 연관하여 못 쓴 경우
하	답을 틀리게 쓴 경우

2 전체 50개의 칸 중 육지 칸의 수가 14개, 바다 칸의 수가 36개입니다. 바다 칸의 수가 육지 칸의 수보다 22개 더 많기 때문에 바다가 육지보다 더 넓다는 것을 알 수 있습니다.

채점 기준	
상	'바다'라는 답을 쓰고, 그렇게 생각한 까닭을 칸의 수와 연관하여 옳게 쓴 경우
중	'바다'라는 답은 썼지만, 그렇게 생각한 까닭을 칸의 수와 연관하여 못 쓴 경우
하	답을 틀리게 쓴 경우

3 풍선을 불어 공기를 넣으면 풍선이 부풀어 오릅니다. 공기가 담긴 풍선을 손으로 누르면 살짝 들어가고 말랑말랑한 느낌이 듭니다.

채점 기준	
상	'공기'라는 답을 쓰고, 공기가 담긴 풍선을 손으로 눌렀을 때의 느낌을 옳게 쓴 경우
중	'공기'라는 답을 썼지만, 공기가 담긴 풍선을 손으로 눌렀을 때의 느낌을 옳게 못 쓴 경우
하	답을 틀리게 쓴 경우

4 사람들은 공기를 이용하여 비눗방울 놀이를 하고, 비행기를 타고 여행을 다닙니다. 바람을 이용하여 풍력 발전기를 돌리고, 연을 날립니다. 만약 공기가 없다면 비눗방울 놀이, 풍력 발전기 돌리기, 비행기 타기, 연날리기를 모두 하지 못하게 될 것입니다.

채점 기준	
상	'㉢'이라는 답을 쓰고, 지구에 공기가 없다면 일어날 수 있는 일을 ㉠~㉣과 관련지어 옳게 쓴 경우
중	'㉢'이라는 답은 썼지만, 지구에 공기가 없다면 일어날 수 있는 일을 ㉠~㉣과 관련지어 못 쓴 경우
하	답을 틀리게 쓴 경우

(2) 지구와 달의 모습

핵심 개념 문제 136~139쪽

01 마젤란 02 둥글기 03 ㉡ 04 ③ 05 토끼 06 ②
07 (3) ○ 08 ㉠ 회색 ㉡ 구덩이 09 ㉠ 10 ④ 11 ④
12 ③ 13 (1)-㉡ (2)-㉠ 14 ㉢ 15 지구의 날 16 나무 심기

01 마젤란 탐험대는 1519년에 스페인(에스파냐) 남서부에 있는 세비야 근처의 산루카르항에서 출발해서 배를 타고 세계 일주를 했습니다.

02 마젤란 탐험대가 세계 일주를 할 수 있었던 것은 지구가 둥글기 때문입니다.

03 지구가 우리에게 편평하게 보이는 까닭은 사람의 크기에 비해 지구가 매우 크기 때문입니다.

04 우주에서 지구를 바라보면 둥근 모양의 지구를 확인할 수 있습니다.

05 옛날 사람들은 달 표면의 밝고 어두운 부분에 따라 여러 가지 동물 모양을 상상했습니다. 문제에서 주어진 그림은 방아 찧는 토끼를 나타낸 모습입니다.

06 달은 둥근 공 모양입니다.

07 달은 회색빛이며 표면이 매끈매끈한 면도 있고 울퉁불퉁한 면도 있습니다. 달에는 물이 없기 때문에 강이 흐르지 않습니다.

08 달은 전체적으로 회색이며 표면에 움푹 파인 구덩이가 많이 있고 구덩이의 크기는 다양합니다.

09 우주 공간을 떠돌던 돌덩이가 달 표면에 충돌해서 만들어진 달의 크고 작은 구덩이를 충돌 구덩이라고 합니다.

10 옛날 사람들은 달 표면의 어두운 곳이 물로 가득 차 있을 것이라고 생각하여 '달의 바다'라고 이름 지었습니다.

11 지구와 달은 모두 둥근 공 모양입니다. 달에는 물과 공기와 구름이 없으며, 달에서 본 하늘은 검은색입니다.

12 달에는 물과 공기가 없어서 생물이 살 수 없습니다.

13 지구와 달의 모형은 모두 둥근 공 모양입니다. 지구 모형은 파란색, 초록색, 갈색, 하얀색 등 색깔이 다양하지만, 달 모형은 회색빛을 띠고 있습니다.

14 지구가 달보다 큽니다. 야구공을 지구로 비유할 때, 유리구슬을 달로 비유할 수 있습니다.

15 '지구의 날'은 갈수록 심각해지는 환경 오염으로부터 지구를 보존하기 위해 환경 운동가들이 만든 날입니다.

16 나무 심기는 지구를 보존하기 위해 우리가 실천할 수 있는 다양한 방법 중 하나입니다.

중단원 실전 문제 140~143쪽

01 ㉡ 02 마젤란 탐험대 03 ㉢ → ㉡ → ㉠ → ㉣ 04 ㉠ 한 ㉡ 서쪽 05 ② 06 ③ 07 ① 08 ② 09 소연 10 ④
11 충돌 구덩이 12 ⑤ 13 ㉡ 14 ① 15 ② 16 지구
17 둥근(또는 둥근 공) 18 ㉡, ㉢ 19 ② 20 ⑤ 21 (1) ×
(2) ○ (3) ○ 22 ㉠ 물(공기) ㉡ 공기(물) 23 ③ 24 ①
25 ㉠

01 옛날 사람들은 지구가 편평한 모양이고, 육지에서 배를 타고 멀리 나가면 바다 끝 낭떠러지에 떨어진다고 생각하였습니다. 또한 코끼리나 뱀과 같은 동물이 떠받치고 있다고 생각하였습니다.

02 마젤란 탐험대는 1519년에 스페인(에스파냐)의 세비야에서 배를 타고 출발하여 세계 최초로 배를 이용하여 세계 일주를 하였습니다.

03 지구의에서 마젤란 탐험대가 세계 일주를 출발한 곳에 인형을 붙여 마젤란 탐험대의 뱃길을 따라가 본 후, 세계 일주가 끝나면 도착한 곳과 출발한 곳을 비교해 봄으로써 마젤란 탐험대의 세계 일주를 체험할 수 있습니다.

04 마젤란 탐험대는 서쪽 방향으로 이동하면서 세계 일주를 하였습니다.

05 마젤란 탐험대의 배는 스페인(세비야)에서 출발하여 대서양 → 브라질 → 마젤란 해협 → 태평양 → 필리핀 사마르섬 → 인도양 → 아프리카의 희망봉 → 대서양 → 스페인(세비야)의 순서대로 세계 일주를 하였습니다.

06 마젤란 탐험대가 세계 일주를 할 수 있었던 까닭은 지구의 모양이 둥근 공과 같기 때문입니다.

07 마젤란 탐험대는 세계 일주에서 지구가 둥글다는 사실을 알아냈습니다. 지구가 둥글기 때문에 마젤란 탐험대는 한 방향으로 계속 움직여 처음 위치로 돌아올 수 있었습니다.

08 지구는 공처럼 둥글다고 하는데 지구에 사는 우리가 본 지구의 모습이 편평하게 보이는 까닭은 사람의 크기에 비해 지구가 매우 크기 때문입니다.

09 옛날 사람들은 달 표면의 밝고 어두운 부분에 따라 게, 방아 찧는 토끼 등 여러 가지 모양을 상상했습니다. 달에는 물이 없기 때문에 강이 흐르지 않습니다.

▲ 게　　▲ 방아 찧는 토끼

10 달은 둥근 공 모양입니다.

11 달 표면에는 크고 작은 충돌 구덩이가 많습니다.

12 달의 충돌 구덩이는 우주 공간을 떠돌던 돌멩이가 달 표면에 충돌하여 만들어졌습니다.

13 달의 표면에서 어둡게 보이는 곳을 '달의 바다'라고 합니다. 옛날 사람들은 달 표면의 어두운 곳이 물로 가득 차 있을 것이라고 생각하였습니다.

14 달의 바다는 달의 표면에서 어둡게 보이는 곳을 말하지만, 실제로 이곳에 물은 없습니다.

15 달 표면에는 돌이 있고 움푹 파인 구덩이가 많은데, 구덩이의 크기는 다양합니다. 달 표면은 밝은 부분과 어두운 부분이 있고, 매끈매끈한 면과 울퉁불퉁한 면이 있습니다.

16 물이 흐르는 계곡, 곡식이 자라는 들판은 우리가 살고 있는 지구에서 볼 수 있는 모습입니다.

17 지구와 달은 모두 둥근 공 모양입니다.

18 달에는 물과 구름이 없습니다.

19 달은 전체적으로 회색빛을 띠며, 밝은 부분과 어두운 부분이 있습니다. 육지가 갈색으로 보이고, 물이 있는 파란 바다가 보이며, 구름이 하얀색으로 보이는 곳은 지구입니다.

20 달의 하늘에는 구름이 없고, 새가 날아다니지 않습니다. 달에서 본 하늘은 검은색입니다.

21 지구와 달은 모두 표면에 돌이 있다는 공통점이 있습니다. 지구는 생물이 살기에 알맞은 온도지만, 달은 생물이 살기에 알맞은 온도가 아닙니다.

22 지구에는 물과 공기가 있어서 다양한 생물이 살 수 있습니다. 달에는 물과 공기가 없어서 생물이 살 수 없습니다.

23 지구 모형을 야구공 크기로 만들 경우, 달 모형은 유리구슬 크기로 만들어야 합니다. 지구 모형과 달 모형 모두 둥근 공 모양으로 만듭니다.

24 달은 회색빛입니다. 달 모형을 만들 때, 회색 색점토로 달 표면의 모습을 꾸밉니다.

25 지구를 보존하기 위하여 우리가 할 수 있는 일에는 나무 심기, 물 아껴 쓰기, 대중교통 이용하기, 재활용품 분리배출하기, 불필요한 전등 끄기 등이 있습니다.

▲ 나무심기

▲ 물 아껴 쓰기

▲ 불필요한 전등 끄기

▲ 대중교통 이용하기

▲ 불필요한 콘센트 뽑기

▲ 재활용품 분리배출하기

서술형·논술형 평가 돋보기 144~145쪽

연습 문제

1 (1) 스페인 세비야 (2) 둥글기 **2** (1) ㈏ (2) ㉠ 물(공기) ㉡ 공기(물)

실전 문제

1 (1) 둥근 공 모양 (2) 예 사람의 크기에 비해 지구가 매우 크기 때문이다. **2** (1) 충돌 구덩이 (2) 예 우주 공간을 떠돌던 돌덩이가 달 표면에 충돌하여 만들어졌다. **3** (1) ㉠ (2) 해설 참조 **4** (1) 지구의 날 (2) 해설 참조

연습 문제

1 (1) 마젤란 탐험대가 움직인 뱃길의 특징은 한 방향으로 계속 움직였다는 것입니다. 마젤란 탐험대는 세계 일주 후에 결국 출발한 곳으로 다시 돌아왔습니다.

(2) 마젤란 탐험대가 세계 일주에 성공한 까닭은 지구가 둥글기 때문입니다. 만약 지구가 둥글지 않고 편평했다면 바다 멀리 떠난 배는 바다 끝 낭떠러지로 떨어졌을 것입니다.

2 (1) 지구에서 본 하늘을 파란색이지만, 달에서 본 하늘은 검은색입니다.

(2) 지구에는 물과 공기가 있어서 다양한 생물이 살아가기에 알맞습니다.

실전 문제

1 (1) 우주에서 본 지구는 둥근 모양입니다.

채점 기준

'둥근' 또는 '둥근 공'과 같이 둥글다는 내용이 들어가면 정답으로 합니다.

(2) 사람이 공을 볼 때에는 둥근 모양이지만, 큰 공 위에 있는 작은 개미의 눈에는 공이 편평하게 보일 것입니다. 마찬가지로 사람의 크기에 비해 지구가 매우 크기 때문에 둥근 지구가 우리에게 편평하게 보이는 것입니다.

채점 기준

지구의 크기가 매우 크기 때문이라는 내용이면 정답으로 합니다.

2 달 표면에 있는 크고 작은 구덩이를 '충돌 구덩이'라고 합니다. 충돌 구덩이는 우주 공간을 떠돌던 돌덩이가 달 표면에 충돌하여 만들어졌습니다.

채점 기준

상	'충돌 구덩이'를 쓰고, 달 표면에 충돌 구덩이가 생긴 까닭을 옳게 쓴 경우
중	둘 중 일부만 옳게 쓴 경우
하	답을 틀리게 쓴 경우

3 지구의 바다에는 물이 있지만, 달의 바다에는 물이 없습니다. 지구의 바다에는 생물이 살지만, 달의 바다에는 생물이 없습니다. 지구의 바다는 파랗게 보이지만, 달의 바다는 어둡게 보입니다.

채점 기준

상	지구의 바다에 해당하는 기호인 ㉠을 쓰고, 지구의 바다와 달의 바다의 차이점을 두 가지 모두 옳게 쓴 경우
중	지구의 바다에 해당하는 기호인 ㉠을 썼지만, 지구의 바다와 달의 바다의 차이점 두 가지 중 일부만 옳게 쓴 경우
하	답을 틀리게 쓴 경우

4 (1) 매년 4월 22일은 '지구의 날'입니다. 사람들은 갈수록 심각해지는 환경 오염으로부터 지구를 보존하기 위해 지구의 날을 만들었습니다. 지구의 날 행사에는 많은 나라가 참여하여 환경 오염의 심각성을 세계에 알리고 지구를 보존하기 위해 노력하고 있습니다.

(2) 지구를 보존하기 위하여 할 수 있는 일에는 나무 심기, 물 아껴 쓰기, 대중교통 이용하기, 불필요한 전등 끄기, 불필요한 콘센트 뽑기, 재활용품 분리배출하기, 식물에 물주기, 산불이 일어나지 않도록 조심하기, 버려진 쓰레기를 주워서 쓰레기통에 넣기, 손수건을 사용하여 휴지 사용 횟수를 줄이기 등이 있습니다.

채점 기준

상	'지구의 날'을 쓰고, 지구를 보존하기 위하여 할 수 있는 일을 세 가지 모두 옳게 쓴 경우
중	'지구의 날'을 썼지만, 지구를 보존하기 위하여 할 수 있는 일 세 가지 중 일부만 옳게 쓴 경우
하	답을 틀리게 쓴 경우

대단원 마무리

147~150쪽

01 ㉡ 02 ⑤ 03 빙하 04 ⑤ 05 14 06 ① 07 ㉠ 08 ⑤ 09 ④ 10 공기 11 ⑤ 12 ③ 13 ② 14 ① 15 ② 16 만세 17 ④ 18 달의 바다 19 ③ 20 (1) ㉠, ㉡, ㉢ (2) ㉡, ㉢, ㉣ 21 ② 22 ②, ⑤ 23 충돌 구덩이 24 ④ 25 ㉠ 지구의 날 ㉡ 4, 22

01 스마트 기기를 이용하여 들을 검색해 보면 곡식들이 자라고 있는 들의 모습을 볼 수 있습니다.

02 산은 초록색을 사용하여 나무를 표현하고, 강은 파란색을 사용하여 길게 흐르는 물줄기를 표현하며, 바다는 주로 파란색을 사용하여 파도를 표현합니다. 호수는 파란색을 사용하여 땅에 오목하게 패어 있는 곳에 물이 고여 있는 모습을 표현합니다.

03 빙하는 오랜 시간 동안 쌓인 눈이 변한 얼음덩어리입니다. 빙하는 우리나라에서 볼 수 없는 지구 표면의 모습입니다.

04 우리나라에서는 사막, 빙하 등을 볼 수 없습니다.

05 지도의 전체 칸 수가 50개이므로 바다 칸의 수가 36개라면, 육지 칸의 수는 50개에서 36개를 뺀 나머지 14개가 됩니다.

06 전체를 50개의 칸으로 나눈 지도에서 육지 칸과 바다 칸의 수를 세어 보는 활동을 통해 바다가 육지보다 넓다는 사실을 알 수 있습니다.

07 짠맛이 나는 바닷물과 달리 육지의 물은 짜지 않습니다.

08 바닷물이 짠 까닭은 짠맛이 나는 소금 등 여러 가지 물질이 많이 녹아 있기 때문입니다. 이러한 까닭으로 바닷물은 사람이 마시기에 적당하지 않습니다.

09 바다가 육지보다 넓고 바닷물이 육지의 물보다 훨씬 많습니다. 바닷물은 짠맛이 나는 소금 등 여러 가지 물질이 많이 녹아 있기 때문에 사람이 마시기에 적당하지 않습니다.

10 비눗방울과 부푼 풍선 안에는 공기가 들어 있고, 손바람이나 입김으로 공기를 느껴 볼 수 있습니다.

11 공기가 담긴 지퍼 백을 손으로 누르면 살짝 들어가고 말랑말랑한 느낌이 듭니다. 지퍼 백을 들어 보면 축구공보다 가볍다는 것을 알 수 있습니다. 지퍼 백 입구를 살짝 열면 공기가 나오는 것을 느낄 수 있습니다.

12 공기는 눈에 보이지 않지만 지구를 둘러싸고 있으며, 공기가 있어서 생물이 숨을 쉬고 살 수 있습니다. 공기는 지구의 육지뿐만 아니라 지구의 거의 모든 곳에 있습니다.

13 만약 지구에 공기가 없다면 바람이 불지 않을 것이며, 구름이 없고 비가 오지 않을 것입니다. 공기를 이용한 튜브, 풍력 발전기, 열기구 등을 더 이상 이용할 수 없게 됩니다.

14 마젤란 탐험대가 지나갔던 경로를 살펴보면, 스페인을 출발한 후 브라질 → 마젤란 해협 → 태평양 → 필리핀 사마르섬 → 인도양 → 아프리카 희망봉 → 대서양 → 스페인에 다시 도착했음을 알 수 있습니다.

15 마젤란 탐험대의 세계 일주를 통하여 우리가 사는 지구는 둥근 공 모양이라는 사실을 알 수 있었습니다. 지구가 둥글기 때문에 마젤란 탐험대가 한 방향으로 이동했을 때 출발지와 도착지가 같을 수 있었습니다.

16 지구에 사는 우리에게 지구가 편평하게 느껴지는 까닭은 지구의 크기에 비해 사람의 크기가 매우 작기 때문입니다.

17 달에는 물과 공기가 없습니다. 달의 표면은 매끈매끈한 면도 있고 울퉁불퉁한 면도 있습니다.

18 달의 표면에서 어둡게 보이는 곳을 '달의 바다'라고 하지만 실제로 이곳에 물이 있는 것은 아닙니다.

19 달 표면에는 크고 작은 충돌 구덩이가 많습니다. 충돌 구덩이는 우주 공간을 떠돌던 돌덩이가 달 표면에 충돌하여 만들어졌습니다.

20 지구와 달의 공통점은 모두 둥근 공 모양이고, 표면에 돌이 있다는 것입니다. 달에는 물이 없고, 달의 표면은 회색빛을 띱니다.

21 달의 표면에서 어둡게 보이는 곳을 달의 바다라고 하지만 실제로 달의 바다에는 물이 없습니다.

22 달에는 생물이 살기 위해 꼭 필요한 물과 공기가 없고, 생물이 살기에 알맞은 온도가 아니기 때문에 생물이 살 수 없습니다.

23 달 모형 표면에 있는 크고 작은 움푹 파인 구덩이는 실제 달의 충돌 구덩이를 표현한 것입니다.

24 달의 표면은 매끈매끈한 면도 있고 울퉁불퉁한 면도 있습니다.

25 지구의 날이란 매년 4월 22일, 지구 환경 오염 문제의 심각성을 알리기 위해서 환경 운동가들이 제정한 지구 환경 보존의 날입니다.

수행 평가 미리 보기 151쪽

1 (1) (가) ㉠, ㉢ (나) ㉡, ㉣ (2) 예 바다는 육지보다 넓다. 바닷물은 육지의 물보다 짜다. 바닷물은 육지의 물보다 훨씬 많다. 육지와 바다에 사는 생물이 다르다. 2 (1) 예 (가) 지구의 하늘에는 구름이 있지만, 달의 하늘에는 구름이 없다. 지구의 하늘에는 새가 날아다니지만, 달의 하늘에는 새가 날아다니지 않는다. 지구에서 본 하늘은 파란색이지만, 달에서 본 하늘은 검은색이다. 지구에는 공기가 있지만, 달에는 공기가 없다. (나) 지구의 바다에는 물이 있지만, 달의 바다에는 물이 없다. 지구의 바다에는 생물이 있지만, 달의 바다에는 생물이 없다. 지구의 바다는 파란색으로 보이지만, 달의 바다는 어둡게 보인다. (2) 예 지구에는 물과 공기가 있기 때문이다. 지구는 생물이 살기에 알맞은 온도를 유지하기 때문이다.

1 (1) 땅과 관련된 지구 표면의 모습에는 산, 들, 사막, 화산 등이 있고, 물과 관련된 지구 표면의 모습에는 바다, 호수, 강, 계곡 등이 있습니다.

(2) 육지와 바다의 차이점

넓이	바다는 육지보다 넓다.
물의 맛	바닷물은 육지의 물보다 짜다.
물의 양	바닷물은 육지의 물보다 훨씬 많다.
생물	육지와 바다에 사는 생물이 다르다.

2 (1) (가) 지구의 하늘에는 구름이 있고 새가 날아다니며 공기가 있고 파란색으로 보입니다. 달의 하늘은 구름이 없고 새가 날아다니지 않으며 공기가 없고 검은색으로 보입니다. 지구의 하늘에는 공기가 있기 때문에 생물이 살아가기에 적합합니다. (나) 지구의 바다에는 물과 생물이 있으며 파란색으로 보입니다. 달의 바다에는 물과 생물이 없으며 어둡게 보입니다. 지구의 바다에는 물이 있기 때문에 생물이 살아가기에 적합합니다.

(2) 달과 다르게 지구에 다양한 생물이 살 수 있는 까닭은 지구에 물과 공기가 있으며, 생물이 살기에 알맞은 온도를 유지하고 있기 때문입니다.

2단원 (1) 중단원 쪽지 시험 5쪽

01 물질 02 예 나무, 금속, 종이, 플라스틱 03 종이 04 플라스틱 05 예 주걱, 의자, 책상 06 금속 07 고무 막대 08 고무 막대 09 플라스틱 10 나무 11 고무 12 ㉠ 젖고 ㉡ 젖지 않는다 13 가죽 14 유리

중단원 확인 평가 2 (1) 물체와 물질 6~7쪽

01 ㉠ 물체 ㉡ 물질 02 ④ 03 종이 04 ② 05 ㉠, ㉡ 06 ③ 07 ① 08 ④ 09 (1)-㉡, (2)-㉠ 10 ③ 11 ⑤ 12 ⑤

01 모양과 공간을 차지하는 것을 물체라고 하고, 물체를 만드는 재료를 물질이라고 합니다.

02 고무로 만든 물체에는 풍선, 지우개, 고무줄, 고무장갑이 있습니다.
④ 축구공은 가죽으로 만듭니다.

03 책과 상자는 종이로 만들었습니다.

04 ② 인형과 옷은 섬유로 만듭니다.

05 나무보다 플라스틱과 금속이 더 단단하므로 나무 막대가 잘 긁히지만, 고무는 덜 단단하므로 나무 막대가 긁히지 않습니다.

06 손으로 잡고 구부렸을 때 잘 구부러지는 것은 고무 막대입니다.

07 여러 가지 막대를 서로 긁어 보았을 때 잘 긁히지 않는 것은 가장 단단한 금속 막대입니다. 금속 막대는 물이 담긴 수조에 넣었을 때 가라앉습니다.

08 ㉠의 바구니와 장난감 블록은 플라스틱으로 만들었습니다. ㉡의 풍선과 고무장갑은 고무로 만들었습니다.

09 (1) 나무 뗏목은 나무가 물에 뜨는 성질을 이용하여 만듭니다.
(2) 향과 무늬가 있는 나무의 성질을 이용하여 가구를 만듭니다.

10 금속이 나무보다 단단한 성질을 이용하여 금속 도구를 이용해 나무를 조각하는 모습입니다.

11 신발 바닥을 고무로 만들면 잘 미끄러지지 않아 걸을 때 안전합니다.

12 플라스틱을 이용하면 다양한 모양과 색깔의 물체를 쉽게 만들 수 있습니다.

2단원 (2) 중단원 쪽지 시험 9쪽

01 금속 02 예 잘 늘어나고 다른 물체를 쉽게 묶을 수 있다. 03 색깔, 모양(모양, 색깔) 04 금속 05 예 바닥이 잘 긁히지 않는다. 06 플라스틱 07 고무 08 고무, 플라스틱 09 금속 10 금속 11 도자기 컵 12 ㉠ 비닐 ㉡ 가죽 13 예 종류가 같은 컵이라도 이루고 있는 물질에 따라 좋은 점이 서로 다르기 때문이다. 14 예 신발이 구부러지지 않아 발이 불편할 것이다.

중단원 확인 평가 2 (2) 물질의 성질과 기능 10~11쪽

01 ⑤ 02 ④, ⑤ 03 나무, 금속, 플라스틱 04 ③ 05 손잡이, 안장 06 상판 07 ② 08 ㉢ 09 ⑤ 10 ① 11 물체 12 유나

01 금속 고리는 금속으로 만들어졌으며 다른 물질로 만든 물체보다 튼튼한 성질이 있습니다. 고무줄은 고무로, 바구니는 플라스틱으로 만들었습니다.
⑤ 잘 늘어나고 다른 물체를 묶을 수 있는 것은 ㉡ 고무줄입니다.

02 플라스틱 바구니는 가벼우면서도 튼튼하고 다양한 색깔과 모양으로 만들 수 있습니다.

03 책상의 상판은 나무로, 몸체는 금속으로, 받침은 플라스틱으로 만들어졌습니다.

04 ㉠은 플라스틱으로, ㉡은 고무로 만들어졌습니다.

05 자전거의 손잡이는 고무나 플라스틱으로 만들고, 안장은 가죽이나 플라스틱으로 만듭니다.

06 (가) 주걱은 나무로 만들었습니다. 책상에서 나무로 만들어진 부분은 상판입니다.

07 비닐장갑은 투명하고 얇으며 물이 들어오지 않습니다.

08 면(섬유)장갑은 부드럽고 따뜻한 성질이 있어, 작업할 때 손을 보호하기에 알맞습니다.

09 ⑤ ㉤ 종이컵은 가격이 싸고 가벼워서 손쉽게 사용할 수 있습니다.

10 ㉠ 질기고 미끄러지지 않으며 물이 들어오지 않는 것은 고무장갑입니다.
㉡ 질기고 부드러우며 따뜻하고 바람이 들어오지 않는 것은 가죽 장갑입니다.

11 종류가 같은 물체라도 이루고 있는 물질에 따라 좋은 점이 서로 다릅니다. 생활 속에서는 물체의 기능을 고려하여 상황에 알맞은 것을 골라 사용합니다.

12 유리는 잘 깨지는 성질이 있어서 유리 신발을 신으면 다른 물체에 부딪쳤을 때 쉽게 깨져 다칠 수 있습니다.

2단원 (3) 중단원 쪽지 시험

13쪽

01 변하지 않는다. 02 물, 붕사, 폴리비닐 알코올 03 물 04 폴리비닐 알코올 05 하얀색 06 깔깔하다. 07 따뜻한 물 08 물이 뿌옇게 흐려진다. 09 물질이 엉기고 알갱이가 커진다. 10 예 투명하고 광택이 있다. 11 고무 12 예 스펀지 13 플라스틱 통 14 예 넓은 고무줄로 끝부분을 감싼다.

14~15쪽

중단원 확인 평가 2 (3) 물질의 성질과 변화

01 ㉠ 02 (1)-㉡ (2)-㉠ 03 ㉡ 04 (1) ○ (2) ○ (3) ○ 05 ㉠ 따뜻한 물 ㉡ 폴리비닐 알코올 06 ② 07 민국 08 ③ 09 ① 10 ② 11 스펀지 12 ④

01 ㉠ 물은 한 가지 물질로 되어 있습니다.
㉡ 탱탱볼을 만들기 위해서는 물, 붕사, 폴리비닐 알코올이 필요합니다.
㉢ 물에 미숫가루를 타는 것도 서로 다른 두 가지 물질을 섞는 경우입니다.

02 미숫가루와 설탕을 섞으면 물질의 성질이 변하지 않습니다. 탱탱볼은 물, 붕사, 폴리비닐 알코올이 섞여 물질의 성질이 변하여 만들어진 것입니다.

03 탱탱볼을 만들기 위해서는 물, 붕사, 폴리비닐 알코올이 필요합니다.

04 붕사와 폴리비닐 알코올 모두 손으로 만져 보면 깔깔합니다.

05 탱탱볼을 만들기 위해서는 따뜻한 물에 붕사를 넣고 저어 준 다음, 폴리비닐 알코올 다섯 숟가락을 넣어 줍니다.

06 따뜻한 물이 든 플라스틱 컵에 붕사를 넣고 저어 주면 물이 뿌옇게 흐려집니다.

07 물, 붕사, 폴리비닐 알코올을 섞으면 물질이 서로 엉기고 알갱이가 점점 커집니다.

08 물, 붕사, 폴리비닐 알코올을 섞어 만든 탱탱볼은 알갱이가 투명하고 광택이 있습니다.

09 식용 색소를 넣으면 탱탱볼의 색깔을 다양하게 만들 수 있습니다.

10 플라스틱 통과 종이 상자를 고정하기 위해서 고무줄로 묶었습니다.

11 연필을 꽂았을 때 충격을 줄여 주기 위해서 연필꽂이 바닥에 스펀지를 넣습니다.

12 연필꽂이 바닥이 미끄러지지 않게 하기 위해서 바닥에 폭이 넓은 고무줄을 잘라 붙입니다.

16~18쪽

대단원 종합 평가 2. 물질의 성질

01 ② 02 ② 03 ③ 04 ①, ③, ④ 05 ④ 06 ④ 07 ㉡
08 ㉢ 09 ② 10 ㉠ 11 ㉣ 12 ① 13 ㉠ 14 ② 15 (가)
16 ② 17 ① 18 ⑤

01 ① 유리컵은 유리로 만듭니다.
③ 옷은 섬유로 만듭니다.
④ 주걱은 나무로 만듭니다.
⑤ 클립은 금속으로 만듭니다.

02 풍선, 지우개, 고무줄, 고무장갑은 고무로 만들고, 축구공은 가죽으로 만듭니다.

03 잘 구부러지는 것은 고무 막대입니다. 고무 막대는 물이 담긴 수조에 넣으면 가라앉습니다.

04 플라스틱 막대와 나무 막대는 물에 뜨고 금속 막대와 고무 막대는 물에 가라앉습니다.

05 그릇은 금속으로 만들어져 단단하고 광택이 납니다. 의자는 나무로 만들어져 고유한 무늬가 있습니다.
④ 그릇과 의자는 모두 물체입니다.

06 광택이 있고 다른 물질보다 단단한 것은 금속이 가진 성질입니다. 금속으로 만든 물체는 금속 고리입니다.

07 잡아당기면 잘 늘어나서 다른 물체를 묶을 수 있는 것은 고무줄입니다.

08 쓰레받기의 몸체는 ㉢ 플라스틱 바구니와 같은 물질인 플라스틱으로 만듭니다.

09 자전거의 타이어는 고무로 되어 있어 충격을 잘 흡수하고 탄력이 있습니다.

10 의자 받침은 플라스틱으로 만들어져서 바닥이 긁히는 것을 줄여 줍니다.

11 투명하고 얇으며 물이 들어오지 않는 것은 비닐장갑의 특징입니다. ㉢ 고무장갑도 물이 들어오지 않는 특징이 있지만 투명하지는 않습니다.

12 컵의 종류에는 종이컵, 유리컵, 도자기 컵, 플라스틱 컵 등이 있습니다. 섬유는 컵을 만들기에 적당한 물질이 아닙니다.

13 붕사는 광택이 없고, 폴리비닐 알코올과 탱탱볼은 광택이 있습니다.

14 폴리비닐 알코올을 넣고 3분 정도 기다린 후에, 물질이 엉기고 알갱이가 커지면 엉긴 물질을 꺼내 손으로 공 모양을 만들어 탱탱볼을 완성합니다.

15 물과 붕사를 섞었을 때는 물이 뿌옇게 흐려집니다.

16 탱탱볼은 알갱이가 투명하고 광택이 있습니다. 엉긴 물질을 너무 빨리 꺼내면 하얀색이 되고, 엉긴 물질을 너무 늦게 꺼내면 물컹거리고 투명해집니다.

17 ② 고무줄은 플라스틱 통과 종이 상자를 묶을 때 사용합니다.
③ 스펀지는 충격을 줄이기 위해 바닥에 까는 데 필요합니다.
④ 종이 상자는 연필꽂이 몸통을 만드는 데 사용됩니다.
⑤ 플라스틱 통은 연필꽂이 몸통을 만드는 데 사용됩니다.

18 연필꽂이 바닥이 미끄러지지 않도록 하기 위해서 넓은 고무줄을 잘라 연필꽂이 바닥에 붙입니다.

2단원 서술형·논술형 평가

19쪽

01 예 ㉠은 금속, ㉡은 플라스틱, ㉢은 나무, ㉣은 고무로 만들어졌다. **02** (1) 금속 (2) 예 단단한 금속으로 자전거의 체인과 책상의 몸체를 만들면 튼튼하게 만들 수 있어서 좋다. **03** (1) 유리 (2) 예 유리컵은 투명하여 안에 무엇이 들어 있는지 쉽게 알 수 있어서 좋지만, 유리 신발은 부딪쳤을 때 잘 깨질 수 있어 좋지 않다. **04** 물에 붕사를 먼저 넣고 잘 저어 준 후에, 폴리비닐 알코올을 넣고 저어 준다.

01 ㉠은 금속으로 만든 장난감 자동차, ㉡은 플라스틱 블록, ㉢은 나무로 만든 비행기 장난감, ㉣은 고무로 만든 오리 장난감입니다.

채점 기준

상	네 가지 물질을 모두 맞게 쓴 경우
중	두세 가지 물질을 맞게 쓴 경우
하	한 가지 물질만 맞게 쓰거나 정답을 쓰지 못한 경우

02 (1) 자전거의 체인은 금속으로 만들면 끊어지지 않고 튼튼합니다. 책상의 몸체를 금속으로 만들면 튼튼해서 좋습니다.

채점 기준

금속이라고 쓴 경우만 정답으로 합니다.

(2) 자전거의 체인은 끊어지면 안 되므로 단단한 금속으로 만듭니다. 책상 몸체를 금속으로 만들면 튼튼해서 무거운 물체를 올릴 수도 있어 좋습니다.

채점 기준

상	둘의 좋은 점을 모두 맞게 쓴 경우
중	둘 중 한 가지의 좋은 점만 맞게 쓴 경우
하	정답을 쓰지 못한 경우

03 (1) 유리컵과 유리 신발은 모두 유리로 만듭니다.

채점 기준

유리라고 쓴 경우만 정답으로 합니다.

(2) 같은 물질이라도 어떤 물체를 만드느냐에 따라 좋을 수도 있고 나쁠 수도 있습니다. 유리로 컵을 만들면 투명하여 안에 무엇이 들어 있는지 쉽게 알 수 있어서 좋지만, 유리로 신발을 만들면 부딪쳤을 때 깨질 수 있어 다칠 수 있으므로 좋지 않습니다.

채점 기준

상	(가)의 좋은 점과 (나)의 좋지 않은 점을 모두 맞게 쓴 경우
중	(가)의 좋은 점과 (나)의 좋지 않은 점 중 한 가지만 맞게 쓴 경우
하	정답을 쓰지 못한 경우

04 탱탱볼을 만들기 위해서는 먼저 따뜻한 물에 붕사를 넣고 저어 줍니다. 물이 뿌옇게 흐려지면 폴리비닐 알코올을 넣고 저어 줍니다. 3분 정도 지나면 물질이 엉기면서 알갱이가 커지는데, 이것을 꺼내어 손으로 공 모양을 만들어 주면 탱탱볼이 됩니다.

채점 기준

상	세 물질을 넣는 순서를 바르게 쓴 경우
중	세 가지 물질 중 두 개만 맞게 쓴 경우
하	정답을 쓰지 못한 경우

3단원 (1) 중단원 쪽지 시험

21쪽

01 예 사자, 사슴, 원앙, 꿩 02 수컷 03 예 제비, 꾀꼬리, 황제펭귄, 두루미 04 수컷 05 한살이 06 예 배추, 무, 양배추, 케일 07 배춧잎 08 노란 09 네 번 10 배추흰나비 애벌레 11 비슷하게 12 ㉠ 두 ㉡ 세 13 번데기 14 곤충

22~23쪽

중단원 확인 평가 3 (1) 동물의 암수, 배추흰나비의 한살이

01 ① 02 ⑤ 03 ㉡ 04 애벌레 05 ① 06 ① 07 ⑤ 08 ㉣ 09 ④ 10 날개돋이 11 ④ 12 ㉠ → ㉣ → ㉢ → ㉡

01 사자는 수컷에만 갈기가 있고, 사슴은 수컷에만 뿔이 있습니다.

02 사자, 사슴, 원앙, 꿩은 암수의 생김새를 쉽게 구별할 수 있지만, 무당벌레는 암수의 구별이 어렵습니다.

03 ㉠ 가시고시는 수컷 혼자서 알을 돌봅니다.
㉡ 곰은 암컷 혼자서 새끼를 돌봅니다.
㉢ 제비는 암수가 함께 알과 새끼를 돌봅니다.
㉣ 거북은 암수 모두 알을 돌보지 않습니다.

04 배추흰나비 애벌레는 배추, 무, 양배추, 케일 등을 먹이로 먹습니다.

05 ① 애벌레는 날개가 없으므로 애벌레 날개의 생김새는 관찰할 수 없습니다.

06 ① 사육 상자 주변에서 모기약을 사용하지 않아야 합니다.

07 알 속에서 애벌레의 움직임이 보이다가 애벌레가 알 밖으로 나옵니다. 밖으로 나온 애벌레는 알껍데기를 갉아 먹습니다.

08 배추흰나비알과 번데기는 모두 자라지 않고 움직이지 않으며 먹이를 먹지 않습니다.
㉣ 주변과 비슷하게 색이 변하는 것은 번데기의 특징입니다.

09 네 번의 허물을 벗은 배추흰나비 애벌레는 번데기가 될 준비를 합니다. 입에서 실을 뽑아 몸을 묶고, 머리부터 껍질이 벌어지며 허물을 벗습니다.
④ 애벌레는 번데기가 되기 전에 먹는 것을 중단합니다.

10 배추흰나비 번데기에서 날개가 있는 어른벌레가 나오는 날개돋이 과정을 나타낸 것입니다.

11 배추흰나비 어른벌레는 한 쌍의 더듬이, 두 쌍의 날개, 세 쌍의 다리가 있고 대롱 모양의 입이 있습니다.
④ 가슴발은 배추흰나비 애벌레에게 있는 것입니다.

12 ㉠은 배추흰나비알, ㉡은 어른벌레, ㉢은 번데기, ㉣은 애벌레의 모습입니다. 한살이 과정의 순서는 알 → 애벌레 → 번데기 → 어른벌레입니다.

3단원 (2) 중단원 쪽지 시험

25쪽

01 번데기 02 물 03 없습니다 04 여섯 05 불완전 탈바꿈 06 솜털 07 암컷 08 다 자란 닭 09 알 10 어미젖 11 예 몸이 털로 덮여 있다. 다리가 네 개이고 꼬리가 있다. 12 갓 태어난 강아지 13 청소년 14 새끼

26~27쪽

중단원 확인 평가 3 (2) 여러 가지 동물의 한살이 과정

01 잠자리 02 ④ 03 (1)-㉠ (2)-㉡ 04 ② 05 ㉡ 병아리 ㉢ 큰 병아리 06 (1) ○ (3) ○ 07 ㉢ 08 ④ 09 ㉠ → ㉢ → ㉡ 10 ㉡ 11 보민 12 개

01 알 → 애벌레 → 어른벌레의 과정을 거치는 잠자리의 한살이입니다.

02 완전 탈바꿈을 하는 사슴벌레의 모습입니다. 사슴벌레는 나무에 알을 낳고 알에서 나온 애벌레는 허물을 벗으며 자랍니다.
④ 사슴벌레는 번데기 단계를 거칩니다.

03 (1)은 사슴벌레로 완전 탈바꿈을 합니다. (2)는 잠자리로 불완전 탈바꿈을 합니다.

04 사슴벌레는 나무에 알을 낳고, 잠자리는 물에 알을 낳습니다.

05 ㉡은 병아리이고 ㉢은 큰 병아리입니다. 닭의 한살이는 알 → 병아리 → 큰 병아리 → 다 자란 닭입니다.

06 (2) 병아리는 날개가 있고, 볏과 꽁지깃은 없습니다.
(4) 다 자란 닭은 암수의 모습이 달라 구별이 쉽습니다.

07 ㉠ 알, 병아리 단계에서는 암수 구별이 어렵습니다.
㉡ 병아리는 몸이 솜털로 덮여 있습니다.
㉣ 다 자란 닭은 암수의 구별이 쉽고, 볏과 꽁지깃이 있습니다.

08 연어, 개구리는 물에 알을 낳고, 뱀과 굴뚝새는 땅에 알을 낳습니다. 동물들이 한 번에 낳는 알의 개수는 모두 다르고 알의 크기도 다르지만, 모두 공통적으로 암컷이 알을 낳습니다.

09 ㉠은 갓 태어난 강아지이고, 두 번째는 ㉢의 큰 강아지, 마지막으로 ㉡의 다 자란 개의 순서로 한살이가 이루어집니다.

10 ㉡ 큰 강아지 단계에서 이빨이 나기 시작하고 먹이를 씹어 먹기 시작합니다.

11 송아지는 어미 소와 생김새가 닮았고, 망아지도 어미 말과 생김새가 닮았습니다. 새끼를 낳는 동물들은 새끼와 어미의 모습이 많이 닮은 특징이 있습니다.

12 개의 한살이를 나타낸 것입니다. 개는 갓 태어난 강아지 → 큰 강아지 → 다 자란 개의 한살이 과정을 거칩니다.

28~30쪽

대단원 종합 평가 3. 동물의 한살이

01 ⑤ 02 ㉣ 03 사라 04 알껍데기 05 ② 06 ④ 07 ㉠ 08 ① 09 (1)-㉡ (2)-㉣ (3)-㉠ (4)-㉢ 10 사슴벌레 11 ④ 12 탈바꿈 13 (1) ㉠, ㉢ (2) ㉡, ㉣, ㉤ 14 ③ 15 ㉢ 16 젖(어미젖) 17 ⑤ 18 ㉢ → ㉡ → ㉠

01 원앙과 꿩은 모두 암컷보다 수컷의 몸 색깔이 더 화려해서 암수의 구별이 쉽습니다. 둘 다 날개가 있고 알을 낳는 동물입니다.
⑤ 수컷의 머리에 갈기가 있는 것은 사자입니다.

02 ㉠ 가시고시는 수컷 혼자서 알을 돌봅니다.
㉡ 곰은 암컷 혼자서 새끼를 돌봅니다.
㉢ 제비는 암수가 함께 알과 새끼를 돌봅니다.
㉣ 거북은 암수 모두 알을 돌보지 않습니다.

03 알이나 애벌레를 옮길 때는 알이나 애벌레가 붙은 잎을 함께 옮기고 손으로 직접 만지지 않습니다. 손으로 알이나 애벌레를 만지면 죽을 수도 있기 때문입니다.

04 알에서 나온 애벌레는 알껍데기를 갉아 먹습니다.

05 배추흰나비의 알과 번데기 단계에서는 먹이를 먹지 않고 자라지도 않으며 움직이지 않습니다.

06 배추흰나비 애벌레는 케일 등을 먹이로 먹고, 몸은 초록색이며 가슴발이 6개 있습니다. 몸 주변에 털이 나 있고 고리 모양의 마디가 있습니다.
④ 길이가 30 mm 정도인 애벌레는 허물을 네 번 벗은 애벌레입니다.

07 배추흰나비 번데기에서 날개돋이를 할 때 등 부분이 먼저 갈라지면서 머리가 보입니다.

08 배추흰나비 번데기와 어른벌레는 모두 몸이 자라지 않고 크기 변화가 없습니다.
③ 번데기의 특징입니다.
②, ④, ⑤ 어른벌레의 특징입니다.

09 ㉠은 배추흰나비 번데기이고, ㉡은 배추흰나비알, ㉢은 어른벌레, ㉣은 애벌레의 모습입니다.

10 알 → 애벌레 → 번데기 → 어른벌레의 과정을 거치는 사슴벌레의 한살이입니다.

11 번데기 단계를 거치지 않는 불완전 탈바꿈을 하는 곤충은 잠자리입니다. 벌, 나비, 파리, 사슴벌레는 번데기 단계를 거치는 완전 탈바꿈을 합니다.

12 잠자리는 한살이에서 번데기 단계를 거치지 않는 불완전 탈바꿈을 하고, 사슴벌레는 한살이에서 번데기 단계를 거치는 완전 탈바꿈을 합니다.

13 (1)은 병아리로 몸이 솜털로 덮여 있고, 암수의 구별이 어렵습니다.
(2)는 다 자란 닭으로 몸이 깃털로 덮여 있고 암수의 구별이 쉬우며 이마와 턱에 볏이 있고, 꽁지깃이 길게 자라 있습니다.

14 ③ 소는 새끼를 낳는 동물로 갓 태어난 송아지 → 큰 송아지 → 다 자란 소의 한살이를 거칩니다.

15 닭과 뱀은 땅에 알을 낳고, 개구리는 물에 알을 낳습니다.

16 사람, 소, 개는 모두 새끼를 낳아 젖을 먹이는 동물입니다.

17 ⑤ 갓 태어난 강아지의 몸은 털로 덮여 있습니다.

18 ㉢은 갓 태어난 강아지, ㉡은 큰 강아지, ㉠은 다 자란 개의 모습입니다.

3단원 서술형·논술형 평가 31쪽

01 예 두 동물은 모두 암수의 구별이 쉽다. (암컷과 수컷의 생김새가 다르다.) 사자의 수컷은 머리에 갈기가 있고, 사슴의 수컷은 머리에 뿔이 있다. 02 (1) 변하지 않는다, 없다 (2) 예 (가)는 연한 노란색이고, (나)는 주변과 비슷한 색을 띤다. 03 (1) ㉠ 알, ㉡ 갓 태어난 강아지 (2) 예 닭은 알을 낳는 동물이고, 개는 새끼를 낳는 동물이다. 04 ㉠, 예 갓 태어난 강아지는 눈이 감겨 있고 귀도 막혀 있어 볼 수도 없고, 들을 수도 없기 때문이다.

01 사자와 사슴은 모두 암수의 구별이 쉬운 동물로 암컷보다 수컷의 생김새가 더 독특합니다. 사자의 수컷은 머리에 갈기가 있고, 사슴의 수컷은 머리에 뿔이 있으며, 암컷보다 큽니다.

채점 기준	
상	공통점과 생김새를 맞게 쓴 경우
중	공통점과 생김새 중 한 가지만 맞게 쓴 경우
하	알맞은 정답을 쓰지 못한 경우

02 (1) (가)는 배추흰나비알이고, (나)는 번데기로 둘 다 크기가 변하지 않고 먹이를 먹지 않으며 움직임이 없습니다.

채점 기준	
상	공통점 두 가지를 쓴 경우
중	공통점을 한 가지만 쓴 경우
하	공통점을 쓰지 못한 경우

(2) (가) 배추흰나비알은 연한 노란색입니다. (나) 배추흰나비 번데기는 주변과 비슷한 색을 띱니다.

채점 기준	
상	(가)와 (나)의 색깔을 모두 맞게 쓴 경우
중	둘 중 한 가지만 맞게 쓴 경우
하	알맞은 정답을 쓰지 못한 경우

03 (1) 닭의 한살이는 알을 낳는 것으로 시작하고, 개의 한살이는 새끼를 낳는 것으로 시작합니다. 개의 새끼는 강아지입니다.

채점 기준	
상	㉠과 ㉡의 빈칸을 모두 맞게 쓴 경우
중	㉠과 ㉡의 빈칸 중 한 가지만 맞게 쓴 경우
하	알맞은 정답을 쓰지 못한 경우

(2) 닭은 알을 낳는 동물의 한살이 과정을 거치고, 개는 새끼를 낳는 동물의 한살이 과정을 거칩니다.

채점 기준	
상	두 동물의 한살이 과정에서의 차이점을 모두 맞게 쓴 경우
중	둘 중 한 가지만 맞게 쓴 경우
하	알맞은 정답을 쓰지 못한 경우

04 갓 태어난 강아지는 눈이 감겨 있고 귀도 막혀 있으며 걷지 못합니다. 이빨이 없어 어미젖을 먹으며 자랍니다.

채점 기준

상	해당하는 단계와 까닭을 맞게 쓴 경우
중	해당하는 단계와 까닭 중 한 가지만 맞게 쓴 경우
하	알맞은 정답을 쓰지 못한 경우

4단원 (1) 중단원 쪽지 시험 33쪽

01 예 철 못, 철 용수철, 철사, 옷핀, 클립, 나사, 못핀 02 예 유리컵, 플라스틱 빨대, 고무지우개 03 철로 되어 있다. 04 ㉠ 날 ㉡ 손잡이 05 붙습니다 06 양쪽 끝부분 07 자석의 극 08 빵 끈 조각이 막대자석 쪽으로 끌려간다. 09 막대자석 10 자석 11 북쪽, 남쪽(또는 남쪽, 북쪽) 12 N극 13 나침반 14 자석

34~35쪽

중단원 확인 평가 4 (1) 자석 사이에 작용하는 힘

01 ① 02 동전 03 ㉡ 04 가, 마 05 두(또는 2) 06 형우 07 ④ 08 ㉠ 철 ㉡ 플라스틱 09 ⑤ 10 ㉠ 북쪽 ㉡ 남쪽 11 ④ 12 ㉢

01 철로 만들어진 바늘은 자석에 붙습니다. 유리, 고무, 나무, 플라스틱으로 만든 물체는 자석에 붙지 않습니다.

02 금속으로 만든 모든 물체가 자석에 붙는 것은 아닙니다. 자석에 붙는 물체는 철로 만들어졌는데, 철이 아닌 금속으로 만들어진 동전은 자석에 붙지 않습니다.

03 소화기의 몸통 부분이 철로 되어 있어 자석에 붙습니다.

04 막대자석의 오른쪽 끝부분과 왼쪽 끝부분에 클립이 많이 붙습니다.

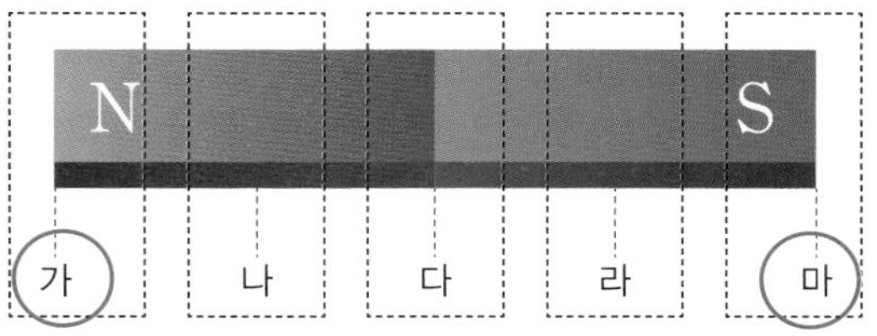

05 자석에서 철로 된 물체가 많이 붙는 부분을 자석의 극이라고 하고, 자석의 극은 항상 두 개입니다.

06 동전 모양 자석의 극은 두 개입니다. 일반적으로 둥근 윗면과 아랫면이 동전 모양 자석의 극이며, 옆면보다 클립을 세게 끌어당기므로 양쪽 둥근 면에 클립이 많이 붙습니다.

07 막대자석으로 빵 끈 조각을 투명한 통의 윗부분까지 끌고 가면 빵 끈 조각이 막대자석을 따라 투명한 통의 윗부분까지 끌려옵니다.

08 문제에서 주어진 실험을 통해 자석은 철로 된 물체를 끌어당기며, 철로 된 물체와 자석 사이에 얇은 플라스틱이 있어도 자석은 철로 된 물체를 끌어당길 수 있다는 점을 알 수 있습니다.

09 자석 드라이버는 자석이 철로 된 물체를 끌어당기는 성질을 이용한 것입니다. 자석 드라이버는 끝부분이 자석으로 되어 있기 때문에 나사를 드라이버 끝부분에 고정시키기 편리합니다.

10 물에 띄운 자석은 일정한 방향을 가리키는데, 북쪽을 가리키는 자석의 극을 N극이라고 하고, 남쪽을 가리키는 자석의 극을 S극이라고 합니다.

11 플라스틱 접시가 없으면 막대자석은 물에 가라앉아 실험을 할 수 없습니다. 플라스틱 접시는 자석을 물에 띄우는 역할을 합니다.

12 나침반 바늘은 자석으로 되어 있어서 나침반을 편평한 곳에 놓으면 나침반 바늘은 항상 북쪽과 남쪽을 가리킵니다.

4단원 (2) 중단원 쪽지 시험 37쪽

01 자석 02 머리핀에 클립이 붙는다. 03 고무지우개 04 북쪽과 남쪽(또는 남쪽과 북쪽) 05 나침반 06 S극 07 서로 끌어당긴다. 08 같은 09 S극 10 밀어 냅니다 11 자석의 극 12 자석 클립 통 13 냉장고 자석의 뒷면 14 자석 낚시

38~39쪽

중단원 확인 평가 4 (2) 자석의 성질

01 ⑤ 02 ④ 03 ㉡ 04 (2) ○ 05 N극 06 같은 극 07 ① 08 ③ 09 원래 가리키던 방향으로 되돌아간다. 10 ②, ④ 11 ③ 12 ②

01 머리핀과 같은 철로 된 물체를 자석에 붙여 놓으면 그 물체도 자석의 성질을 띠게 됩니다.

02 자석에 붙여 놓았던 머리핀을 수수깡 조각에 꽂아 물에 띄우면 자석의 성질을 띠게 된 머리핀이 북쪽과 남쪽을 가리킵니다.

03 머리핀 대신 못핀, 클립을 편 것, 작은 못, 바늘 등 철로 된 가벼운 물체를 사용할 수 있습니다.

04 자석은 다른 극끼리 서로 끌어당깁니다.

05 자석은 같은 극끼리 서로 밀어 냅니다. 따라서 (가) 자석의 ㉠ 부분은 N극입니다.

06 고리 자석을 같은 극끼리 서로 마주 보게 하면 고리 자석 사이에서 밀어 내는 힘이 작용해 탑을 높게 쌓을 수 있습니다.

07 막대자석의 N극을 나침반에 가까이 가져가면 나침반 바늘의 S극이 끌려옵니다.

08 나침반 바늘이 자석으로 되어 있기 때문에 막대자석의 극과 나침반 바늘의 한쪽 끝끼리 서로 끌어당기거나 밀어 냅니다.

09 나침반에 가까이 가져갔던 막대자석을 다시 멀어지게 하면 나침반 바늘이 다시 돌아 원래 가리키던 방향으로 되돌아갑니다.

10 칠판 자석이나 냉장고 자석을 사용하면 셀로판테이프 없이도 칠판이나 냉장고에 쪽지를 고정할 수 있습니다.

11 자석을 이용한 스마트폰 거치대에서 자석은 거치대와 스마트폰이 만나는 부분에 있는데, 스마트폰을 거치대에 살짝 대기만 해도 스마트폰을 거치대에 쉽게 고정할 수 있어서 편리합니다.

12 자석 그네는 자석이 서로 같은 극끼리 밀어 내는 성질을 이용한 장난감입니다. 실에 매달린 고리 자석이 정사면체 모형 주변의 다른 자석 근처에 가면 같은 극끼리 서로 밀어 내기 때문에 실에 매달린 고리 자석이 그네를 타듯이 계속 움직입니다.

40~42쪽

대단원 종합 평가 4. 자석의 이용

01 ② 02 ㉡, 철 03 ①, ④ 04 자석의 극 05 두 개 06 해설 참조 07 ㉠, ㉢ 08 ㉡ 09 ④ 10 (1) N극 (2) S극 11 ㉠ 나침반 ㉡ 북쪽과 남쪽 12 ⑤ 13 ⑤ 14 ㉠ N극 ㉡ S극 15 ② 16 해설 참조 17 ① 18 ㉡ 19 (1) ○ (2) ○ (3) × 20 ㉠

01 철 못, 철 용수철, 옷핀은 모두 철로 되어 있어서 자석에 붙는 물체입니다.

02 소화기에서 철로 된 소화기의 몸통은 자석에 붙지만, 고무로 된 호스 부분은 자석에 붙지 않습니다.

03 클립이 담긴 종이 상자에 막대자석을 넣었다가 천천히 들어 올리면, 막대자석의 양쪽 끝부분에 클립이 많이 붙습니다.

04 자석에서 철로 된 물체가 많이 붙는 부분을 자석의 극이라고 합니다. 동전 모양 자석의 극은 양쪽 둥근 면입니다.

05 자석의 종류와 모양에 상관없이 자석의 극은 항상 두 개입니다.

06 막대자석을 투명한 플라스틱 통에 들어 있는 빵 끈 조각에 가까이 가져가면 빵 끈 조각이 막대자석에 끌려옵니다.

07 막대자석에 철로 된 클립이나 철 구슬을 가까이 가져가면 자석이 물체를 끌어당깁니다. 알루미늄은 자석에 붙지 않는 금속입니다.

08 철로 된 물체로부터 자석이 멀어질 경우 자석이 철로 된 물체를 끌어당기는 힘은 조금씩 약해집니다.

09 플라스틱 접시의 가운데에 막대자석을 올려놓고 물에 띄운 후, 플라스틱 접시가 움직이지 않을 때 막대자석이 가리키는 방향을 알 수 있습니다. 이때 물은 막대자석을 올려놓은 접시가 잘 움직일 수 있도록 도와주는 역할을 합니다.

10 자석을 물에 띄웠을 때 북쪽을 가리키는 자석의 극을 N극이라고 하고, 남쪽을 가리키는 자석의 극을 S극이라고 합니다.

11 나침반을 편평한 곳에 놓으면 나침반 바늘은 항상 북쪽과 남쪽을 가리킵니다. 나침반 바늘이 일정한 방향을 가리키는 것은 나침반 바늘이 자석이기 때문입니다.

12 막대자석의 극에 머리핀을 1분 동안 붙여 놓으면 머리핀도 자석의 성질을 띠게 됩니다.

13 막대자석에 붙여 놓았던 바늘을 수수깡 조각에 꽂아 물 위에 띄워 보면 바늘이 북쪽과 남쪽을 가리킵니다. 이것으로 보아 바늘이 자석의 성질을 띠게 되었다는 것을 확인할 수 있습니다. 이때 수수깡 조각은 바늘을 물에 띄우는 역할을 합니다.

14 자석은 같은 극끼리는 서로 밀어 냅니다.

15 자석이 같은 극끼리는 서로 밀어 내는 성질을 이용하여 고리 자석의 같은 극끼리 서로 마주 보게 놓으면서 탑을 쌓으면 탑을 가장 높게 쌓을 수 있습니다.

16 막대자석의 N극은 나침반 바늘의 S극을 끌어당깁니다.

17 나침반 바늘이 자석이기 때문에, 막대자석을 다른 막대 자석에 가까이 가져갔을 때 막대자석의 극끼리 서로 끌어당기거나 밀어 내는 것처럼 자석의 극과 나침반 바늘의 한쪽 끝도 서로 끌어당기거나 밀어 냅니다.

18 자석 방충망에서 자석은 방충망 입구의 열고 닫는 부분에 있습니다. 방충망 입구에 자석을 사용하면 방충망 입구를 쉽게 열고 닫을 수 있어서 편리합니다.

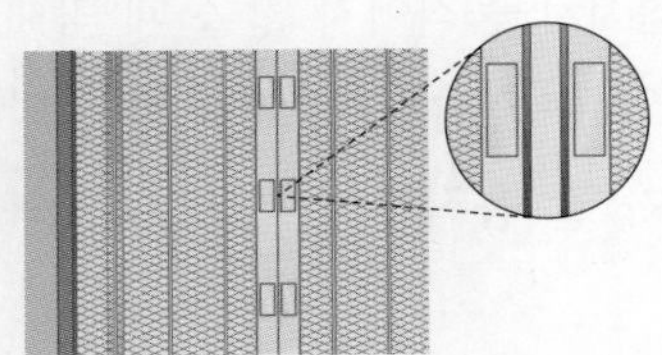

19 자석 다트의 자석은 다트를 과녁에 안전하게 붙일 수 있게 해 줍니다.

20 공중에 떠 있는 나비 장난감과 자석 낚시 장난감은 모두 자석이 철로 된 물체를 끌어당기는 성질을 이용한 장난감입니다. 자석으로 가는 자동차는 자석이 같은 극끼리 서로 밀어 내는 성질을 이용한 장난감입니다.

4단원 서술형·논술형 평가 43쪽

01 자석이 철로 된 물체를 끌어당기는 힘이 조금씩 약해지기 때문이다. 02 (1) 철로 되어 있다. (2) 해설 참조 03 (1) N극 (2) 예 막대자석에 붙여 놓았던 머리핀은 자석의 성질을 띠므로 물에 띄우면 나침반과 같은 방향인 북쪽과 남쪽을 가리키기 때문이다. 04 클립 통이 뒤집어지거나 바닥에 떨어져도 클립이 잘 흩어지지 않는다.

01 철로 된 물체로부터 자석이 멀어질 경우 자석이 철로 된 물체를 끌어당기는 힘이 조금씩 약해집니다.

채점 기준

자석의 힘이 약해진다는 내용으로 썼으면 정답으로 합니다.

02 (1) 클립과 나사는 철로 되어 있어 자석에 붙습니다.

채점 기준

철 또는 쇠로 되어 있다고 썼으면 정답으로 합니다.

(2) 예 철로 된 물체를 끌어당긴다. 같은 극끼리는 밀어 내고 다른 극끼리는 끌어당긴다. 물에 띄우거나 공중에 매달면 일정한 방향을 가리킨다. 자석의 극에 철로 된 물체가 많이 붙는다. 자석의 극은 두 개이다. 철로 된 물체와 자석이 약간 떨어져 있어도 자석은 철로 된 물체를 끌어당길 수 있다. 철로 된 물체와 자석 사이에 얇은 플라스틱이나 종이 등의 물질이 있어도 자석은 철로 된 물체를 끌어당길 수 있다.

채점 기준

상	철로 된 물체를 끌어당긴다는 성질을 포함하여 모두 세 가지를 쓴 경우
중	철로 된 물체를 끌어당긴다는 성질을 포함하여 모두 두 가지를 쓴 경우
하	철로 된 물체를 끌어당긴다는 성질을 포함하지 않았거나, 자석의 성질을 잘못 쓴 경우

03 철로 된 물체를 자석에 붙여 놓으면 그 물체도 자석의 성질을 띠게 됩니다. 물에 띄워 놓은 자석은 북쪽과 남쪽을 가리키는 성질이 있습니다. 자석의 성질을 띠게 된 머리핀을 물에 띄우면 나침반과 같은 방향인 북쪽과 남쪽을 가리킵니다.

채점 기준

상	'N극'과 그렇게 생각한 까닭을 자석의 성질과 관련하여 모두 쓴 경우
중	'N극'과 그렇게 생각한 까닭을 자석의 성질과 관련하여 썼으나 내용이 충분하지 않은 경우
하	답을 틀리게 쓴 경우

04 철을 끌어당기는 자석이 클립을 끌어당기기 때문에 클립 통이 뒤집어지거나 바닥에 떨어져도 클립이 잘 흩어지지 않아서 사용하기 편리합니다.

채점 기준

철을 끌어당기는 자석의 성질로 인해 클립 통에 클립이 붙어 있어서 편리하다는 점을 내용으로 썼으면 정답으로 합니다.

5단원 (1) 중단원 쪽지 시험 45쪽

01 예 산, 들, 강, 호수, 바다 02 들 03 노란색 04 예 사막, 빙하 05 육지, 바다(바다, 육지) 06 바다 07 36개 08 바닷물 09 바닷물 10 공기 11 공기 12 공기 13 예 연날리기, 요트, 열기구, 비행기, 풍력 발전소, 튜브 14 바람

46~47쪽

중단원 확인 평가 5 (1) 지구 표면의 모습

01 갯벌 02 ①, ④ 03 (1)-㉡ (2)-㉠ 04 산 05 육지 칸 06 ④ 07 바다 08 ③ 09 ③ 10 ② 11 공기 12 ㉢

01 갯벌은 바다에서 썰물이 빠져나가면 드러나는 땅을 부르는 말입니다.

02 화산을 종이에 표현할 때는 주로 붉은색을 사용하여 화산이 분출하는 모습을 나타냅니다.

03 우리나라에서 볼 수 있는 지구 표면의 모습에는 산, 들, 강, 호수, 바다 등이 있습니다. 사막은 우리나라에서 볼 수 없습니다.

04 산을 종이에 표현할 때는 주로 초록색을 사용하여 나무와 풀을 나타내고, 높고 낮은 곳을 표현합니다.

05 한 칸에서 육지의 크기가 절반을 넘으면 그 칸을 육지로 세고, 바다의 크기가 절반을 넘으면 그 칸을 바다로 셉니다.

06 바다 칸의 수가 육지 칸의 수보다 22칸 더 많습니다. 육지 칸의 수와 바다 칸의 수를 더하면 지도의 전체 칸 수가 됩니다.

07 육지는 강이나 바다와 같이 물이 있는 곳을 제외한 지구의 표면이며, 바다는 육지를 제외한 부분입니다.

08 바닷물은 육지의 물보다 짭니다. 또한 바닷물은 육지의 물보다 훨씬 많습니다. 바닷물은 소금 등 여러 가지 물질이 많이 녹아 있기 때문에 사람이 마시기에 적당하지 않습니다.

09 우리는 비눗방울이나 풍선을 불어 볼 때, 부채질을 할 때, 선풍기에서 나오는 바람을 느낄 때, 바람개비가 돌아갈 때 공기를 느낄 수 있습니다.

10 공기가 담긴 지퍼 백을 손으로 누르면 살짝 들어가고 말랑말랑한 느낌이 듭니다. 공기가 담긴 지퍼 백은 축구공보다 가볍고 거의 튀지 않습니다.

11 연날리기, 열기구, 튜브 타기 등은 모두 공기를 이용하는 것입니다.

12 만약 지구에 공기가 없다면 구름이 없고 비가 오지 않을 것이며 바람이 불지 않을 것입니다. 공기를 이용해 하늘을 나는 비행기도 공기가 없으면 날 수 없게 됩니다.

5단원 (2) 중단원 쪽지 시험 49쪽

01 편평한 02 마젤란 탐험대 03 스페인 04 둥근 공 모양 05 예 사람의 크기에 비해 지구가 매우 크기 때문이다. 06 공 07 회색 08 돌 09 달의 바다 10 없습니다 11 충돌 구덩이 12 달 13 지구 14 유리구슬

50~51쪽

중단원 확인 평가 5 (2) 지구와 달의 모습

01 ③ 02 ④ 03 둥근 공 모양 04 ② 05 ③ 06 ④ 07 ㉣ 08 ①, ⑤ 09 ④ 10 ②, ③ 11 달 모형 12 땅

01 마젤란 탐험대는 스페인을 출발하여 한 방향으로 계속 이동해서 결국 출발한 곳으로 다시 돌아왔습니다.

02 마젤란 탐험대의 뱃길을 따라가 보면, 스페인의 세비야 출발 → 대서양 → 브라질(리우데자네이루) → 마젤란 해협 → 태평양 → 필리핀(사마르섬) → 인도양 → 아프리카 희망봉 → 대서양 → 스페인 세비야 도착임을 알 수 있습니다. 결국 지구를 한 바퀴 돌아 출발한 곳으로 되돌아왔습니다.

03 마젤란 탐험대의 세계 일주를 통해 지구는 둥근 공 모양이라는 사실을 알게 되었습니다.

04 지구에 사는 우리에게 지구가 편평하게 느껴지는 까닭은 사람의 크기에 비해 지구가 매우 크기 때문입니다.

05 달의 표면은 회색빛을 띠며, 표면에 돌이 있습니다. 달 표면을 관찰해 보면 밝은 부분과 어두운 부분을 볼 수 있습니다.

06 ④는 달 표면에 있는 충돌 구덩이의 모습입니다.

07 달의 표면에서 어둡게 보이는 곳을 '달의 바다'라고 하지만 실제로 달의 바다에 물은 없습니다.

08 달 표면에는 크고 작은 충돌 구덩이가 많이 있습니다. 충돌 구덩이는 우주 공간을 떠돌던 돌덩이가 달 표면에 충돌하여 만들어집니다.

09 달에는 물, 공기, 음식(영양분)이 없고, 생물이 살기에 알맞은 온도가 아니어서 생물이 살 수 없습니다.

10 지구와 달의 모양은 둥근 공 모양이며, 표면에 돌이 있습니다. 달에는 물이 없어 강이 흐르지 않으며, 공기가 없어 하늘에 구름이 없습니다.

11 달의 표면에는 움푹 파인 구덩이가 많고, 매끈매끈한 면도 있고 울퉁불퉁한 면도 있습니다.

12 소중한 지구의 땅을 보존하는 방법으로는 나무 심기, 나무에 물주기, 산불이 일어나지 않도록 조심하기, 손수건을 사용하여 휴지 사용 횟수를 줄이기, 남은 공책을 버리지 않고 마지막까지 잘 쓰기 등이 있습니다.

52~54쪽

대단원 종합 평가 5. 지구의 모습

01 ①, ③ 02 ① 03 ㉢ 04 < 05 ② 06 바닷물 07 바다 08 ④ 09 ③ 10 ② 11 ㉠ 한 ㉡ 출발 12 미래 13 ③ 14 ④ 15 ⑤ 16 달의 바다 17 ③ 18 ②, ④ 19 ㉡ 20 ④

01 사막, 빙하 등은 우리나라에서 볼 수 없는 지구 표면의 모습입니다.

02 지구 표면의 모습 중 산을 종이에 표현할 때, 초록색을 주로 사용하여 나무를 표현하고, 높고 낮은 곳을 표현해야 합니다.

03 지구 표면에서 가장 많이 볼 수 있는 모습은 바다입니다.

04 50칸으로 나눈 세계 지도에서 육지 칸의 수와 바다 칸의 수를 세어 보면, 육지 칸의 수가 14개, 바다 칸의 수가 36개입니다. 따라서 바다 칸의 수가 육지 칸의 수보다 많습니다.

05 50칸으로 나눈 세계 지도에서 육지 칸의 수와 바다 칸의 수를 세어 보는 활동을 통해 바다와 육지의 넓이를 비교할 수 있습니다.

06 바닷물에는 짠맛이 나는 소금 등 여러 가지 물질이 많이 녹아 있어서 사람이 마시기에 적당하지 않습니다.

07 지구에 있는 물의 대부분은 바다에 있습니다.

08 공기는 눈에 보이지 않고 냄새와 맛도 없지만, 손바람이나 입김을 통해 공기를 느낄 수 있습니다.

09 공기가 담긴 지퍼 백을 손으로 누르면 살짝 들어가고 말랑말랑한 느낌이 듭니다. 축구공보다 가볍고 거의 튀지 않습니다.

10 공기가 있어서 생물이 숨을 쉬고 살 수 있으며, 공기를 이용하여 연을 날립니다. 만약 공기가 없다면 바람이 불지 않을 것이며, 구름이 없고, 비가 오지 않을 것입니다.

11 마젤란 탐험대는 한 방향으로 계속 이동해서 결국 출발한 곳으로 다시 돌아오며 세계 일주에 성공하였습니다.

12 마젤란 탐험대의 세계 일주 성공으로, 지구의 모양이 둥글다는 것을 알아냈습니다.

13 사람의 크기에 비해 지구가 매우 크기 때문에 지구에 사는 우리에게 지구가 편평하게 보입니다.

14 달의 표면은 매끈매끈한 면도 있고 울퉁불퉁한 면도 있습니다.

15 달 표면에 있는 크고 작은 구덩이는 우주 공간을 떠돌던 돌덩이가 달 표면에 충돌하여 만들어졌습니다.

16 달의 표면에서 어둡게 보이는 곳을 '달의 바다'라고 합니다. 옛날 사람들은 달 표면의 어두운 곳이 물로 가득 차 있을 것이라고 생각해 '달의 바다'라고 이름을 지었지만, 실제로 이곳에는 물이 없습니다.

17 지구와 달의 모양은 모두 둥근 공 모양입니다.

18 지구에는 물과 공기가 있고, 온도가 생물이 살아가기에 적당하기 때문에 생물이 살 수 있습니다.

19 지구가 달보다 큽니다. 지구의 지름은 달의 지름의 4배이므로, 지구의 모형을 농구공에 비유했을 때 달의 모형을 비유할 수 있는 것은 야구공이 적당합니다.

20 쓰레기를 함부로 태우면 공기가 오염됩니다.

5단원 서술형·논술형 평가 55쪽

01 (1) 바다 (2) 예 주로 파란색을 사용했고, 파도가 치는 모습을 표현했다. 02 (1) 안에 공기가 들어 있다. (2) 예 지퍼 백이 축구공보다 더 가볍다. 지퍼 백은 거의 튀지 않는데 축구공은 잘 튄다. 03 (1) 스페인 세비야 (2) 예 한 방향으로 계속 이동하다가 지구 끝에 있는 낭떠러지에 떨어졌을 것이다. 04 (1) 예 둥근 공 모양이다. 표면에 돌이 있다. (2) 예 지구에는 물이 있는데, 달에는 물이 없다. 지구에는 공기가 있는데, 달에는 공기가 없다. 지구는 생물이 살기에 알맞은 온도를 유지하는데, 달은 생물이 살기에 알맞은 온도가 아니다. 지구에는 생물이 있는데, 달에는 생물이 없다. 지구의 하늘은 파랗게 보이고 구름이 있는데, 달의 하늘은 검은색으로 보이고 구름이 없다. 지구의 바다는 파란색으로 보이는데, 달의 바다는 어둡게 보인다.

01 바다를 표현한 것으로 파도가 치는 모습을 잘 설명해야 합니다.

채점 기준	
상	'바다'라는 답을 쓰고, 바다 모습의 특징(색깔, 파도 등)이 잘 드러나게 쓴 경우
중	'바다'라는 답은 썼지만, 바다 모습의 특징을 바다의 색깔, 파도 등과 연관하여 못 쓴 경우
하	답을 틀리게 쓴 경우

02 공기가 담긴 지퍼 백과 축구공은 모두 공기가 안에 들어 있습니다. 공기가 담긴 지퍼 백은 축구공보다 가볍고 거의 튀지 않습니다.

채점 기준	
상	공기가 담긴 지퍼 백과 축구공의 공통점과 차이점을 모두 옳게 쓴 경우
중	공기가 담긴 지퍼 백과 축구공의 공통점과 차이점을 썼으나 내용이 충분하지 않은 경우
하	답을 틀리게 쓴 경우

03 옛날 사람들은 지구가 편평하여 한 방향으로 계속 나아가면 지구 끝에 있는 낭떠러지에 떨어진다고 생각하였습니다. 마젤란 탐험대는 스페인 세비야를 출발하여 한 방향으로 이동하여 다시 스페인 세비야에 도착함으로써 지구가 둥근 공 모양이라는 사실을 알게 되었습니다.

채점 기준	
상	'스페인 세비야'와 만일 지구가 편평한 모양이었다면 마젤란 탐험대가 겪을 수 있었던 일을 옳게 쓴 경우
중	'스페인 세비야'와 만일 지구가 편평한 모양이었다면 마젤란 탐험대가 겪을 수 있었던 일을 썼으나 내용이 충분하지 않은 경우
하	답을 틀리게 쓴 경우

04 지구와 달의 공통점과 차이점을 표로 나타내면 다음과 같습니다.

구분		지구	달
공통점		• 둥근 공 모양이다. • 표면에 돌이 있다.	
차이점	하늘	• 구름이 있다. • 새가 날아다닌다. • 공기가 있다. • 파란색으로 보인다.	• 구름이 없다. • 새가 날아다니지 않는다. • 공기가 없다. • 검은색으로 보인다.
	바다	• 물이 있다. • 생물이 있다. • 파란색으로 보인다.	• 물이 없다. • 생물이 없다. • 어둡게 보인다.

채점 기준	
상	지구와 달의 공통점과 차이점을 모두 옳게 쓴 경우
중	지구와 달의 공통점과 차이점을 썼으나 내용이 충분하지 않은 경우
하	답을 틀리게 쓴 경우

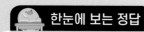

Book 1 개념책

2 단원 물질의 성질

(1) 물체와 물질

탐구 문제 17쪽

1 ① 2 금속 막대, 고무 막대

핵심 개념 문제 18~20쪽

01 물질 02 ④ 03 ③ 04 ② 05 ㉡ 06 ⑤ 07 ㉣ 08 ⑤ 09 나무 10 ① 11 ㉡, ㉢ 12 ②

중단원 실전 문제 21~23쪽

01 유나 02 ② 03 ⑤ 04 ㉣ 05 ④ 06 ③ 07 ㉡ 08 ③ 09 ④ 10 ①, ⑤ 11 ㉠, ㉣ 12 ③ 13 ① 14 ⑤ 15 ① 16 ② 17 ③ 18 ②

서술형·논술형 평가 돋보기 24~25쪽

연습 문제

1 (1) 금속 , 나무 (2) 예 단단하고 광택이 있다. / 예 향과 무늬 2 (1) 당기면 늘어나는, 다른 물질보다 단단한 (2) 예 고무장갑, 지우개, 고무 매트 / 예 못, 클립, 금속 컵

실전 문제

1 (1) 예 물질에 해당하는 것은 밀가루, 고무, 나무이고 물체에 해당하는 것은 과자, 바구니, 풍선, 페트병, 책상이다. 2 (1) 고무 막대 (2) 예 고무 막대는 물에 가라앉는다. 3 (1) 금속 (2) 예 (가)는 단단하고 광택이 나는 금속의 성질을, (나)는 나무보다 단단한 금속의 성질을 이용하였다. 4 고무, 고무는 잘 미끄러지지 않는 성질이 있기 때문이다.

(2) 물질의 성질과 기능

탐구 문제 29쪽

1 (1) 금속 고리 (2) 고무줄 2 (1) 나무 (2) 금속 (3) 플라스틱

핵심 개념 문제 30~32쪽

01 ㉠ 02 ① 03 ② 04 ④ 05 금속 06 ③ 07 유리 08 ④ 09 가죽 10 ②, ⑤ 11 물질 12 연우

중단원 실전 문제 33~35쪽

01 한 02 예 클립, 못, 열쇠 등 03 ⑤ 04 ㉠, ㉢ 05 ㉡ 06 ④ 07 ⑤ 08 ㉢, ㉣ 09 ② 10 ④ 11 ㉢ 12 금속 13 고무 14 ㉡ 15 ② 16 ③ 17 ④ 18 ㉢

서술형·논술형 평가 돋보기 36~37쪽

연습 문제

1 (1) 안장, 체인 (2) 고무, 충격 2 (1) 금속 컵, 종이컵 (2) 기능이 다르고, 좋은 점

실전 문제

1 예 (가)(금속 고리)는 금속으로, (나)(고무줄)는 고무로, (다)(플라스틱 바구니)는 플라스틱으로 되어 있다. 2 (1) 받침, 몸체 (2) 예 (가) 책상 받침은 바닥이 긁히는 것을 줄여 주고, (나) 쓰레받기의 몸체는 가볍고 단단해서 좋다. 3 (1) 따뜻하게 (2) (가)는 도자기로 만들었고, (나)는 가죽으로 만들었다. 4 예 금속으로 만든 신발을 신으면 단단한 금속의 성질 때문에 신발이 구부러지지 않아 불편할 것이다.

(3) 물질의 성질과 변화

탐구 문제 41쪽

1 폴리비닐 알코올 2 폴리비닐 알코올

핵심 개념 문제 42~44쪽

01 성질 02 ㉡, ㉢ 03 ㉡ 04 물 05 ㉡ 06 ㉡ → ㉢ → ㉠ 07 ④ 08 ⑤ 09 연필꽂이 10 ④ 11 ⑤ 12 ②

중단원 실전 문제 45~47쪽

01 ⑤ 02 ⑤ 03 ㉣ 04 ㉡ 05 ㉡, ㉢ 06 < 07 붕사 08 ⑤ 09 ㉣ 10 ③ 11 준이 12 ㉠ 13 ② 14 ① 15 ④ 16 ④ 17 ⑤ 18 ⑤

서술형·논술형 평가 돋보기 48~49쪽

연습 문제

1 (1) 뿌옇게 흐려진다. 커진다. (2) 공 모양을 만든다. 2 (1) 충격을 줄여 줘서 (2) 찌그러질 수 있다.

실전 문제

1 (1) ㉠ 하얗다 ㉡ 깔깔하다 (2) 예 폴리비닐 알코올의 알갱이가 붕사보다 크다. 2 예 알갱이가 투명하고 광택이 있다. 말랑말랑하고 고무 같은 느낌이다. 바닥에 떨어뜨리면 잘 튀어 오른다. 3 (1) 붕사 (2) 예 폴리비닐 알코올을 다섯 숟가락 넣고 저었을 때 나타나는 현상이다. 4 예 연필심이 바닥에 닿아도 부러지지 않는다. 연필꽂이가 미끄러지지 않는다. 튼튼하고 속이 잘 보인다.

대단원 마무리 51~54쪽

01 ⑤ 02 ① 03 나무 04 ④ 05 ② 06 ② 07 ④ 08 ② 09 ⑤ 10 ㉢, ㉣ 11 ③ 12 ①, ⑤ 13 ① 14 ⑤ 15 ㉡ 16 ③ 17 ㉢, ㉣ 18 ㉡ 19 ④ 20 ㉢ 21 (1)-㉠, (2)-㉡ 22 (2) ○ (3) ○ 23 스펀지 24 ②

수행 평가 미리 보기 55쪽

1 (1) ㉠, ㉢ / ㉡, ㉣ (2) 예 (가)의 나무는 가볍고 고유한 향과 무늬가 있어 가구나 윷놀이 도구 같은 장난감을 만들기 좋다. (나)의 플라스틱은 다양한 색깔과 모양으로 쉽게 만들 수 있어 물병이나 장난감 블록을 만들기에 좋다.

2 (1) 자전거의 타이어와 손잡이 부분 / 책상의 상판 부분 (2) 책상의 몸체, 자전거의 몸체와 체인 부분을 금속으로 만든다. 금속은 단단한 성질이 있기 때문에 튼튼하고 잘 부러지지 않는 몸체와 체인을 만드는 데 사용한다.

3 단원 동물의 한살이

(1) 동물의 암수, 배추흰나비 한살이

핵심 개념 문제 62~65쪽

01 ㉡ 02 (1) ㉠ (2) ㉡ 03 ⑤ 04 암컷 05 ② 06 배춧잎 07 ③ 08 ㉡ 09 ㉢ 10 알껍데기 11 배추흰나비 애벌레 12 ⑤ 13 번데기 14 ④ 15 머리 16 애벌레 → 번데기 → 어른벌레

중단원 실전 문제 66~69쪽

01 ④ 02 ② 03 ㉡, ㉠ 04 ⑤ 05 ① 06 수컷 07 ⑤ 08 한살이 09 ① 10 ① 11 ① 12 ㉢ 13 ④ 14 ⑤ 15 ② 16 ④ 17 번데기 18 ㉠, ㉢ 19 ⑤ 20 ⑤ 21 ① 22 ② 23 ㉣ 24 ②

서술형·논술형 평가 돋보기 70~71쪽

연습 문제

1 (1) 사자 / 무당벌레, 붕어 (2) 갈기, 갈기 2 (1) 움직임이 없다 / 자유롭게 움직인다 (2) 머리, 가슴, 배 세 부분으로 / 예 날개가 없고, 날개가 있다

실전 문제

1 예 가시고기의 암컷과 거북의 암컷은 둘 다 알을 돌보지 않는다. 2 (1) 애벌레 / 알, 애벌레 (2) 예 애벌레가 바닥에 떨어졌을 때는 배춧잎 등을 애벌레 앞에 놓아 스스로 기어오르도록 한다. 손으로 직접 만지면 죽을 수도 있기 때문이다. 3 예 먹이를 먹기 시작한 애벌레는 초록색으로 변하고, 허물을 네 번 벗으면서 자란다. 4 (1) 곤충 (2) 몸이 머리, 가슴, 배 세 부분으로 되어 있다. 다리가 세 쌍이다.

(2) 여러 가지 동물의 한살이 과정

핵심 개념 문제 75~77쪽

01 ㉠ 알 ㉡ 어른벌레 02 사슴벌레 03 ㉠ 완전 ㉡ 불완전 04 ① 05 ㉠ 병아리 ㉡ 큰 병아리 06 ㉢ 07 알 08 ⑤ 09 새끼 10 ④ 11 새끼 12 사람

중단원 실전 문제 78~79쪽

01 번데기 02 ① 03 ④ 04 ④ 05 (1) ○ (2) × (3) × (4) ○ 06 ㉢ 07 ①, ④, ⑤ 08 ③ 09 (1)-㉡ (2)-㉠ (3)-㉢ 10 (1) 사람 (2) 소 11 ⑤ 12 ④

서술형·논술형 평가 돋보기 80~81쪽

연습 문제

1 (1) 알 → 애벌레 → 어른벌레 (2) 번데기, 불완전 탈바꿈
2 (1) 21일, 부리 (2) 병아리, 큰 병아리

실전 문제

1 예 사슴벌레의 한살이이다. 어른벌레는 두 쌍의 날개와 세 쌍의 다리가 있다. 어른벌레의 수컷은 큰턱이 있다. 2 (1) ㉠ 물 ㉡ 땅 (2) 예 연어와 뱀은 모두 알을 낳는 동물이다. 3 (1) 어미젖, 고기 또는 사료 (2) 예 몸이 털로 덮여 있다. 다리가 네 개이다. 꼬리가 있다. 주둥이가 길쭉하게 튀어나온 모양이다. 코는 털이 없고 촉촉하다. 4 (1) 예 소, 말, 고양이, 사람 (2) 예 새끼와 어미의 모습이 닮았다. 젖을 먹여 새끼를 기른다. 암컷이 새끼를 낳는다. 다 자랄 때까지 어미의 보살핌을 받는다.

대단원 마무리 83~86쪽

01 (1) ㉡ (2) ㉠ 02 ㉡ 03 ② 04 ③ 05 ③ 06 ⑤ 07 ㉡, ㉢, ㉣ 08 ③ 09 ㉡ 10 ② 11 ① 12 ② 13 ㉠, ㉣, ㉢, ㉡ 14 ⑤ 15 불완전 탈바꿈 16 ㉢ 17 ③ 18 ⑤ 19 ㉠ 20 올챙이 21 ㉡ 22 ③ 23 ③ 24 한살이

수행 평가 미리 보기 87쪽

1 (1) ㈎ 몸이 머리, 가슴, 배로 구분된다. ㈏ 여섯 개(세 쌍)이다. (2) 예 몸이 머리, 가슴, 배 세 부분으로 구분되고, 다리가 세 쌍인 동물을 곤충이라고 한다.
2 (1) ㈎ 사슴벌레 ㈏ 닭, 개 (2) 예 분류 기준은 알을 낳는 것과 새끼를 낳는 것이다. 사슴벌레와 닭은 알을 낳는 동물이고, 소와 개는 새끼를 낳는 동물이기 때문이다.

4 단원 자석의 이용

(1) 자석 사이에 작용하는 힘

탐구 문제 92쪽

1 ③ 2 ㉠ N ㉡ S

핵심 개념 문제 93~95쪽

01 ② 02 ㉡ 03 자석의 극 04 ② 05 끌어당기는 06 ⑤ 07 빵 끈 조각이 막대자석에 끌려온다. 08 (1)-㉡ (2)-㉠ 09 ① 10 ㉡ 11 나침반 12 ③

중단원 실전 문제 96~99쪽

01 ② 02 ③ 03 ③ 04 ⑤ 05 ㉠

06 

07 ⑤ 08 ④ 09 ① 10 ②, ④ 11 가, 마 12 2개 13 (2) ○ 14 ⑤ 15 ①, ④ 16 ㉠ 17 (2) ○ 18 ㉠ 19 ③ 20 ② 21 ④ 22 ⑤ 23 나침반 24 ② 25 같다

서술형·논술형 평가 돋보기 100~101쪽

연습 문제

1 (1) ㉠ (2) 철 2 (1) 플라스틱 (2) 붙어 있다

실전 문제

1 (1) ㉡ (2) 철로 된 부분만 자석에 붙기 때문이다. 2 (1) 자석의 양쪽 끝부분 (2) 예 자석의 양쪽 끝부분이 자석의 극이기 때문이다. 3 (1) 철 (2) 예 매우 작은 철로 된 물체를 잡는 데 도움이 된다. 나사를 드라이버 끝부분에 고정시키기 편리하다. 4 (1) 북쪽, 남쪽(또는 남쪽, 북쪽) (2) 예 실에 매달은 자석은 항상 북쪽과 남쪽을 가리키는 성질이 있기 때문이다.

(2) 자석의 성질

핵심 개념 문제 104~107쪽

01 자석 02 ㉡ 03 ㉠ 04 ③ 05 ㉡ 06 ㉠ 07 (1) ○ 08 (1)-㉠ (2)-㉡ 09 ④ 10 (3) ○ 11 자석 12 ②

13 

14 ④ 15 N극 16 ①

중단원 실전 문제 108~111쪽

01 ① 02 ② 03 자석 04 ㉡→㉠→㉢ 05 ㉢ 06 북쪽, 남쪽 (남쪽, 북쪽) 07 예 바늘, 못핀, 작은 못 08 ④ 09 ② 10 ③, ⑤ 11 ① 12 ⑤ 13 S극 14 ① 15 ㉡ 16 ④ 17 S극 18 ③ 19 ② 20 ② 21 ⑤ 22 ① 23 ④ 24 ⑤ 25 (2) ○

서술형·논술형 평가 돋보기 112~113쪽

연습 문제

1 (1) ㉠ 북쪽과 남쪽 ㉡ 북쪽과 남쪽 (2) 자석 2 (1) S극 (2) S, N

실전 문제

1 (1) 예 머리핀을 막대자석의 극에 1분 정도 붙여 놓았다가 떼어 낸 뒤 클립에 대 본다. (2) 예 못핀, 클립을 편 것, 작은 못, 바늘 2 (1) N극 (2) 예 자석은 다른 극끼리 서로 끌어당기는 성질이 있다.

3 (1) 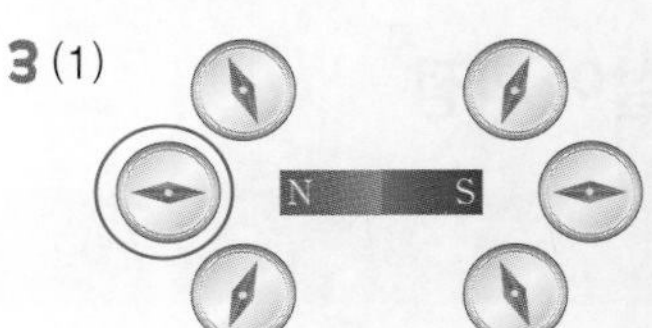

(2) 예 나침반 바늘도 자석이기 때문이다.

4 (1) 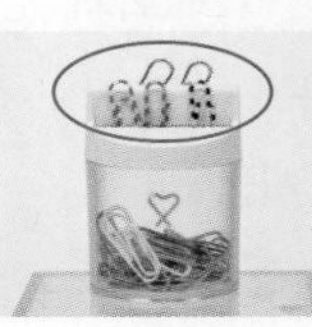

(2) 예 클립 통이 뒤집어지거나 바닥에 떨어져도 클립이 잘 흩어지지 않는다.

대단원 마무리 115~118쪽

01 자석에 붙는 물체: ㉠, ㉡, ㉤ 자석에 붙지 않는 물체: ㉢, ㉣, ㉥ 02 ④ 03 정우 04 ④ 05 2개 06 ③ 07 ②, ⑤ 08 ㉠ 09 ⑤ 10 ① 11 ㉠ 12 ② 13 ③ 14 ㉡→㉣→㉢→㉠ 15 (1) 같은 (2) 북쪽과 남쪽 16 ① 17 (2) ○ 18 ④ 19 ⑤ 20 ② 21 N 22 ③ 23 ①, ⑤ 24 ④ 25 ②

수행 평가 미리 보기 119쪽

1 (1) 어느 방향을 가리키는지 (2) 예 물에 띄운 막대자석은 일정한 방향을 가리킨다. 그때 북쪽을 가리키는 자석의 극을 N극이라고 하고, 남쪽을 가리키는 자석의 극을 S극이라고 한다.

2 (1) ㈎ 자석이 서로 밀어 낸다. ㈏ 자석이 서로 끌어당긴다. (2) 예 자석은 같은 극끼리는 서로 밀어 내고, 다른 극끼리는 서로 끌어당긴다.

5 단원

지구의 모습

(1) 지구 표면의 모습

탐구 문제 124쪽

1 ㉠ 14 ㉡ 36 2 바다, 육지, 22, 바다, 육지

핵심 개념 문제 125~127쪽

01 ① 02 산 03 ③ 04 ③ 05 ④ 06 바다 07 (1) ○ (2) × (3) ○ 08 바닷물 09 ② 10 공기 11 ㉢ 12 ㉠ 숨 ㉡ 바람

중단원 실전 문제 128~131쪽

01 ① 02 바다 03 ㉢ 04 ① 05 ③, ⑤ 06 ② 07 성현 08 육지 09 ④ 10 ③ 11 ㉣ 12 ③ 13 바다 14 ① 15 ③ 16 ⑤ 17 ④ 18 (1) × (2) ○ (3) ○ 19 ② 20 ⑤ 21 ① 22 ② 23 ④ 24 공기 25 ①, ④

서술형·논술형 평가 돋보기 132~133쪽

연습 문제

1 (1) 들 (2) 곡식(또는 곡식들) 2 (1) 바닷물 (2) ㉠ 짜다 ㉡ 소금

실전 문제

1 (1) 강 (2) 예 파란색을 사용하여 물줄기가 길게 흐르는 모습을 표현했다. 2 (1) 바다 (2) 예 육지 칸과 바다 칸을 세었더니 바다 칸이 더 많기 때문이다. 3 (1) 공기 (2) 예 살짝 들어가고 말랑말랑한 느낌이 든다. 4 (1) ㉢ (2) 예 비눗방울 놀이를 할 수 없다. 바람이 불지 않기 때문에 풍력 발전기가 돌아가지 않는다. 비행기를 탈 수 없다. 연을 날릴 수 없다.

(2) 지구와 달의 모습

핵심 개념 문제 136~139쪽

01 마젤란 02 둥글기 03 ㉡ 04 ③ 05 토끼 06 ② 07 (3) ○ 08 ㉠ 회색 ㉡ 구덩이 09 ㉠ 10 ④ 11 ④ 12 ③ 13 (1)-㉡ (2)-㉠ 14 ㉢ 15 지구의 날 16 나무 심기

중단원 실전 문제 140~143쪽

01 ㉡ 02 마젤란 탐험대 03 ㉢ → ㉡ → ㉠ → ㉣ 04 ㉠ 한 ㉡ 서쪽 05 ② 06 ③ 07 ① 08 ② 09 소연 10 ④ 11 충돌 구덩이 12 ⑤ 13 ㉡ 14 ① 15 ② 16 지구 17 둥근(또는 둥근 공) 18 ㉡, ㉢ 19 ② 20 ⑤ 21 (1) × (2) ○ (3) ○ 22 ㉠ 물(공기) ㉡ 공기(물) 23 ③ 24 ① 25 ㉠

서술형·논술형 평가 돋보기 144~145쪽

연습 문제 1 (1) 스페인 세비야 (2) 둥글기 2 (1) (나) (2) ㉠ 물(공기) ㉡ 공기(물)

실전 문제 1 (1) 둥근 공 모양 (2) 예 사람의 크기에 비해 지구가 매우 크기 때문이다. 2 (1) 충돌 구덩이 (2) 예 우주 공간을 떠돌던 돌덩이가 달 표면에 충돌하여 만들어졌다. 3 (1) ㉠ (2) 해설 참조 4 (1) 지구의 날 (2) 해설 참조

대단원 마무리 147~150쪽

01 ㉡ 02 ⑤ 03 빙하 04 ⑤ 05 14 06 ① 07 ㉠ 08 ⑤ 09 ④ 10 공기 11 ⑤ 12 ③ 13 ② 14 ① 15 ② 16 만세 17 ④ 18 달의 바다 19 ③ 20 (1) ㉠, ㉡, ㉢ (2) ㉡, ㉢, ㉣ 21 ② 22 ②, ⑤ 23 충돌 구덩이 24 ④ 25 ㉠ 지구의 날 ㉡ 4, 22

수행 평가 미리 보기 151쪽

1 (1) (가) ㉠, ㉢ (나) ㉡, ㉣ (2) 예 바다는 육지보다 넓다. 바닷물은 육지의 물보다 짜다. 바닷물은 육지의 물보다 훨씬 많다. 육지와 바다에 사는 생물이 다르다. 2 (1) 예 (가) 지구의 하늘에는 구름이 있지만, 달의 하늘에는 구름이 없다. 지구의 하늘에는 새가 날아다니지만, 달의 하늘에는 새가 날아다니지 않는다. 지구에서 본 하늘은 파란색이지만, 달에서 본 하늘은 검은색이다. 지구에는 공기가 있지만, 달에는 공기가 없다. (나) 지구의 바다에는 물이 있지만, 달의 바다에는 물이 없다. 지구의 바다에는 생물이 있지만, 달의 바다에는 생물이 없다. 지구의 바다는 파란색으로 보이지만, 달의 바다는 어둡게 보인다. (2) 예 지구에는 물과 공기가 있기 때문이다. 지구는 생물이 살기에 알맞은 온도를 유지하기 때문이다.

Book 2 실전책

2단원 (1) 중단원 쪽지 시험 5쪽

01 물질 02 예 나무, 금속, 종이, 플라스틱 03 종이 04 플라스틱 05 예 주걱, 의자, 책상 06 금속 07 고무 막대 08 고무 막대 09 플라스틱 10 나무 11 고무 12 ㉠ 젖고 ㉡ 젖지 않는다 13 가죽 14 유리

중단원 확인 평가 2 (1) 물체와 물질 6~7쪽

01 ㉠ 물체 ㉡ 물질 02 ④ 03 종이 04 ② 05 ㉠, ㉡ 06 ③ 07 ① 08 ④ 09 (1)-㉡, (2)-㉠ 10 ③ 11 ⑤ 12 ⑤

2단원 (2) 중단원 쪽지 시험 9쪽

01 금속 02 예 잘 늘어나고 다른 물체를 쉽게 묶을 수 있다. 03 색깔, 모양(모양, 색깔) 04 금속 05 예 바닥이 잘 긁히지 않는다. 06 플라스틱 07 고무 08 고무, 플라스틱 09 금속 10 금속 11 도자기 컵 12 ㉠ 비닐 ㉡ 가죽 13 예 종류가 같은 컵이라도 이루고 있는 물질에 따라 좋은 점이 서로 다르기 때문이다. 14 예 신발이 구부러지지 않아 발이 불편할 것이다.

중단원 확인 평가 2 (2) 물질의 성질과 기능 10~11쪽

01 ⑤ 02 ④, ⑤ 03 나무, 금속, 플라스틱 04 ③ 05 손잡이, 안장 06 상판 07 ② 08 ㉢ 09 ⑤ 10 ① 11 물체 12 유나

2단원 (3) 중단원 쪽지 시험 13쪽

01 변하지 않는다. 02 물, 붕사, 폴리비닐 알코올 03 물 04 폴리비닐 알코올 05 하얀색 06 깔깔하다. 07 따뜻한 물 08 물이 뿌옇게 흐려진다. 09 물질이 엉기고 알갱이가 커진다. 10 예 투명하고 광택이 있다. 11 고무 12 예 스펀지 13 플라스틱 통 14 예 넓은 고무줄로 끝부분을 감싼다.

중단원 확인 평가 2 (3) 물질의 성질과 변화 14~15쪽

01 ㉠ 02 (1)-㉡ (2)-㉠ 03 ㉡ 04 (1) ○ (2) ○ (3) ○ 05 ㉠ 따뜻한 물 ㉡ 폴리비닐 알코올 06 ② 07 민국 08 ③ 09 ① 10 ② 11 스펀지 12 ④

대단원 종합 평가 2. 물질의 성질 16~18쪽

01 ② 02 ② 03 ③ 04 ①, ③, ④ 05 ④ 06 ④ 07 ㉡ 08 ㉢ 09 ② 10 ㉠ 11 ㉣ 12 ① 13 ㉠ 14 ② 15 (가) 16 ② 17 ① 18 ⑤

2단원 서술형·논술형 평가 19쪽

01 예 ㉠은 금속, ㉡은 플라스틱, ㉢은 나무, ㉣은 고무로 만들어졌다. 02 (1) 금속 (2) 예 단단한 금속으로 자전거의 체인과 책상의 몸체를 만들면 튼튼하게 만들 수 있어서 좋다. 03 (1) 유리 (2) 예 유리컵은 투명하여 안에 무엇이 들어 있는지 쉽게 알 수 있어서 좋지만, 유리 신발은 부딪쳤을 때 잘 깨질 수 있어 좋지 않다. 04 물에 붕사를 먼저 넣고 잘 저어 준 후에, 폴리비닐 알코올을 넣고 저어 준다.

3단원 (1) 중단원 쪽지 시험 21쪽

01 예 사자, 사슴, 원앙, 꿩 02 수컷 03 예 제비, 꾀꼬리, 황제펭귄, 두루미 04 수컷 05 한살이 06 예 배추, 무, 양배추, 케일 07 배춧잎 08 노란 09 네 번 10 배추흰나비 애벌레 11 비슷하게 12 ㉠ 두 ㉡ 세 13 번데기 14 곤충

중단원 확인 평가 3 (1) 동물의 암수, 배추흰나비의 한살이 22~23쪽

01 ① 02 ⑤ 03 ㉡ 04 애벌레 05 ① 06 ① 07 ⑤ 08 ㉣ 09 ④ 10 날개돋이 11 ④ 12 ㉠ → ㉣ → ㉢ → ㉡

3단원 (2) 중단원 쪽지 시험 25쪽

01 번데기 02 물 03 없습니다 04 여섯 05 불완전 탈바꿈 06 솜털 07 암컷 08 다 자란 닭 09 알 10 어미젖 11 예 몸이 털로 덮여 있다. 다리가 네 개이고 꼬리가 있다. 12 갓 태어난 강아지 13 청소년 14 새끼

중단원 확인 평가 3 (2) 여러 가지 동물의 한살이 과정 26~27쪽

01 잠자리 02 ④ 03 (1)-㉠ (2)-㉡ 04 ② 05 ㉡ 병아리 ㉢ 큰 병아리 06 (1) ○ (3) ○ 07 ㉢ 08 ④ 09 ㉠→㉢→㉡ 10 ㉡ 11 보민 12 개

대단원 종합 평가 3. 동물의 한살이 28~30쪽

01 ⑤ 02 ㉣ 03 사라 04 알껍데기 05 ② 06 ④ 07 ㉠ 08 ① 09 (1)-㉡ (2)-㉣ (3)-㉠ (4)-㉢ 10 사슴벌레 11 ④ 12 탈바꿈 13 (1) ㉠, ㉢ (2) ㉡, ㉣, ㉤ 14 ③ 15 ㉢ 16 젖(어미젖) 17 ⑤ 18 ㉢→㉡→㉠

3단원 서술형·논술형 평가 31쪽

01 예 두 동물은 모두 암수의 구별이 쉽다. (암컷과 수컷의 생김새가 다르다.) 사자의 수컷은 머리에 갈기가 있고, 사슴의 수컷은 머리에 뿔이 있다. 02 (1) 변하지 않는다, 없다 (2) 예 (가)는 연한 노란색이고, (나)는 주변과 비슷한 색을 띤다. 03 (1) ㉠ 알, ㉡ 갓 태어난 강아지 (2) 예 닭은 알을 낳는 동물이고, 개는 새끼를 낳는 동물이다. 04 ㉠, 예 갓 태어난 강아지는 눈이 감겨 있고 귀도 막혀 있어 볼 수도 없고, 들을 수도 없기 때문이다.

4단원 (1) 중단원 쪽지 시험 33쪽

01 예 철 못, 철 용수철, 철사, 옷핀, 클립, 나사, 못핀 02 예 유리컵, 플라스틱 빨대, 고무지우개 03 철로 되어 있다. 04 ㉠ 날 ㉡ 손잡이 05 붙습니다 06 양쪽 끝부분 07 자석의 극 08 빵 끈 조각이 막대자석 쪽으로 끌려간다. 09 막대자석 10 자석 11 북쪽, 남쪽(또는 남쪽, 북쪽) 12 N극 13 나침반 14 자석

중단원 확인 평가 4 (1) 자석 사이에 작용하는 힘 34~35쪽

01 ① 02 동전 03 ㉡ 04 가, 마 05 두(또는 2) 06 형우 07 ④ 08 ㉠ 철 ㉡ 플라스틱 09 ⑤ 10 ㉠ 북쪽 ㉡ 남쪽 11 ④ 12 ㉢

4단원 (2) 중단원 쪽지 시험 37쪽

01 자석 02 머리핀에 클립이 붙는다. 03 고무지우개 04 북쪽과 남쪽(또는 남쪽과 북쪽) 05 나침반 06 S극 07 서로 끌어당긴다. 08 같은 09 S극 10 밀어 냅니다 11 자석의 극 12 자석 클립 통 13 냉장고 자석의 뒷면 14 자석 낚시

중단원 확인 평가 4 (2) 자석의 성질 38~39쪽

01 ⑤ 02 ④ 03 ㉡ 04 (2) ○ 05 N극 06 같은 극 07 ① 08 ③ 09 원래 가리키던 방향으로 되돌아간다. 10 ②, ④ 11 ③ 12 ②

40~42쪽

대단원 종합 평가 4. 자석의 이용

01 ② 02 ㉡, 철 03 ①, ④ 04 자석의 극 05 두 개
06

07 ㉠, ㉢ 08 ㉡ 09 ④
10 (1) N극 (2) S극 11 ㉠ 나침반 ㉡ 북쪽과 남쪽 12 ⑤
13 ⑤ 14 ㉠ N극 ㉡ S극 15 ②
16

17 ① 18 ㉡
19 (1) ○ (2) ○ (3) × 20 ㉠

4단원 서술형·논술형 평가 43쪽

01 자석이 철로 된 물체를 끌어당기는 힘이 조금씩 약해지기 때문이다. 02 (1) 철로 되어 있다. (2) 해설 참조 03 (1) N극 (2) 예 막대자석에 붙여 놓았던 머리핀은 자석의 성질을 띠므로 물에 띄우면 나침반과 같은 방향인 북쪽과 남쪽을 가리키기 때문이다. 04 클립 통이 뒤집어지거나 바닥에 떨어져도 클립이 잘 흩어지지 않는다.

5단원 (1) 중단원 쪽지 시험 45쪽

01 예 산, 들, 강, 호수, 바다 02 들 03 노란색 04 예 사막, 빙하 05 육지, 바다(바다, 육지) 06 바다 07 36개 08 바닷물 09 바닷물 10 공기 11 공기 12 공기 13 예 연날리기, 요트, 열기구, 비행기, 풍력 발전소, 튜브 14 바람

46~47쪽

중단원 확인 평가 5 (1) 지구 표면의 모습

01 갯벌 02 ①, ④ 03 (1)-㉡ (2)-㉠ 04 산 05 육지 칸 06 ④ 07 바다 08 ③ 09 ③ 10 ② 11 공기 12 ㉢

5단원 (2) 중단원 쪽지 시험 49쪽

01 편평한 02 마젤란 탐험대 03 스페인 04 둥근 공 모양 05 예 사람의 크기에 비해 지구가 매우 크기 때문이다. 06 공 07 회색 08 돌 09 달의 바다 10 없습니다 11 충돌 구덩이 12 달 13 지구 14 유리구슬

50~51쪽

중단원 확인 평가 5 (2) 지구와 달의 모습

01 ③ 02 ④ 03 둥근 공 모양 04 ② 05 ③ 06 ④ 07 ㉣ 08 ①, ⑤ 09 ④ 10 ②, ③ 11 달 모형 12 땅

52~54쪽

대단원 종합 평가 5. 지구의 모습

01 ①, ③ 02 ① 03 ㉢ 04 < 05 ② 06 바닷물 07 바다 08 ④ 09 ③ 10 ② 11 ㉠ 한 ㉡ 출발 12 미래 13 ③ 14 ④ 15 ⑤ 16 달의 바다 17 ③ 18 ②, ④ 19 ㉡ 20 ④

5단원 서술형·논술형 평가 55쪽

01 (1) 바다 (2) 예 주로 파란색을 사용했고, 파도가 치는 모습을 표현했다. 02 (1) 안에 공기가 들어 있다. (2) 예 지퍼 백이 축구공보다 더 가볍다. 지퍼 백은 거의 튀지 않는데 축구공은 잘 튄다. 03 (1) 스페인 세비야 (2) 예 한 방향으로 계속 이동하다가 지구 끝에 있는 낭떠러지에 떨어졌을 것이다. 04 (1) 예 둥근 공 모양이다. 표면에 돌이 있다. (2) 예 지구에는 물이 있는데, 달에는 물이 없다. 지구에는 공기가 있는데, 달에는 공기가 없다. 지구는 생물이 살기에 알맞은 온도를 유지하는데, 달은 생물이 살기에 알맞은 온도가 아니다. 지구에는 생물이 있는데, 달에는 생물이 없다. 지구의 하늘은 파랗게 보이고 구름이 있는데, 달의 하늘은 검은색으로 보이고 구름이 없다. 지구의 바다는 파란색으로 보이는데, 달의 바다는 어둡게 보인다.

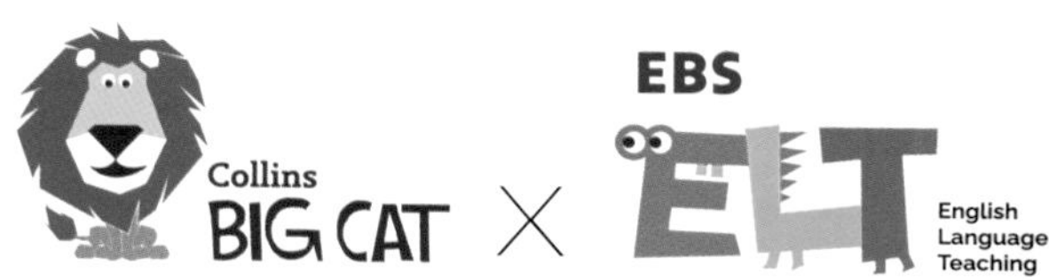

세계적 베스트셀러 콜린스 빅캣 리더스 시리즈

원어민이 스토리를 들려주는
EBS 무료 강의와 함께 재미있는 영어 독서

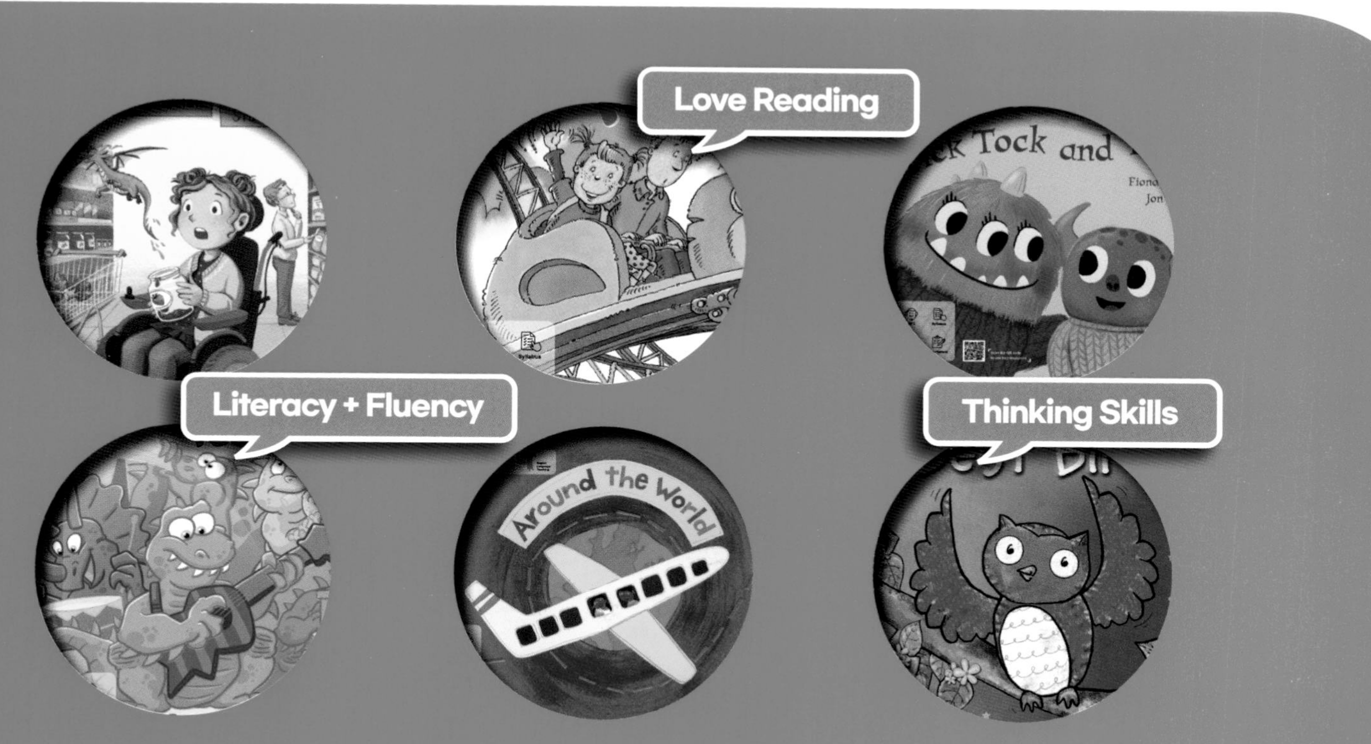

200년 이상의 역사를 보유한 글로벌 Big 5 출판사인 Collins와 대한민국 공교육의 선두주자 EBS의 국내 최초 콜라보!

Collins의 대표적인 시그니처 브랜드이자 수준별 독서 프로그램인 Big Cat을 EBS가 국내 학습트렌드를 반영하여 공교육 주제 연계 커리큘럼으로 재설계하여 개발한 EBS ELT(English Language Teaching) 교재로 만나 보세요. Collins Big Cat × EBS ELT는 영어 기초 문해력 발달부터 유창성 향상까지, 유치원~초중학 영어 읽기 학습을 완벽하게 지원해 주는 '수준별 리더스 프로그램(Guided Readers Program)'입니다.

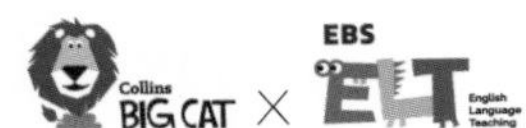

Collins Big Cat × EBS ELT 교재 특장점

국내 최초	체계성	차별성	교육과정 연계
영국 출판사 Collins의 베스트셀링 리더스 시리즈의 한국 맞춤형 학습 교재	영미 공교육 커리큘럼에 맞춘 13단계의 섬세하고 정교한 커리큘럼	원서 스토리북(SB) 자체에 EBS만의 독서 전·중·후 활동 학습코너 추가하여 더욱 풍부한 수업 가능	국내 초등 교육과정 주제와 관련된 스토리들로 교과 배경지식 습득 가능

Great Fun & High Quality	확장성	무료 강의	풍부한 부가자료
유·초등학생의 흥미를 반영한 재미있는 스토리 + 최신 고품질 일러스트레이션과 실사 사진	워크북(WB)을 통해 스토리북(SB)에서 배운 어휘, 문장, 내용 이해 및 미니 프로젝트까지 확장	다채널 방송 플랫폼 무료 강의 및 VOD 다시보기 서비스 제공	워크북 외에도 MP3, 정답 PDF, 추가 액티비티 워크시트 등 제공

Big Cat Curriculum | 리더스 프로그램 커리큘럼

총 13단계로 정교한 커리큘럼 구성 (유치~초·중학생(추천 연령 4~14세))

Big Cat 레벨		주요 콘셉트	세부 학습 내용
Band 1~2	유치 ~ 초등 초급	Literacy Program	파닉스 수준의 쉬운 단어 읽기부터, 문장을 정확하게 읽어 내는 연습을 통해 스스로 영어 스토리북을 읽고 이해하는 단계까지 학습!
Band 3~4	초등 초급 ~ 중급		
Band 5~8	초등 중급 ~ 고급	Reading Comprehension	어휘 확장, 배경지식 확장 및 Reading Comprehension Skills 향상
Band 9~13	초등 고급 ~ 중학	Academic Reading	Academic Vocabulary, 배경지식 확장 및 Higher Reading Comprehension Skills

1~4단계 싱글패키지 54책 + 풀패키지 4세트 (2022년 4월 출시) **5~13단계** 싱글패키지 86책 + 풀패키지 7세트 (2022년 9월, 10월 출시)

Band 1 12권

- 기초 어휘와 Sight Words를 충분히 연습할 수 있는 쉽고 짧은 스토리
- 영어 읽기에 익숙해지는 단계

Band 2 12권

- 패턴 문장들로 읽기 기초 및 자신감 향상
- 기초 어휘와 Sight Words 확장
- Retelling으로 재미있는 독서 마무리

Band 3 12권

- 다양한 문장 노출로 Fluency 향상
- 기초 어휘와 Sight Words 확장
- Story Structure, Retelling, Project 활동으로 재미있는 독서 마무리

Band 4 18권

- 다양한 주제와 문장으로 독서력 향상
- 어휘와 Sight Words 확장
- Story Structure, Retelling, Project 활동으로 재미있는 독서 마무리

Collins Big Cat × EBS ELT 교재 방송강의 시청 | EBS 1~2TV, PLUS 2, EBS English 채널

온라인 동영상 강의 다시보기 | EBS 초등 모바일앱과 EBS 초등사이트(primary.ebs.co.kr), 잉글리시 사이트(ebse.co.kr), 문해력 사이트(literacy.ebs.co.kr)

EBS와 함께하는

자기주도 학습 초등 · 중학 교재 로드맵

예비 초등 | 1학년 | 2학년 | 3학년 | 4학년 | 5학년 | 6학년

전과목 기본서/평가

- BEST **만점왕** 국어/수학/사회/과학 — 교과서 중심 초등 기본서
- **만점왕 통합본** 학기별(8책) HOT — 바쁜 초등학생을 위한 국어·사회·과학 압축본
- **만점왕 단원평가** 학기별(8책) — 한 권으로 학교 단원평가 대비
- **기초학력 진단평가** 초2~중2 — 초2부터 중2까지 기초학력 진단평가 대비

국어

- 독해: **4주 완성 독해력** 1~6단계 — 학년별 교과 연계 단기 독해 학습
- 문학
- 문법
- 어휘: **어휘가 독해다!** 초등 국어 어휘 1~2단계 — 1, 2학년 교과서 필수 낱말 + 읽기 학습
- 어휘: **어휘가 독해다!** 초등 국어 어휘 기본 — 3, 4학년 교과서 필수 낱말 + 읽기 학습
- 어휘: **어휘가 독해다!** 초등 국어 어휘 실력 — 5, 6학년 교과서 필수 낱말 + 읽기 학습
- 한자: **참 쉬운 급수 한자** 8급/7급 II/7급 — 한자능력검정시험 대비 급수별 학습
- 한자: **어휘가 독해다!** 초등 한자 어휘 1~4단계 — 하루 1개 한자 학습을 통한 어휘 + 독해 학습
- 쓰기: **참 쉬운 글쓰기** 1-따라 쓰는 글쓰기 — 맞춤법·받아쓰기로 시작하는 기초 글쓰기 연습
- 쓰기: **참 쉬운 글쓰기** 2-문법에 맞는 글쓰기/3-목적에 맞는 글쓰기 — 초등학생에게 꼭 필요한 기초 글쓰기 연습
- 문해력: **어휘/쓰기/ERI독해/배경지식/디지털독해가 문해력이다** — 평생을 살아가는 힘, 문해력을 키우는 학기별 • 단계별 종합 학습
- 문해력: **문해력 등급 평가** 초1~중1 — 내 문해력 수준을 확인하는 등급 평가

영어

EBS ELT 시리즈 | 권장 학년 : 유아 ~ 중1

- EBS Big Cat — Collins BIG CAT — 다양한 스토리를 통한 영어 리딩 실력 향상
- EBS Big Cat — Shinoy and the Chaos Crew — 흥미롭고 몰입감 있는 스토리를 통한 풍부한 영어 독서
- EBS easy learning — easy learning — 저연령 학습자를 위한 기초 영어 프로그램

- 독해: **EBS랑 홈스쿨 초등 영독해** Level 1~3 — 다양한 부가 자료가 있는 단계별 영독해 학습
- 독해: **EBS 기초 영독해** — 중학 영어 내신 만점을 위한 첫 영독해
- 문법: **EBS랑 홈스쿨 초등 영문법** 1~2 — 다양한 부가 자료가 있는 단계별 영문법 학습
- 문법: **EBS 기초 영문법** 1~2 HO — 중학 영어 내신 만점을 위한 첫 영문법
- 어휘: **EBS랑 홈스쿨 초등 필수 영단어** Level 1~2 — 다양한 부가 자료가 있는 단계별 영단어 테마 연상 종합 학습
- 쓰기
- 듣기: **초등 영어듣기평가 완벽대비** 학기별(8책) — 듣기 + 받아쓰기 + 말하기 All in One 학습서

수학

- 연산: **만점왕 연산** Pre 1~2단계, 1~12단계 — 과학적 연산 방법을 통한 계산력 훈련
- 개념
- 응용: **만점왕 수학 플러스** 학기별(12책) — 교과서 중심 기본 + 응용 문제
- 심화: **만점왕 수학 고난도** 학기별(6책) — 상위권 학생을 위한 초등 고난도 문제집
- 특화: **초등 수해력** 영역별 P단계, 1~6단계(14책) — 다음 학년 수학이 쉬워지는 영역별 초등 수학 특화 학습서

사회

- 사회/역사: **초등학생을 위한 多담은 한국사 연표** — 연표로 흐름을 잡는 한국사 학습
- 사회/역사: **매일 쉬운 스토리 한국사** 1~2 / **스토리 한국사** 1~2 — 하루 한 주제를 이야기로 배우는 한국사/ 고학년 사회 학습 입문서

과학

- 과학

기타

- 창체: **창의체험 탐구생활** 1~12권 — 창의력을 키우는 창의체험활동·탐구
- AI: **쉽게 배우는 초등 AI** 1(1~2학년) — 초등 교과와 융합한 초등 1~2학년 인공지능 입문서
- AI: **쉽게 배우는 초등 AI** 2(3~4학년) — 초등 교과와 융합한 초등 3~4학년 인공지능 입문서
- AI: **쉽게 배우는 초등 AI** 3(5~6학년) — 초등 교과와 융합한 초등 5~6학년 인공지능 입문서